ENTOMOLOGISCHE ABHANDLUNGEN

Herausgegeben vom

STAATLICHEN MUSEUM FÜR TIERKUNDE IN DRESDEN

Dresden

Staatliches Museum für Tierkunde in Dresden
DDR — 801 Dresden, Augustusstraße 2

ABHANDLUNGEN UND BERICHTE AUS DEM STAATLICHEN MUSEUM FÜR TIERKUNDE IN DRESDEN

Hinweise für unsere Autoren

Die Publikationen des Staatlichen Museums für Tierkunde in Dresden dienen der Veröffentlichung von Arbeiten aus dem Museum sowie solchen, die ganz oder teilweise Material des Museums behandeln oder über Materialien berichten, von denen Belegstücke in die Sammlung des Museums kommen.

Die Arbeiten sollen eine Thematik aus den Wissensgebieten Taxonomie, Phylogenie, Evolution, Morphologie, Anatomie, Biologie, Ökologie, Faunistik, Zoogeographie sowie den fachbezogenen Museumswissenschaften beinhalten. Arbeiten anderer Wissensgebiete sowie biographisch oder methodisch orientierte Arbeiten können aufgenommen werden, sofern sie zur Kenntnis der genannten Gebiete beitragen. Es werden nur Originalarbeiten veröffentlicht, die weder ganz noch teilweise bereits an anderer Stelle erschienen sind. Publikationen über Tiermaterial vom Gebiet der Deutschen Demokratischen Republik werden vorrangig behandelt.

Für Inhalt, sprachliche Gestaltung sowie Beachtung einer eventuellen Veröffentlichungsgenehmigung ihrer Arbeiten sind die Autoren selbst verantwortlich. Eine redaktionelle Bearbeitung der Manuskripte behält sich der Herausgeber vor. Die Autoren erhalten eine Eingangsbestätigung oder umfassendere Nachricht über die eingesandten Manuskripte. Nach Veröffentlichung ihrer Arbeiten erhalten die Autoren unentgeltlich 100 Sonderdrucke zugesandt; bei Veröffentlichungen, welche mehr als 200 Seiten umfassen, nur 50 Sonderdrucke. Von in den „Faunistischen Abhandlungen" erscheinenden Kurzmitteilungen werden 10 Belegexemplare ausgegeben. Diese Zahlen können aus technischen Gründen auch bei Veröffentlichungen von zwei oder mehr Autoren nicht erhöht werden.

Die Manuskripte können in deutscher, englischer oder französischer Sprache abgefaßt sein. Jede Arbeit (ausgenommen die für die „Reichenbachia" vorgesehenen Veröffentlichungen) muß eine kurze Zusammenfassung in der zur Abfassung des Manuskriptes verwendeten Sprache enthalten. Diese Zusammenfassung wird einschließlich des Titels der Arbeit bei deutschsprachigen Manuskripten in das Englische, bei fremdsprachigen Manuskripten in das Deutsche übertragen. Es ist erwünscht, daß die Autoren diese Übertragung selbst vornehmen.

Eine Rezension eingesandter Monographien wird auf Wunsch gern vorgenommen.

Spezielle Richtlinien über Manuskriptgestaltung, Ausführung der Illustrationen und Korrekturgang der Publikationen können auf Anforderung vom Herausgeber bezogen werden.

ENTOMOLOGISCHE ABHANDLUNGEN

Herausgegeben vom

STAATLICHEN MUSEUM FÜR TIERKUNDE IN DRESDEN

Band 43
1979

DRESDEN

Inhalt:

Neue Namen, Synonyme und Kombinationen

EPHEMEROPTERA

Baëtidae

Baëtis kalengoensis sp. n., p. 101 – *B. monikae* sp. n., p. 103 – *B. permultus* sp. n., p. 105 – *B. insolitus* sp. n., p. 107: KOPELKE

Centroptilum boettgeri sp. n., p. 111 – *C. badium* sp. n., p. 113 – *C. biarcuatum* sp. n., p. 115: KOPELKE

Cloëon permirum sp. n., p. 123 – *C. insuetum* sp. n., p. 125: KOPELKE

Pseudocloëon tenuicrinitum sp. n., p. 117 – *P. grandiculum* sp. n., p. 121 – *P. fastigatum* sp. n., p. 121: KOPELKE

HOMOPTERA

Cicadellidae

Alebroides sinuatus sp. n., p. 156: DWORAKOWSKA

Alnetoidia indica sp. n., p. 105: DWORAKOWSKA

Apetiocellata sinuata sp. n., p. 197: DWORAKOWSKA

Arboridia (s. str.) ata sp. n., p. 195: DWORAKOWSKA

Arboridia (Arborifera) sohii sp. n., p. 195: DWORAKOWSKA

Burara subgen. n. zu *Ratburella* RAMAKRISHNAN et MENON, 1973, p. 184: DWORAKOWSKA

Cassianeura aurea sp. n., p. 172: DWORAKOWSKA

Dialecticopteryx (Akotettix) quadrata sp. n., p. 151: DWORAKOWSKA

Diomma (s. str.) bindrai (DWORAKOWSKA et SOHI, 1978) comb. n., p. 197: DWORAKOWSKA

Empoasca (s. str.) lillae sp. n., p. 157 – *E. (s. str.) rura* sp. n., p. 157 – *E. (s. str.) tastara* sp. n., p. 158 – *E. (s. str.) tanova* sp. n., p. 159 – *E. (s. str.) tuba* sp. n., p. 161 – *E. (s. str.) stata* sp. n., p. 161: DWORAKOWSKA

Empoasca (Distantasca) tna sp. n., p. 163: DWORAKOWSKA

Empoascanara singhi sp. n., p. 192: DWORAKOWSKA

Eupteryx bharatiae sp. n., p. 171: DWORAKOWSKA

Faiga gen. n., p. 163: DWORAKOWSKA

Faiga dropia sp. n., p. 165: DWORAKOWSKA

Frutioidia cardiaca sp. n., p. 185: DWORAKOWSKA

Gambialoa forcipata sp. n., p. 190: DWORAKOWSKA

Gindara gen. n., p. 191: DWORAKOWSKA

Gindara temna sp. n., p. 191: DWORAKOWSKA

Goifa rotundata sp. n., p. 167: DWORAKOWSKA

Helionidia hirsuta sp. n., p. 193 – *H. rubra* sp. n., p. 194 – *H. viridula* sp. n., p. 194: DWORAKOWSKA
Ifugoa media sp. n., p. 167: DWORAKOWSKA
Kapsa sydlata sp. n., p. 188: DWORAKOWSKA
Lankasca vicaria sp. n., p. 153 – *L. menoni* sp. n., p. 155: DWORAKOWSKA
Mandera stylata sp. n., p. 177 – *M. cornuta* sp. n., p. 177 – *M. blada* sp. n., p. 177: DWORAKOWSKA
Michalowskiya variabilis sp. n., p. 199: DWORAKOWSKA
Mitjaevia notata (AHMED et KHOKHAR, 1971) comb. n., p. 179 – *M. callosa* sp. n., p. 179: DWORAKOWSKA
Motaga fara sp. n, p. 188 – *M. gracilis* sp. n., p. 188: DWORAKOWSKA
Ratburella (Burara) maxima sp. n., p. 185: DWORAKOWSKA
Salka tricera sp. n., p. 179: DWORAKOWSKA
Shamala gen. n., p. 169: DWORAKOWSKA
Shamala mikra sp. n., p. 169: DWORAKOWSKA
Takama minuta sp. n., p. 173 – *T. media* sp. n., p. 173: DWORAKOWSKA
Tautoneura (s. str.) smocza sp. n., p. 181 – *T. (s. str.) incisa* sp. n., p. 181: DWORAKOWSKA
Thaia (s. str.) albida sp. n., p. 172: DWORAKOWSKA
Usharia glabra sp. n., p. 167: DWORAKOWSKA
Velu pruthii sp. n., p. 155: DWORAKOWSKA
Vermara gen. n., p. 174: DWORAKOWSKA
Vermara neglecta sp. n., p. 174: DWORAKOWSKA

COLEOPTERA

Cerambycidae

Polyzonides subgen. n., p. 230: PODANÝ
Polyzonus (s. str.) similis sp. n., p. 240: PODANÝ
Polyzonus (Polyzonides) mirabilis sp. n., p. 231 – *P. (Polyzonides) thoracicus* sp. n., p. 232 – *P. (Polyzonides) siamensis* sp. n., p. 234: PODANÝ

HYMENOPTERA

Apoidea

Hylaeus (Dentigera) acer sp. n., p. 80: DATHE
Hylaeus (Hylaeus) crispulus sp. n., p. 84 – *H. (Hylaeus) jantaris* sp. n., p. 87 – *H. (Hylaeus) ebmeri* sp. n., p. 90 – *H. (Hylaeus) implicatus* sp. n., p. 91: DATHE
Hylaeus (Lambdopsis) sariensis sp. n., p. 93: DATHE
Hylaeus (Prosopis) hyrcanius sp. n., p. 79: DATHE
Hylaeus (Spatulariella) iranicus sp. n., p. 93: DATHE
Hylaeus irritans sp. n., p. 94: DATHE

DIPTERA

Cecidomyiidae

Rhabdophaga oculiperda RÜBSAAMEN, 1921, syn. n. zu *Rh. karschi* (KIEFFER, 1891), p. 139 – *Rh. perforans* KIEFFER, 1906, syn. n. zu *Rh. viminalis* WESTWOOD, 1847, p. 144: STELTER

Hinweis an die Bezieher der „Entomologischen Abhandlungen" / Note to the subscribers of „Entomologische Abhandlungen":

Zum vorhergehenden Band unserer obigen Schriftenreihe erschien der folgende Supplementband / To the preceding volume of our serial mentioned above the following supplementary volume has come out:

EDUARD WAGNER / HANS-HEINRICH WEBER: Die Miridae Hahn, 1831, des Mittelmeerraumes und der Makaronesischen Inseln (Hemiptera, Heteroptera). Nachträge zu den Teilen 1–3. Ent. Abh. Mus. Tierk. Dresden, Bd. 42 Suppl., 1978 (96 S., 65 Abb.).

Dieser Teil ergänzt und beschließt die schon vorliegenden Teile 1–3. Nähere Auskünfte, auch über den Bezug, auf Anfrage. / This part completes and concludes the available parts 1–3. Details, also about subscription, on inquiry.

Ent. Abh. Mus. Tierk. Dresden Band 43 1979

Verantwortlicher Redakteur: Dr. RAINER EMMRICH

Staatliches Museum für Tierkunde Dresden

DDR – 8010 Dresden, Augustusstraße 2

Genehmigt zum Druck: J 78/79

Klischees: Graphischer Großbetrieb „Völkerfreundschaft" Dresden

Satz u. Druck: Graphische Werkstätten Zittau-Görlitz, Betrieb VII

Oberlausitzdruck Großschönau III-28-2

Oberkonservator Richard Grämer – 75 Jahre

Seit 33 Jahren wirkt Richard GRÄMER als Oberkonservator am Staatlichen Museum für Tierkunde Dresden. Er hat in dieser Zeit als Betreuer eines Teiles der Coleopterensammlung gewirkt. Der Neuaufbau dieser Kollektion, die den vielfachen Umfang der nach 1945 noch vorhandenen Bestände hat, erforderte neben Sorgfalt und unendlicher Geduld auch eine große und umfassende Sachkenntnis. Richard GRÄMER hat sich diese Voraussetzungen als Autodidakt erworben. Als gelernter Schriftsetzer war er zwanzig Jahre im Beruf tätig, bis er nach seiner Rückkehr aus englischer Kriegsgefangenschaft 1947 Mitarbeiter unseres Museums wurde. Schon als junger Mann hatten die Insekten sein besonderes Interesse gefunden, so daß er sogar ein Jahr am Dresdener Zoo das Insektarium betreute. Nach seinem Eintritt als entomologischer Konservator in das Dresdener Museum begann er auch in Vorträgen und Publikationen zoologische und ganz speziell entomologische Themen zu behandeln. Dem Nachwuchs widmete sich Richard GRÄMER mit viel Liebe zur Sache. Seit 1965 leitet er die Dresdener Entomologen-Fachgruppe des Kulturbundes der DDR, eine Tätigkeit, die, wie auch sein gesellschaftlicher Einsatz in Dresden, mit ehrenden Auszeichnungen anerkannt wurde. Seine politische Haltung, die auch heute noch von so jugendfrischem Elan beseelt ist wie vor Jahrzehnten, führte zu Repressalien der Faschisten, die ihn unter anderem in eines der ersten und berüchtigtsten Konzentrationslager, nach Hohnstein, verschleppten.

Während der schweren Aufbaujahre nach dem Kriege setzte Richard GRÄMER seine ganze Kraft für unser Museum ein. Neben seiner konservatorischen Arbeit war er mit Rat und Tat zur Stelle, wo es Probleme gab, und es waren deren nicht wenige. Beim Aufbau der fünf Reihen unserer wissenschaftlichen Publikationen wirkte er jahrelang als Korrektor mit. Seine Kenntnisse als Schriftsetzer waren dem Museum beim Druck der vielen nötig werdenden Etiketten und der Beschriftungen für die Ausstellungen von großem Nutzen.

Am 5. I. 1980 vollendete unser verdienter Kollege sein 75. Lebensjahr und blickt auf ein reiches und erfülltes Wirken zurück. Ihm gelten unser Dank und unsere herzlichen Wünsche für noch viele gesunde und lebensfrohe Jahre.

RÜDIGER KRAUSE — ROLF HERTEL

ENTOMOLOGISCHE ABHANDLUNGEN
STAATLICHES MUSEUM FÜR TIERKUNDE IN DRESDEN

Band 43 Ausgegeben: 5. Mai 1980 Nr. 1

Das abdominale Duftorgan der Zygaenen-Männchen

(Lepidoptera, Zygaenidae)

Teil I: Freilandbeobachtungen, morphologische und histologische Untersuchungen an einigen europäischen Arten der Gattung Zygaena FABRICIUS, 1775

Mit 33 Abbildungen

PETER KAMES
Bad Frankenhausen

Einleitung

Im Sommer 1964 beobachtete ich an balzenden Zygaenen-Männchen die Betätigung eines großen Duftorgans, das in der letzten Intersegmentalfalte des Abdomens liegt und aus einem dorsalen Drüsenfeld sowie zwei lateralen Dufthaarbüscheln zusammengesetzt ist. Auffällige, artspezifische Unterschiede im Aussehen der Dufthaarbüschel einiger zufällig verfügbarer Zygaenen-Arten (KAMES 1966) gaben damals den Anlaß zu der Vermutung, daß dieses Duftorgan seit langem bekannt sei und die Aufmerksamkeit der Zygaenen-Spezialisten erweckt habe. Das war aber bis dahin nicht der Fall, wie Anfragen bei den Herren Dr. ALBERTI (Göttingen), Dr. URBAHN (Zehdenick), Dr. FORSTER, Dr. DIERL, DANIEL und SHELJUZHKO (alle München) ergaben. Auch in den zahlreichen Arbeiten über die Duftorgane der Schmetterlinge, in der umfangreichen Literatur über die Zygaenen, in den allgemein bekannten Bestimmungswerken oder in den Monographien über den Bau, die Physiologie und die Lebensweise der Schmetterlinge bzw. Insekten fand ich nirgends einen Hinweis auf das abdominale Duftorgan männlicher Zygaenen. Nur Dr. ALBERTI, dem ich damals erste Fotografien von entfalteten Duftorganen einiger Zygaenen-Arten zeigte, hatte die zugehörigen Dufthaarbüschel bei der Anfertigung mazerierter Genitalpräparate schon gesehen, aber nicht weiter beachtet, da sie bei den von ihm näher untersuchten Männchen der *transalpina*-Artengruppe „immer nur gelblich aussahen" und deshalb zur Artbestimmung nicht geeignet waren (briefl. Mitt.). Ebenso wie die anderen genannten Entomologen riet er mir zu weiterführenden Untersuchungen und zur Veröffentlichung der Befunde, da auch er es für sicher hielt, daß über ein abdominales Duftorgan der Zygaenen-Männchen noch niemand etwas publiziert hat.

Seitdem konnte ich dieses Organ bei den meisten mitteleuropäischen und bei einigen anderen Zygaenen-Arten vergleichend morphologisch, teils auch histologisch untersuchen. Für histologische Schnittpräparate, die zum Nachweis des Vorhandenseins oder auch des Fehlens des speziellen Drüsenfeldes (bzw. des Duftorgans überhaupt) unerläßlich sind, standen mir nur von den häufigeren, einheimischen Arten lebendfrische Falter in ausreichender Anzahl zur Verfügung. Bei einigen selteneren, lokalen oder außereuropäischen Arten konnte ich das Duftorgan bisher nur äußerlich und oft erst nach Mazeration getrockneter Sammlungsexemplare untersuchen.

Schon wegen dieser Einschränkungen können die bei Zygaenen komplizierten phylogenetischen und taxonomischen Probleme hier nicht ausführlich erörtert, sondern nur in einigen Punkten berührt werden. Ziel dieser Veröffentlichung soll es vielmehr sein, auf das Vorhandensein und die Funktionsweise eines abdominalen Duftorgans männlicher Zygaenen nochmals hinzuweisen, bisher unerkannt gebliebene morphologisch-anatomische Unterschiede zwischen einzelnen Arten und Artengruppen des Genus *Zygaena* vorzustellen und weiterführende Untersuchungen einzuleiten. Durch die Schilderung der Freilandbeobachtungen möchte ich gezieltere, verhaltensbiologische Experimente anregen, für welche die Zygaenen besonders gut geeignet sein dürften, da sie vielerorts häufig sind, einen starken Paarungstrieb haben und als große, tagaktive Insekten leicht beobachtet werden können; auch kann man unbegattete Lockweibchen mühelos durch das Einsammeln der oft weithin sichtbaren Puppen erlangen.

Meine anfangs zufälligen Beobachtungen zeigen einmal mehr, daß es sogar bei solchen Insektengruppen, die als gründlichst untersucht gelten, immer noch etwas Neues, vielleicht sogar Bedeutsames zu entdecken gibt, wenn man ihre Lebensäußerungen im Freiland bewußter als bisher studiert.

Ich widme diese Veröffentlichung Herrn Dr. phil. ERNST URBAHN in Zehdenick a. d. Havel, der mit seiner Dissertation über Duftorgane bei weiblichen Schmetterlingen (1913) so manche weitere Arbeit auf diesem Gebiet – auch die vorliegende – gefördert hat und uns Jüngere durch sein unermüdliches Schaffen alljährlich aufs neue für die Entomologie begeistert, anläßlich der Vollendung seines 91. Lebensjahres.

Freilandbeobachtungen

Anfang Juli 1964 fand ich am Südhang des Stadtforstes Halle (S.) über dem Nordende des Bruchfeldsees eine große Puppe von *Zygaena ephialtes* L., aus der am 13. Juli ein stattliches Weibchen der f. *peucedani* schlüpfte. Dieses Tier brachte ich am Nachmittag des nächsten Tages an den Fundort zurück. Bevor ich es wieder aussetzte, suchte ich das Gelände sorgfältig nach einem Männchen ab, mit dem eine Paarung herbeigeführt und der Fortbestand dieser kleinen, sehr isolierten Population gesichert werden könnte.

Nachdem ich die Bestände der Bunten Kronwicke zwischen schütterem Gebüsch und den oberen Teil des Hanges eine halbe Stunde lang vergeblich abgesucht hatte, fing ich ein abgeflogenes *ephialtes*-Männchen, das – anscheinend ein Weibchen suchend – in 2–3 m Höhe rastlos über dem Hang hin- und herschwirrte. Von weiteren Männchen war auch jetzt weit und breit nichts zu sehen. Dieses Männchen wurde in ein Einweckglas gesetzt, wo das Weibchen seit 24 Stunden an einem Grashalm ruhte, aber das Männchen flog 10 Minuten lang wild im Glas umher, ohne sich wie gewünscht um das Weibchen zu bemühen. Das Männchen wurde wieder freigelassen, es blieb in der Nähe und flog nun suchend um das Gebüsch.

Inzwischen war es Abend geworden, aber es war noch warm, etwas schwül, und leicht windig. Ich setzte das Weibchen an freistehendes Johanniskraut in der Annahme, daß sich am nächsten Tag doch noch ein Männchen finden werde. Sogleich kam eine erste Überraschung: Binnen einer Minute schwirrten fünf weitere Männchen herbei und umwarben stürmisch das Weibchen; auch das freigelassene Männchen war wieder zur Stelle. Für kurze Zeit wurde auch das offenstehende Glas angeflogen. Die Erklärung ist einfach: Im Glas hatte das Weibchen schon längere Zeit seinen Sexualduftstoff (ein Pheromon) ausgeströmt und so auf engem Raum zwar eine hohe Konzentration, aber nicht das richtungweisende Konzentrationsgefälle dieses Stoffes erzeugt; dadurch war das gefangene Männchen in höchste Erregung geraten, ohne aber das Weibchen mit dem Geruchssinn durch simultane Differenzwahrnehmung orten zu können. Als beide Tiere freigesetzt wurden, entströmte dem Glas sicherlich eine ungewöhnlich konzentrierte Wolke jenes Pheromons, was weitere Männchen aus größerer Entfernung herbeilockte. Das nun entstandene Konzentrationsgefälle des Duftstoffes ermöglichte eine rasche Ortung des Weibchens.

Bei der weiteren Beobachtung jener Tiere folgte eine zweite Überraschung: Bei einem der anfliegenden Männchen bemerkte ich am Hinterleib für einen Moment ein federähnliches Gebilde, das im schrägen Abendsonnenschein weißlich aufglänzte. Zuerst glaubte ich an eine Täuschung, doch dann sah ich bei demselben Männchen, das sich neben dem Weibchen niedergelassen hatte und dieses heftig schwirrend bedrängte, einen Augenblick lang wieder so ein helles „Federchen", das gleich wieder verschwand und dann nochmals für vielleicht zwei Sekunden erschien. Dieses zarte Gebilde zeigte sich beiderseits über und vor den leicht gespreizten Valven, es schien also paarig zu sein. Bei diesem Balzvorgang, um den es sich zweifellos handelte, wurde das männliche Abdomen dem Weibchen zugewendet und, solange die weißlichen „Federchen" sichtbar blieben, unter leichter Verkürzung ein wenig in die Höhe gekrümmt. Nun wurde auch das Weibchen unruhig – offenbar war es „in den Erregungskreis eingeklinkt" (SCHWINCK 1954) – und es begann unter Flügelschwirren an der Staude umherzuklettern, dabei immer vom Männchen verfolgt. Nach einigen Minuten war die Paarung vollzogen, und die beiden Tierchen kamen in der bekannten Kopulationsstellung der Zygaenen zur Ruhe.

Um nachzusehen, ob andere Zygaenen-Arten auch solche „Federchen" besitzen, und was es überhaupt damit auf sich hat, sammelte ich noch ein paar Männchen von *Z. carniolica* SCOP., *filipendulae* L. und *achilleae* ESP., die am Rande des Hanges auf Blüten saßen.

Eine fast gleiche Balz sah ich einige Tage später auf einem Trockenrasen nahe Halle/Süd bei *Z. carniolica*: Ein Männchen ließ sich dicht vor einem eifrig saugenden, dickleibigen Weibchen auf einer Flockenblume nieder, machte sofort eine Kehrtwendung, so daß sein Hinterleibsende vor die Antennen des Weibchens zu liegen kam, und krümmte das Abdomen unter Verkürzung drei- oder viermal für jeweils zwei bis drei Sekunden ein wenig empor; dabei sprangen wieder zarte „Federchen", diesmal von gelblicher Färbung, seitlich über den Valven aus der hintersten Intersegmentalfalte hervor. Da das Weibchen, das wohl schon begattet war, nicht auf diese Werbung reagierte, flog das Männchen wieder davon.

In den folgenden Jahren sah ich das kurzzeitige, wiederholte Ausspreizen heller, paariger Haarbüschel, um die es sich bei den „Federchen" handelt, in Verbindung mit dem typischen Balzverhalten auch bei den Männchen von *Z. fausta* L. ssp. *agilis* REISS an der Kunitzburg bei Jena, bei *Z. transalpina* ESP. ssp. *hippocrepidis* HB. am Kyffhäuser, und mehrmals wieder bei *Z. carniolica* SCOP. ssp. *modesta* BGFF. nahe Halle (S.) und Bad Frankenhausen.

Deutlich anders, d. h. ohne sichtliche Balz, wird die Paarung bei *Z. achilleae* eingeleitet, wie ich 1965 an einigen aus Halleschen Raupen gezogenen Faltern beobachtete: Ein Männchen und einige Weibchen, die frühmorgens geschlüpft waren und bis zum Abend getrennt in Gläsern dunkel gestanden hatten, begannen in hellem Lampenlicht unruhig an den Gläsern und auf dem Tisch umherzulaufen. Nach wenigen Augenblicken versuchte das Männchen, eines der Weibchen im Lauf ohne Umschweife einfach von der Seite her zu kopulieren, was auch bald gelang. Obwohl beim Versuch, das Weibchen mit weitgeöffneten Valven zu ergreifen, zeitweilig alle Intersegmentalhäute des lang ausgestreckten männlichen Abdomens sichtbar wurden, erschienen vor den Valven keine zarten „Federchen".

Die Erklärung für das andere Verhalten der paarungswilligen *achilleae*-Männchen fand ich bei den genaueren äußeren und den histologischen Untersuchungen der Abdomina.

Entfaltung des Duftorgans an lebendfrischen Faltern, Herstellung von Trocken- und Mazerationspräparaten

Wie aus dem Schrifttum hervorgeht, werden die Haar- oder Schuppenbüschel abdominaler Duftorgane, teils auch die dufterzeugenden Drüsenfelder durch intraabdominale

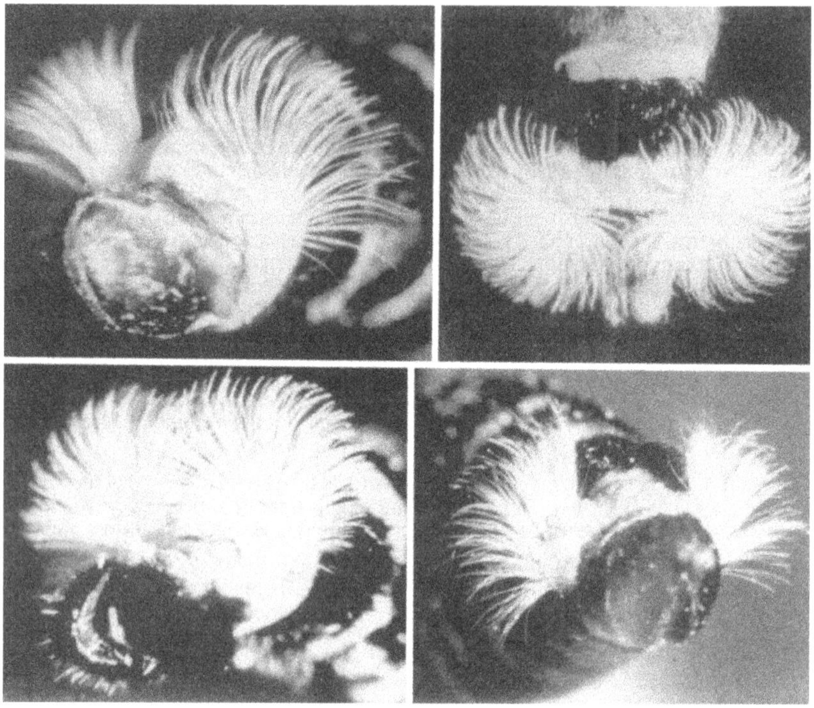

Abb. 1–4. Voll entfaltete Duftorgane, Frischpräparate.
1 (links oben): *Zygaena ephialtes* L. f *peucedani* ESP. – 2 (rechts oben): *Z. fausta* L. ssp. *agilis* REISS – 3 (links unten): *Z. carniolica* SCOP. ssp. *modesta* BGFF. – 4 (rechts unten): *Z. transalpina* ESP. ssp. *hippocrepidis* HB.

Drucksteigerung ausgespreizt bzw. ausgestülpt, dann aber beim Erschlaffen des Abdomens durch die Elastizität ihrer Ursprungsstelle, teils wohl auch durch spezielle Muskeln wieder eingezogen. Dementsprechend ließ sich das Duftorgan durch Kompression wie auch durch Luft-Insufflation des Abdomens entfalten und als Trockenpräparat darstellen:

Die Schmetterlinge wurden mit Essigäther-(Äthylazetat)-Dämpfen getötet und wie üblich genadelt. Sie wurden so auf eine Unterlage gesteckt, daß der Hinterleib auf eine Glasplatte zu liegen kam und die Flügel nach vorn unten abgespreizt waren. Unter dem Präpariermikroskop (SM XX Zeiß, Jena) wurde der Genitalapparat mit feinen Pinzetten so weit wie möglich nach kaudal hervorgezogen. Dadurch ließ sich die letzte, vom 8. Abdominalsegment zum Genitale überleitende Intersegmentalfalte meist nur ventral völlig öffnen; dorsal und lateral blieb sie aber meist noch weitgehend eingefaltet, da sie dort bei fast allen von mir untersuchten Arten als eine tiefe Tasche weit nach vorn unter den dorsalen Teil des 8. Segments reicht. Von paarigen Duftbüscheln war dann oft noch nichts zu sehen. Erst, als ich die vorderen Segmente mit einem Glasstab oder durch sukzessives Abschnüren mit einem Faden komprimierte, krempelte sich auch der dorsolaterale Teil der letzten Intersegmentalfalte aus; dabei sprangen links und rechts vor dem Tegumen die erwarteten Bündel langer und zarter, seidig schimmernder Haare bzw. Schuppen plötzlich hervor. Diese Dufthaar- und Duftschuppenbündel entspringen in einem engumgrenzten, lateralen Bezirk der Intersegmentalhaut unmittelbar vor dem am weitesten seitlich liegenden Teil des Tegumens und haben bei verschiedenen Arten zum Teil ein ganz verschiedenes Aussehen, wie noch gezeigt wird. Wurde das Abdomen von vorn her

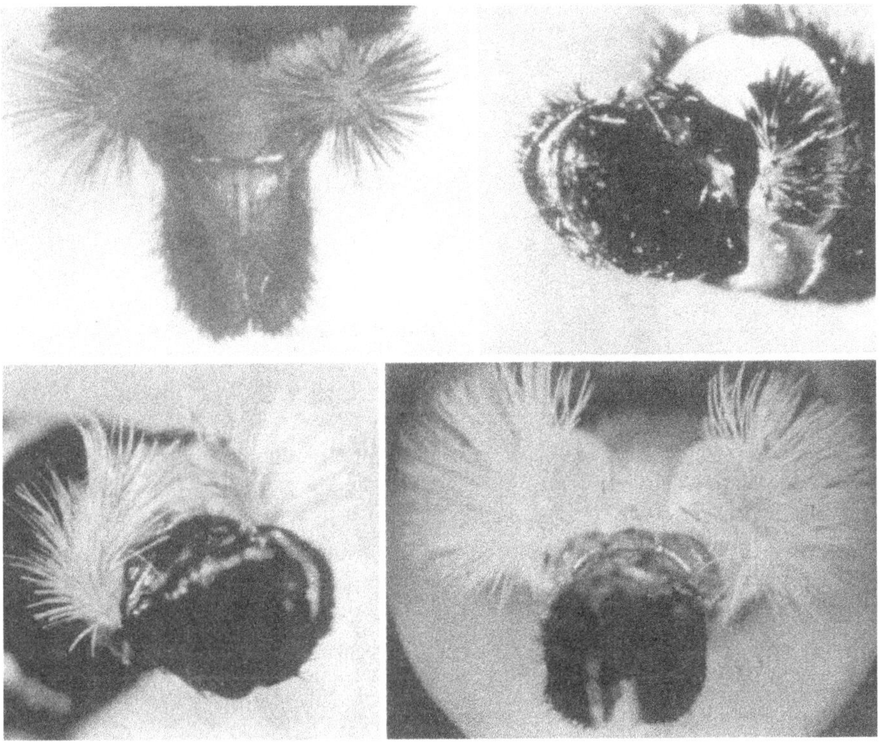

Abb. 5–8. Voll entfaltete Duftorgane, Frischpräparate.
5 (links oben): *Zygaena filipendulae* L. ssp. *germanica* REISS – 6 (rechts oben): *Z. achilleae* ESP. (Duftorgan fehlt!) – 7 (links unten): *Z. meliloti* ESP. – 8 (rechts unten): *Z. meliloti* ESP. (Vergröß. Abb. 1–8: 20×, im Druck 15×)

stärker komprimiert, so richteten sich die zuerst dichtgebündelten Haare nach dorsal auf, und bei weiterer Drucksteigerung wurden sie bei den meisten Arten zu zwei zarten Fächern, den im Freiland beobachteten „Federchen", seitlich ausgespreizt. Bei starker Kompression des Abdomens ließen sich die Ursprungsstellen der beiden Haarbüschel bei den meisten von mir untersuchten Arten – mit Ausnahme von *Z. achilleae* ESP. und *Z. armena* EVERSM. ssp. *dombaiensis* ALB. – seitlich zu halbkugeligen oder mehr wulstförmigen Blasen aufblähen, auf denen sich die Haare bzw. Duftschuppen nach allen Seiten hin zu zwei zarten, einer Chrysantheme ähnlichen Bäuschen ausbreiteten (Abb. 1–5, 7–8). Ließ ich den Druck nach, so verschwanden die seitlichen Blasen. Die Haare legten sich erst wieder zu Fächern, dann zu dichten Bündeln nach dorsomedial vor dem Tegumen zusammen; dabei drehten sie sich so, daß ihre oft etwas schraubig gebogenen Spitzen nach hinten wiesen und auf den basalen Teil des Uncus zu liegen kamen. Bei manchen Arten erwiesen sich die Haare als so lang, daß sich die Spitzen in der Mittellinie aneinanderlegten oder von beiden Seiten her ineinander verschränkten. Gab ich das Abdomen wieder frei, dann verschwanden die beiden Haarbündel mit der sich einstülpenden Dufttasche unter dem 8. Segment, während sich die Abdominalsegmente und das Genitale wieder teleskopartig ineinander schoben. Dieses Spiel konnte wiederholt werden, doch verschwanden dann die Haarbüschel wegen der Gewebsüberdehnung bald nicht mehr völlig in der letzten Intersegmentalfalte.

Die Abbildungen 1–3, 5–8 zeigen Dufthaarbüschel und Intersegmentalfalten, die durch

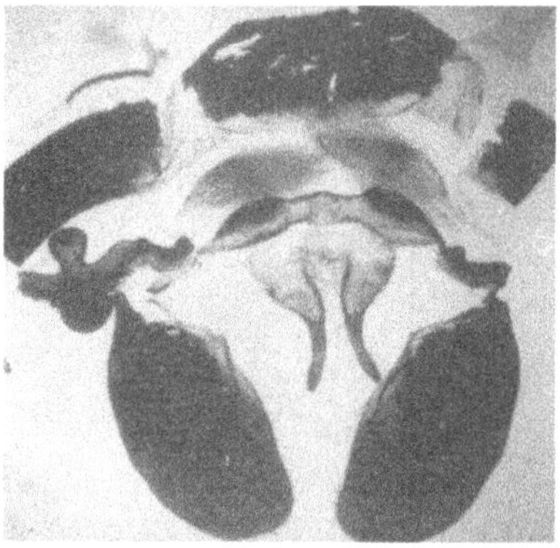

Abb. 9. *Zygaena meliloti* ESP., eingebettetes Dauerpräparat.

starkes Ein- und Abschnüren des vorderen Abdomenteils weitgehend oder maximal entfaltet worden sind. Nach dem Eintrocknen bleiben die Haare meist noch so weit ausgespreizt, daß man sie gut untersuchen kann.

Weniger deformierend, aber umständlicher ist die Insufflation der Abdomina mit Hilfe eines aufgeblasenen Luftballons, eine Methode, die spannungsfähige Falter mit dauernd entfaltetem Duftorgan liefert (Abb. 4):

Am frisch getöteten, genadelten Falter wird von ventral eine mittelstarke Injektionskanüle kaudalwärts in den vorderen Abdomenteil eingestochen. Der Einstich wird mit ein wenig Zelluloseleim (Fakuzell), den man antrocknen läßt, abgedichtet. Nun setzt man einen Kanülenkonus mit Hahn, wie er für Bluttransfusionen verwendet wird, an die Kanüle und bläst das Abdomen mit Hilfe einer straff gehenden Injektionsspritze (10 cm^3) mit trockener Luft bis zum völligen Ausspreizen des Duftorgans auf; dieser Vorgang wird durch vorsichtiges Hervorziehen des Genitalapparats unterstützt. Nach Schließen des Konus-Hahns wird die Spritze abgenommen. An ihre Stelle setzt man nun einen mit trockener Luft (Luftpumpe) mäßig aufgeblasenen Kinder-Luftballon, in dessen Hals ein zweiter Hahnkonus eingebunden wurde. Beim Öffnen beider Hähne verhindert der im Ballon herrschende Druck ein Zusammenfallen des aufgeblähten Abdomens. Da der Hinterleib Luft entweichen läßt, muß der Ballon nach einigen Stunden nochmals aufgeblasen und neu angesetzt werden. Bei dieser Prozedur hängt man das Ganze irgendwo

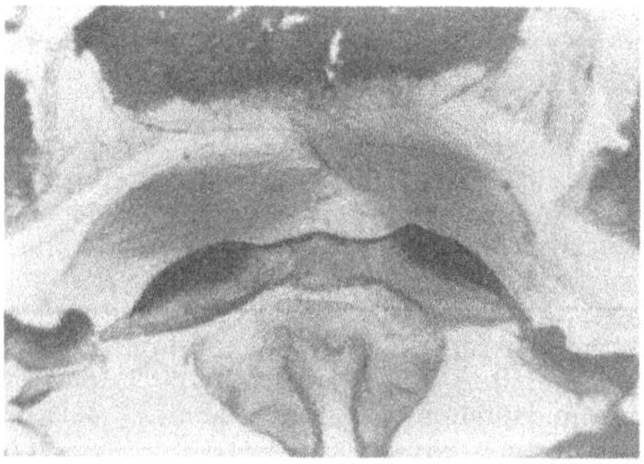

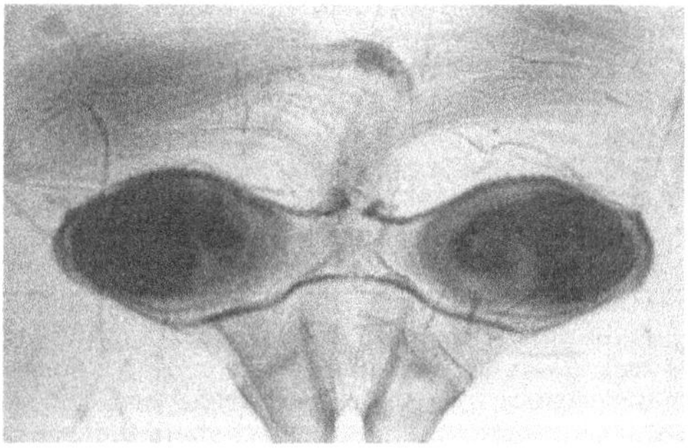

Abb. 10+11. Eingebettete Dauerpräparate.
10 (links): *Zygaena meliloti* ESP. (vgl. Abb. 9) – 11 (rechts): *Z. carniolica* SCOP. ssp. *modesta* BGFF.

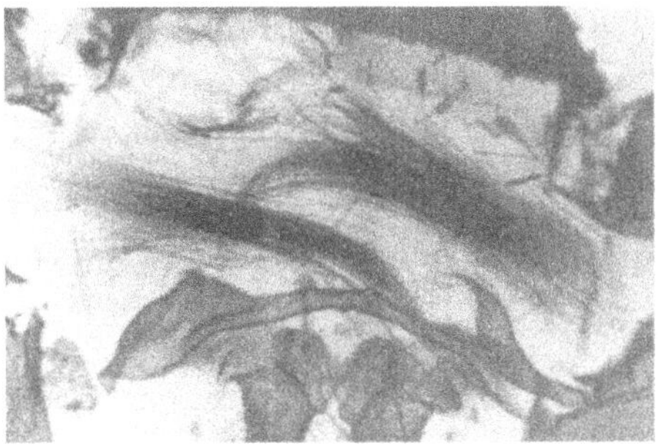
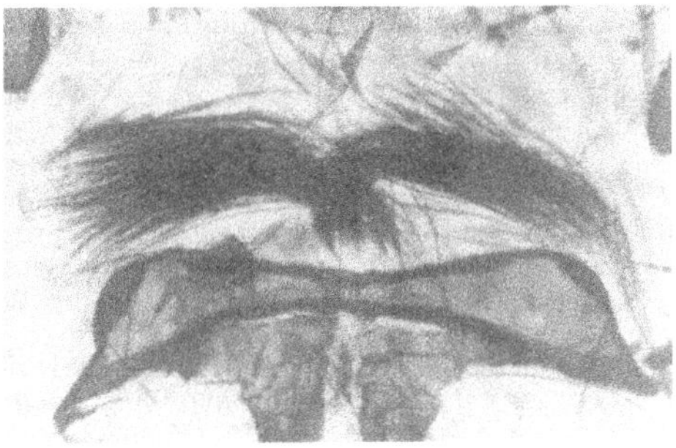

Abb. 12+13. Eingebettete Dauerpräparate.
12 (links): *Zygaena transalpina* ESP. ssp. *hippocrepidis* HB. – 13 (rechts): *Z. lonicerae* SCHEV.

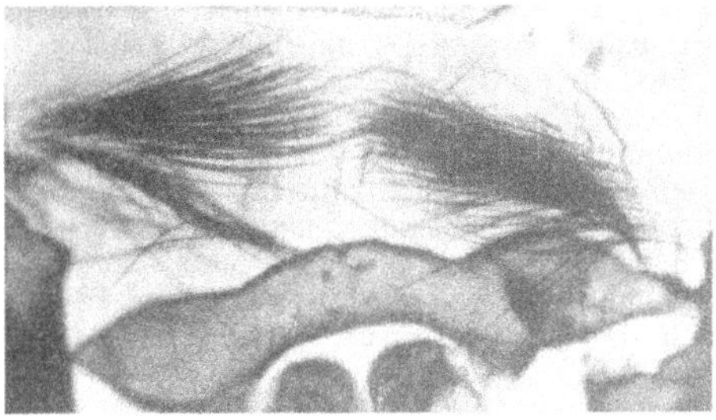
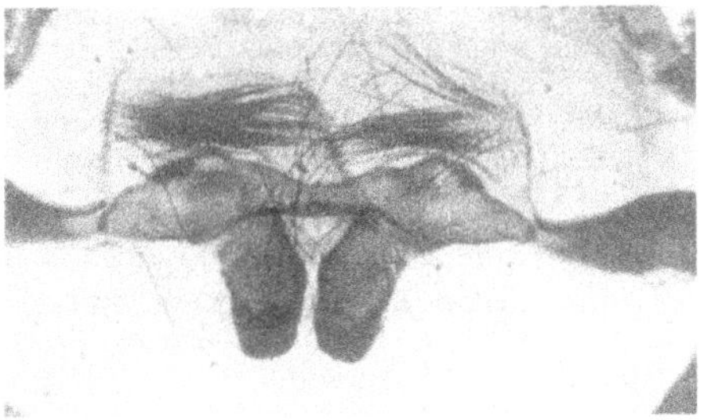

Abb. 14+15. Eingebettete Dauerpräparate.
14 (links): *Zygaena purpuralis* BRÜNN. – 15 (rechts): *Z. scabiosae* SCHEV.

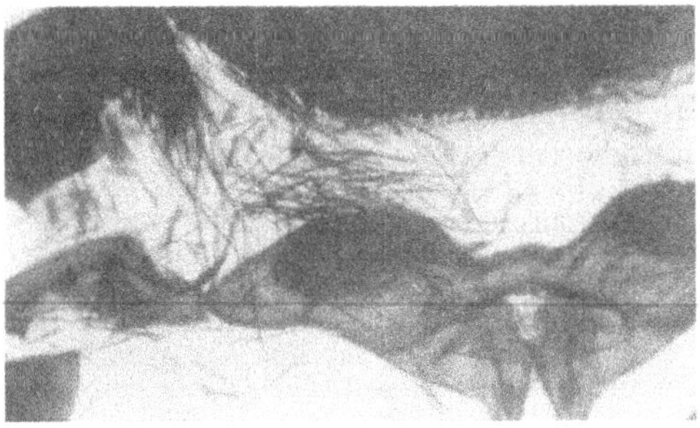

Abb. 16. *Zygaena achilleae* ESP., eingebettetes Dauerpräparat.
(Vergröß. Abb. 9–16: 45×, im Druck ca. 30×)

geschützt auf. Nach 24 Stunden ist das Abdomen so weit getrocknet, daß das Duftorgan auch ohne blähende Apparatur entfaltet bleibt. Auch Raupenbälge kann man in dieser Weise „blasen“, nachdem man die Kanüle in den Enddarm eingebunden hatte.

Damit der Falter normal gespannt werden kann, träufelt man durch die noch liegende Kanüle ein paar Tropfen Wasser in den kopfunten hängenden Falter. Danach wird der Einstich mit wenig Wasser wieder aufgeweicht und das Abdomen vorsichtig von der Kanüle heruntergeschoben. Nach dem Aneinanderdrücken der Einstichränder wird das Tier wie üblich gespannt.

Bei trockenen Sammlungsexemplaren lassen sich Dufthaarbüschel und letzte Intersegmentalfalte erst nach ausreichender Mazeration der Abdomina mit verdünnter, kochender Kalilauge darstellen:

Der abgeschnittene, hintere Abdomenteil wird mit etwa 5%iger Kalilauge durch Aufkochen so weit mazeriert, daß der Leibesinhalt leicht entfernt, die letzte Intersegmentalfalte geöffnet und das Genitale gespreizt werden kann. Bei derart schonendem Vorgehen behalten die Dufthaare und -schuppen ihre natürliche Färbung, doch werden helle Dufthaare durch Verlust ihres Luftinhalts in der Flüssigkeit etwas dunkler. Am mazerierten Abdomen wird das Genitale zunächst nur so weit hervorgezogen, daß die letzte Intersegmentalfalte noch weitgehend geschlossen bleibt. Will man die nur wenig erweichten Teile des Genitalskeletts, den davor liegenden Duftapparat und das letzte Sternit sowie Tergit für die Einbettung in eine Ebene bringen, so schneidet man das Vinculum sowie die verbliebenen Sternite dicht neben der Mittellinie ventral mit einer feinen Schere durch (es kommt ja nicht darauf an, ein klassisches Genitalpräparat herzustellen!). Nun wird der Aedoeagus mit seinen sklerotisierten Anhängen aus dem Präparat gelöst. Erst danach zieht man die Abdominalsegmente so weit nach vorn, daß auch die letzte, tiefe Intersegmentalfalte dorsal völlig geöffnet wird und die dichtgebündelten Dufthaare beiderseits gänzlich frei liegen. Dabei und bei der weiteren Präparation ist größte Vorsicht geboten, weil die Dufthaare und -schuppen jetzt sehr locker sitzen und in der Flüssigkeit nur allzu leicht einzeln oder im Bündel davonschwimmen. Deshalb präpariert man am besten von Anfang an auf dem Objektträger oder Deckglas, auf dem das Dauerpräparat eingebettet werden soll. Sind alle Teile so in eine Ebene gebracht, daß die letzte Intersegmentalfalte mit den Duftbüscheln zwischen dem Tegumen und dem Tergit des 8. Segments völlig ausgebreitet ist, so wird das Präparat von der Seite her durch Aufträufeln von Äthanol zunehmender Konzentration fixiert und wasserfrei gemacht. Nachdem man es mit Xylol durchtränkt hat, läßt man einen Tropfen von leichtflüssig gemachtem Cedax oder Kanadabalsam sich auf dem Präparat ausbreiten und bei waagerechter Lagerung für einige Tage staubfrei antrocknen. Dadurch wird erreicht, daß die Dufthaare bei der späteren Endeinbettung in ihrer normalen Position verbleiben und nicht im zähflüssigen Einschlußmittel davonfließen.

Die Abbildungen 9–15 zeigen die als Dauerpräparat eingebetteten Dufthaarbüschel einiger Zygaenen-Arten mit den angrenzenden Abdomenteilen.

Die räumlichen und Größenverhältnisse im Bereich des Duftorgans werden besonders klar sichtbar, wenn man das mazerierte Abdomen und das Genitale durch das Aufziehen auf einen kleinen Paraffinzapfen entfaltet:

Um den Zapfen herzustellen, schneidet man ein etwa 10×20 mm großes Blättchen aus weißem, starkem Papier auf einer Seite spitz dreieckig zu. Diese Spitze wird zu einem konischen Zapfen zusammengekniffт, mit geschmolzenem Paraffin (brennende Stearinkerze) durchtränkt, mit den Fingern auf einen zum Balg passenden, spitzen Kegel geformt und gut geglättet. Der mazerierte Balg und der Genitalring bleiben ventral unzerschnitten. Nachdem man den Aedoeagus mit Lamina dorsalis und Lamina ventralis unter Wasser vorsichtig, d. h. ohne die letzte Intersegmentalfalte zu öffnen oder zu zerreißen, aus dem Genitale gelöst und nach vorn aus dem Präparat herausgezogen hat, schiebt man die Zapfenspitze von vorn her durch den Balg in den Genitalring, der nun als Widerlager dient. Jetzt werden die Abdominalsegmente so weit nach vorn auf den Zapfen gezogen, daß alle häutigen Verbindungen völlig ausgespannt sind, die meist wie eine Pinselspitze zusammenhaltenden, feuchten Dufthaare oder Schuppenbüschel frei liegen und die Valven seitlich abgespreizt werden. Um die letzte Intersegmentalfalte, auf die es besonders ankommt, bis zum Eintrocknen des Präparates maximal entfaltet zu halten, kann man das Genitale und eines der Tergite mit Minutienstiften auf dem Zapfen feststecken. Schließlich wird der vordere Balgteil auf dem Zapfen mit Fakuzell o. dgl. angeleimt und auch der Aedoeagus auf den Zapfen geklebt. Mit dem freien Blättchenteil kommt das fertige Präparat, das sich beim Trocknen nur wenig verformt und durch Eintauchen in warmes Wasser wieder beliebig aufgefrischt werden kann, an die Falternadel.

Die Abbildungen 17–24 zeigen einige der so hergestellten Duftorgan- und Genitalpräparate einiger Zygaenen-Arten.

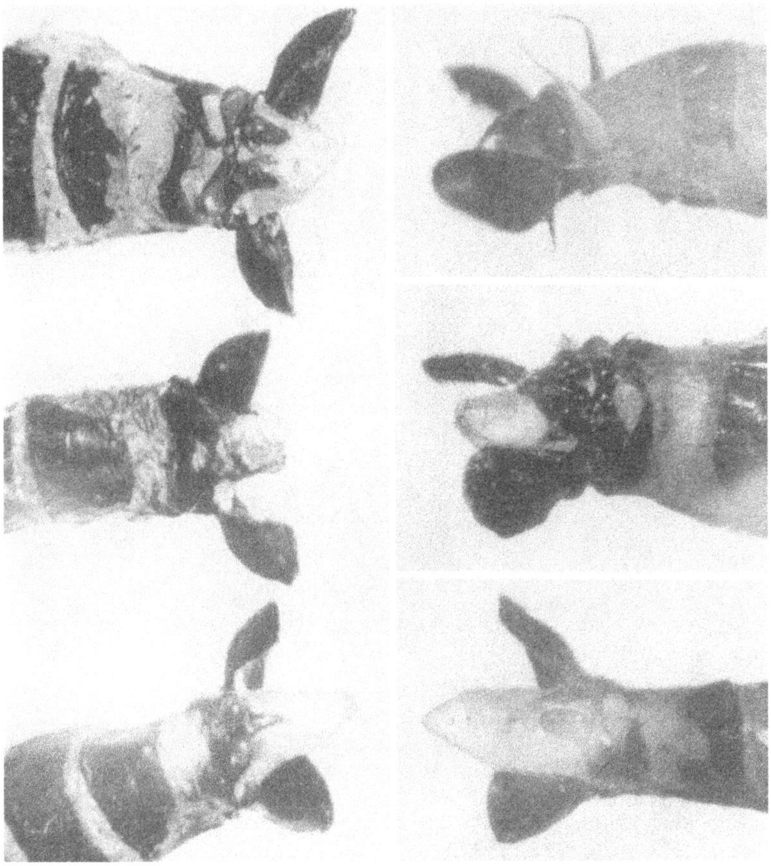

Abb. 17–20. Auf Zapfen gezogene Balgpräparate.
17a (links oben): *Zygaena lonicerae* SCHEV. (mit verkürztem 8. Tergit, erweitertem dorsalen Teil der letzten Intersegmentalhaut und schwarzen Dufthaarbüscheln) – 17b (links Mitte): *Z. anthyllidis* BOISD. (mit langem 8. Tergit und schmaler Intersegmentalhaut) – 17c (links unten): *Z. achilleae* ESP. (mit kräftigem 8. Tergit und schmaler Intersegmentalhaut) – 18 (rechts oben): *Z. carniolica* SCOP. ssp. *modesta* BGFF. – 19 (rechts Mitte): *Z. pimpinellae* GUHN – 20 (rechts unten): *Z. scabiosae* SCHEV.

Histologische Untersuchung des Duftorgans

Für Quer-, Längs- und Horizontalschnitte wurde mindestens je ein in Paraffin eingebettetes, vollständiges Abdomen der verschiedenen Arten verwendet.

Die Schmetterlinge werden mit Essigäther betäubt und sofort in BOUINscher Lösung (in der Modifikation nach DUBOSCQ-BRASIL, s. ROMEIS 1948) überführt. Nach 24 Stunden wurden die Abdomina abgeschnitten und für weitere 24 Stunden in gleicher Lösung fixiert. Nach der üblichen, entwässernden Zwischenbehandlung mit Äthanol und Methylbenzoat (letzteres für 3×2 Stunden) erfolgte die Einbettung über Weichparaffin und ein Gemisch aus Weich- und Hartparaffin in Hartparaffin (58 °C).

Die Präparate wurden mit einem Handkurbel-Mikrotom in Serienschnitte von etwa 10

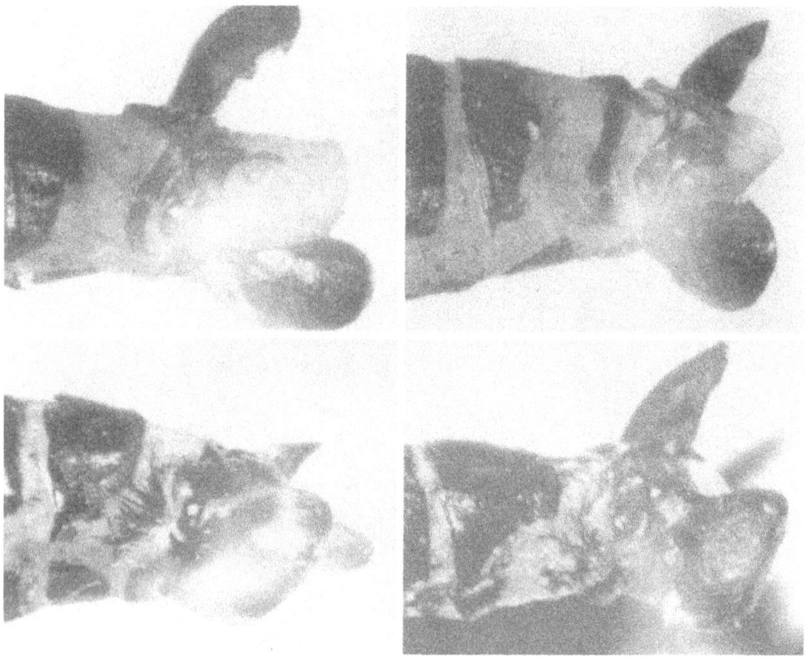

Abb. 21–24. Auf Zapfen gezogene Balgpräparate.
21 (links oben): *Zygaena filipendulae* L. – 22 (rechts oben): *Z. lonicerae* SCHEV. – 23 (links unten): *Z. achilleae* ESP. – 24 (rechts unten): *Z. anthyllidis* BOISD.

(Vergröß. Abb. 17–24: ca. 10×, im Druck ca. 8×)

bis 5 Mikrometern Dicke zerlegt, was für Übersichtszwecke (Nachweis eines Drüsenepithels z. B.) voll ausreichte und auch feinere Zellstrukturen erkennen ließ. Da auf eine stark erweichende Chitin-Behandlung verzichtet werden mußte, brachen beim Schneiden öfter die härtesten Teile, insbesondere des Genitalskelettes, aus, was aber meist nicht störte. Bei einigen Tieren wurden die letzte Intersegmentalfalte und die Duftbüschel vor der Fixierung durch Abschnüren der vorderen Segmente maximal entfaltet und so weiterbehandelt.

Von den Serienschnitten wurden gewöhnlich der erste und zweite, elfte und zwölfte usw., stellenweise auch jeder mit Hilfe von Eiweiß-Glyzerin aufgezogen, wie üblich von Paraffin befreit und nach Äthanol-Zwischenbehandlung mit Ehrlich's Hämatoxylin und Eosin, teils auch nach Heidenhain mit Eisenhämatoxylin gefärbt. Die HE-Färbung ergab die subtileren, auch farblich besser differenzierten Präparate. Diese wurden nach der üblichen Weiterbehandlung mit Cedax und Deckgläsern eingebettet.

Nach dreiwöchigem Trocknen konnten die Präparate betrachtet und unter Verwendung von ORWOCOLOR- bzw. ORWOCHROM-Umkehr-Tageslichtfilm farbig fotografiert werden. Bei den hier abgedruckten Vorlagen handelt es sich überwiegend um Schwarzweißreproduktionen von Farbdiapositiven.

Alle Arbeitsgänge führte ich selbst aus. Der Abteilung für vergleichende Physiologie des Physiologischen Instituts der Martin-Luther-Universität Halle (S.), die mir die Geräte und Chemikalien zur Verfügung stellte, sei auch an dieser Stelle für die technische Assistenz gedankt.

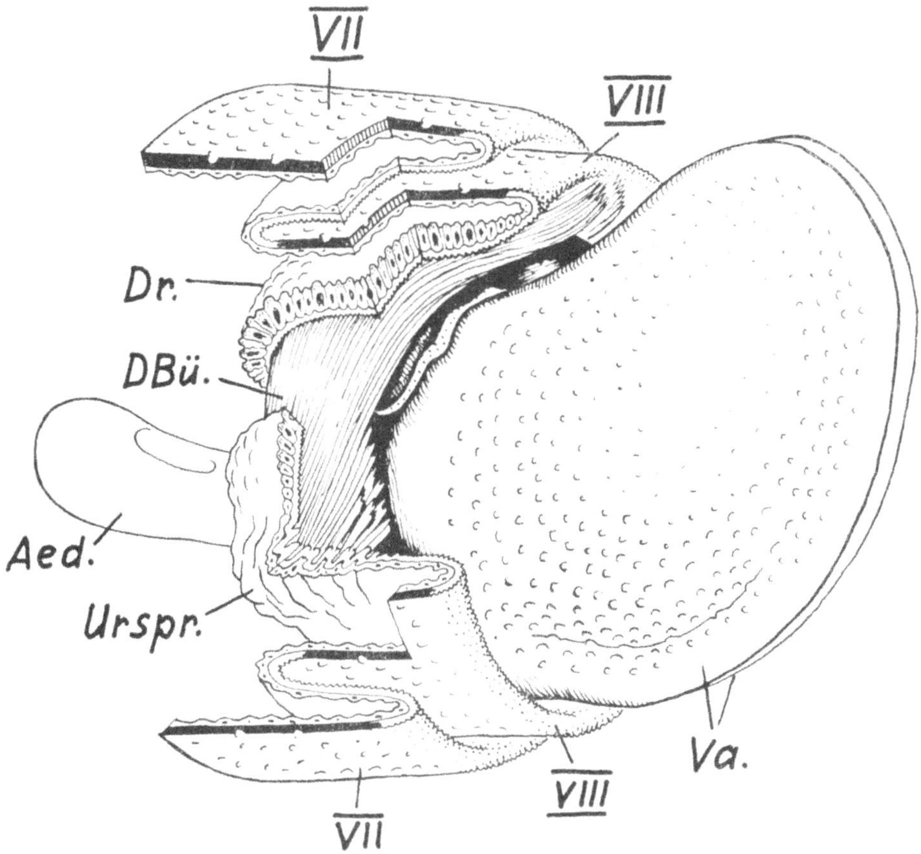

Abb. 25. Halbschematische Darstellung der Lage des Duftorgans zwischen dem VIII. Abdominalsegment und dem Genitalapparat, von links gesehen.
(Dr. = Drüsenepithel, DBü. — Dufthaarbündel bzw. -büschel, Urspr. — Ursprungsstelle der Dufthaare bzw. -schuppen, Aed. = Aedoeagus, Va. = Valven). Original P. Kames

Ergebnisse

An den histologischen Schnitten durch die noch geschlossene letzte Intersegmentalfalte werden die räumlich-funktionellen Beziehungen zwischen einem Drüsenfeld und den Dufthaarbüscheln, zugleich aber auch die funktionell-anatomischen Unterschiede zwischen bestimmten Zygaenen-Arten am deutlichsten sichtbar. Deshalb sollen die Ergebnisse der histologischen Untersuchungen zuerst besprochen werden.

Wegen der Verschachtelung der hinteren Abdomenteile stellen sich die einzelnen Strukturen des 7.–8. Segments und des Genitalapparats von außen nach innen in folgender Schichtung dar (Blockschema Abb. 25, Schnittpräparate Abb. 26–33):

Vom 7. Segment sieht man die (im Blockschema weggelassene) äußere Beschuppung, das sklerotisierte Tergit, den flachzellig-kleinkernigen Zellverband der Epidermis mit seiner

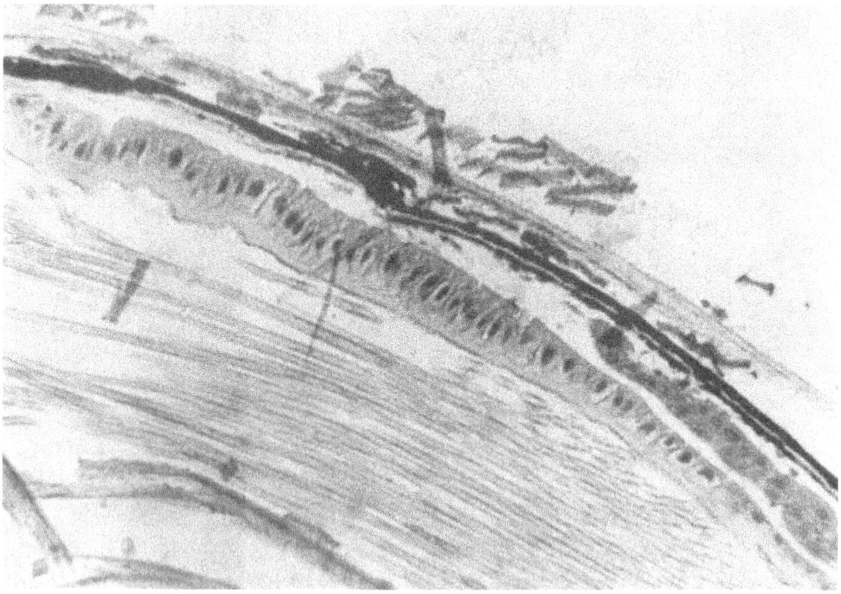

Abb. 26. Querschnitt durch den rechten dorsolateralen Teil des Duftorgans von *Zygaena ephialtes* L. mit Drüsenepithel und Dufthaarbündel (HE-Färbung).

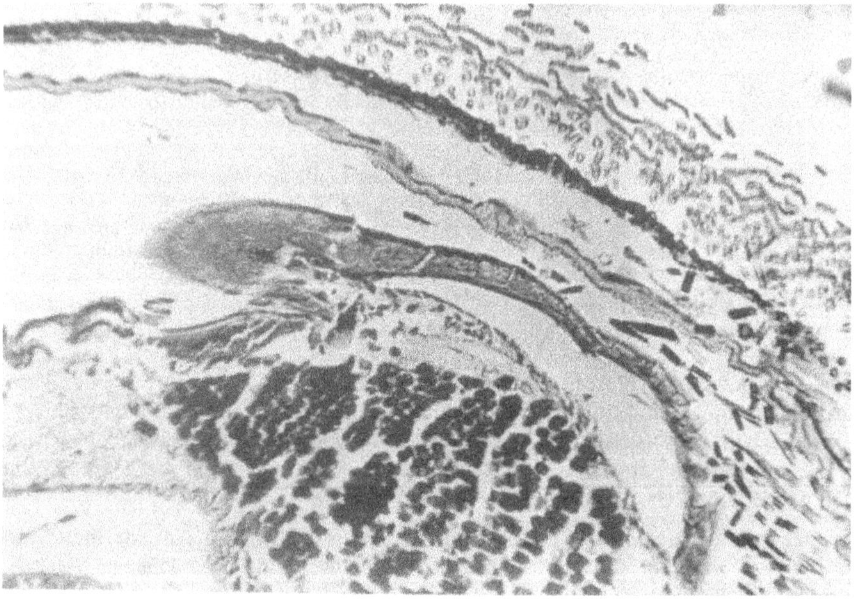

Abb. 27. Gleiche Partie wie in Abb. 26 bei *Zygaena achilleae* ESP.: das Drüsenepithel fehlt, Haare und Schuppen der letzten Intersegmentalfalte bleiben lateral (HE-Färbung).

(Vergröß. Abb. 26+27: ca. 140×, im Druck ca. 100×)

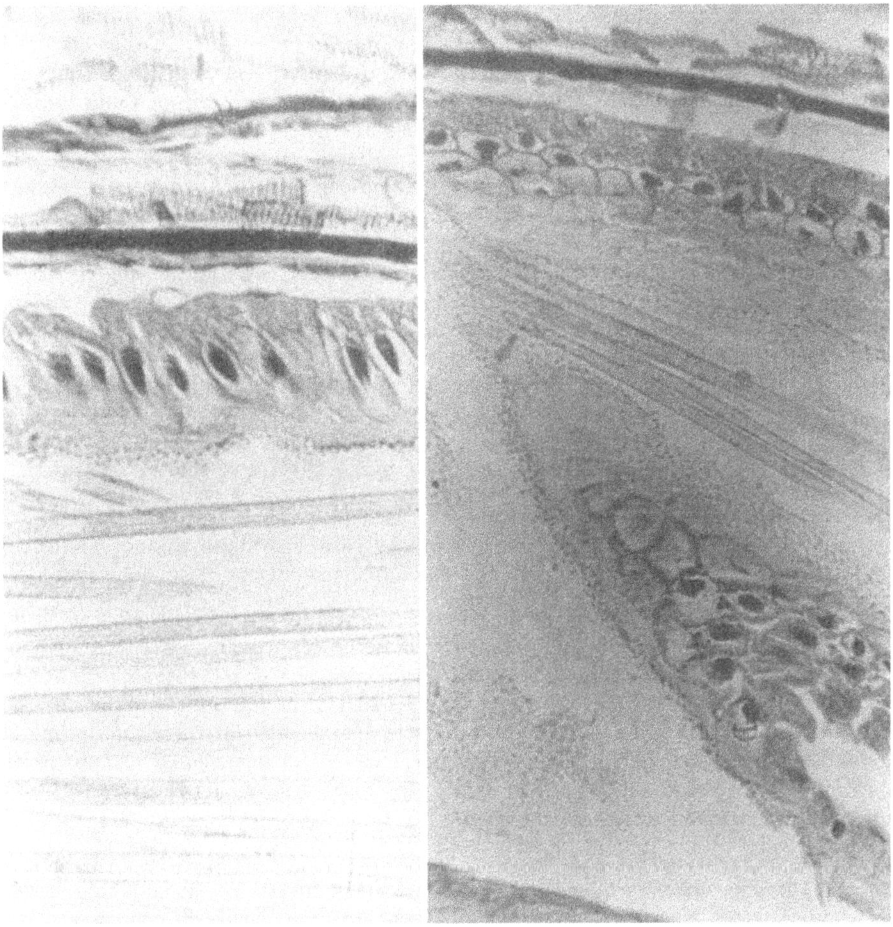

Abb. 28+29. Querschnitt (28, links) bzw. Schräg- bis Flachschnitt (29, rechts) durch den dorsalen Teil des Duftdrüsenepithels bei *Zygaena ephialtes* L. (HE-Färbung).
(Vergröß. Abb. 28+29: ca. 400×, im Druck ca. 285×)

zarten Basalmembran und den optisch leeren Spalt der Leibeshöhle; im Bereich der vorletzten Intersegmentalfalte folgt erst wieder die flachzellige Epidermis-Auskleidung der Leibeshöhle, dann die eingezogene, zarte Intersegmentalhaut mit feingranulierter, nach median weisender Oberfläche. Darunter folgen vom 8. Segment wieder die äußere Beschuppung, das sklerotisierte Tergit, die flachzellig-kleinkernige Epidermis mit Basalmembran und der schmale, meist etwas Fettgewebe enthaltende Spalt der Leibeshöhle im Bereich der Umschlagkante der letzten Intersegmentalfalte. Bis hierhin stimmen alle von mir untersuchten Zygaenen-Arten völlig überein.

Bei der folgenden Schicht, nämlich der tief eingezogenen Intersegmentalhaut zwischen dem 8. Segment und dem Genitale, zeigen sich aber zwischen der Mehrzahl der untersuchten Arten einerseits und Z. *achilleae* ESPER andererseits wesentliche Unterschiede: Bei Z. *ephialtes, transalpina, carniolica, fausta, filipendulae, lonicerae, trifolii, meliloti* und *purpuralis*, die auch sämtlich langhaarige Duftbüschel besitzen, ist diese Intersegmentalhaut fast in ihrem gesamten dorsalen Abschnitt mit einem durchgehenden einschichtig-hochprismatischen Drüsenepithel ausgekleidet, das alle Zeichen einer nach außen durch die Cuticula gerichteten sekretorischen Aktivität aufweist (Abb. 26, 28–29, 33): Die einzelnen, dicht nebeneinanderstehenden Zellen, die von der Leibeshöhle durch eine glasige Basalmembran getrennt sind und sich so als Abkömmlinge des Ektodermblattes zu erkennen geben, haben einen großen, manchmal sehr locker strukturierten Kern mit einzelnen, fast bis zur Cuticula reichenden Zipfeln; der basale Zellteil erscheint dicht fädig bis schaumig, die Umgebung des Zellkerns ist zartwabig oder glasig aufgehellt, und der äußere Zellteil, der in die Cuticula der Intersegmentalhaut buchtig eingesenkt ist, weist eine eben noch erkennbare, etwa senkrechte Streifenstruktur auf. Die Basalmembran dieses Drüsenfeldes ist stellenweise zu einzelnen ringförmigen Anschnitten trachealer Endverzweigungen erweitert. Die Cuticula der Intersegmentalhaut hat in diesem Bereich die gleiche Struktur wie an den vorderen Segmenten und weist weder erkennbare Porenkanäle noch Ausführungsgänge irgendwelcher anderer Drüsen auf.

Nach den Seiten hin flacht sich das hochzellige Drüsenepithel ab, und im lateralen Teil der Intersegmentalhaut wird es dort, wo die Dufthaarbüschel entspringen, durch sekretorisch inaktive, kompakte Haarbildungszellen und Balgzellen ersetzt.

In dieser lateralen Partie ist die Cuticula etwas verdickt und eng gefältelt. Hier entspringen die langen, zarten Dufthaare auf den Falten in tiefen, leicht kolbig erweiterten Alveolen. Die Haare füllen bei diesen Arten den Raum zwischen dem Drüsenfeld und dem Tegumen, dem sie als ein dichtes, nach dorsomedial gerichtetes Bündel aufliegen, fast völlig aus (Abb. 30). Daher ist das nichtentfaltete Haarbündel im Querschnittpräparat lateral längs getroffen, dorsal aber wegen der nach hinten umgelenkten Haarspitzen schräg oder quer geschnitten – auf Längs- und Horizontalschnitten durch das waagerecht ausgestreckte Abdomen ist es umgekehrt.

Die einzelnen Haare sind bei dieser ersten großen Artengruppe an der Basis leicht kugelig erweitert, darüber etwas verjüngt und am Ende schlank zugespitzt; sie sind hohl, haben einen kreisrunden Querschnitt und enthalten dicht über der Basis ein anscheinend unperforiertes Querseptum; zwischen der unten offenen Haarbasis und den Haarbildungszellen besteht eine strangförmige Verbindung aus Zellsubstanz. Die Haarwandung ist dünn, aus sehr feinen, T-förmig zueinander stehenden Lamellen zusammengesetzt und in den oberen zwei Dritteln außen durch viele sehr zarte Längsleisten versteift. Auch im gefärbten histologischen Präparat haben diese Haare ihre je nach Art cremeweiße, gelbe, bräunliche oder schwarze Originalfärbung bewahrt; gleiches gilt für rötliche oder bräunliche Schuppen, die den Haarbüscheln bei einigen Arten manchmal beigemischt sind.

Der paramediane Längsschnitt durch das Abdomen (Abb. 31) zeigt, daß die letzte Intersegmentalfalte in Form einer tiefen „Dufttasche" weit nach vorn unter den dorsalen Teil des letzten Segments reicht, so daß die Dufthaarbündel in ganzer Länge und Breite von vorn oben her eng vom Drüsenfeld eingehüllt werden; die gewölbte, glatte Oberfläche des Tegumens stellt offenbar nicht nur eine Auflagefläche, sondern auch eine Gleitbahn für die sich ausspreizenden Dufthaare dar.

Auf horizontalen Längsschnitten ist zu sehen, daß von vorn her einzelne Fasern quergestreifter Muskulatur in Pleurahöhe an der faltigen Ursprungsstelle der beiden Haar-

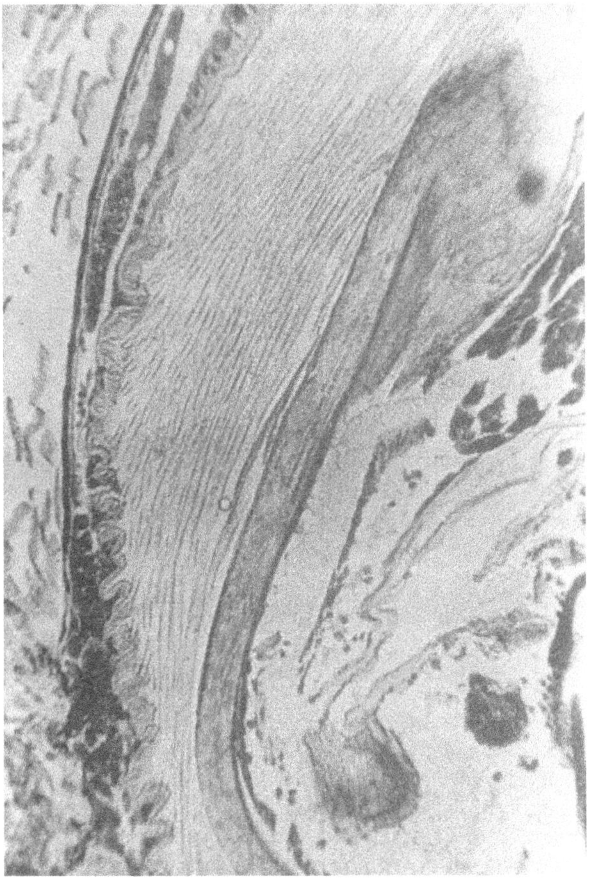

Abb. 30. Ursprungsstelle des linken Dufthaarbüschels bei *Zygaena ephialtes* L. im nichtentfalteten Zustand, Querschnitt (HE-Färbung). Dorsal von der dicht gefältelten Ursprungsstelle der Dufthaare beginnt das Drüsenepithel.

büschel inserieren. An dieser Stelle scheinen auch vom ventralen Diaphragma her zarte, querverlaufende Muskelfasern anzusetzen, was bei *Z. fausta* am besten zu erkennen ist. Bei dieser Art stehen die dorsalen Drüsenzellen in den Präparaten zum Teil mehr einzeln, so daß schmale Lücken zwischen ihnen bleiben, die von der Basalmembran überbrückt werden; diese Zellen sind dann mehr kubisch und haben einen sehr großen, locker strukturierten Kern mit einzelnen Chromatinverdichtungen (Abb. 33), was auf eine wechselnde Aktivität des Drüsenepithels schließen läßt.

Bei *Z. achilleae* sieht der dorsale und laterale Teil der hintersten Intersegmentalhaut ganz anders aus (Abb. 27, 32): Sowohl bei puppenfrischen als auch bei geflogenen und abgeflogenen Exemplaren fehlt ein Drüsenepithel völlig, und man findet in diesem dorsolateralen Bereich der Intersegmentalhaut nur das gewöhnliche, flachzellig-kleinkernige Pflasterepithel der Epidermis, das keinerlei Anzeichen einer sekretorischen Aktivität aufweist. Ferner sieht man in allen Schnittrichtungen, daß der laterale Teil der eingestülpten Intersegmentalhaut nur schwach gefältelt und nicht verdickt ist, und daß dort statt zarter Dufthaare nur gewöhnliche, stark geriefte Körperschuppen von schwärzlicher Färbung

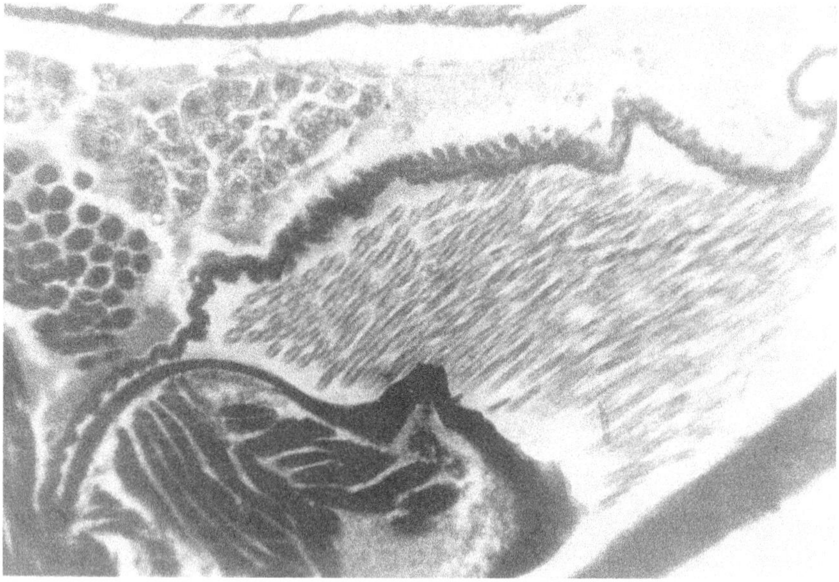

Abb. 31. Paramedianer Längsschnitt durch die Dufttasche von *Zygaena filipendulae* L. (Eisenalaun-Hämatoxylin-Färbung).

zwischen kurzen und derben, ebenfalls schwarzen Haaren entspringen. Diese Schuppen und Haare sind bei geschlossener Intersegmentalfalte nach kaudal bis dorsokaudal gerichtet (Abb. 32), so daß sie mit ihren Spitzen seitlich neben der Valvenbasis hervorragen, an der hinteren Kante des 8. Segments in die äußere Beschuppung und Behaarung des Abdomens übergehen, und infolge ihrer Ausrichtung den dorsalen Teil der Intersegmentalfalte nicht ausfüllen. Auch ist bei *achilleae* die Intersegmentalfalte im dorsolateralen Bezirk weniger tief nach vorn eingezogen als bei den anderen Arten.

Demnach fehlt bei *Z. achilleae* das für andere Zygaenen so bezeichnende Duftorgan der letzten Intersegmentalfalte völlig.

Histologisch scheinen aber zwischen *achilleae* und den anderen Arten sonst keine wesentlichen Unterschiede zu bestehen. Drüsige Epithelien oder Ausführungsgänge tieferliegender Drüsen fehlen bei allen von mir histologisch untersuchten Arten sowohl im ventralen Teil der letzten Intersegmentalfalte als auch im Pleurabereich oder an den vorderen Intersegmentalfalten. Bei allen Arten folgen unter dem beim Schneiden meist zerstückelten, im Schnittpräparat einer Speckschwarte ähnlichen Band des Tegumens die Anschnitte des basalen Valventeils, des Enddarms, der inneren Genitalstrukturen mit Bündeln quergestreifter Muskulatur, ferner Nervenquerschnitte, retikuläre Zellverbände und Fettzellen.

Die maximale Aufblähung der letzten Intersegmentalfalte bis zur wulstigen Vorwölbung ihrer lateralen Anteile führt bei den Arten mit Duftorgan zu Abrissen der Basalmembran und der hochprismatischen Drüsenzellen; sie ist also kein natürlicher Funktionszustand.

In Übereinstimmung mit den histologischen Befunden zerfallen die von mir untersuch-

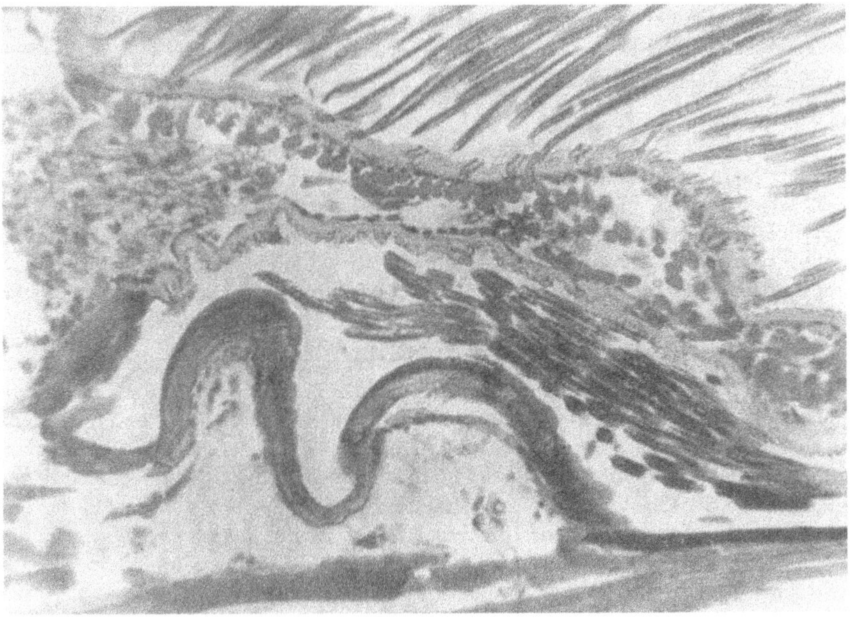

Abb. 32. Horizontaler Längsschnitt durch den lateralen Teil des VIII. Abdominalsegments mit Seitenteil des Tegumens und Basis der rechten Valve (HE-Färbung) von *Zygaena achilleae* ESP.

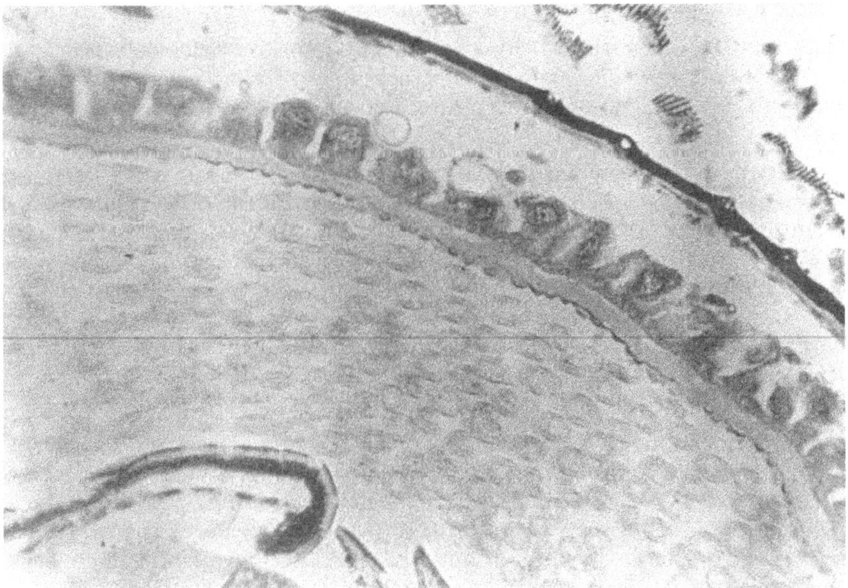

Abb. 33. Dorsolateraler Teil des Duftdrüsenepithels und des Dufthaarbündels bei *Zygaena fausta* L., Querschnitt (HE-Färbung). (Vergröß. Abb. 30–33: 140×, im Druck ca. 100×)

ten Arten auch nach der Beschaffenheit des 8. Tergits und nach äußeren Merkmalen der letzten Intersegmentalfalte in zwei deutlich verschiedene Gruppen:

Gruppe I umfaßt die zahlreichen Arten mit ausspreizbaren Dufthaar- oder auch Duftschuppenbüscheln, wulstig aufblähbarer Ursprungsstelle dieser Gebilde und tief eingestülptem Drüsenfeld. Das auf einen Zapfen gezogene Balgpräparat zeigt, daß der dorsale Teil der letzten Intersegmentalhaut in rostrokaudaler Richtung stark verbreitert ist, während der sklerotisierte Teil des 8. Tergits im kaudalen Teil reduziert und mehr oder weniger unscharf-zackig begrenzt ist; dieses Sklerit erreicht bei diesen Arten nicht die äußere Umschlagkante der letzten Intersegmentalfalte. Man hat den Eindruck, daß die Verbreiterung der dorsalen Intersegmentalhaut zur Verschmälerung des letzten Tergits geführt hat (Abb. 17–22).

Gruppe II enthält Z. *achilleae* und einige ihr nahestehende Arten, so zumindest Z. *armena* EVERSM. ssp. *dombaiensis* ALB. und Z.*anthyllidis* BOISD. Hier finden sich an Stelle von spezialisierten Dufthaaren nur die gewöhnlichen Abdominalschuppen und -haare mit schwärzlicher Färbung und blaugrünem Metallschiller, die bei geschlossener Intersegmentalfalte nach kaudal und dorsokaudal gerichtet sind, bei geöffneter Falte aber schräg nach vorn „gegen den Strich" stehen (Abb. 6). Bei den fünf von mir untersuchten Faltern der Z. *armena dombaiensis* und den drei mazerierten Präparaten der Z. *anthyllidis* sind die Schuppen dieser lateralen Büschel fast haarförmig schlank, nicht so breit wie bei *achilleae*. Bei allen drei Arten ist der dorsale Teil der letzten Intersegmentalhaut in rostrokaudaler Richtung kaum breiter als der ventrale und wesentlich enger als bei den anderen untersuchten Arten; dafür ist bei diesen drei Arten, die ALBERTI zur *achilleae*-Gruppe zählt, der sklerotisierte Teil des 8. Tergits kaudal kräftig entwickelt und ziemlich glatt begrenzt, so daß er die äußere Umschlagkante der letzten Intersegmentalfalte bildet oder an diese nahe heranreicht (Abb. 16, 17, 23).

Innerhalb der Gruppe I ergeben Färbungs-, Längen- und Krümmungsunterschiede der Dufthaare bzw. -schuppen eine weitere Untergliederung, die zum Teil enge Beziehungen zu den klassischen Untergattungen oder Artengruppen des Genus *Zygaena* FABR. aufweist:

Auffällig gefärbt, bis zu 2,5 mm lang, sehr zart und biegsam, dabei im oberen Teil leicht schraubig gebogen sind die Dufthaare bei den zur Untergattung *Agrumenia* HB. gehörenden Arten Z. *carniolica* SCOP., *occitanica* VILL. und *fausta* L.: Bei *carniolica* ssp. *modesta* BGFF. aus Halle (S.), Thüringen, dem Harz, der Umgebung von Berlin, der Südslowakei und dem Nordwestkaukasus sind die Dufthaare hell ockergelb, manchmal auch mit graubraunen Haaren gemischt, und am entfalteten Duftbüschel finden sich lateral einzelne spatelförmige, hellrote oder bräunliche Schuppen; bei der südalpinen Nominatrasse sind die Dufthaare noch leuchtender goldgelb und die Schuppen zinnoberrot. Bei Z. *occitanica* (1 mazeriertes Präparat) aus Südfrankreich fand ich hellgelbe Dufthaare.

Z. *fausta* ssp. *agilis* REISS aus Thüringen hat cremeweiße, perlmuttartig schimmernde Dufthaare, die im Verhältnis zur Faltergröße außerordentlich lang sind und deshalb manchmal schon bei geschlossener letzter Intersegmentalfalte über dem Genitale nach hinten herausragen. Bei diesen Arten sind diese Haare mit mehreren hundert Stück je Duftbüschel sehr zahlreich; sie bilden bei maximal geblähter Intersegmentalfalte beiderseits vor dem Genitale hübsche, große Bäusche (Abb. 2, 3, 11, 18).

Einheitlich blaß gelblich- bis bräunlichgrau und seidig weiß schimmernd, sonst aber ebenso beschaffen sind die Dufthaare bei den von mir untersuchten Arten der *transalpina*-Gruppe,

d. h. bei *Z. transalpina* ESP. aus Norditalien, *transalpina hippocrepidis* HB. aus Thüringen (Abb. 4, 12), *angelicae* O. aus der Slowakei und *angelicae rhatisbonensis* BGFF. aus dem Werratal bei Meiningen, ebenso auch bei *Z. ephialtes* L. in ihren verschiedenen Rassen (s. Freilandbeobachtungen und Abb. 1) und bei *Z. dorycnii* O. aus dem Nordwestkaukasus mit f. *araratica* STGR. (1 mazeriertes Präparat, leg. Dr. H. ENGELHARD) aus Passanauri am Südhang des Zentralkaukasus. Allein an ihren Dufthaaren, die beim Aufkochen trübe gelblichbraun werden, können diese Arten nicht unterschieden werden, wie schon ALBERTI feststellte. Bei *Z.transalpina hippocrepidis* finden sich lateral am Dufthaarbüschel oft einzelne spatelförmige oder gegabelte, rosarote bis bräunliche Schuppen, die aber auch einseitig fehlen können.

Ganz ähnlich sehen die Dufthaare auch bei *Z. brizae* ESP. ssp. *muchei* ALB. (1 mazeriertes Präparat) vom Berge Musatscheri des Nordwestkaukasus und bei der südfranzösischen *Z. rhadamanthus* ESP. (3 mazerierte Präparate) aus, doch scheinen sie bei letzterer Art öfter mit dunkelbraunen Haaren gemischt oder ganz graubraun zu sein.

Bräunlichschwarz bis schwarz, 1,5–2 mm lang und seidig schimmernd sind die Dufthaare bei den zur Untergattung *Zygaena* (in sensu ALBERTI) gehörenden Arten *Z. filipendulae* L. aus verschiedenen Gegenden der DDR und dem Nordwestkaukasus (Abb. 5, 21), bei *Z. lonicerae* SCHEV. gleicher Herkunft (Abb. 13, 17, 22) und bei *Z. trifolii* ESP. aus Norddeutschland, aber auch bei *Zygaena purpuralis* BRÜNN. (Abb. 14) aus dem Harz, der Uckermark, der Slowakei und dem Kaukasus, bei der nahe verwandten *Z. pimpinellae* GUHN (Abb. 19) aus Gegenden nordöstlich von Berlin, der Umgebung von Jena und der Finne in Ostthüringen, ferner bei *Z. scabiosae* SCHEV. (= *osterodensis* REISS) (Abb. 15, 20) aus der Slowakei, *Z. cynarae* ESP. (1 mazeriertes Präparat) aus der Slowakei und *Z. nevadensis* RAMB. ssp. *teberdica* REISS (1 mazeriertes Präparat) aus dem Dzhemagat-Tal im Nordwestkaukasus.

Hellgelb, nur 1–1,5 mm lang und wenig gebogen sind die Dufthaare bei *Zygaena meliloti* ESP. aus verschiedenen Gegenden der DDR (Abb. 7–10) und bei *Z. punctum* O. (1 mazeriertes Präparat aus Bulgarien).

Einen anderen Duftorgantyp scheint *Z. lavandulae* ESP. (1 mazeriertes Präparat) aus den Seealpen zu repräsentieren: Vor den lateralen Teilen des Tegumens erstreckt sich beiderseits je ein breites, fast bis zur dorsalen Mittellinie hinaufreichendes Feld aus sehr zarten, kurz spatelförmigen, glasig zartgelben Duftschuppen. Diese stehen innerhalb der sehr weiten letzten Intersegmentalhaut auf einer breiten Raphe, die sich von der davorliegenden, glasklaren Hautpartie durch die deutlich sklerotisierten Schuppenbälge und die etwas derbere Beschaffenheit abhebt; dorsal geht die Raphe breit in eine ebenfalls etwas derb erscheinende Hautpartie über, die wie die kaudale Fortsetzung des 8. Tergits wirkt. Der sklerotisierte Teil des Tergits ist reduziert, kaudal unscharf dreieckig begrenzt. Beim Ausspannen der Intersegmentalhaut auf einen Zapfen stülpt sich die Raphe beiderseits zu einem etwa senkrecht verlaufenden Wulst vor, so daß die Duftschuppen nach allen Seiten aufgerichtet werden. Ob die zugehörigen Drüsenzellen als sogenannte Basalzellen unter jeder einzelnen Schuppe sitzen, was ich für wahrscheinlich halte, oder ob sie wie bei den anderen Arten ein dorsales Drüsenepithel sogenannter Nebenzellen bilden, bleibt histologisch zu klären.

Diskussion

Bekanntlich sind die Zygaenen zur Aufklärung ihrer Phylogenese und Taxonomie morphologisch-anatomisch seit Jahrzehnten außerordentlich gründlich untersucht worden. Daß dabei das abdominale Duftorgan der Zygaenen-Männchen und seine je nach Art bzw. Artengruppe unterschiedliche Beschaffenheit entweder übersehen oder nicht beachtet wurde, obwohl etliche Entomologen den unmittelbar anschließenden Genitalapparat sorgfältig studiert haben, erklärt sich m. E. aus zwei Umständen: Erstens sind anatomische Untersuchungen wohl so gut wie ausschließlich an trockenen Sammlungsexemplaren vorgenommen worden, deren robuste, weitgehend schwarz pigmentierte Genitalarmaturen erst nach stark erweichender, zugleich bleichender Mazeration gut entfaltet und differenziert werden können; zweitens werden die störenden Schuppen, Haare und Häute üblicherweise entfernt, bevor man das Genitalpräparat näher betrachtet. Bei dieser groben Verfahrensweise verlieren die zarten Gebilde der letzten Intersegmentalhaut ihre artspezifische Färbung und unterscheidende Feinstruktur weitgehend, und sie werden überdies unbeachtet beiseite getan. Hinzu kommt noch, daß sich die Dufthaare und -schuppen schon nach milder Mazeration beim Freilegen des Genitalapparates sehr leicht von der Intersegmentalhaut lösen und zusammen mit anderen Haaren und Schuppen unbemerkt davonschwimmen. Wer aber hätte andererseits ein Interesse daran gehabt, die scheinbar so gleichförmig dahinlebenden Zygaenen bei ihrem Paarungsverhalten zu beobachten, wo man sie doch oft mühelos in Menge einsammeln kann? Auch ich hätte dieses Organsystem bei Zygaenen kaum jemals beachtet, wenn es sich bei der beobachteten Balz nicht um *Z. ephialtes* L. mit ihren hell aufglänzenden Duftbüscheln, sondern um eine Art mit unauffällig schwärzlichen Dufthaaren gehandelt hätte.

Die Funktionsweise dieses abdominalen Duftorgans ergibt sich zwanglos aus der topographischen Anatomie seiner Bestandteile und aus dem Verhalten der paarungsbereiten Zygaenen:

Vor dem Ausspreizen der Duftbüschel scheiden die Zellen des dorsalen Drüsenfeldes den sexuell erregenden Duftstoff aus (es sei hier bemerkt, daß man diese Substanzen besser allgemein als „Pheromon" bezeichnet, und nicht als Duftstoff, weil es zweifelhaft ist, ob sie überhaupt eine eigentliche Geruchsempfindung oder sogar einen angenehmen „Duft" hervorrufen). Mit Hilfe elektrophysiologischer Untersuchungsmethoden wurde lediglich nachgewiesen, daß diese Substanzen, z. B. das Bombykol des Seidenspinners *Bombyx mori* L., nach Verdunsten noch in phantastisch geringer Konzentration an den Geruchsrezeptoren der Antennen spezifische Erregungsmuster auslösen, die dem Insektengehirn weitergeleitet werden und meist sofort ganz charakteristische, auf die Paarung orientierte Reaktionen der Männchen bzw. Weibchen hervorrufen (BUTENANDT 1940, 1955; SCHWINCK 1954, 1955; SCHNEIDER 1957; HANKE 1973). Das war bei der Zygaenen-Balz klar zu erkennen. Da es sich bei den Pheromonen überwiegend um alkoholartige Stoffe handelt, die sich im Bereich der dünnen, unsklerotisierten Intersegmentalhäute infolge ihrer Wasser- und Fettlöslichkeit leicht durch die wasserhaltigen Eiweiß-Chitin-Komplexe wie auch durch Wachsschichten der Cuticula hindurchlösen, können sie im Bereich flächig entwickelter Drüsenepithelien auch dann direkt nach außen gelangen, wenn dort Sekretporen oder Ausführungsgänge des Drüsengewebes fehlen. Allerdings sind bei elektronenoptischen Untersuchungen im Bereich von Drüsenfeldern wiederholt feinste Sekretkanälchen gesehen worden, die sich lichtoptisch nicht nachweisen lassen.

Im Bereich der tief eingezogenen Dufttasche der Zygaenen-Männchen dürfte das Drüsensekret auf der Oberfläche der Intersegmentalhaut verdunsten und die lufthaltigen Räume zwischen und in den Dufthaaren gasförmig erfüllen; wahrscheinlich diffundiert das Pheromon auch von der Hautoberfläche aus direkt in das eng anliegende Haarbündel, denn es fällt auf, daß die Abmessungen des Drüsenfeldes auffallend genau mit denen der eingefalteten Haarbündel übereinstimmen. Die Haare selbst könnten wegen ihres feinlamellären Aufbaus sehr wahrscheinlich eine beträchtliche Sekretmenge aufnehmen. Die tief eingezogene „Dufttasche" verhindert das vorzeitige Verdunsten des Pheromons, schützt zugleich die empfindlichen Strukturen des Organs und gibt den Dufthaaren beim Ausspreizen die richtige Stellung.

Bei der Balz wird der intraabdominale Druck durch die beobachtete, kurzzeitige Kontraktion des Hinterleibes erhöht; dadurch werden die dehnbaren Ursprungsstellen der Duftbüschel so gebläht, daß die langen Dufthaare nach hinten aus der Dufttasche herausgleiten und sich unter Drehung um ihre Längsachse fächerförmig nach den Seiten spreizen. Jetzt kann das Pheromon auf einer stark vergrößerten Oberfläche plötzlich verdunsten. Beim Erschlaffen des Abdomens werden die Dufthaare durch die Elastizität der Intersegmentalhaut unter Mithilfe spezieller, an ihrem Ursprung ansetzender Längs- und Quermuskeln wieder eingefaltet. Durch erneutes Ausspreizen wird weiterer Duftstoff aus der Tasche „ausgefegt". Bei dieser Balz werden die Partner für kurze Zeit in eine konzentrierte Pheromon-Wolke gehüllt; da die Männchen, wie ich beobachten konnte, ihr Duftorgan möglichst unmittelbar vor den Antennen der Weibchen entfalten, ist eine maximale Wirkung garantiert. Bei einigen Arten mit hellbunten Dufthaarbüscheln könnten die ausgespreizten Haarfächer noch als zusätzlicher Schlüsselreiz auf die Weibchen wirken. Ich wies schon darauf hin, daß durch die Balz und die Pheromon-Wirkung ein sexueller Erregungskreis geschlossen wird, der erst am Ende der Paarung erlischt.

Die Zygaenen-Weibchen erzeugen ihren Sexual-Lockstoff in den Glandulae odoriferae, paarigen Drüsenschläuchen, die ventral im Abdomen verborgen sind und in der Nähe der Vaginalöffnung nach außen münden (GÖTZ 1951).

Ob die männlichen und/oder weiblichen Pheromone der Zygaenen eine streng artspezifische Struktur und Wirkung haben, ist anscheinend unbekannt. Für artspezifische Wirkung spricht aber, daß zum beobachteten *ephialtes*-Weibchen nur artgleiche Männchen kamen, obwohl im Gelände auch Männchen anderer Arten umherflogen. Artfremde Paarungen, die bei den Zygaenen häufiger als bei anderen Schmetterlingen beobachtet werden, könnten auch bei Artspezifität der Pheromone dadurch zustande kommen, daß es den auf Blüten oft in Menge umherkriechenden Tieren manchmal kaum noch gelingen könnte, in einem Durcheinander verschiedener Sexualdüfte den artgleichen Partner an seinem Geruch zu erkennen bzw. von artfremden Faltern sicher zu trennen.

Wie das Duftorgan bei sicheren Zygaenen-Hybriden aussieht, wissen wir noch nicht. Vielleicht könnte man aber einmal vermeintliche Freilandhybriden von Arten, die bezüglich des Duftorgans stark differieren, anhand des Duftorgans als Hybriden bestätigen oder als Modifikationen der einen oder anderen Art erkennen.

Subcutane Drüsenzellen wie die hier vorgestellten sind bei den Insekten spezialisierte Epidermis-(„Hypodermis-")-Zellen. Man nimmt an, daß die allen Epidermiszellen eigene Fähigkeit zur Sekretproduktion, die in der Präimaginalzeit periodisch der Bildung des Exoskeletts dient und am Ende der Puppenzeit mit der flachzelligen Degeneration der meisten dieser Zellen erlischt, bei den Drüsenzellen noch in der Imago erhalten bleibt, nun aber zur Sekretion der flüchtigen Pheromone ausgenutzt wird.

Bei den Zygaenen-Arten mit zusammengesetztem Duftorgan („Duftorgan-" oder kurz „D-Zygaenen") hat man den Eindruck, als sei im Zusammenhang mit der Entwicklung des dorsalen (bei *Z. lavandulae* vielleicht bilateral vorhandenen) Drüsenfeldes das 8. Tergit kaudal reduziert und zugleich die anschließende Intersegmentalhaut erweitert worden. Ob zwischen diesen drei jetzt sichtbaren, anatomischen Besonderheiten (Merkmals-Trias) des 8. Abdominalsegments ein kausaler Zusammenhang besteht, und was dabei primär, was sekundär ist, wissen wir nicht. Aussagen darüber werden vielleicht möglich, wenn geklärt worden ist, ob es Zygaenen-Arten gibt, bei denen nur das eine oder das andere dieser drei Merkmale entwickelt ist.

Gleichzeitig mit oder nach der Entwicklung des dorsalen Drüsenfeldes müssen aber die seitlichen Anteile der Intersegmentalhaut durch Erweiterung und stärkere Fältelung in ein ausstülpbares Ursprungsfeld von Duftbüscheln verwandelt worden sein, während sich die Schuppenbildungszellen, die dort vermutlich auch nur gewöhnliche Abdominalschuppen und -haare hervorgebracht hatten, zu Bildungszellen verlängerter Dufthaare bzw. glasig zarter Duftschuppen differenzierten. Im Zusammenhang damit dürften Teile der Abdominalmuskulatur zum Ausspreizen und Wiedereinziehen der Duftbüschel umfunktioniert worden sein. Diese spezialisierende Umbildung erlaubte eine Arbeitsteilung zwischen duftstofferzeugendem Drüsenepithel und duftstoffverteilenden Hilfseinrichtungen mit Effektgewinn.

Parallel zu diesen somatischen Veränderungen müssen sich auch jene nerval und hormonell gesteuerten Verhaltensweisen entwickelt haben, die es überhaupt erst ermöglichen, dieses komplizierte Organsystem im richtigen Moment zweckdienlich zu betätigen. Die bei der Balz der Männchen ablaufenden instinktiven und reflektorischen Vorgänge sind ein wichtiger Teil eines Erregungskreises, der das Verhalten des Weibchens mit einschließt. Daher sind die Bestandteile eines zusammengesetzten Duftorgans, die mit der sexuellen Aktivität gekoppelte Duftstofferzeugung und die zur Duftverbreitung erforderlichen Abläufe als eine komplizierte, funktionelle Einheit zu betrachten. Diese kann nur das Ergebnis eines langen Entwicklungs-, Spezialisierungs- und Ausleseprozesses sein, bei dem nicht nur Wechselwirkungen zwischen den einzelnen Systemteilen, sondern auch solche zwischen den Geschlechtern eine wichtige Rolle gespielt haben könnten.

Die mit der Entwicklung dieses Funktionssystems verbundene vielschichtige Umprägung bedeutet natürlich auch eine entsprechende genetische Umprägung, die sich im Laufe der Stammesentwicklung nur in kleineren Schritten, nicht aber in ihrer Gesamtheit plötzlich vollzogen haben kann. Im Gegensatz dazu bedürfte es nach menschlichen Ermessen nur geringer mutativer Veränderungen des Erbgefüges, um an einfacheren, peripheren Strukturen, wie z. B. am Uncus oder an der Lamina dorsalis des Genitalapparates, an der Flügeläderung oder der Bedornung der Beine sichtbare Veränderungen zu induzieren. Deshalb halte ich das Vorhandensein bzw. Fehlen des beschriebenen, komplexen Duftorgansystems für taxonomisch und systematisch bedeutsamer als jene kleinen morphologischen Unterschiede distaler Strukturen, auch wenn diese uns berechtigen, Arten, Artengruppen oder Untergattungen voneinander abzugrenzen.

Ob ein Duftorgan oder irgendein hakenartiger Fortsatz für die Erhaltung der Art und für die Stammesentwicklung wichtiger war oder ist, kann nicht mit Sicherheit beantwortet werden. Wir wissen aber, daß derartige Duftorgane genau so wirksam eingesetzt werden können, wenn sie sich an einer anderen Körperstelle als wie bei den Zygaenen-Männchen befinden oder wenn sie anders aufgebaut sind – Beispiele dafür gibt es bei männlichen und weiblichen Schmetterlingen der verschiedensten Gattungen und Familien genügend (Formenübersicht und Autorenzusammenstellung bei KAMES 1966). Viele Arten kommen offensichtlich auch ohne ein spezielles Duftorgan aus.

Gerade deshalb ist ganz unwahrscheinlich, daß dieses morphologisch-anatomisch und funktionell hochspezialisierte Organsystem bei den verschiedenen Zygaenen-Arten und Artengruppen, die es besitzen, ohne eine engere, natürliche Verwandtschaft zwischen ihnen durch unabhängige, konvergente Entwicklung in so völlig übereinstimmender Form entstanden sein sollte; es ist auch sicherlich kein Zufall, daß dieses Organsystem bei jenen Zygaenen-Arten, die wegen anderer morphologisch-anatomischer und/oder biologischer Übereinstimmungen als nahe verwandt gelten, bis in diffizilste Einzelheiten gleich oder sehr ähnlich ist, so z. B. bei den hier behandelten drei Arten der Untergattung *Agrumenia* HB., innerhalb der *transalpina*-Artengruppe und bei den dieser Gruppe nahestehenden Arten Z. *ephialtes* L. und Z. *dorycnii* O., bei den nahe miteinander verwandten Arten Z. *filipendulae, lonicerae* und *trifolii*, die alle zur Untergattung *Zygaena* FABR. sensu ALBERTI (1958/59) zählen, oder bei bestimmten Arten der Untergattung *Mesymbrinus* HB.

Deshalb darf angenommen werden, daß die mit diesem Duftorgantyp ausgestatteten, rezenten Zygaenen-Arten sämtlich von einer gemeinsamen Urform abstammen, bei der dieses System entweder schon ausgebildet oder zumindest angelegt war.

Bei den Zygaenen kommen allerdings bestimmte Eigentümlichkeiten morphologischer Merkmale in gleicher Weise auch bei Arten und Artengruppen vor, die auf Grund anatomischer oder biologischer Merkmale (Genitalapparat, Futterpflanzen der Raupen) nicht als nahe verwandt gelten oder sogar verschiedenen Untergattungen zugeordnet werden, doch handelt es sich dabei um Eigenschaften einfacherer, peripherer Strukturen wie z. B. die Pigmentierung und Form der Schuppen bestimmter Flügelpartien, die oft schon bei verschiedenen Rassen ein- und derselben Art unterschiedlich aussehen, so daß HOLIK (1938) und ALBERTI (1958/59) solche Merkmalsübereinstimmungen wohl zu Recht als Konvergenzen werten. Da auch die Dufthaare und Duftschuppen derartige periphere, leicht zu verändernde Strukturen sein dürften, ist ihr gleiches Aussehen allein noch kein Beweis für eine nahe natürliche Verwandtschaft der sie besitzenden Arten, doch unterstreichen sie die nahe Zusammengehörigkeit ihrer Träger, falls diese in noch anderen wesentlichen Merkmalen ähnlich oder gleich sind und auch im Bauprinzip ihres Duftorgans übereinstimmen.

Das Fehlen dieses Duftorgans bei Z. *achilleae* ESP. – vermutlich auch bei den anderen Arten der *achilleae*-Gruppe sensu ALBERTI einschließlich Z. *anthyllidis* BOISD. – zwingt zu der Frage, ob die bisherigen bzw. die von BURGEFF, REISS, HOLIK und ALBERTI geäußerten, teils kontraren Ansichten über den Umfang, die Abstammung, das phylogenetische Alter, die systematische Stellung und die taxonomische Behandlung dieser Gruppe berechtigt sind, oder in welcher Weise diese Ansichten auf Grund der hier vorgestellten Ergebnisse korrigiert werden müssen.

Die Antwort kann von vornherein nur spekulativ sein, da wir die Vorfahren der jetzt lebenden Zygaenen-Arten nicht kennen, über die Entwicklungsgeschwindigkeit oder die Rückbildungsfähigkeit morphologisch-anatomischer Merkmale bei diesen Insekten kaum etwas wissen, und weil wir nur Vermutungen darüber äußern können, welche Merkmale bei den Zygaenen urtümlich, welche dagegen neu erworben (abgeleitet) sind.

Nimmt man an, daß die Vorfahren der *achilleae* bzw. *achilleae*-Gruppe das vollentwickelte Duftorgan der anderen hier behandelten Arten besaßen, dann wäre im Laufe der Hinentwicklung zum *achilleae*-Typ die Fähigkeit der Epidermis, in der letzten Intersegmentalfalte noch bei der Imago exkretorisch aktiv zu sein, verlorengegangen, genau so, wie es bei den „D-Zygaenen" an den anderen Körperstellen der Fall ist, und wir fänden nun aus diesem Grunde im dorsolateralen Teil der letzten Intersegmentalfalte statt des (bei den Vorfahren vorhanden gewesenen) Drüsenepithels auch nur das flachzellige Pflasterepithel der Epidermis. Dieser Rückschritt erscheint noch möglich. Problematischer ist schon die

Vorstellung, daß sich spezialisierte Bildungszellen von Dufthaaren oder -schuppen des lateralen Teils der Intersegmentalhaut so zurückentwickelt haben sollen, daß sie genau die gleichen Haare und Schuppen wie überall am Abdomen bilden; in diesem Falle würden die bei *achilleae*, *armena* und *anthyllidis* dort jetzt vorhandenen Strukturen als Atavismus zu werten sein. ALBERTI sieht diese gewöhnlichen Strukturen an dieser Stelle als „Ersatzbildungen" an (briefl. Mitt.), doch sagt diese Wertung nichts darüber aus, ob in der Vorfahrenreihe an gleicher Stelle schon einmal Dufthaare oder -schuppen entwickelt waren oder nicht. Wäre ein ehemals vorhandenes, zusammengesetztes Duftorgan wieder verschwunden, dann wäre zu erwarten, daß dort entweder gar keine Haare und Schuppen mehr vorhanden wären, oder nur erkennbar rudimentäre! Auch müßte man erwarten, daß von den tiefgreifenden, anatomischen Veränderungen am 8. Segment, die wir bei den „D-Zygaenen" sehen, bei *achilleae* und/oder den nächstverwandten Arten wenigstens noch Andeutungen hätten zurückbleiben müssen, etwa eine dorsal erweiterte Intersegmentalfalte, ein reduziertes Tergit, ein blasig aufblähbarer Seitenteil der Intersegmentalhaut, jedoch ist nichts davon zu finden. Bei *achilleae*, *armena* und *anthyllidis* sieht dieser Abdomenteil so aus, als habe dort nie ein komplexes Duftorgan bestanden. Dagegen kann man sich gut vorstellen, daß sich von einem derart einfachen Zustand aus das Duftorgan der anderen Zygaenen durch spezialisierende Weiterentwicklung ausgebildet haben könnte.

Vergleichen wir nun einmal unter diesem Gesichtswinkel die Arten, die zu den vermutlichen Vorfahren der *achilleae* in Beziehung gebracht oder in ihre direkte Vorfahrenreihe gestellt werden: *Z. anthyllidis* BOISD., die zusammen mit *Z. lavandulae* ESP., *oxytropis* BKH. und *rhadamanthus* ESP. in die Untergattung *Peristygia* BURGEFF, 1926 gestellt wurde, ist nach ALBERTI (1958) „ausgezeichnete Vorstufe von *Lictoria* (*achilleae*-Typ) und basisnächste Art der Gruppe. Sie zeigt zahlreiche Merkmale, die deutlich auf Abzweigung vom Konservativstamm nahe dem *exulans*-Zweig oder gar von diesem nahe seiner Wurzel hindeuten." Das Fehlen des Duftorgans bzw. der erwähnten Merkmals-Trias spricht ebenfalls für enge verwandtschaftliche Beziehungen zwischen *anthyllidis* und den Zygaenen vom *achilleae*-Typ. Zugleich wird *anthyllidis* dadurch scharf von den anderen „D-Zygaenen", vor allem auch von *Z. lavandulae* und *Z. rhadamanthus* der Untergattung *Peristygia* getrennt. Leider konnte ich *Z. exulans* H. R. bezüglich eines Duftorgans noch nicht untersuchen.

Z. lavandulae ESP. interessiert hier ebenfalls besonders, denn nach ALBERTI „schließt sich die *lavandulae*-Gruppe mit Abstand, also unter Ausfall einiger Typenstufen, recht zwanglos an die *oxytropis*-Gruppe an. ... Man kann den *lavandulae*-Typus in einigen Merkmalen (Ostium bursae, Lamina dorsalis, Lamina ventralis) als Vorstufe sowohl der *achilleae*-Gruppe als auch der *meliloti*- und *filipendulae*-Gruppe ansprechen."

Z. lavandulae besitzt aber ein wohlentwickeltes Duftorgan mit den schon genannten Besonderheiten, so daß gerade diese Art von *anthyllidis* und *achilleae* drastisch absticht, sich aber auch von den anderen bisher untersuchten „D-Zygaenen" einschließlich *rhadamanthus* der *oxytropis*-Gruppe deutlich unterscheidet, doch erinnert das Duftorgan der *lavandulae* tatsächlich etwas an das von *meliloti*: Beide Arten unterscheiden sich in der letzten Intersegmentalfalte eigentlich nur dadurch, daß die lateralen Partien bei *lavandulae* zu Raphen verstärkt sind und sich dort statt der hellgelben *meliloti*-Haare die glasig hellgelben Duftschuppen befinden. Über eventuelle histologische Unterschiede dieser Partie bei beiden Arten kann ich noch nichts aussagen.

Z. rhadamanthus ihrerseits erinnert im Duftorgan stark an *Z. filipendulae*, aber auch an

Z. transalpina, ja sogar an *Z. carniolica*, ist aber von *achilleae*, *armena* und *anthyllidis* offensichtlich stark verschieden.

Demnach steht die *achilleae*-Gruppe incl. *anthyllidis* allen von mir untersuchten „Duftorgan-Zygaenen" incl. *lavandulae* und *rhadamanthus* als eine entwicklungsgeschichtlich wahrscheinlich alte Gruppe unvermittelt gegenüber; sie ist nicht nur durch das völlige Fehlen des zusammengesetzten Duftorgans am 8. Abdominalsegment, sondern auch durch andere, schon bekannte Besonderheiten, vor allem durch die auffällige Verlängerung des Aedoeagus und seiner Anhänge, gekennzeichnet.

Die hier dargestellten Befunde lassen ferner den Schluß zu, daß die bisher von mir untersuchten „Duftorgan-Zygaenen" trotz ihrer Zugehörigkeit zu den drei großen Untergattungen des Genus *Zygaena* FABR., nämlich zu *Agrumenia*, *Zygaena* sensu ALBERTI und *Mesymbrinus*, einander anscheinend näher stehen als der *achilleae*-Gruppe einschließlich *anthyllidis*. Das Fehlen des Duftorgans in Verbindung mit den Genitalbesonderheiten bei den Arten der *achilleae*-Gruppe sensu ALBERTI drängt zu der Aussage, daß es im Gegensatz zu ALBERTIs Meinung nicht gerechtfertigt ist, diese Gruppe wie bisher beim Subgenus *Zygaena* einzuordnen. Da *Z. achilleae* und ihre nächstverwandten Arten wegen bestimmter Merkmale des Genitalapparates, des Gesamthabitus sowie ihrer Jugendstände aber zweifellos echte Zygaenen sind, wie auch den Ausführungen ALBERTIs zu entnehmen ist, bleibt nur der Schluß, daß es sich bei *Z. achilleae*, *armena* und *anthyllidis* um Vertreter einer natürlichen, selbständigen Untergattung handelt, die den anderen drei großen Untergattungen des Genus *Zygaena* FABR. als eine zumindest gleichwertige vierte gegenübergestellt werden muß. Wenn überhaupt eine Artengruppe den Rang einer Untergattung verdient, dann die *achilleae*-Gruppe! Die Duftorgan-Befunde bestätigen, daß BURGEFF richtig entschied, als er für *Z. achilleae* und einige ihr offensichtlich nahestehende Arten die eigene Untergattung *Lictoria* aufstellte. Da *Z. achilleae* ESP. als Typusart von *Lictoria* gilt und auch für die am Kriterium des fehlenden Duftorgans neu charakterisierte Untergattung als Typusart herausgestellt sein soll, empfiehlt es sich, den Untergattungsnamen *Lictoria* BURGEFF, 1926, der nun ein neues Gewicht bekommen hat, für die *achilleae*-Gruppe weiter zu verwenden und vorerst auch auf *Z. anthyllidis* BOISD. auszudehnen. Allerdings müßten weitere Duftorgan-Untersuchungen zeigen, ob alle bisher zu *Lictoria* gezählten Arten wirklich in diese Untergattung hineingehören. Es bleibt ferner zu klären, ob es noch weitere Zygaenen-Arten ohne ein abdominales Duftorgan gibt, oder ob bei den Zygaenen noch andere Duftorgan-Typen als die hier vorgestellten entwickelt sind, und wie solche Arten dann taxonomisch zu behandeln wären.

Schon diese ersten Duftorgan-Studien an einem kleinen Teil aller Zygaenen-Arten lassen erkennen, daß derartige Untersuchungen in die Systematik und Taxonomie des Genus *Zygaena* neue Aspekte bringen und geeignet sein könnten, bisher verkannte, natürliche Verwandtschaftsbeziehungen aufzudecken.

Zusammenfassung

Wie anhand der Illustrationen erstmalig belegt wird, besitzen die Männchen vieler Zygaenen-Arten in der letzten Intersegmentalfalte des Abdomens ein komplexes Duftorgan, das aus der erweiterten Intersegmentalhaut mit dorsalem Drüsenepithel, zwei seitlich entspringenden Dufthaar- oder Duftschuppenbüscheln und Hilfsmuskulatur besteht.

Im Freiland wurde an verschiedenen Zygaenen-Arten beobachtet, daß die Männchen eine Balz vollführen, bei der sie die mit einem Pheromon beladenen Dufthaare für Sekunden

wiederholt als Fächer ausspreizen und so die Weibchen durch osmische, vielleicht auch optische Schlüsselreize zur Paarung veranlassen. Ebenso wurde beobachtet, daß die Männchen durch osmisch wirksame Sexuallockstoffe zu den Zygaenen-Weibchen geführt werden.
Verschiedene, teils neue Methoden zur präparativen Darstellung des Duftorgans der Zygaenen-Männchen werden beschrieben.

Die morphologischen, anatomischen und histologischen Untersuchungsergebnisse zeigen, daß Zygaenen-Arten, die wegen anderer Eigenschaften als nahe verwandt gelten, zum Teil aber auch verschiedenen Untergattungen zugeordnet werden, einander im Aufbau ihres Duftorgans bzw. des 8. Abdominalsegments (Merkmals-Trias: Intersegmentalhaut dorsolateral erweitert, Drüsenepithel vorhanden, 8. Tergit reduziert) sowie im Aussehen der Duftbüschel sehr ähneln oder gleichen.
Dieses Duftorgan fehlt laut histologischem Untersuchungsergebnis mit Sicherheit bei *Z. achilleae* ESP., anscheinend auch bei *Z. armena dombaiensis* ALB. und bei *Z. anthyllidis* BOISD.: Die letzte Intersegmentalhaut ist enger als bei den „Duftorgan-Zygaenen", das 8. Tergit ist kräftiger entwickelt und länger, und an Stelle spezieller, ausspreizbarer Dufthaarbüschel finden sich nur gewöhnliche Abdominalhaare und -schuppen von derber Beschaffenheit. Das dorsale Drüsenepithel fehlt zumindest bei *Z. achilleae.*
Die Bestandteile dieses komplexen Duftorgans und die mit seiner Betätigung verbundenen hormonellen, instinktiven bzw. reflektorischen Vorgänge werden insgesamt als eine komplizierte funktionelle Einheit aufgefaßt, die sich nur in längeren Zeiträumen unter Mithilfe von Wechselwirkungen zwischen den Systemteilen und den Geschlechtern entwickelt haben kann. Daher wird dem Vorhandensein bzw. Fehlen dieses Duftorgansystems eine große Bedeutung für die Systematik und Taxonomie der Zygaenen beigemessen.

Die ausführlich dargestellten Befunde und Erwägungen führen zu einer Reihe von Schlußfolgerungen:
1) Alle Zygaenen-Arten mit dem beschriebenen Duftorgan-System („D-Zygaenen") sind trotz teilweiser Zugehörigkeit zu den drei großen Untergattungen *Agrumenia* HB., *Zygaena* FABR. und *Mesymbrinus* HB. (sensu ALBERTI 1958/59) untereinander näher verwandt als mit den bisher untersuchten Arten der *achilleae*-Gruppe (Subgenus *Lictoria* BGFF.) einschließlich *Z. anthyllidis* der Untergattung *Peristygia* BGFF.
2) ALBERTIs Verdacht, daß *Z. anthyllidis* zu den direkten Vorfahren der *achilleae*-Gruppe enge Beziehungen aufweist oder zu dieser Gruppe gehört, wird durch das Fehlen des Duftorgans erhärtet.
3) *Z. lavandulae* ESP. und *Z. rhadamanthus* ESP. der Untergattung *Peristygia* BGFF. weisen durch ihr wohlentwickeltes Duftorgan engere Beziehungen zur *meliloti*- bzw. *filipendulae*-Gruppe des Subgenus *Zygaena* aus, sind aber von der *achilleae*-Gruppe weiter entfernt, als man bisher annahm.
4) Die *achilleae*-Gruppe einschließlich *Z. anthyllidis* ist wegen des Fehlens des abdominalen Duftorgans und anderer morphologisch-anatomischer Eigentümlichkeiten als eine entwicklungsgeschichtlich ältere, selbständige Gruppe zu betrachten, die nicht mehr in die Untergattung *Zygaena* eingeordnet, sondern den drei großen Untergattungen *Agrumenia, Zygaena* und *Mesymbrinus* als eine mindestens gleichwertige vierte Untergattung gegenübergestellt werden sollte. Für diese bleibt die Subgenus-Bezeichnung *Lictoria* BGFF. anwendbar; *Z. anthyllidis* kann in diese Untergattung gestellt werden.

Weitere Untersuchungen müssen zeigen, ob es noch andere Zygaenen-Arten ohne dieses Duftorgan gibt oder ob bei den Zygaenen noch andere Duftorgan-Typen als die hier beschriebenen vorkommen, und welche Aussagen sich daraus für die Systematik und Taxonomie ergeben.

Summary

THE ABDOMINAL SCENT DISTRIBUTING ORGANON IN ZYGAENA MALES PART I: FIELD OBSERVATIONS, MORPHOLOGICAL AND HISTOLOGICAL INVESTIGATIONS ON SOME EUROPEAN SPECIES OF THE GENUS ZYGAENA FABRICIUS, 1775

Zygaena males spread two tufts of long soft „scent" (= pheromone) distributing hairs and/or scales sideways out of the intersegmental fold behind abdominal segment VIII, if they court a female. These tufts are part of a composed large scent distributing organon which is hidden there: Behind tergit VIII, the very expanded intersegmental skin contains a broad field of big pheromone producing excretory glandular cells and performs – commonly with the tegumen (genitale) – a deep „scent pocket", involving the both sidely inserted, dorsal closely bundled tufts and loading them with pheromone; certain muscles make the tufts spread out by increasing the intra-abdominal pressure, other muscles hide them again; tergit VIII is caudal shortened, apparently in favour of the glandular field.

If this organon is present or not, and how the tufts look, depends of *Zygaena* species and subgenus. These facts which have been so far unknown from *Zygaena* but bring a new aspect into that genus, were investigated in fresh and/or dried males of at first 19 European and 4 Caucasian species. Methods and findings are described in detail. This organon system was found in 20 species of this genus. It is absent, however, in *Z. achilleae* of subgenus *Lictoria* BGFF., apparently also in the sister species *armena dombaiensis*, and in *Z. anthyllidis*: Tergit VIII is long, the skin behind it is relatively narrow and contains no glandular cells, and instead of spreadable scent tufts, only usual body scales and hairs are visible.

Functional, phylogenetic and taxonomic aspects of the results are discussed. These findings indicate in the author's opinion that 1) all those taxa of genus *Zygaena* which possess this organon system, are one to the other more closely related than to subgenus *Lictoria* to which also *Z. anthyllidis* belongs, 2) *Lictoria* represents an ancient *Zygaena* stem, which deserves at least the same systematic rank as the three subgenera *Agrumenia*, *Mesymbrinus* and *Zygaena* sensu ALBERTI. Further investigations of that kind on all the many other *Zygaena* species must prove, if these statements are correct, or what aspects else arise.

Literatur

ALBERTI, B., 1954: Über die stammesgeschichtliche Gliederung der Zygaenidae nebst Revision einiger Gruppen (Insecta, Lepidoptera). – Mitt. Zool. Mus. Berlin **30**, 115–478.

—, 1957: Wesen und praktische Bedeutung des Gattungsbegriffes. – Ber. 8. Wandervers. Dtsch. Ent., Tagungsber. Nr. 11, 138–147.

—, 1958–59: Über den stammesgeschichtlichen Aufbau der Gattung *Zygaena* F. und ihrer Vorstufen (Insecta, Lepidoptera). – Mitt. Zool. Mus. Berlin **34**, 245–396; **35**, 203–240.

—, 1960: Individualismus oder Gemeinschaftsgedanke in der Handhabung von Taxonomie und Nomenklatur? – Ent. Z. **70**, 60–75. Stuttgart.

—, 1971: Zur Kenntnis der Zygaeniden-Fauna des Großen Kaukasus und Transkaukasiens (Lepidoptera, Zygaenidae). – Faun. Abh. Mus. Tierk. Dresden **3**, Nr. 7, 51–81.

—, 1971: Über *Zygaena dorycnii* O. und forma *araratica* Stgr. *(Lep., Zygaenidae).* – Nachr.Bl. Bayr. Ent. **20**, 1–4.
BURGEFF, H., 1926: Lepidopterorum Catalogus. Generis *Zygaena* palaearctica pars. – Riga: Embrik Strand, p. 33.
—, 1956: Über die Modifizierbarkeit der Arten und geographischen Rassen der Gattung *Zygaena* (Lep.). – Nova Acta Leopoldina, N. F. **18**, Nr. 127.
—, 1967: Zygaenen und Autoren. Künstliche oder natürliche Systeme. – Nachr. Akad. Wiss. Göttingen Nr. 4, 1–18.
BUTENANDT, A., 1940: Zur Kenntnis der Sexual-Lockstoffe bei Insekten. – Jber. preuß. Akad. Wiss. **47**.
—, 1955: Über Wirkstoffe des Insektenreiches. II. Zur Kenntnis der Sexuallockstoffe. – Naturwiss. Rundsch. **8**, 457–464.
FREILING, H. H., 1909: Duftorgane der weiblichen Schmetterlinge nebst Beiträgen zur Kenntnis der Sinnesorgane auf dem Schmetterlingsflügel und der Duftpinsel der Männchen von *Danais* und Euploea. – Z. wiss. Zool. **92**.
GÖTZ, B., 1951: Die Sexualduftstoffe an Lepidopteren. – Experientia **7**, 406–418. Basel.
HANKE, W., 1973: Vergleichende Wirkstoffphysiologie der Tiere. Jena.
HERING, M., 1926: Biologie der Schmetterlinge Berlin.
HOLIK, O., 1938: „Lavanduloide Zygaenen". – Ent. Rundsch. **55**, 320–323, 331–333. Stuttgart.
—, 1938: Bemerkungen zur beabsichtigten Neueinteilung der Gattung *Zygaena* F. – Ent. Rundsch. **55**, 349–354, 382–384. Stuttgart.
ILLIG, K.-G.,1902: Duftorgane der männlichen Schmetterlinge. – Zoologica **8**, 1–34.
KAMES, P., 1966: Bau und Wirkungsweise der Duftorgane von Schmetterlingen (Übersichtsreferat). – Ent. Ber. 1966, 37–44. Berlin.
REISS, H. u. A. TREMEWAN, 1967: A systematic catalogue on the genus *Zygaena* FABR. (Lep.). – Series Ent. Vol. **2**. Den Haag.
ROMEIS, B., 1948: Mikroskopische Technik. München.
SCHNEIDER, D., 1957: Elektrophysiologische Untersuchungen von Chemo- und Mechanorezeptoren der Antenne des Seidenspinners *Bombyx mori* L. – Z. vergl. Physiol. **40**, 8–41.
SCHWINCK, I., 1954: Experimentelle Untersuchungen über Geruchssinn und Strömungswahrnehmung in der Orientierung der Nachtschmetterlinge. – Z. vergl. Physiol. **37**, 19–56.
—, 1955: Weitere Untersuchungen zur Frage der Geruchsorientierung der Nachtschmetterlinge: Partielle Fühleramputation bei Spinnermännchen, insbesondere am Seidenspinner *Bombyx mori*. – Z. vergl. Physiol. **37**, 439–458.
STOBBE, R., 1912: Die abdominalen Duftorgane der männlichen Sphingiden und Noctuiden. – Zool. Jahrb. (Anat.) **32**, 493–532.
URBAHN, E., 1913: Abdominale Duftorgane bei weiblichen Schmetterlingen. (Inauguraldissertation). – Jenaische Z. Naturwiss., N. F. **50**. Jena.
VARLEY, G. C., 1962: A Plea for a New Look at Lepidoptera with Special Reference to the Scent Distributing Organs of Male Moths. – Trans. Soc. Brit. Ent. **15**, III, 29–40.
WEBER, H., 1966: Grundriß der Insektenkunde. (Vierte, unveränderte Aufl.). Jena.

Anschrift des Autors:
Dr. med. Peter Kames, DDR – 4732 Bad Frankenhausen, Rottleber Straße 19.

ENTOMOLOGISCHE ABHANDLUNGEN

STAATLICHES MUSEUM FÜR TIERKUNDE IN DRESDEN

Band 43 | Ausgegeben · 5. Mai 1980 | Nr. 2

Saisonale und spatiale Variabilität verschiedener Konsumentengruppen der Dipteren einer Rasenkatena

(Diptera)

Mit 7 Abbildungen

RUDOLF BÄHRMANN

Jena

Inhalt | Seite

1. Einleitung

Wie aus mehrjährigen Untersuchungen der Entomofauna einer Rasenkatena im Leutratal bei Jena durch Kescherfänge hervorgeht, stellen die Dipteren, verglichen mit anderen Insektengruppen, einen erstaunlich hohen Anteil der insgesamt erfaßten Arten (MÜLLER u. Mitarb., 1978). So übertrifft die Artenzahl der Fliegen z. B. die der Zikaden, der Heteropteren, aber auch diejenige der Spinnentiere erheblich. 1972–1974 wurden allein durch Kescherfänge 424 Dipteren-Arten erfaßt, die verschiedenen Konsumentengruppen oder Lebensformtypen zugeordnet werden können. Die für eine Ökosystemanalyse erforderliche Kenntnis des Umfanges der einzelnen Konsumentengruppen soll sich hier ausschließlich auf die gefangenen Dipteren beziehen, um eine Basis zu schaffen für mögliche Vergleiche zur Zusammensetzung der Konsumentengruppierung bei Dipteren in verschiedenen Ökosystemen sowie für weiter gefaßte Ökosystemanalysen der Entomofauna von Rasenbiotopen.

Die bei den Dipteren vorhandenen Konsumentenformen der Imagines setzen sich zusammen aus räuberisch lebenden oder zoophagen, saprophagen, zu denen auch die koprophagen Individuen mitgezählt werden und den übrigen, den Phytophagen im weiteren Sinn. Zu den letzteren werden praktisch sämtliche Arten gezählt, die weder zoophag, noch saprophag bzw. koprophag leben, sondern sich vornehmlich von pflanzlichen Sekreten, Nektar oder auch Pollen ernähren.

Freilich wäre es für eine Untersuchung wie die vorliegende von großem Wert, auch die Abundanzen der Larven dieser verschiedenen Konsumentengruppen zu erfassen, da ihnen für die Funktionsabläufe in den Ökosystemen insgesamt sicherlich eine größere Bedeutung zukommt als den Dipteren-Imagines. Da die Erfassung der verschiedenen Larvenformen der Dipteren jedoch technisch auf beträchtliche Schwierigkeiten stößt, sollen hier nur die Imagines Berücksichtigung finden. Lediglich ein Vergleich zwischen den Konsumentengruppen der Imagines und den zu ihnen gehörenden Larvalformen kommt zur Darstellung.

Folgende Problemstellungen werden untersucht:

1) Gefragt wird nach den prozentualen Anteilen der drei verschiedenen Konsumentengruppen in den einzelnen Probeflächen der Rasenkatena und welche saisonalen Abhängigkeiten bestehen.

2) Untersucht werden soll die Diversität der einzelnen Konsumentengruppen und

3) wird erörtert, welche Folgerungen sich aus den vorliegenden Befunden für die Einnischung einzelner Artengruppen im Untersuchungsgebiet ergeben.

2. Das Untersuchungsgebiet

Die Probeflächen, auf denen die Kescherfänge durchgeführt wurden, liegen mit Ausnahme des untersten Katenagliedes, der Fläche in Bachnähe (B), an den südexponierten Hängen des Leutratales bei Jena, das in west-östlicher Richtung auf der linken Seite der Saale gelegen, in das Saaletal mündet. In der Talaue ist das Anstehende von Aulehm bis zu 1 m Mächtigkeit überdeckt. Es folgt hangaufwärts, bei einer Neigung des Hanges um 15°, der Röt, darüber bei einer Hangneigung von 30–35° der Wellenkalk. Der Röt ist stellenweise von Kalkschutt überrollt.

Die thermisch begünstigten Südhänge sind im Winter schneearm. In der Vegetationsperiode von April bis September liegt die monatliche Durchschnittstemperatur bei 13,5°, der mittlere Jahresniederschlag beläuft sich auf 577 mm, wovon 60 % in der Vegetationsperiode fallen.

Die vier für die Kescherfänge ausgewählten Katenaflächen liegen 1) in einer typischen Glatthaferwiese, einem Dauco-Arrhenatheretum typicum, 180 m NN (B-Fäche), 2) in einem frischen Trespen-Halbtrockenrasen, einem Onobrychido-Brometum, Hangneigung 15°, 220 m NN (A-Fläche), 3) in einem typischen Trespen-Halbtrockenrasen, einem Onobrychido-Brometum, Hangneigung 15°, 250 m NN (M-Fläche) und 4) in einem Blaugras-Trockenrasen, einem Teucrio-Seslerietum, Hangneigung 30°, 310 m NN (S-Fläche) (Abb. 1) (vergleiche auch MÜLLER u. Mitarb., 1978).

3. Methode

Die Erfassung der Dipteren-Fauna erfolgte mit standardisierten Kescherfängen (WITSACK 1975) in ungefähr 14tägigen Abständen. Für einige der Übersichtsdarstellungen wurden die Fangzahlen der in den ausgewählten Untersuchungsjahren 1972–1974 zeit-

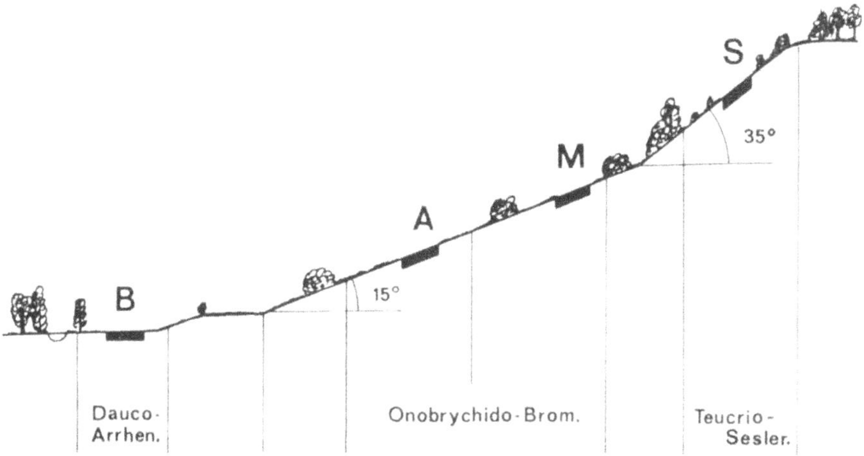

Abb. 1. Querschnitt durch das Untersuchungsgebiet zur Charakterisierung von Lage und Hangneigung der in den verschiedenen Rasengesellschaften gelegenen Probeflächen. Weitere Erläuterungen im Text.

lich miteinander korrespondierenden Fangterminen zusammengefaßt. Die Konsumenten-Diversität wurde mit Hilfe verschiedener Methoden untersucht, und zwar nach SHANNON u. WEAVER (1949), SIMPSON (1949), MARGALEF (1970) und WHITTAKER (1972).

4. Ergebnisse

4.1. Gesamtzahlen

Die Kescherfänge fanden in den drei Untersuchungsjahren, die hier miteinander verglichen werden, jeweils vom März bis zum November statt. Sie erbrachten 15 415 Individuen aus 424 Arten. Erwartungsgemäß stellen die Phytophagen den größten Anteil der Gesamtindividuenzahl, die Zoophagen den kleinsten. Obwohl die Individuenzahl der Zoophagen nur ein knappes Viertel von derjenigen der Saprophagen ausmacht, werden beide Konsumentengruppen durch annähernd gleichgroße Artenzahlen vertreten. Relativ gering ist also die Artenzahl gegenüber der Individuen-Menge bei den Saprophagen, sie zeigen demzufolge eine hohe Repräsentation (Individuen-/Artenzahl nach PRESTON 1962) ganz im Unterschied zu den Zoophagen (Tab. 1).

4.2. Konsumentengruppen und Dipteren-Familien

Die 424 Dipteren-Arten verteilen sich auf 43 verschiedene Familien, von denen aber nur 17 > 1 % der in einer der drei Konsumentengruppen enthaltenen Gesamtindividuenzahl umfassen. In der Gruppe der Phytophagen stellen die Chloropidae ungefähr die Hälfte aller Individuen, erst mit größerem Abstand folgen dann die Drosophilidae, Opomyzidae und Agromyzidae, dazu 6 weitere Familien (Tab. 2) mit > 1 % der Individuen einer Konsumentengruppe. Bei den Saprophagen tritt nur eine kleine Zahl von Familien auf, hervorzuheben sind die Sphaeroceridae, Lonchopteridae, Sepsidae und Phoridae. Noch stärker als bei den Saprophagen ist die Konzentration der Individuen auf wenige Familien bei den Zoophagen. Hier enthält die ranghöchste Familie (Empididae) bereits > 85 %

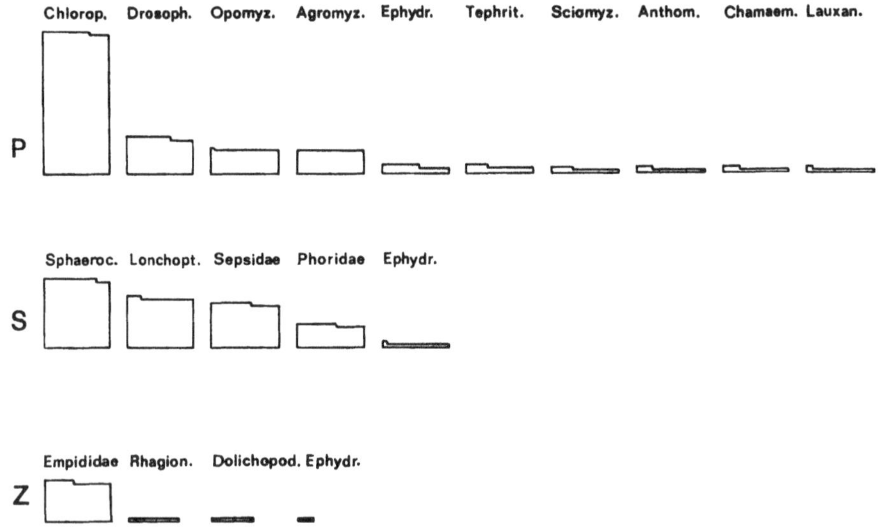

Abb. 2. Rangfolge und relative Abundanz der einzelnen Dipteren-Familien innerhalb der drei Konsumentengruppen, der Phytophagen (P), der Saprophagen (S) und der Zoophagen (Z).

sämtlicher Individuen. Erwähnenswert sind danach nur noch die Rhagionidae und Dolichopodidae.

Lediglich zwei Familien stellen Vertreter mehrerer Konsumententypen, die Ephydridae und die Muscidae, von welchen den letzteren wegen ihrer geringen Abundanz in ökologischer Hinsicht nur eine geringe Bedeutung zukommen dürfte. Die bei relativ hoher Individuendichte wahrscheinlich ökologisch auch entsprechend interessanten Familien sind in Abb. 2 gesondert dargestellt. Jede der Konsumentengruppen wird durch diese wenigen Familien (Abb. 2) mit $> 95\%$ ihrer gesamten Individuendichte repräsentiert.

4.3. Verteilung besonders individuenreicher Arten auf die einzelnen Konsumentengruppen

Stellt man eine Rangfolge aller Dipteren-Arten auf und fragt nach denjenigen Arten, die in dieser Rangfolge mit mehr als 0,5 % der Gesamtindividuenzahl (15 415) erscheinen, ermittelt man 29 Arten (Tab. 3), von denen 16, also über die Hälfte, im Imaginalstadium phytophag (im hier gebrauchten erweiterten Sinn), 9 saprophag und 4 zoophag leben. Bei einem Vergleich mit der Gesamtartenzahl (Tab. 1) sind bei diesen Ranghöchsten die Saprophagen überrepräsentiert. Relativ viele saprophage Arten zeichnen sich durch hohe Individuenzahlen aus. Gestützt wird dieser Befund noch durch die Tatsache, daß von den 8 ranghöchsten Arten 4 zu den Saprophagen gehören, während die individuenreichste zoophage Art, *Bicellaria spuria*, erst an 13. Stelle in der Rangfolge erscheint.

Zu den 29 Arten, die in Tab. 3 aufgeführt sind, zählen 69 % der insgesamt erfaßten Individuen. Dabei entfallen auf die Phytophagen 55,6 %, auf die Saprophagen 37,5 % und auf die Zoophagen 6,9 %. Diese prozentuale Verteilung der Individuen deckt sich recht gut mit derjenigen aller untersuchter Arten (Tab. 1).

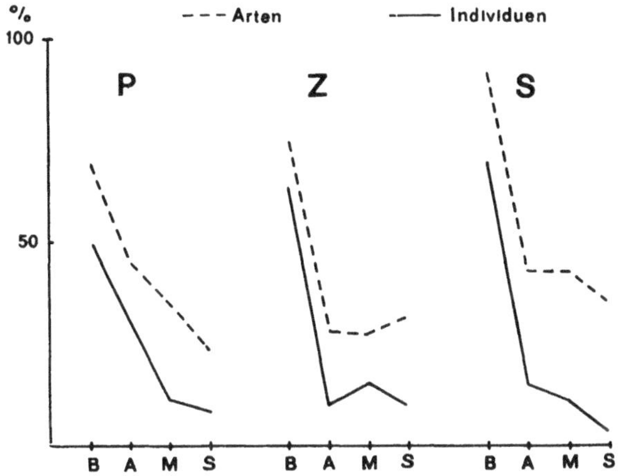

Abb. 3. Repräsentanz der drei Konsumentengruppen über die Katena im Untersuchungsgebiet. Weitere Erläuterungen im Text.

4.4. Gruppen-Diversität

Vergleicht man die für die Dipteren von den Trockenrasenflächen A, M und S errechneten Diversitätsindices nach SHANNON u. WEAVER (1949) mit denen anderer Insekten- bzw. Arthropoden-Gruppen (Tab. 4), zeigt sich, daß die Werte für das Informationsmaß H' ($H' = -\Sigma p_i \log p_i$) – errechnet für die Gesamtprobenzahl des Jahres 1971 – bei den Dipteren in den drei Probenflächen wesentlich über denen der anderen Arthropoden-Gruppen liegen. Der Wert H' der Fliegen in der Fläche A ist um 29 % (Spinnen), 49 % (Zikaden) und 73 % (Wanzen) größer als die H'-Werte der verglichenen Arthropoden-Gruppen. Den entscheidenden Einfluß auf die hohen Diversitätswerte der Dipteren dürfte deren Artenvielfalt ausüben.

Fragt man nach der unterschiedlichen Mannigfaltigkeit der Konsumentengruppen innerhalb der Ordnung der Dipteren, findet man die größte Diversität bei den Phytophagen, was bei der hohen Artenzahl dieser Gruppe (Tab. 1) nicht überrascht.

Der Index α für die Mannigfaltigkeit wurde in diesem Fall nach MARGALEF ($\alpha = \frac{s-1}{\log N}$) berechnet, wobei s die Artenzahl, N die Individuenzahl bedeutet.

Der Mannigfaltigkeitsindex der Zoophagen ist trotz ihres niedrigen Repräsentationswertes (Tab. 1) – es kommen im Durchschnitt nur 17,3 Individuen auf eine Art – kleiner als derjenige der Saprophagen mit einem relativ hohen Repräsentationswert von 73,0. Dies mag darauf zurückzuführen sein, daß eine beträchtliche Zahl der zoophagen Arten nur durch einzelne Individuen vertreten sind, die Masse der Individuen aber nur von sehr wenigen Arten stammt (Tab. 5).

4.5. Spatiale Variabilität der Konsumentengruppen

Die vier Katenaflächen sind nicht nur durch unterschiedliche Pflanzengesellschaften mehr oder weniger deutlich voneinander zu unterscheiden, auch die Arthropodenfauna zeigt, vor allem beim Vergleich der voneinander entfernteren Katenaglieder, ein für die einzelnen Flächen typisches Artenspektrum (MÜLLER u. Mitarb., 1978). Untersucht werden soll, wie groß die Variabilität der Konsumentengruppen innerhalb der Katena ist. In allen vier Probeflächen dominieren sowohl hinsichtlich der Individuendichte als auch der Artenzahl die Phytophagen. In der B-Fläche stehen die Saprophagen den Phytophagen in der

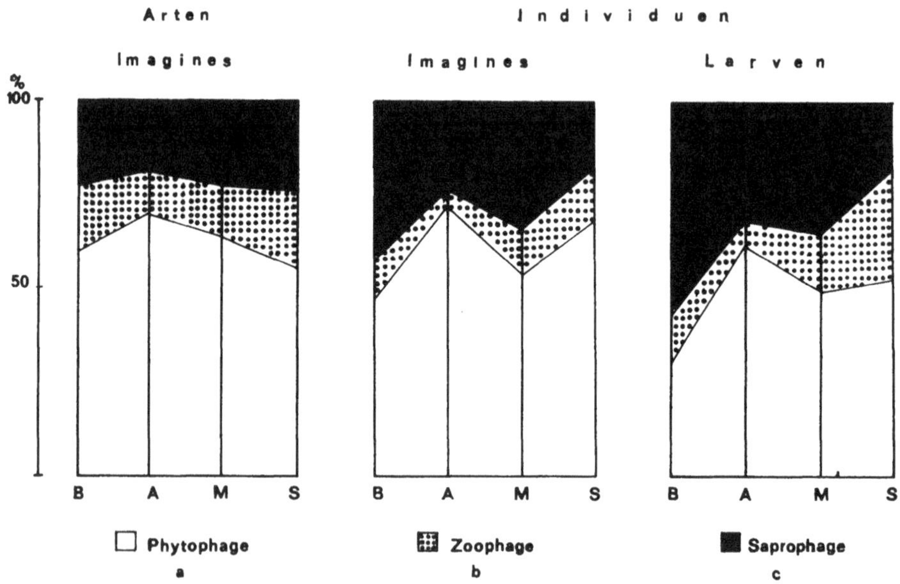

Abb. 4. Prozentuale Verteilung der einzelnen Konsumentengruppen in der Rasenkatena (B A M S).

Individuendichte allerdings nur wenig nach (Tab. 6). Insgesamt ist die Zahl der saprophagen Individuen in B viel größer als in den Trockenrasenflächen. Nur 29,6 % der Saprophagen verteilen sich auf die Flächen A, M und S, während 70,4 % der Saprophagen in der relativ feuchten B-Fläche gekeschert wurden. Dies trifft in ähnlicher Weise auch auf die Zoophagen zu. 64,1 % der zoophagen Dipteren-Individuen entfallen auf die B-Fläche. Der Rest, also nur ein reichliches Drittel aller Zoophagen, verteilt sich auf die Trockenrasenflächen A–S, M tritt dabei besonders hervor (Abb. 3).

Mithin ist die Repräsentanz [1]) der Individuen aller drei Konsumentengruppen in der B-Fläche relativ hoch. Sie führt in einem Gefälle über A und M nach S. Ein solches Gefälle liegt auch für die Zahl der phytophagen Arten vor. Bei den Saprophagen und Zoophagen hingegen ist zwischen den Flächen A und S bzw. M kein Gefälle der Artenzahlen zu erkennen. In S wurden sogar mehr zoophage Arten gekeschert als in A und M. Abweichend von der Verteilung der Arten- und Individuenzahlen verhalten sich die Repräsentationswerte (Individuen-/Artenzahlen). Für die Phytophagen läßt sich zwischen B und A kein deutlicher Unterschied nachweisen. Dasselbe trifft für M und S zu. Die beiden mittleren Katenaglieder, A und M, weichen in ihren Repräsentationswerten jedoch merklich voneinander ab (Tab. 6). Ein deutliches Gefälle dieser Werte über die Katena ist nur bei den Saprophagen vorhanden, von denen in der B-Fläche im Mittel 56 Individuen auf eine Art kommen, in der A-Fläche dann nur noch 25, in M und S mit deutlich abnehmender Tendenz entsprechend weniger.

1) Repräsentanz: Prozentuale Verteilung von Arten einer systematischen oder ökologischen Kategorie oder von Individuen einer Art über mehrere Probeflächen einer Katena (MÜLLER u. Mitarb.)

Die prozentualen Artenzusammensetzungen der Konsumentengruppen sind in den vier Katenaflächen nur wenig voneinander verschieden (Abb. 4); die Individuendichte zeigt jedoch stärkere Schwankungen. Besonders hingewiesen sei auf die prozentuale Zunahme der zoophagen Dipteren von A über M nach S. Noch stärker ausgeprägt als bei den Imagines (Abb. 4b) ist diese Zunahme bei den Larven der gekescherten Dipteren-Imagines (Abb. 4c). Außerdem wird in dieser Teilabbildung deutlich, daß die spatiale Verteilung der Konsumentengruppen auf der Larvalebene derjenigen der Imagines im großen und ganzen durchaus ähnlich ist. Lediglich in der S-Fläche treten die phytophagen zugunsten der räuberisch lebenden Larven stärker zurück als die zu den entsprechenden Konsumentengruppen gehörenden Imagines.

Bei einem Vergleich der Mannigfaltigkeitsindizes nach MARGALEF (Tab. 7) ergibt sich eine große Übereinstimmung zwischen den Katenaflächen A und M sowohl bei den Phytophagen als auch bei den Zoophagen, die von MÜLLER u. Mitarb., (1978) bei der Flächenbindung mehrerer Arthropoden-Gruppen beobachtet wurde und dort ausführlich zur Darstellung gelangt. In allen vier Probeflächen nimmt die Mannigfaltigkeit von den Phytophagen über die Sapro- zu den Zoophagen hin ab. Eine solche Abnahme läßt sich auch längs der Katena von der B-Fläche zur S-Fläche erkennen, wobei die Flächen A und M bei Phytophagen und Zoophagen als komplexe Katenaeinheit betrachtet werden können. Nur die Saprophagen zeigen eine vierstufige Abnahme der Diversität von B nach S.

Die spatiale Variabilität läßt sich auch durch die Artenzahlen pro Konsumentengruppe und Katenafläche darstellen (Tab. 8). Relativ hoch ist die Anzahl der autochthonen Arten aller drei Konsumentengruppen in der B-Fläche. Aber auch in A und M spielen die Autochthonen der Phytophagen und in A der Zoophagen noch eine erhebliche Rolle. Bemerkenswert ist, daß die autochthonen Phytophagen und Zoophagen in den vier Katenaflächen jeweils $> 50\,\%$ der Gesamtartenzahlen ausmachen. Merklich weniger autochthone Arten enthalten offensichtlich die Saprophagen. Von ihnen wurden, was der soeben geäußerten Feststellung entspricht, bezeichnenderweise $> 1/3$ sämtlicher Arten in mehr als zwei Probeflächen gekeschert. Phytophage kommen in mehr als zwei Probeflächen nur mit 23,6 %, Zoophage sogar nur mit 18,4 % der jeweils erbeuteten Gesamtartenzahlen vor. Hervorgehoben werden soll auch, daß 22,1 % aller saprophagen Arten über alle vier Katenaflächen verteilt sind, aber nur 11,1 % der phytophagen und gar nur 7,9 % der zoophagen Arten. Auch diese Tatsache spricht dafür, daß die saprophagen Arten, trotz ihres hauptsächlichen Vorkommens am feuchten Katenaende, gleichmäßiger über die gesamte Katena verteilt sind als die Arten der anderen beiden Konsumentengruppen. Treten die transgredienten Arten bei Phytophagen und Saprophagen im unteren, feuchten Bereich der Katena stärker hervor, stehen die transgredienten Zoophagen in A und M mit 5,3 % an erster Stelle. Noch höher ist der Prozentsatz der Zoophagen (10,9 %), die in der B- und S-Fläche zugleich gefunden werden konnten. Aber auch unter den saprophagen Arten findet sich ein beträchtlicher Prozentsatz, der nur in B und S gekeschert wurde. Möglicherweise sind diese Arten in erster Linie aus den angrenzenden Gebüschzonen in die Probeflächen B und S eingedrungen, so daß sie nur in den Endflächen der Katena auftreten.

Zur Flächenbindung der einzelnen Dipteren-Familien innerhalb der Konsumentengruppen ist folgendes zu sagen: In verschiedenen Familien der drei Konsumentengruppen nimmt die Repräsentanz von B nach S ab. Beispiele dafür liefern die Agromyzidae, Anthomyiidae, Drosophilidae, Opomyzidae, Phoridae, Sphaeroceridae, Rhagionidae u. a.

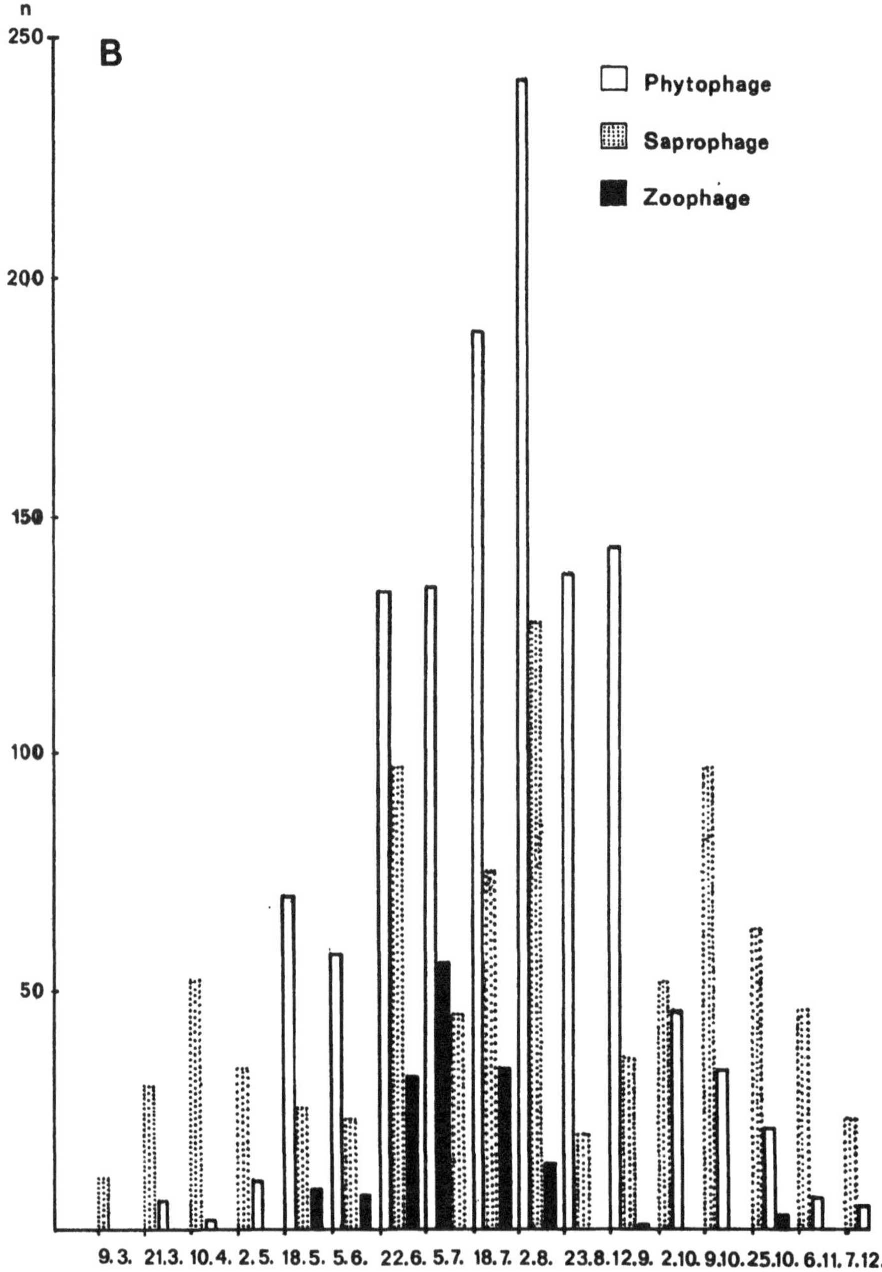

Abb. 5. Saisonale Variabilität der Individuenzahlen innerhalb der drei Konsumentengruppen 1972 in Probefläche B (a), A (b), M und S (c).

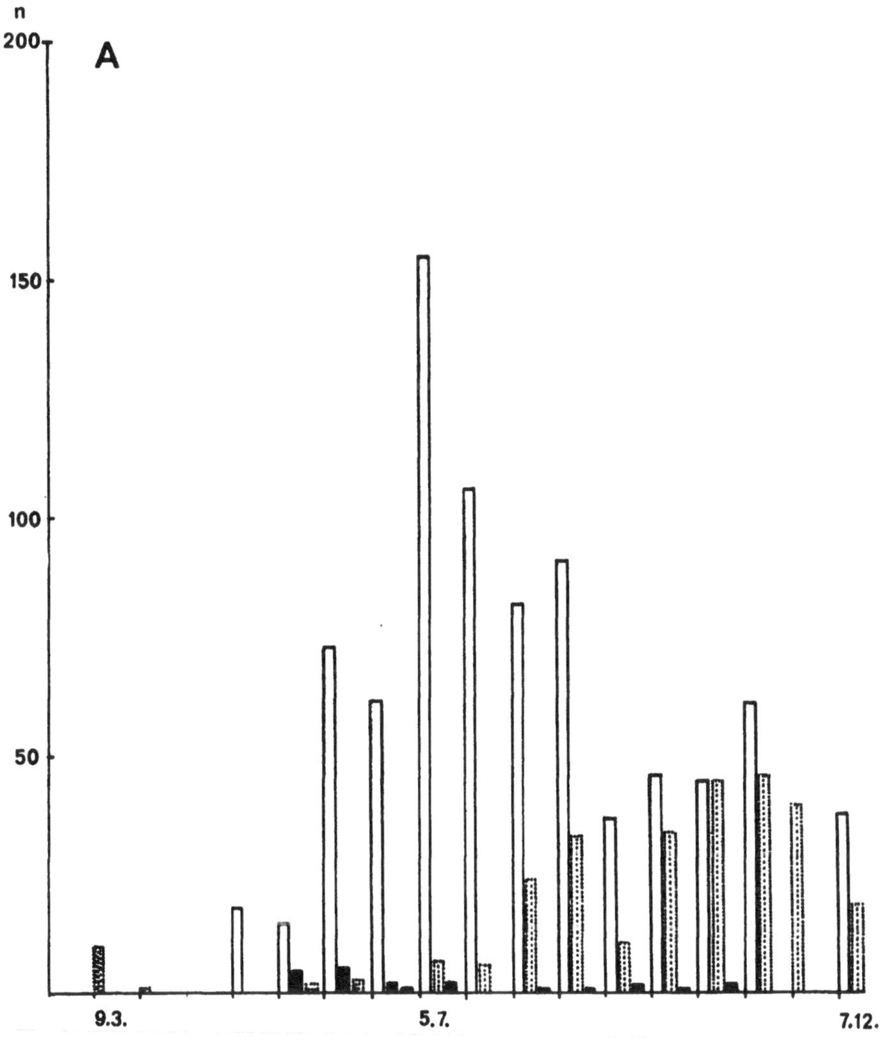

(Abb. 5b)

(Tab. 9). Regelmäßig ist das aber nicht der Fall. Unter den Phytophagen gehören die Chamaemyiidae zu denjenigen Familien, die in einer der Trockenrasenflächen, hier in S, mit der höchsten Repräsentanz erscheinen. Die Pipunculidae wiederum wurden hauptsächlich in A und M gekeschert. Unter den Saprophagen ist bei den Sepsidae die Repräsentanz in der B- und der M-Fläche am größten, was möglicherweise mit der Gebüschnähe in beiden Probeflächen zusammenhängt. Auch bei den saprophagen Ephydridae und den Sciomyzidae fehlt ein Gefälle von B nach S. Hier, wie in anderen Fällen auch (Chamaemyiidae, Lauxaniidae, Milichiidae u. a.), ist sicherlich die zoo- oder saprophage Lebens-

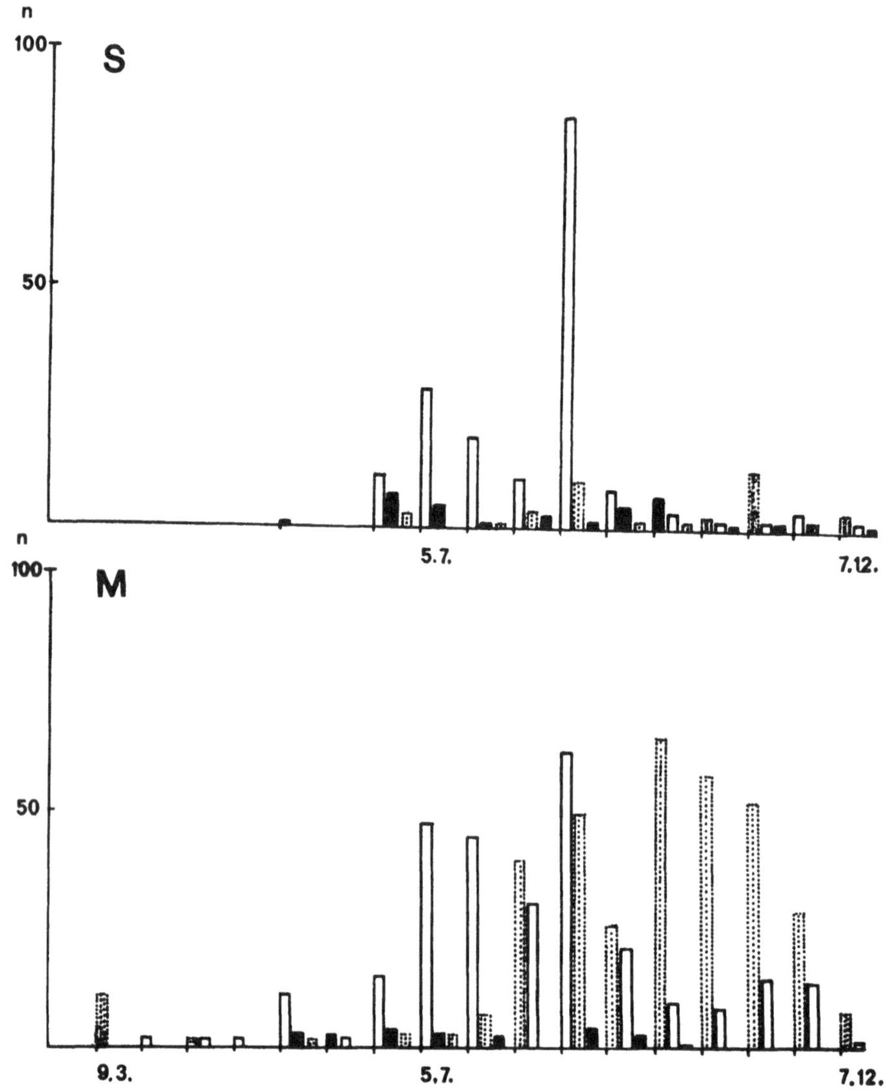

(Abb. 5c)

weise der Larven für die Repräsentanz der Familien in den einzelnen Katenaflächen von erheblicher Bedeutung.

Zur Flächenbindung der ranghöchsten Arten: Von den weiter oben schon erwähnten 29 ranghöchsten Arten (Abschnitt 4.3.) treten 21 in der B-Fläche auf. 7 der insgesamt 9 genannten saprophagen Arten sind in B vorhanden (Tab. 3). Es fehlen lediglich *Leptocera fenestralis* und *Sepsis violacea*. Beide Arten kommen zwar auch in B vor, gehören aber in dieser Katenafläche nicht zu denjenigen Arten, die mit $> 1\,\%$ der Individuen auf B entfallen. Ihr Verbreitungsschwerpunkt liegt in den Flächen A und M. Besonders hingewiesen sei schließlich noch auf das Fehlen von zoophagen Arten mit $> 1\,\%$ der Individuen in der Fläche A.

Zusammenfassung: Die Gesamtindividuendichte der phytophagen und saprophagen Arten nimmt vom feuchten zum trockenen Ende der Rasenkatena mehr oder weniger kontinuierlich ab, was in der Repräsentanz der Individuen deutlich zum Ausdruck gelangt (Abb. 3). Sind in der B-Fläche die Individuendichten aller drei Konsumentengruppen am größten, ist in jeder der vier Katenaflächen ein Abundanzgefälle von den Phytophagen über die Saprophagen zu den Zoophagen nachweisbar, wenn auch der Abstand von den Phyto- zu den Saprophagen in der B-Fläche relativ klein bleibt (Abb. 4b). Damit wird die ökologische Bedeutung der Saprophagen in der B-Fläche unterstrichen, die im Vergleich zu den anderen Katenaflächen in B mit der relativ höchsten Individuen- und Artendichte vorkommen.

Von den über die einzelnen Probeflächen verteilten Arten sind die meisten autochthonen aller drei Konsumentengruppen auf die B-Fläche begrenzt. Aber auch für A und M ist die Anzahl der autochthonen Phytophagen erwähnenswert. Die Saprophagen sind insgesamt am gleichmäßigsten über die Katenaflächen verteilt. Von den Transgredienten spielen im trockenen Katenabereich die Zoophagen, am feuchteren Ende der Katena hingegen die Phyto- und Saprophagen die jeweils größere Rolle.

4.6. Saisonale Variabilität

Den vergleichenden Untersuchungen der saisonalen Variabilität der Konsumentengruppen sollen zunächst nur die Ergebnisse eines Jahres zugrunde gelegt werden, da die saisonale Variabilität in den vier Katenaflächen jährlich einen ähnlichen Verlauf nimmt, wie die Beobachtungen von 1972–1974 zeigen. Ausgewählt wird das Jahr 1972, das hinsichtlich des Witterungsverlaufes von den drei Untersuchungsjahren am wenigsten unausgeglichen erscheint (MÜLLER et al.).

Bei einem Vergleich der drei Konsumentengruppen innerhalb der gesamten Katena zeigt sich, daß die Phytophagen einen Häufigkeitsgipfel zwischen Ende Juni und August aufweisen. Zum Spätherbst hin nehmen die Individuenzahlen, wenn auch nicht gleichmäßig, so doch aber deutlich ab. Lediglich in der A-Fläche ist im Spätherbst noch einmal eine Zunahme der phytophagen Dipteren zu beobachten (Abb. 5b). Die Saprophagen beherrschen in der B-Fläche mit mehr oder weniger hoher Individuendichte den gesamten saisonalen Verlauf des Untersuchungszeitraumes, während sie in den Trockenrasenflächen (A, M, S) erst ab Hochsommer merklich in Erscheinung treten. Wird in A und M der Sommergipfel im wesentlichen durch die Phytophagen bestimmt, bilden die Saprophagen in der M-Fläche noch einen Herbstgipfel; auch in der S-Fläche treten die Saprophagen im Herbst, trotz der insgesamt niedrigen Individuenzahlen, stärker hervor als im Sommer. Aber nur in der B-Fläche läßt sich bei den Saprophagen eine dreimalige Häufung der Individuen, im Frühjahr, Sommer und Herbst, erkennen. Der Frühjahrsgipfel verdient besonders hervorgehoben zu werden. Sind auch die Phytophagen an der Bildung des Frühjahrsgipfels in B beteiligt, dominieren doch aber die Saprophagen, und zwar bei maximaler Individuendichte im Monat April.

Die saisonale Variabilität, die bei den Phytophagen und Saprophagen in den Katenaflächen B, A und M zum Teil recht deutlich ausgeprägt ist, fehlt bei den Zoophagen in den Trockenrasenflächen A, M und S weitgehend. Sie läßt sich aber in der B-Fläche nachweisen. Noch deutlicher als bei den Phytophagen ist bei den Zoophagen in B eine ein-

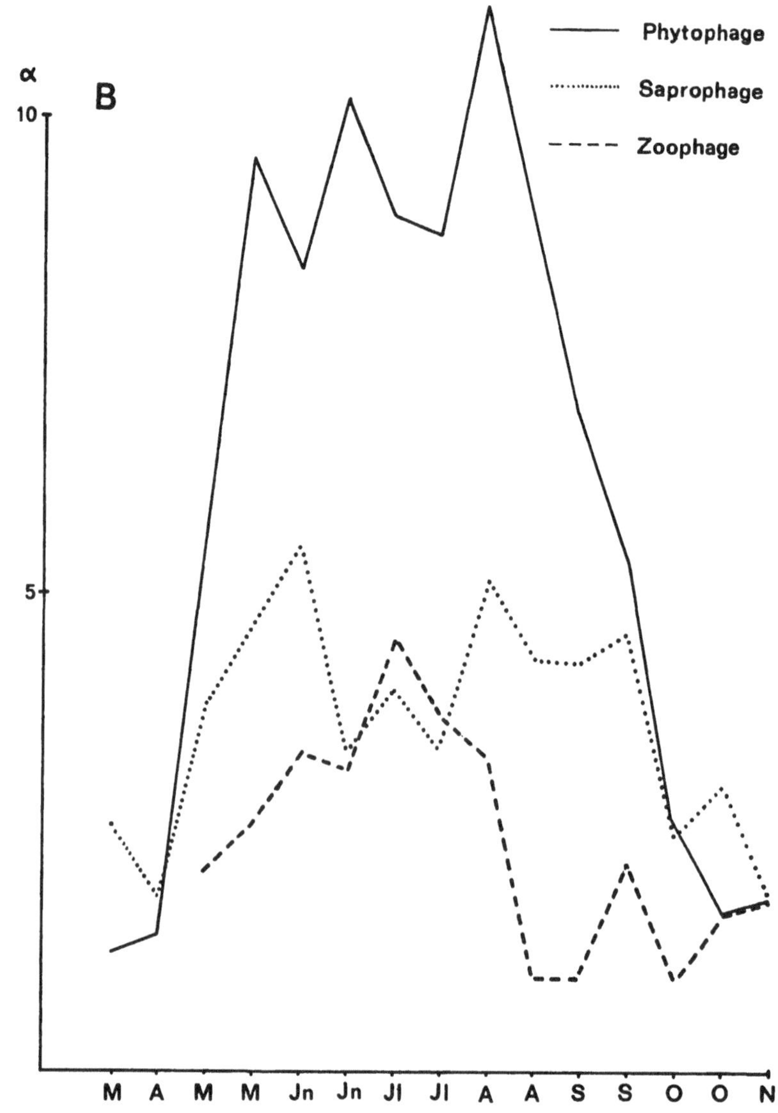

Abb. 6. Saisonale Variabilität des Mannigfaltigkeitsindex (nach MARGALEF) in den vier Probeflächen der Rasenkatena.

gipflige Individuenhäufung vorhanden, deren Maximum zeitlich vor dem maximalen Auftreten der Phytophagen liegt.

Die saisonale Variabilität des Mannigfaltigkeitsindex (Index nach MARGALEF, vergl. S. 33) (Abb. 6), die auf Mittelwerten aus den drei Untersuchungsjahren basiert, bestätigt im großen und ganzen die schon getroffene Feststellung, daß die an den verschiedenen

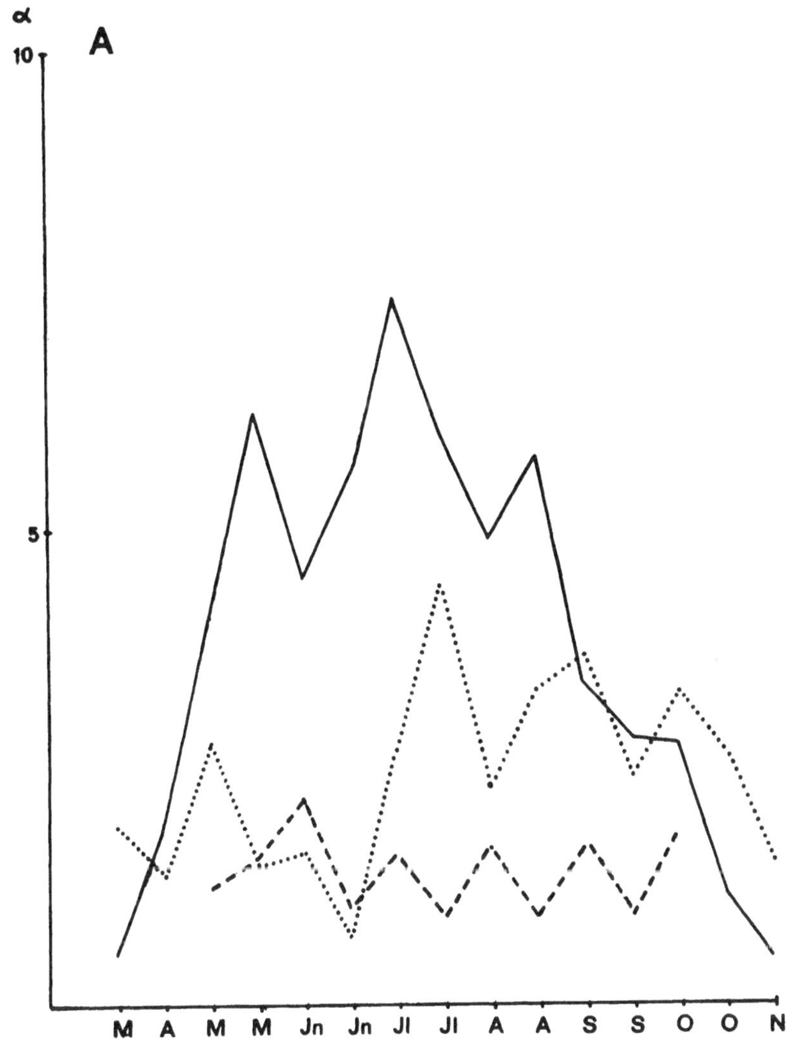

(Abb. 6b)

Fangtagen ermittelte Individuendichte in den drei Konsumentengruppen in jedem Jahr ungefähr gleich groß sein dürfte. Dies zeigt ein Vergleich der beiden Abbildungen 5 und 6. In den Flächen A und M z. B. ist die Mannigfaltigkeit bei den Saprophagen von Juni/Juli an verhältnismäßig hoch. Dies entspricht der zunehmenden Individuendichte in der zweiten Hälfte des Jahres 1972 in beiden Flächen, die mit einer erhöhten Artenzahl gekoppelt ist (Tab. 10). Da die Höhe der Artenzahl in Beziehung zur Größe des Diversitätswertes steht (PIMENTEL u. WHEELER 1973), ist aus den Mannigfaltigkeitskurven auf eine relativ hohe Artenzahl der Phytophagen auf den Flächen A und M von Mai bis September zu schließen. Dasselbe gilt auch für die Saprophagen in der zweiten Jahreshälfte. Auch

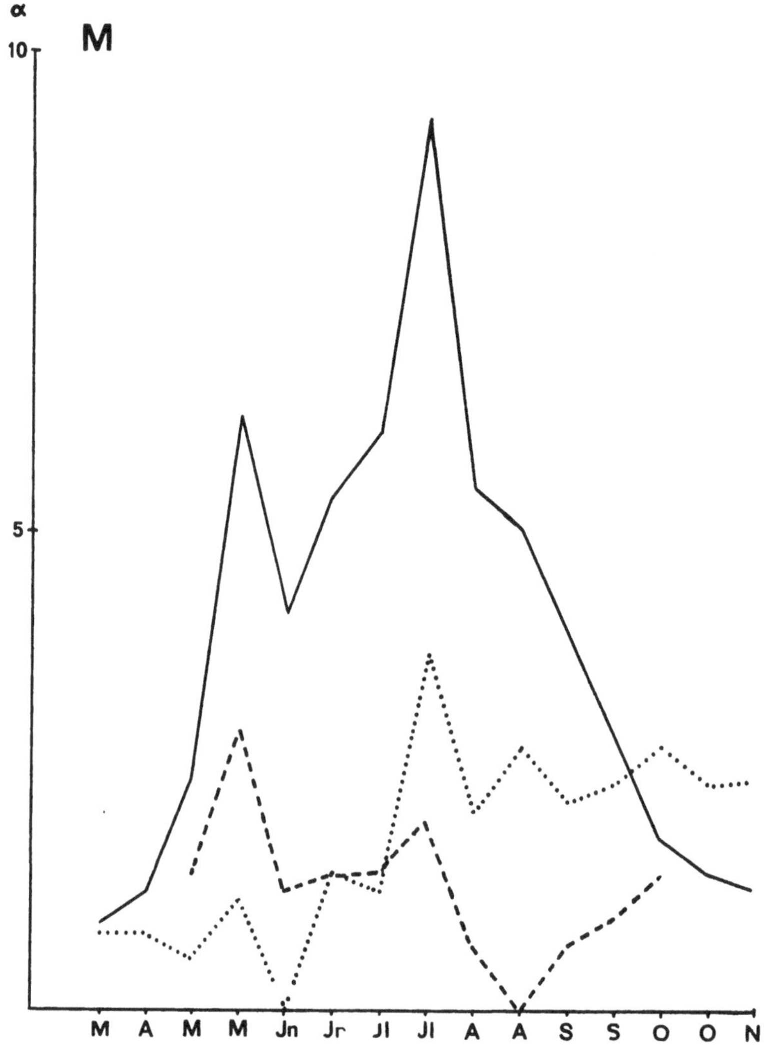

(Abb. 6c)

für die Zoophagen entspricht der saisonale Kurvenverlauf, gebildet aus den Werten der Mannigfaltigkeitsindizes, in der Fläche B im wesentlichen der saisonabhängigen Individuendichte und der im Sommer auffällig vergrößerten Artenzahl (Tab. 10).

Die große Mannigfaltigkeit der Phytophagen an verschiedenen Fangtagen im Sommer kommt hauptsächlich in der B-Fläche (Abb. 6a), an einigen Fangtagen aber auch in den Flächen A und M (Abb. 6b, c) zum Ausdruck. Bei der geringen Diversität der Saprophagen und Phytophagen gegen Ende des saisonalen Untersuchungszeitraumes, ist in Übereinstimmung mit niedrigen Werten des Mannigfaltigkeitsindex der Repräsentationsquotient

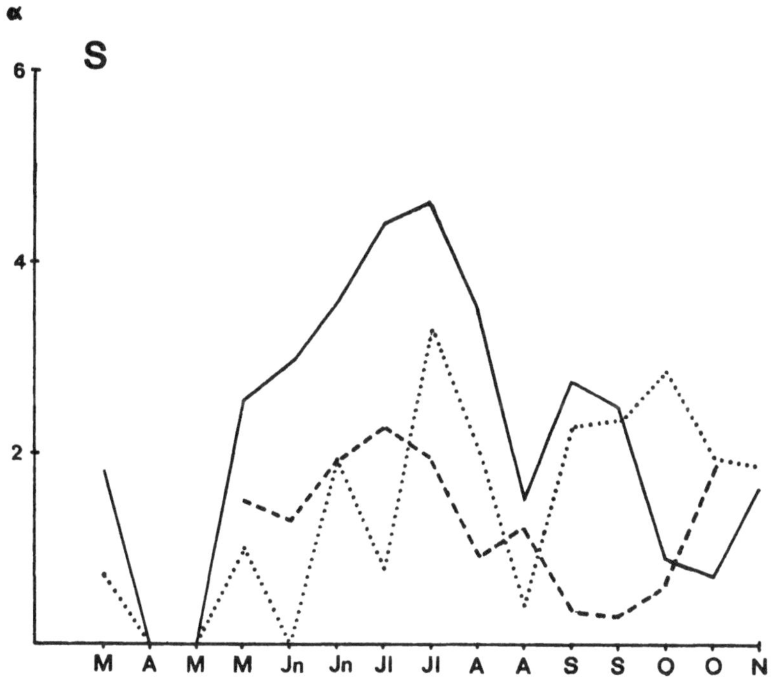

(Abb. 6d)

(Individuen/Artenzahl) oft sehr groß, und zwar immer dann, wenn nur sehr wenige Arten oder im Extremfall sogar nur eine einzige Art sämtliche Individuen stellen, wie auf der A-Fläche im Monat November. Hier führt die hohe Individuendichte von *Scaptomyza pallida* zu dem großen Wert des Repräsentationsquotienten (Abb. 7b). In B sind es die Arten *Lonchoptera furcata* und *Leptocera curvinervis*, die mit hoher Individuenzahl bis zum Spätherbst einen großen Anteil der Saprophagen ausmachen.

Zusammenfassung: Alle drei Konsumentengruppen bringen zumindest in den Katenaflächen B, A und M eine saisonale Variabilität zum Ausdruck. Sie läßt sich mit Hilfe der Individuenzahlen pro Kescherfang und Konsumentengruppe, aber auch durch einen der gebräuchlichen Mannigfaltigkeitsindizes bei oftmals vorteilhafter Ergänzung durch den Quotienten aus Individuen- und Artenzahl darstellen. Saisonal deutlich eingipflig erscheinen die Zoophagen in der B-Fläche. Die Phytophagen zeigen etwas später als die Zoophagen im Sommer einen Häufigkeitsgipfel, während die Saprophagen in der B-Fläche im Vergleich zu den beiden anderen Konsumentengruppen vor allem im Frühjahr und Herbst stärker hervortreten, in der A- und M-Fläche dagegen nur im Herbst einen ausgeprägten Häufigkeitsgipfel erreichen. In der S-Fläche ist wenigstens für die Saprophagen und Zoophagen kein deutlicher Häufigkeitsgipfel ausgeprägt.

4.7. Zur Einnischung der Dipteren-Arten aus den verschiedenen Konsumentengruppen

Im Rahmen dieser Untersuchungen soll nicht nach der räumlichen und zeitlichen Ein-

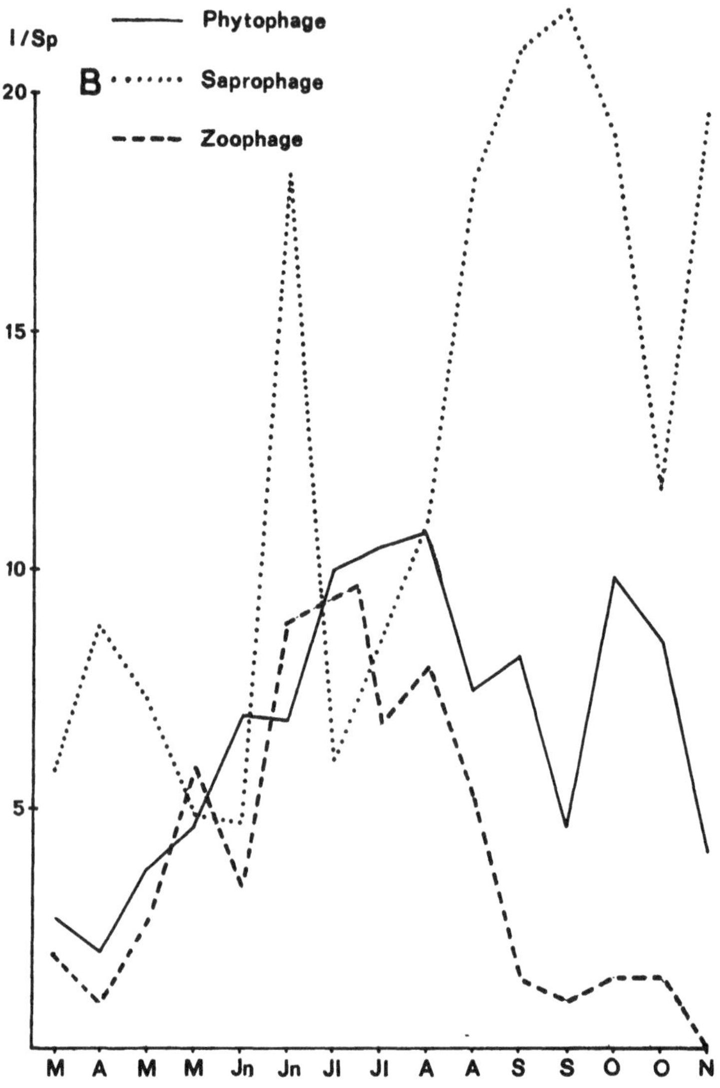

Abb. 7. Repräsentationswerte (Individuen/Art = I/Sp) der drei Konsumentengruppen (vergl. auch Abb. 6) in den Katenaflächen B und A.

nischung einzelner Arten gefragt werden. Zur Einnischung läßt sich nach ELTON (1946) auch dann etwas sagen, wenn man einmal die Artenzahl pro Gattung in einem bestimmten Biotop überprüft. Damit erhebt sich die Frage nach den Möglichkeiten einer Koexistenz verwandter Arten, die sowohl von den Eigenschaften des Biotops als auch von der ökologischen Plastizität der einzelnen Arten abhängt. Welche Aussagen sich zur Einnischung der Dipteren-Arten in der Rasenkatena des Leutratales treffen lassen, zeigt

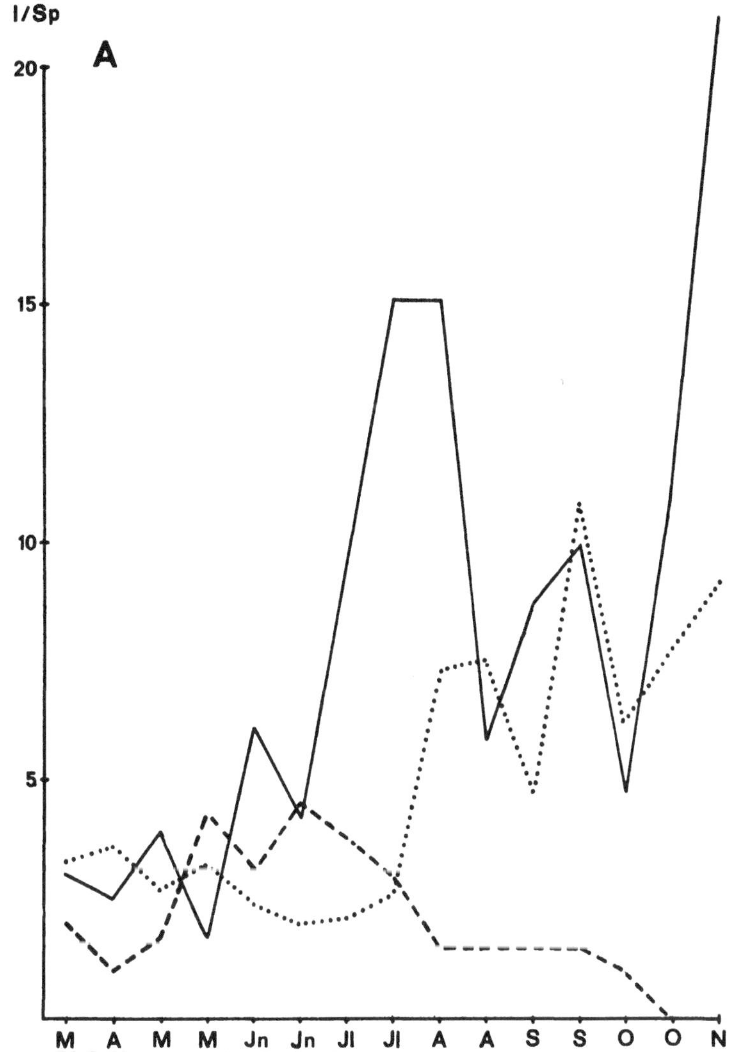

(Abb. 7b)

Tabelle 11, in welcher die einzelnen Dipteren-Familien daraufhin untersucht werden, wieviel Arten pro Gattung, geordnet nach Familien, in den Probeflächen gefunden wurden. Daraus ergibt sich die Frage, ob aus den so erhaltenen Ergebnissen Informationen über die vorhandenen ökologischen Gruppierungen und damit über die Einnischung der Arten zu erlangen sind.

In die hierzu vorliegenden Erhebungen gehen nicht nur die Ergebnisse von 1972–1974 ein, es wurden dazu auch Routinefänge in den Katenaflächen A, M und S aus dem Jahr 1971 berücksichtigt.

57 % der Arten sind Einzelarten pro Gattung. Von mehr als der Hälfte aller im Untersuchungsgebiet gefangenen Dipteren-Arten ist also je Gattung nur eine einzige Art vorhanden. 43 % der Dipteren-Arten gehören demgegenüber zu Gattungen, die in den Probeflächen mit mehr als einer Art vertreten sind. Maximal wurden 34 Arten einer Gattung gefangen, von denen 28 allein in der B-Fläche vorkommen. Es handelt sich dabei um die saprophag am Boden oder in Bodennähe lebenden *Leptocera*-Arten, von denen einige auch koprophag sind. Bei den Empididae wurden in einem Fall 21 Arten einer Gattung festgestellt, und zwar die räuberisch lebenden *Platypalpus*-Arten, deren Anzahl sich sicherlich noch beträchtlich erhöhen ließe, wenn die Gebüschfauna mitberücksichtigt würde. Hinweise darauf geben die Sammelergebnisse REDMANNs (1975) und diejenigen von BAYER u. KAUTZ (1977). Die Empididae treten auch ein zweites Mal mit mehreren Arten einer Gattung in Erscheinung (Tab. 11). Schon aus diesen geringen Ergebnissen läßt sich ableiten, daß mehrere Arten in einer Gattung vor allen Dingen dort anzutreffen sind, wo die Dipteren saprophag oder auch zoophag leben, also in Gruppen mit hoher ökologischer Plastizität. Zwei weitere ökologische Artengruppen sind noch zu erwähnen, in denen, wie bei den beiden soeben genannten, mehrere Arten in einer Gattung nebeneinander vorkommen können; es sind dies die minierenden, an unterschiedliche Wirtspflanzen gebundenen Arten, ferner solche, deren Larven in verschiedenen Insekten parasitieren. Für beide Gruppen lassen sich unter den Dipteren der Rasenkatena im Leutratal Beispiele nennen. So findet man z. B. unter den Agromyzidae in der Katena zwei Gattungen mit jeweils mehreren Arten. Von den Familien mit parasitierenden Larven seien die Pipunculidae erwähnt. Von der Gattung *Pipunculus* wurden im Untersuchungsgebiet mindestens 9 Arten gekeschert. Bei den genannten Formen dürfte eine Konkurrenz der Arten einer Gattung untereinander in den Rasenbiotopen kaum oder nur in geringem Umfang stattfinden. Dies trifft wahrscheinlich selbst für die artenreichsten Gattungen, wie die Gattungen *Leptocera* oder *Platypalpus* zu. Zu bemerken ist aber auch, daß für eine Koexistenz der verwandten Arten auf relativ eng begrenztem Raum saisondynamische Entwicklungsunterschiede eine gewisse Bedeutung besitzen, auf die an dieser Stelle aber nicht näher eingegangen werden soll.

Zu den Arten, die einzige Vertreter ihrer Gattung darstellen, läßt sich im allgemeinen nur vermutungsweise äußern, daß sie aus Konkurrenzgründen andere Vertreter ihrer Gattung nicht dulden oder aber als einzige Arten ihrer Gattung die ökologische Potenz besitzen, die im Untersuchungsgebiet verfügbaren Valenzkombinationen zu nutzen. Bemerkenswert ist jedenfalls, daß Einzelarten je Gattung besonders häufig bei Chloropidae, Ephydridae, aber auch einigen Gattungen der Empididae und der Sciomyzidae sind. Soweit bekannt, weichen die Gattungen, die lediglich durch eine einzige Art repräsentiert werden, in ihren ökologischen Ansprüchen stets voneinander ab, sie sind daher an unterschiedliche Nischen gebunden und können ohne weiteres nebeneinander existieren.

5. Diskussion der Ergebnisse

Um Arten- und Individuendichten verschiedener Konsumentengruppen miteinander vergleichen zu können, müßte vorerst gewährleistet sein, daß aussagekräftige Sammelergebnisse vorliegen. Ganz sicher sind mit der Keschermethode nicht sämtliche Dipteren-Familien repräsentativ erfaßt, das betrifft einige bodennah lebende (z. B. Heleomyzidae, verschiedene Sphaeroceridae, Ephydridae u. a.), aber auch schnell flüchtige Gruppen wie Syrphidae, Asilidae, verschiedene Taxa der Muscoidea u. a. Vergleichende Kescherfangserien in verschiedenen Rasenbiotopen, die seit mehreren Jahren durchgeführt werden

(BÄHRMANN, unveröff.) berechtigen jedoch zu der Annahme, daß die hier vorliegenden Kescherfangresultate einen brauchbaren Hinweis auf die tatsächliche Zusammensetzung der Dipterenfauna in der Rasenkatena liefern. Gestützt wird diese Annahme durch die zweijährigen Untersuchungen der Dipterenfauna durch DOSKOČIL u. HŮRKA (1962) in einem Arrhenatheretum Südwest-Böhmens.

Auf ein weiteres Problem sei an dieser Stelle aufmerksam gemacht, es betrifft die Zuordnung der einzelnen systematischen Kategorien zu den drei Konsumentengruppen. Nicht immer läßt sich eine solche Zuordnung eindeutig vornehmen, da einmal bei verschiedenen Familien die Kenntnis über die Nahrungsaufnahme der Larven und Imagines noch unvollkommen ist, zum anderen eine ganze Anzahl von Arten sowohl den Saprophagen als auch den Zoophagen zugeordnet werden könnte. Sie sind jedoch bei den vorliegenden Untersuchungen nicht häufig und fallen deshalb nicht ins Gewicht.

Soweit keine neueren Beobachtungen bzw. Untersuchungsergebnisse über die Ernährung der hier berücksichtigten Dipteren vorliegen, stützt sich die Einordnung der einzelnen Familien, Gattungen oder auch Arten in die einzelnen Konsumentengruppen vor allem auf die Angaben von HENNIG (1968), LINDNER (1924 ff) und OLDROYD (1964).

Auffällig ist, daß die Saprophagen in sämtlichen Katenaflächen mit relativ hohen Individuenzahlen pro Art auftreten und sich dadurch deutlich von den insgesamt mit nahezu gleichvielen Arten gekescherten Zoophagen abheben (Tab. 1). Dies entspricht offensichtlich den ökologischen Gegebenheiten. Die Entwicklungsmöglichkeiten für die Saprophagen sind hauptsächlich in der B-Fläche gewiß recht gut und führen dann auch zu den hier ermittelten hohen Individuenzahlen der adulten Tiere. Eine interspezifische Konkurrenz scheint bei den Arten etlicher Gattungen nur in unbedeutendem Umfang wirksam zu sein und erlaubt eine relativ weitreichende Überlappung der genutzten ökologischen Nischen einzelner Arten während des Larvallebens. Dies kommt z. B. bei der Gattung *Leptocera* durch eine hohe Artenzahl in derselben Katenafläche zum Ausdruck.

Auch unter den Zoophagen können verhältnismäßig hohe Artenzahlen/Gattung auf engem Raum nebeneinander leben (Tab. 11), wobei sicherlich ebenfalls eine Nischenüberlappung, diesmal im Imaginalstadium, erfolgt. Sie ist bei den von sehr verschiedenen kleinen Arthropoden räuberisch lebenden Empididen-Arten als Funktion der Habitatvariabilität zu deuten, die ebenfalls, wie bei der Gattung *Leptocera* unter den Saprophagen, nur zu einer die ökologischen Potenzen der einzelnen Arten nicht wesentlich einschränkenden „diffusen Konkurrenz" (PIANKA 1974) führt und ein Zusammenleben mehrerer Arten einer Gattung bei gleicher Lebensweise ermöglicht. Ganz zweifellos trägt freilich die unterschiedliche saisonale Einnischung etlicher Arten zur Minderung der diffusen Konkurrenz bei. Das gleichzeitige Auftreten mehrerer Arten einer Gattung trifft natürlich auch für die Phytophagen zu. Werden verschiedene Arten einer Gattung auf engem Raum erbeutet, kann eine Nischenüberlappung aber auch gänzlich ausgeschlossen werden, wenn die Entwicklung der Arten z. B. in verschiedenen Wirtspflanzen erfolgt. Beispiele dafür bieten die Agromyzidae.

Zur Charakterisierung der Mannigfaltigkeit in den einzelnen Katenaflächen wurden durchgängig für sämtliche Fangtage die Diversitätsindizes nach MARGALEF und WHITTAKER berechnet. Letztere zeigen eine positive Korrelation zum Informationsmaß nach SHANNON u. WEAVER (PIMENTEL u. WHEELER 1973), sind aber viel einfacher zu berechnen und wurden ihnen deshalb vorgezogen. Eine recht gute Übereinstimmung zeigt sich aber auch zwischen den Diversitätsindizes von WHITTAKER und MARGALEF (Tab. 12), so daß es ausreichend erscheint, die Ergebnisse der Mannigfaltigkeitsuntersuchungen allein mit Hilfe eines der Indizes darzustellen. Da sich in Übereinstimmung mit DEJONG (1975) erwiesen hat, daß SIMPSONs Index als Diversitätsmaß besonders von der hohen Abundanz weniger Arten beeinflußt wird, soll er zur weiteren Diskussion der Ergebnisse nicht herangezogen werden.

Die weitreichende Übereinstimmung der Diversität mit der Gesamtartenzahl pro Katenafläche und Konsumentengruppe (Tab. 6, 7) unterstreicht die bekannte Tatsache der Abhängigkeit von Artenzahl und Diversität (PIMENTEL u. WHEELER 1973). Interessant ist aber unter diesem Gesichtspunkt ein Vergleich der Katenaflächen A und M. Trotz der größeren Arten- und Individuenzahlen der Phytophagen in A ist der Diversitätsindex in M ungefähr so groß wie der in A (Tab. 7). Auch die Mannigfaltigkeit der Zoophagen ist in M größer als in der A-Fläche, obwohl die Artenzahl in beiden Flächen gleich groß ist. Da die Fläche A landwirtschaftlich stärker genutzt wurde und wird als die M-Fläche (MÜLLER et al.), dürfte damit auch die Stabilität in dieser Katenafläche stärker belastet werden als in M, woraus nach HURD u. WOLF (1974) die relativ größere Diversität der Phytophagen in M zu erklären wäre. Vielleicht ist auch das Fehlen der Zoophagen mit einer Abundanz von $> 1\,\%$ der Gesamtindividuenzahl auf die anthropogene Beeinflussung der A-Fläche im Vergleich zu den anderen Trockenrasenflächen M und S zurückzuführen. Trotz der anthropogenen Beeinflussung der B-Fläche müssen hier für die Variabilität der Konsumenten sicherlich andere Erklärungen herangezogen werden, da die Abundanzwerte, wohl durch die in dieser Katenafläche gänzlich anderen meso- und mikroklimatischen Verhältnisse bedingt (MÜLLER et al.), von denen der Trockenrasenflächen grundsätzlich abweichen (Tab. 1, 6). Ein Zeichen für die auffälligen Habitatunterschiede zwischen der B-Fläche und den Flächen A, M und S sind nicht zuletzt die Zahlen, mit denen die autochthonen Arten in den einzelnen Katenaflächen vorkommen (Tab. 8).

Auch bei der saisonalen Variabilität dürften meso- oder mikroklimatische Bedingungen eine Rolle spielen. So ist zumindest bemerkenswert, daß die Saprophagen in den Trockenrasenflächen A und M erst im Spätsommer und vor allem im Herbst mit größerer Individuendichte erscheinen (Abb. 5), also zu einer Zeit, in der die Luftfeuchtigkeit am und über dem Boden sicherlich höhere Werte erreicht als im Früh- oder im Hochsommer. Auch die Zunahme der Phytophagen im Herbst in der A-Fläche könnte primär auf mesoklimatische Bedingungen zurückgehen. Bei diesen Formen handelt es sich nämlich im wesentlichen um solche Arten, die im Sommer in B häufig sind, im Herbst dann aber vor allem in A und auch in M vorkommen, um vorzugsweise in diesen mittleren Katenagliedern zu überwintern. Zu diesen Arten gehören z. B. *Geomyza tripunctata* und *Scaptomyza pallida*. Möglicherweise bieten die Trockenrasenflächen diesen Arten im Winterhalbjahr bessere Lebensbedingungen als die kühlere B-Fläche, da sie bei relativ hoher Luftfeuchte im Winter dennoch schneller erwärmt werden können als die Krautschicht in Bachnähe. Ein genauerer Einblick in die Ursachen der saisonalen Variabilität wird aber insgesamt erst dann möglich sein, wenn die Populationsdynamik der einzelnen Arten innerhalb der verschiedenen Konsumentengruppen besser bekannt ist als bisher.

Zusammenfassung

1) Untersucht wurde die Dipterenfauna einer Rasenkatena in den Jahren 1972–1974 mit der Keschermethode. Die Ergebnisse gründen sich auf eine Sammelausbeute von 15 415 Individuen, die zu mindestens 424 Arten gehören.

2) Bei der Zuordnung der Dipteren-Imagines zu den Konsumentengruppen: Phytophage,

Saprophage und Zoophage ergaben sich insgesamt mehr als 55 % phytophage, ~ 36 % saprophage und nur 8 % zoophage Individuen. Dieser quantitativen Rangfolge entspricht auch die Diversität der drei Konsumentengruppen. Die meisten Individuen pro Art fanden sich bei den Saprophagen.

3) Die Phytophagen gehören vor allem zu den Familien der Chloropidae, Drosophilidae, Opomyzidae und Agromyzidae, die Saprophagen in erster Linie zu den Sphaeroceridae, Lonchopteridae, Sepsidae und Phoridae. Unter den Zoophagen stellen die Empididae über 85 % sämtlicher Individuen.

4) 29 Arten erscheinen mit mehr als 0,5 % der Gesamtindividuenzahl, von denen die Saprophagen mit 9 Arten überrepräsentiert sind, da sich verhältnismäßig viele saprophage Arten durch hohe Individuenzahlen auszeichnen.

5) Die Repräsentanz aller drei Konsumentengruppen ist am feuchten Katenaende relativ hoch, besonders hervorzuheben sind dabei die Sapro- und Zoophagen.

6) Die meisten der in den einzelnen Katenagliedern autochthon vorkommenden Arten sind auf die Bach(B)-Fläche konzentriert. Von den Transgredienten treten im trockenen Teil der Katena die Zoophagen, im unteren, feuchten Katenabereich hingegen die Phyto- und Saprophagen stärker in den Vordergrund.

7) In den beiden mittleren Katenagliedern (A, M) ist die Diversität der Phytophagen und der Zoophagen nahezu gleich groß.

8) Alle drei Konsumentengruppen lassen zumindest in den Katenaflächen B, A und M eine saisonale Variabilität erkennen.

9) Die Einnischung der einzelnen Arten innerhalb der Konsumentengruppen wird auf der Basis der Relation Artenzahl/Gattung diskutiert.

Summary

THE SEASONAL AND SPATIAL VARIABILITY OF DIFFERENT CONSUMER GROUPS OF FLIES IN A GRASSLAND CATENA

The flies of a grassland catena were investigated (1972–1974) by using the sweeping method. 424 species with 15 415 specimens were caught. 55 % of the fly-imagines belong to the herbivores, 36 % to the saprophages, and only 8 % to the carnivores. The diversity of the phytophages is higher than that of the saprophages and the carnivores.

Most individuals per species were observed in the saprophages. The representancy of all three consumer groups especially the saprophages and carnivores is higher at the lower moist end than in the other parts of the catena. Also the number of autochthoneous species is high particularly in the moist area of the catena.

A seasonal variability was observed in all the three consumer groups, in the B-, A-, and M-area of the catena.

The problem of realized niches by the consumers on the basis of species-abundance patterns within the genus has been discussed.

Literatur

BAYER, G. u. F. KAUTZ, 1977: Ökofaunistische Untersuchungen über die Arthropoden-Fauna von Gehölzen im Naturschutzgebiet „Leutratal" bei Jena. Diplomarbeit, Jena.

DEJONG, T. M.,1975: A comparison of three diversity indices based on their components of richness and evenness. – Oikos **26**: 222–227.

DOSKOČIL, J. u. K. HŮRKA, 1962: Entomofauna der Wiese (Verband Arrhenatherion elatioris) und ihre Entwicklung. – Rozpravy Čsl. akad. věd. Roč. **72**: 1–100.

ELTON, C. S., 1946: Competition and the structure of ecological communities. – J. anim. Ecol. **15**: 54–68.

HENNIG, W., 1968: Die Larvenformen der Dipteren, 3. Teil. Berlin.

HURD, L. E. u. L. L. WOLF, 1974: Stability in relation to nutrient enrichment in arthropod consumers of old-field successional ecosystems. – Ecol. Monogr. **44**: 465–482.

LINDNER, E., 1924 ff.: Die Fliegen der Palaearktischen Region. Stuttgart.

MARGALEF, R., 1970: Perspectives in ecological theory, 3. Aufl. Chicago/London.

MÜLLER, H. J., BÄHRMANN, R., HEINRICH, W., MARSTALLER, R., SCHÄLLER, G. u. W. WITSACK, 1978: Zur Strukturanalyse der epigäischen Arthropodenfauna einer Rasen-Katena durch Kescherfänge. – Zool. Jb. Syst. **105**: 131–184.

OLDROYD, H., 1964: The natural history of flies. London.

PIANKA, E. R., 1974: Niche overlap and diffuse competition. – Proc. Nat. Acad. Sci. USA **71**: 2141–2145.

PIMENTEL, D. u. A. G. WHEELER, Jr., 1973: Species and diversity of arthropods in the alfalfa community. – Environm. Entomol. **2**: 659–668.

PRESTON, F. W., 1962: The canonical distribution of commonness and rarity. – Ecology **43**: 185–215, 410–432.

REDMANN, J., 1975: Ein Beitrag zur ökofaunistischen Erfassung der Gebüschfauna des Naturschutzgebietes „Leutratal" bei Jena. Diplomarbeit, Jena.

SHANNON, C. E. u. W. W. WEAVER, 1949: The mathematical theory of communication. Urbana.

SIMPSON, E. H., 1949: Measurement of diversity. – Nature (Lond.) **163**: 688.

WHITTAKER, R. H., 1972: Evolution and measurement of species diversity. – Taxon. **21**: 213–251.

WITSACK, W., 1975: Eine quantitative Keschermethode zur Erfassung der epigäischen Arthropoden-Fauna. – Entomol. Nachrichten **19** (8): 123–128.

Anschrift des Autors:

Dr. sc. R. Bährmann, Sektion Biologie – Ökologie der Friedrich-Schiller-Universität Jena, DDR – 69 Jena, Fraunhoferstraße 6.

Anhang (Tab. 1–12) siehe folgende Seiten

Konsumentengruppe	Individuen- n	%	Artenzahlen n	%	I/Sp
Phytophage	8476	55,0	271	63,8	31,4
Saprophage	5623	36,5	77	18,2	73,0
Zoophage	1316	8,5	76	18,0	17,3
Summen	15415		424		

Tab. 1. Individuen-, Artenzahlen und Individuen/Arten-Quotienten (I/Sp) der einzelnen Konsumentengruppen.

Konsumentengruppen	Individuen- n	Artenzahlen n	I/Sp	Katenafläche
Phytophage	4253	187	22,7	B
Saprophage	3960	71	55,8	
Zoophage	844	57	14,8	
Phytophage	2553	122	20,9	A
Saprophage	850	33	25,1	
Zoophage	130	21	6,2	
Phytophage	968	94	10,3	M
Saprophage	625	33	18,9	
Zoophage	209	21	9,9	
Phytophage	702	62	11,3	S
Saprophage	188	27	7,0	
Zoophage	133	24	5,5	

Tab. 6. Individuen-, Artenzahlen und Individuen/Arten-Quotienten (I/Sp) (Repräsentationswerte) der Konsumentengruppen in den einzelnen Probeflächen.

Dipteren-Familien	Phytophage		Saprophage		Zoophage	
	n	%	n	%	n	%
1. Chloropidae	4470	52,7				
2. Sphaeroceridae			1980	35,2		
3. Lonchopteridae			1420	25,2		
4. Drosophilidae	1364	16,1				
5. Sepsidae			1260	22,4		
6. Empididae					1144	86,9
7. Phoridae			759	13,5		
8. Opomyzidae	706	8,3				
9. Agromyzidae	699	8,2				
10. Ephydridae	257	3,0	104	1,8	20	1,5
11. Tephritidae	231	2,7				
12. Sciomyzidae	132	1,6				
13. Anthomyiidae	125	1,5				
14. Chamaemyiidae	123	1,4				
15. Lauxaniidae	110	1,3				
16. Rhagionidae					76	5,8
17. Dolichopodidae					59	4,5
18. Syrphidae	53	0,6				
20. Pipunculidae	40	0,5				
21. Muscidae	21	0,2	15	0,3	3	0,2
22. Milichiidae	29	0,3				
23. Psilidae	28	0,3				
24. Ulidiidae	26	0,3				
25. Tachinidae	22	0,3				
26. Calliphoridae	1	0,01	20	0,4		
27. Platystomatidae	12	0,1				
28. Heleomyzidae			11	0,2		
29. Diastatidae	9	0,1				
30. Asilidae					9	0,7
31. Sarcophagidae	7	0,08				
32. Stratiomyidae	4	0,05				
33. Micropezidae					3	0,2
34. Hippoboscidae					2	0,1
35. Camillidae			2	0,04		
36. Conopidae	2	0,02				
37. Bombyliidae	2	0,02				
38. Acroceridae	1	0,01				
39. Anthomyzidae			1	0,02		
40. Asteiidae			1	0,02		
41. Platypezidae	1	0,01				
42. Pallopteridae	1	0,01				
43. Dexiidae	1	0,01				

Tab. 2. Die Verteilung der Dipteren-Familien auf die verschiedenen Konsumentengruppen; n = Anzahl der Individuen.

Arten	Konsumentengruppe	n	Individuendichte 1972 – 1974 in B	A	M	S
1. Scaptomyza pallida (Ztt.)	P	1264	798	407	59	
2. Lonchoptera furcata Fll.	S	1258	1176	82		
3. Leptocera curvinervis Stenh.	S	856	856			
4. Oscinella frit (L.)	P	820	558	91	75	96
5. Meromyza variegata (Mg.)	P	699		559	140	
6. Leptocera ochripes (Mg.)	S	634	293	132	175	34
7. Trachysiphonella scutellata (v. Ros.)	P	574		467	51	56
8. Sepsis fulgens Mg.	S	524	473		51	
9. Oscinella hortensis Collin	P	514	514			
10. Geomyza tripunctata Fll.	P	472	94	242	136	
11. Trachysiphonella scutellata (v. Ros.) v. flavella (Ztt.)	P	369		39	55	275
12. Themira annulipes (Mg.)	S	267	267			
13. Bicellaria spuria (Fll.)	Z	224	224			
14. Oscinella pusilla (Mg.)	P	223	223			
15. Platypalpus niveocapillatus Chvála	Z	215	97		118	
16. Platypalpus articulatus Mcq.	Z	211	211			
17. Oscinomorpha minutissima Strobl	P	182		119	63	
18. Oscinella nigerrima (Mcq.)	P	149	149			
19. Oxyna flavipennis Lw.	P	148	148			
20. Sepsis violacea Mg.	S	134		60	74	
21. Leptocera clunipes (Mg.)	S	131	131			
22. Scaptomyza flaveola (Mg.)	P	130	130			
23. Geomyza venusta (Mg.)	P	111		86	25	
24. Leptocera fenestralis Fll.	S	109		61	48	
25. Oscinella albiseta (Mg.)	P	97	97			
26. Hydrellia griseola (Fll.)	P	95	95			
27. Limnia unguicornis (Scop.)	P	92	92			
28. Copromyza atra (Mg.)	S	86	86			
29. Crossopalpus nigritellus (Ztt.)	Z	83			22	61

Tab. 3. Arten mit > 1 % Individuendichte in den einzelnen Probeflächen und mit > 0,5 % Gesamtabundanz.

Arthropoden-Gruppen	Probeflächen A	M	S
Diptera	3,698	3,649	3,192
Heteroptera	1,006	1,579	-
Homoptera-Auchenorrhyncha	1,875	2,145	1,959
Araneae	2,634	2,666	2,539

Tab. 4. Diversitätsindex (nach SHANNON u. WEAVER) für die 1971 in den Katenaflächen A, M, S gekescherten Arthropoden - Gruppen.

Konsumentengruppen	Mannigfaltigkeitsindex
Phytophage	4,1047
Saprophage	2,4507
Zoophage	1,6315

Tab. 5. Durchschnittswerte des Mannigfaltigkeitsindex α nach MARGALEF für die drei Konsumentengruppen der Dipteren.

Konsumentengruppen	Mannigfaltigkeitsindizes für die Katenaflächen B	A	M	S
Phytophage	6,170	3,810	3,857	2,582
Saprophage	3,661	2,366	1,980	1,796
Zoophage	2,445	1,408	1,445	1,228

Tab. 7. Mannigfaltigkeitsindizes (α nach MARGALEF) für die drei Konsumentengruppen in den verschiedenen Katenaflächen.

Konsumentengruppen	Flächen bzw. Flächenkombinationen														
	B	A	M	S	BAMS	BA	BAM	BM	AMS	AS	BMS	AM	BAS	BS	MS
Phytophage	93	27	26	9	30	29	18	9	7	6	5	4	4	2	2
Saprophage	28	0	0	1	17	9	8	5	0	1	2	1	0	4	0
Zoophage	33	5	2	2	6	3	0	4	2	0	5	4	1	8	1

Tab. 8. Artenzahlen je Fläche bzw. je Flächenkombination der Katena im Untersuchungszeitraum 1972–1974.

Familien	n	Repräsentanz der Phytophagen				Saprophagen				Zoophagen			
		B	A	M	S	B	A	M	S	B	A	M	S
Agromyzidae	699	55,9	26,0	13,3	4,8								
Anthomyiidae	125	70,4	15,2	9,6	4,8								
Chamaemyiidae	123	3,2	28,4	13,8	54,6								
Chloropidae	4470	42,9	34,2	11,0	11,9								
Dolichopodidae	59									83,0	3,4	1,7	11,9
Drosophilidae	1364	63,6	30,5	5,1	0,8								
Empididae	1144									62,9	9,5	17,1	10,5
Lauxaniidae	110	54,5	21,8	21,8	1,9								
Lonchopteridae	1420					84,9	14,5	0,6					
Opomyzidae	706	45,7	32,3	21,5	0,5								
Phoridae	759					54,4	22,1	13,7	9,8				
Rhagionidae	76									76,3	15,8	6,6	1,3
Sciomyzidae	132	78,0	7,6	0,7	13,7								
Sepsidae	1260					72,1	8,6	16,4	2,9				
Sphaeroceridae	1980					66,0	16,8	14,4	2,8				
Tephritidae	231	80,9	3,0	13,1	3,0								

Tab. 9. Repräsentanz der Individuen ausgewählter Dipteren-Familien.

Tab. 10. Individuen- und Artenzahlen an den einzelnen Fangtagen. Die Zahlen der einander entsprechenden Fangtage im Untersuchungszeitraum 1972–1974 sind jeweils zusammengefaßt. P = Phytophage, S = Saprophage, Z = Zoophage,; B, A, M, S = Katenaflächen; I = Individuen; Sp = Arten.

↓

Fangtag			1.	2.	3.	4.	5.	6.	7.	8.	9.	10.	11.	12.	13.	14.	15.
Monat			M	A	M	M	Jn	Jn	Jl	Jl	A	A	S	S/O	O	O/N	N
P	B	I	11	8	93	250	343	431	582	597	824	421	335	123	138	69	29
		Sp	4	4	25	54	50	63	58	57	76	56	41	27	14	8	7
	A	I	6	15	71	40	141	114	435	588	467	180	157	150	56	68	63
		Sp	2	6	18	24	23	27	46	39	31	31	18	15	12	6	3
	M	I	3	5	12	35	37	41	120	169	168	79	34	47	48	32	48
		Sp	2	3	7	24	16	21	30	49	29	23	15	12	8	6	6
	S	I	3	1	3	10	60	62	146	143	132	104	18	17	3	4	6
		Sp	3	1	1	7	13	16	23	24	16	8	9	8	2	2	4
S	B	I	70	79	145	112	132	385	114	151	345	509	547	672	286	198	214
		Sp	12	9	20	23	23	21	20	18	31	28	28	31	15	17	11
	A	I	23	18	27	16	12	4	20	47	80	128	80	130	100	101	55
		Sp	7	5	10	5	5	2	9	18	11	17	17	12	16	13	6
	M	I	21	10	6	13	4	4	23	58	77	77	62	101	76	69	41
		Sp	5	4	2	4	1	3	5	15	10	13	10	12	13	11	10
	S	I	4	2	1	3	1	8	13	28	11	11	14	47	16	21	5
		Sp	2	1	1	2	1	5	3	12	6	2	7	10	9	7	4
Z	B	I	2	1	16	71	48	151	253	129	136	21	3	4	3	6	0
		Sp	1	1	6	12	4	17	26	19	17	4	2	4	2	4	0
	A	I	2	1	5	26	25	18	23	9	6	3	6	3	3	0	0
		Sp	1	1	3	6	8	4	6	3	4	2	4	2	3	0	0
	M	I	2	1	2	21	54	71	15	20	4	0	4	7	4	0	0
		Sp	1	1	2	10	6	7	5	7	2	0	2	3	3	0	0
	S	I	7	0	1	7	10	13	14	22	3	5	16	26	5	3	2
		Sp	2	0	1	4	4	6	7	7	2	3	2	2	2	3	1

Artenzahl/Gattung	1	2	3	4	5	6	7	8	9	10	11	12..	..21..	..34	Imagines	Larven
1. Acroceridae	2x														P	Z
2. Agromyzidae	3x	1x		1x	3x						1x		1x		P	P
3. Anthomyiidae	6x		1x		2x							1x			P	S
4. Anthomyzidae	1x														S	P
5. Asilidae	2x														Z	Z
6. Asteiidae	1x														S	S
7. Bombyliidae		1x													P	Z
8. Calliphoridae	2x	2x													S	Z/S
9. Camillidae	1x														S	S
10. Chamaemyiidae	1x			1x											P	Z
11. Chloropidae	7x	4x	2x		2x	1x	1x			1x					P	P/Z/S
12. Platypezidae	1x														P	P
13. Conopidae	1x														P	Z
14. Diastatidae				1x											P	S
15. Dolichopodidae	5x	1x		1x		1x									Z	Z
16. Drosophilidae	2x	1x	3x												P	S
17. Ephydridae	6x	2x	1x			1x	1x								P/S/Z	P/S/Z
18. Empididae	10x	3x	1x	1x				1x					1x		Z	Z
19. Heleomyzidae		2x													S	P/S
20. Hippoboscidae	1x														Z	Z
21. Lauxaniidae	2x		2x		1x										P	S
22. Lonchopteridae		1x													S	S
23. Milichiidae	4x														P	S
24. Micropezidae		1x													Z	S
25. Muscidae	10x		3x	1x		1x									S/P/Z	S/Z/P
26. Opomyzidae			2x												P	P
27. Otitidae	1x	1x													P	S
28. Pallopteridae	1x														P	P
29. Piophilidae	1x														S	S
30. Pipunculidae	2x								1x						P	Z
31. Platystomatidae	1x														P	S
32. Psilidae						1x									P	P
33. Rhagionidae	1x	1x													Z	Z
34. Rhinophoridae	1x														P/S	S/Z
35. Sarcophagidae	3x		1x												P	S/Z
36. Scatophagidae	3x														S	S
37. Sciomyzidae	10x	1x													P	Z/S
38. Sepsidae	1x		1x		2x										S	S
39. Sphaeroceridae	2x	1x	1x											1x	S	S
40. Stratiomyidae	4x	1x													P	S
41. Syrphidae	10x	4x	1x	1x											P	Z/S/P
42. Tephritidae	6x	3x			1x										P	P
43. Ulidiidae	1x														P	S

Tab. 11. Verteilung der Artenzahlen auf die Gattungen der verschiedenen Dipteren-Familien. P = Phytophage, S = Saprophage, Z = Zoophage.

Fangtag		1.	2.	3.	4.	5.	6.	7.	8.	9.	10.	11.	12.	13.	14.	15.
Monat		M	A	M	M	Jn	Jn	Jl	Jl	A	A	S	S/O	O	O/N	N
Phytophage																
Katena-fläche	Diversi-tätsindex															
B	α	1,251	1,443	5,294	9,600	8,392	10,221	8,954	8,761	11,171	9,101	6,880	5,403	2,638	1,653	1,782
	E_c	5,35	7,58	33,33	85,99	66,40	87,74	70,30	77,03	87,56	73,20	47,51	34,53	15,49	8,53	7,74
A	α	0,558	1,855	3,988	6,235	4,445	5,490	7,407	5,959	4,881	5,777	3,362	2,794	2,733	1,185	0,483
	E_c	0,0	9,06	25,60	63,83	28,82	32,85	57,21	46,43	37,13	42,29	22,93	18,20	13,27	6,24	4,07
M	α	0,910	1,243	2,414	6,470	4,154	5,382	6,058	9,357	5,464	5,035	2,970	2,857	1,808	1,442	1,292
	E_c	3,17	6,96	15,84	60,00	24,10	43,57	44,05	60,94	36,62	29,56	25,42	14,02	8,57	6,94	6,64
S	α	1,820	-	-	2,605	2,931	3,635	4,414	4,634	3,481	1,507	2,768	2,471	0,910	0,721	1,674
	E_c	0,0	0,0	0,0	14,67	15,10	24,39	27,35	27,78	18,20	8,53	12,52	20,62	3,17	0,0	6,52

Tab. 12. Vergleich der Diversitätsindizes *a* (nach MARGALEF) und E_C (nach WHITTAKER), ermittelt bei den Phytophagen der Katena an den 15 verschiedenen Fangtagen. Die den Berechnungen zugrunde liegenden Arten- und Individuenzahlen entsprechen den Angaben in Tab. 10.

ENTOMOLOGISCHE ABHANDLUNGEN

STAATLICHES MUSEUM FÜR TIERKUNDE IN DRESDEN

Band 43 Ausgegeben: 5. Mai 1980 Nr. 3

Bemerkungen über die Beschuppung der Elytren verschiedener Coleoptera

Mit 31 Abbildungen

BERNHARD KLAUSNITZER

Leipzig

Bei einer Reihe von Insektenordnungen treffen wir regelmäßig oder bei einzelnen Arten Schuppen an: Collembola, Archaeognatha, Zygentoma, Corrodentia, Anoplura, Hymenoptera, Coleoptera, Planipennia, Trichoptera, Lepidoptera und Diptera. Fast immer werden diese Schuppen von echten Haaren hergeleitet (KAESTNER 1972). Während über die Schuppen der Lepidoptera sehr viele Arbeiten vorliegen, sind die Schuppen der Vertreter anderer Ordnungen nur wenig untersucht.

Innerhalb der Coleoptera sind Schuppen besonders auf den Elytren weit verbreitet und ganz offenbar viele Male unabhängig voneinander entstanden. Aus der Literatur, den Auskünften von Fachkollegen [1]) und eigenen Erhebungen sind mir Schuppen bei folgenden 17 Käferfamilien bekannt geworden:

Cupedidae	Ptinidae	Chrysomelidae
Lucanidae	Melyridae	Anthribidae
Scarabaeidae	Nitidulidae	Curculionidae
Byrrhidae	Colydiidae	Scolytidae
Elateridae	Cerambycidae	Platypodidae
Dermestidae	Bruchidae	

Durch das Entgegenkommen des VEB Carl Zeiß Jena (mein besonderer Dank gilt Herrn Dr. R. PLONTKE) war es möglich, daß einige Aufnahmen ausgewählter Objekte am Rasterelektronenmikroskop ZRM 12 vom VEB Carl Zeiß hergestellt wurden. Rasterelektronenmikroskopische Aufnahmen von Elytrenschuppen von Coleoptera sind selten, so daß es lohnend erscheint, eine Auswahl im folgenden zu publizieren, zumal die Bedeutung von Schuppenuntersuchungen für taxonomische Zwecke ansteigen dürfte.

[1]) Für Auskünfte und Ratschläge danke ich sehr herzlich den Herren C. BESUCHET, Genève; L. HEYROVSKÝ †, J. JELINEK, Praha; Z. KASZAB, Budapest; G. A. LOHSE, Hamburg; K. H. MOHR, Halle; K. RUDOLPH, Dessau; K. E. SCHEDL †, Lienz; W. SZYMCZAKOWSKI, Kraków; H. VOGT †, W. WITTMER, Basel und K. WITZGALL, Dachau.

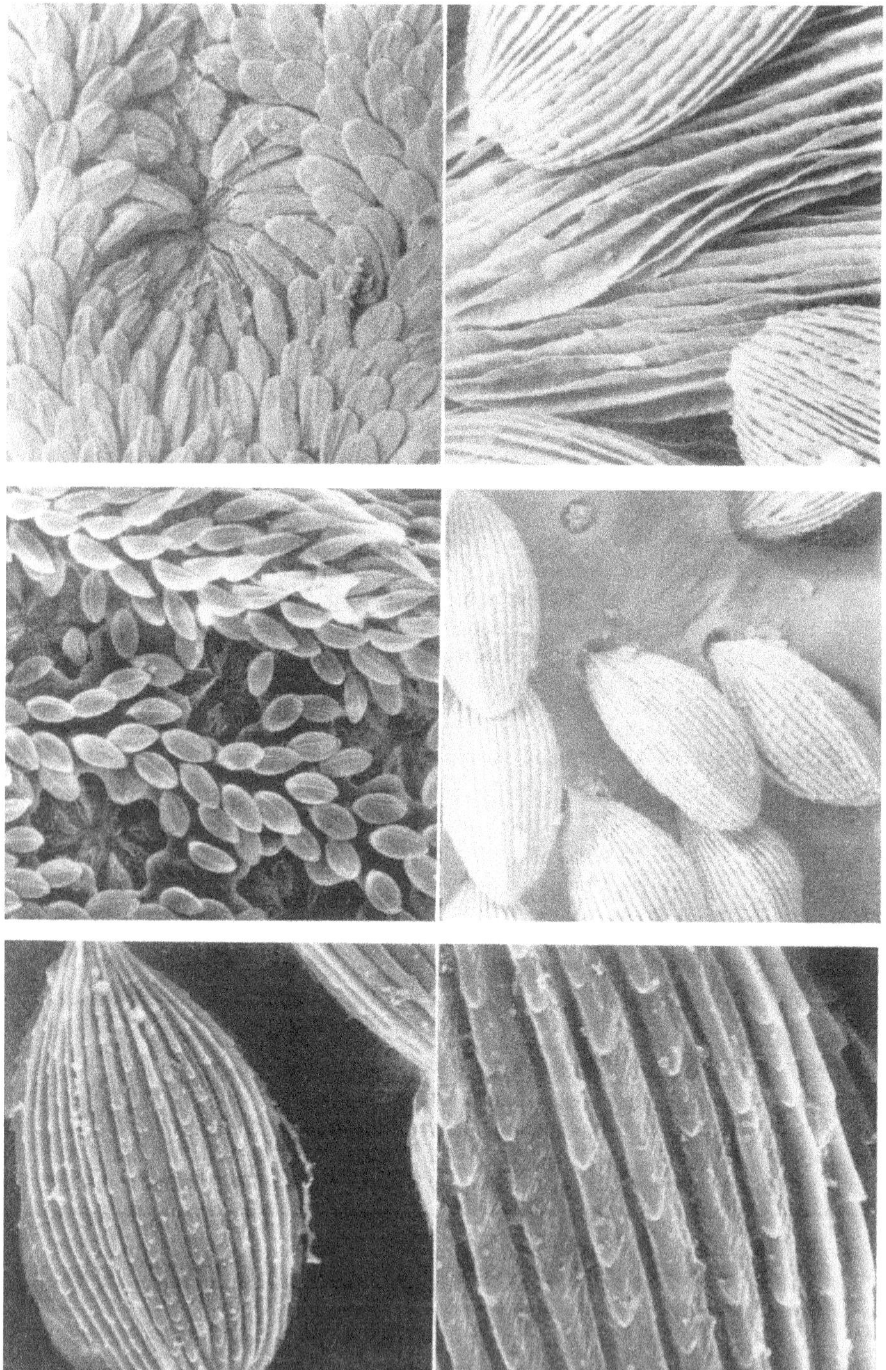

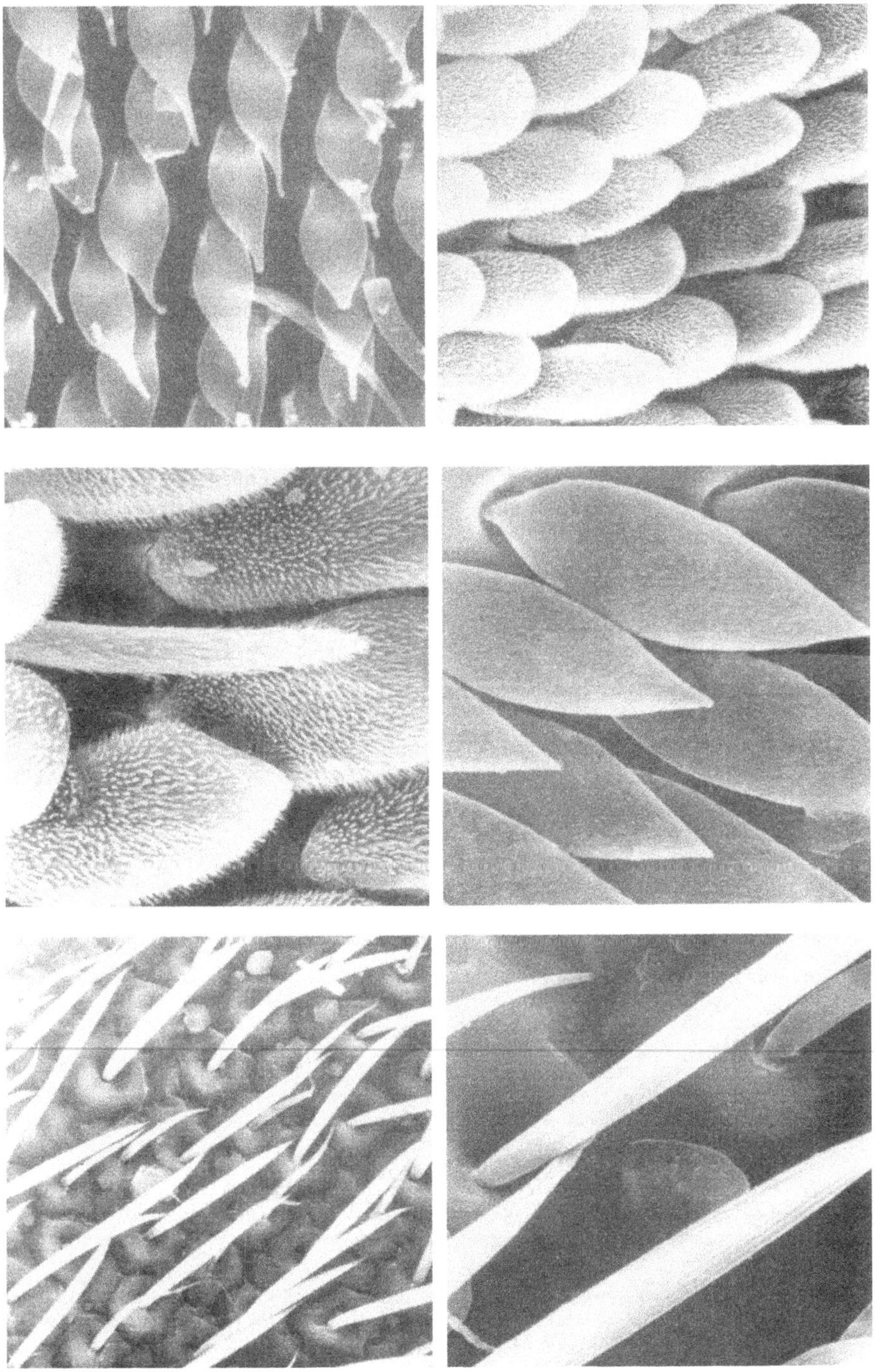

1. Cupedidae

Untersucht wurden: *Cupes clathratus* SOLSKY (Abb. 1, 2), *Cupes* sp. (Abb. 3–7), *Omma stanleyi* NEWMAN.

Die Schuppen der untersuchten *Cupes*-Arten sind verhältnismäßig kurz und breit und tragen auf ihrer Oberseite eine Rinnenstruktur, die gelegentlich noch weiter untergliedert ist (Abb. 6). Die Anordnung der Schuppen folgt bei *Cupes clathratus* den Elytrenperforationen (Abb. 1). Sehr bemerkenswert und bisher wohl noch niemals beobachtet ist das Vorkommen von Schuppen auf der Elytrenunterseite, z. B. bei *Cupes* sp. (Abb. 7). Die Schuppen von *Omma stanleyi* sind lang und schmal, zugespitzt und auf der Oberseite mit einer Rinnenstruktur versehen.

2. Scarabaeidae

Untersucht wurden: *Hoplia parvula* KRYNICKY (Abb. 8, 9), *Polyphylla fullo* FABRICIUS (Abb. 10).

Die Schuppen von *Polyphylla fullo* sind flach, zugespitzt und tragen auf der Oberseite zahlreiche kleine Dörnchen (Abb. 10). Bei *Hoplia parvula* finden wir nebeneinander 2 Schuppentypen (Abb. 9): kurze, breite, abgerundete und lange, schmale, zugespitzte. Beide Schuppentypen sind ihrerseits bedornt.

3. Byrrhidae

Untersucht wurde *Byrrhus arietinus* STEFFENS.

Diese Art mag als ein Beispiel für den vielfach zu beobachtenden Übergang vom Haar zur Schuppe dienen. Eine gewisse Abflachung und Verbreiterung der Haare ist schon erkennbar (Abb. 11, 12).

4. Elateridae

Untersucht wurde *Lacon murinus* LINNAEUS.

Die Schuppennatur der Haare ist noch wenig ausgebildet, eine Verflachung ist aber bereits erkennbar. Die Oberfläche ist rinnig vertieft (Abb. 13).

5. Dermestidae

Untersucht wurde *Anthrenus scrophulariae* LINNAEUS.

Abb. 1–6. (S. 62)
1 (oben links): *Cupes clathratus*, 200fach – 2 (oben rechts): *C. clathratus*, 2000fach – 3 (Mitte links): *Cupes* sp., 200fach – 4 (Mitte rechts): *Cupes* sp., 1000fach – 5 (unten links): *Cupes* sp., 2000fach – 6 (unten rechts): *Cupes* sp., 5000fach.

Abb. 7–12. (S. 63)
7 (oben links): *Cupes* sp. (Unterseite!), 5000fach – 8 (oben rechts): *Hoplia parvula*, 500fach – 9 (Mitte links): *H. parvula*, 1000fach – 10 (Mitte rechts): *Polyphylla fullo*, 500fach – 11 (unten links): *Byrrhus arietinus*, 500fach – 12 (unten rechts): *B. arietinus*, 2000fach.

Abb. 13–18. (S. 65)
13 (oben links): *Lacon murinus*, 500fach – 14 (oben rechts): *Anthrenus scrophulariae*, 500fach – 15 (Mitte links): *A. scrophulariae*, 2000fach – 16 (Mitte rechts): *A. scrophulariae*, 10000fach – 17 (unten links): *Ptinus fur*, ♀, 500fach – 18 (unten rechts): *Pt. fur* ♀, 5000fach.

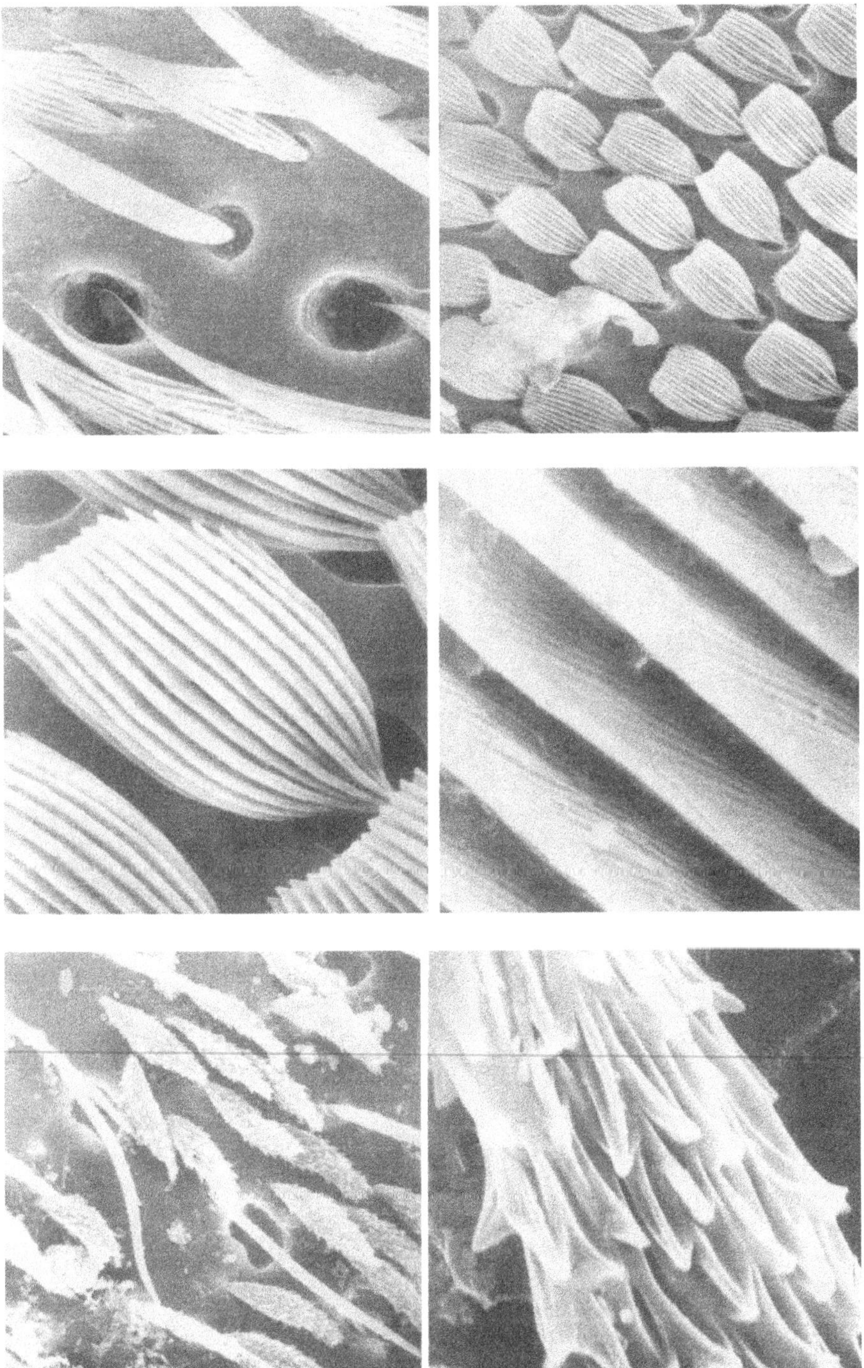

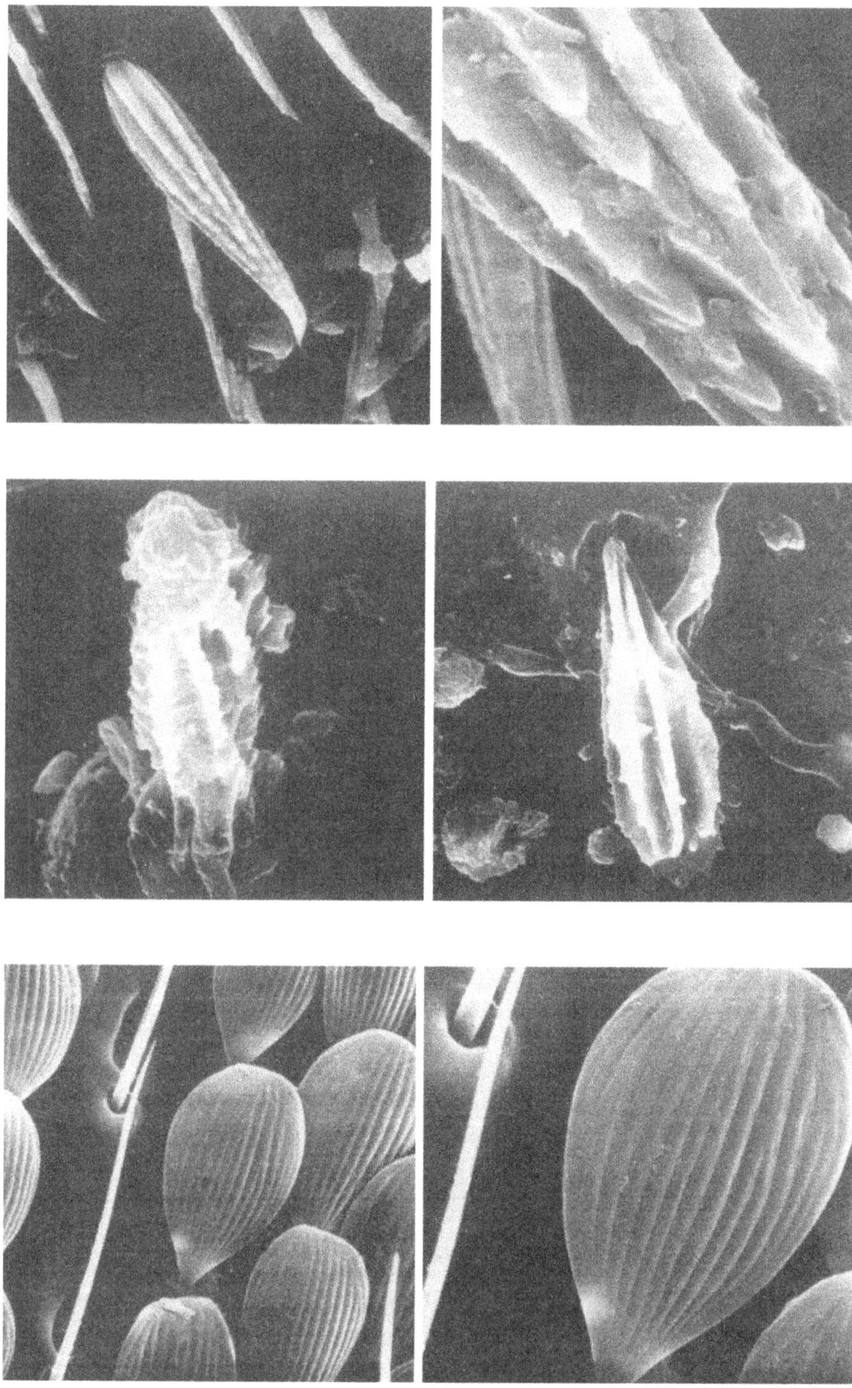

Die grobe Form der Elytrenschuppen wird schon lange zur Determination vor allem der *Anthrenus*-Arten verwendet. Die Schuppen sind flach, mit einer Rinnenstruktur, die ihrerseits nochmals eine Substruktur aufweist (Abb. 14–16).

6. Ptinidae

Untersucht wurde *Ptinus fur* LINNAEUS, ♀.

Neben reichgegliederten Schuppen (die Oberfläche zeigt tiefe Rinnen und Dornen) finden sich auf den Elytren bedornte Haare (Abb. 17, 18).

7. Nitidulidae

Untersucht wurde *Soronia grisea* LINNAEUS.

Die Schuppen sind noch der Haarform genähert und laufen spitz aus. Ihre Oberfläche ist mit tiefen Rinnen versehen, auf den erhabenen Stegen befinden sich Dornen (Abb. 19, 20).

8. Colydiidae

Untersucht wurden: *Rhopalocerus rondanii* VILLA (Abb. 21), *Synchita humeralis* FABRICIUS (Abb. 22).

Die Schuppen beider Arten sind mit tiefen Rinnen versehen und von kolbenförmiger Gestalt.

9. Cerambycidae

Untersucht wurde *Saperda octopunctata* SCOPOLI.

Flache zugespitzte Schuppen ohne Oberflächenskulptur, abgebildet bei KLAUSNITZER u. SANDER (1978).

10. Curculionidae

Untersucht wurden: *Otiorrhynchus gemmatus* SCOPOLI, *Phyllobius argentatus* LINNAEUS (Abb. 23, 24), *Polydrosus sericeus* SCHALLER (Abb. 25, 26), *Ceutorhynchus litura* FABRICIUS (Abb. 27, 28), *Cneorrhinus exaratus* MARSHAM (Abb. 29).

Die Schuppen von *Otiorrhynchus gemmatus* sind flach, an der Spitze gezackt und ohne weitere erkennbare Oberflächenskulptur.

Phyllobius argentatus hat zwischen den Schuppen lange spitze Haare, die Schuppen selbst sind flach und mit Rinnen versehen (Abb. 23, 24).

Polydrosus sericeus hat zwischen den Schuppen keine Haare. Die Schuppen sind kompakter, gewölbter (muschelförmig) und liegen der Oberfläche fest auf (Abb. 25, 26).

Bei *Ceutorhynchus litura* kommen 3 Schuppentypen vor, daneben noch Haare. Die Schuppen sind in einem Muster angeordnet (Abb. 27).

Abb. 19–24. (S. 66)
19 (oben links): *Soronia grisea*, 1000fach – 20 (oben rechts): *S. grisea*, 5000fach – 21 (Mitte links): *Rhopalocerus rondanii*, 2000fach – 22 (Mitte rechts): *Synchita humeralis*, 2000fach – 23 (unten links): *Phyllobius argentatus*, 1000fach – 24 (unten rechts): *Ph. argentatus*, 2000fach.

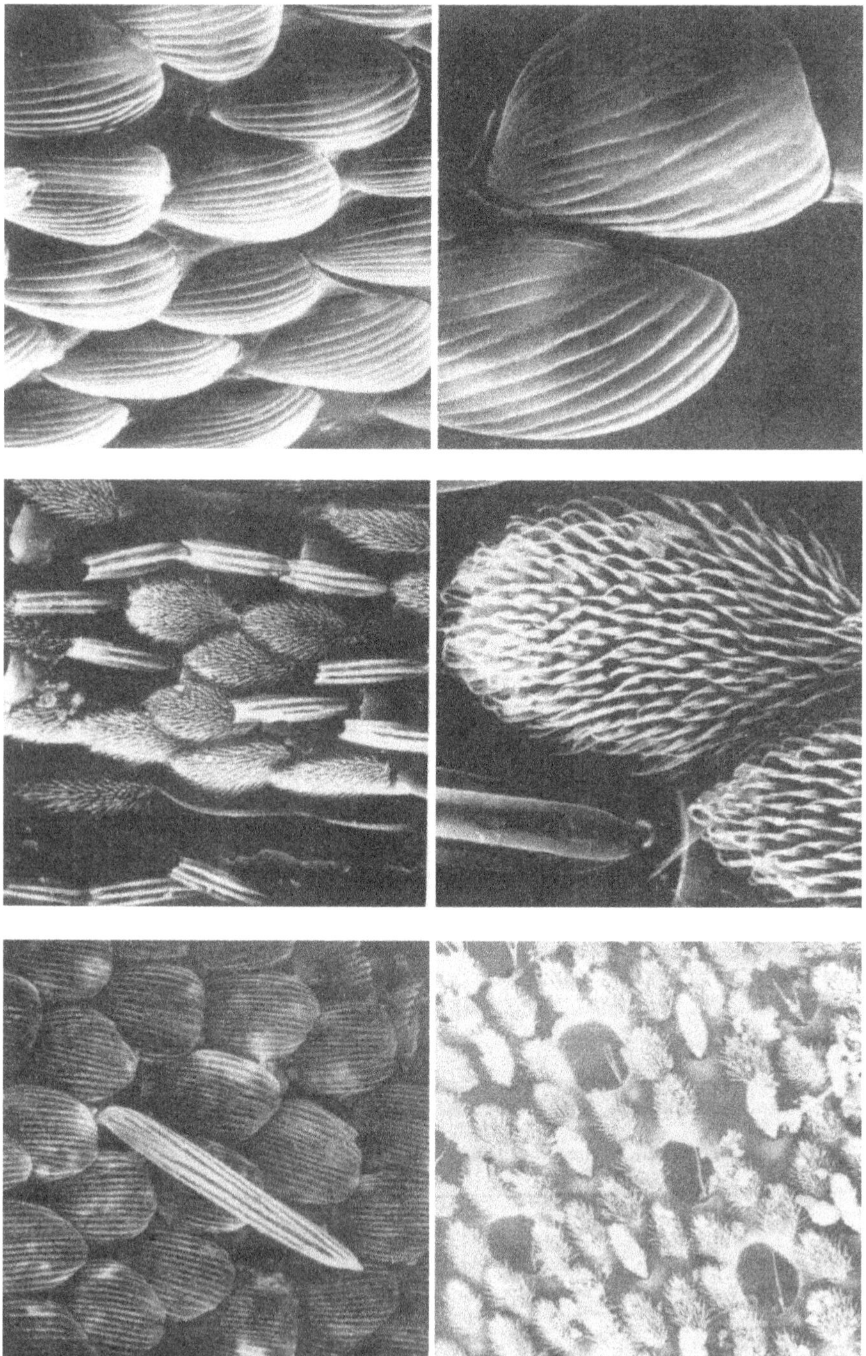

Abb. 31. *Pteleobius vittatus*, 2000fach.
(Anmerkung: Die angegebenen Vergrößerungswerte beziehen sich auf die Originale, die Größenreduzierung der Originale im Druck erfolgte einheitlich auf 60 %).

Typ 1: Breite, gewölbte Schuppen (weidenkätzchenähnlich) mit zahlreichen, am Ende gebogenen Dornen (Abb. 28). Weißes Zeichnungselement.
Typ 2: Ähnlich Typ 1, aber schmaler und länger, in den Zwischenräumen der Flügeldeckenstreifen stehend (dort auch die Haare).
Typ 3: Zylinderförmige Schuppen mit tiefen Längsrillen. Schwarzes Zeichnungselement.

Cneorrhinus exaratus hat 2 Schuppentypen: flache breite, mit Rinnen versehene Schuppen und wenige lange schmale Schuppen, die ebenfalls Rinnen tragen (Abb. 29).

11. Scolytidae

Untersucht wurde *Pteleobius vittatus* FABRICIUS.

Es kommen nebeneinander 2 wenig unterschiedene Schuppentypen vor (Abb. 30, 31). Beide sind durch die Bedeckung mit sehr langen Dornen gekennzeichnet. Der ebenfalls untersuchte *Hylesinus fraxini* PANZER hat ähnliche Schuppen.

Diskussion

Die vorgestellten Beispiele reichen nicht aus, um allgemeine Schlußfolgerungen über die Elytrenschuppen der Coleoptera zu ziehen. Die Vielgestaltigkeit der Schuppen und das Vorliegen von mehreren verschiedenen Bautypen gestattet aber die Annahme einer mehrfach unabhängig voneinander erfolgten Entstehung der Schuppen bei den Coleoptera. Folgende Bautypen scheinen unterscheidbar:

1. Schuppen flach, ohne Oberflächenskulptur: *Saperda octopunctata, Otiorrhynchus gemmatus.*
2. Schuppen flach, bedornt: Scarabaeidae (beide untersuchte Arten).

Abb. 25–30. (S. 68)
25 (oben links): *Polydrosus sericeus*, 1000fach – 26 (oben rechts): *P. sericeus*, 2000fach – 27 (Mitte links): *Ceutorhynchus litura*, 500fach – 28 (Mitte rechts): *C. litura*, 2000fach – 29 (unten links): *Cneorrhinus exaratus*, 500fach – 30 (unten rechts): *Pteleobius vittatus*, 500fach.

3. Schuppen flach, mit tiefen Rillen: Cupedidae, Dermestidae (*Anthrenus scrophulariae*), Curculionidae (offenbar weit verbreitet).
4. Schuppen spitz oder keulenförmig, schlank, mit Rillen: *Omma stanleyi*, *Lacon murinus*, *Soronia grisea*, verschiedene Curculionidae.
5. Schuppen kurz, mit langen Dornen dicht besetzt: *Ptinus fur*, Colydiidae (beide untersuchte Arten), *Ceutorhynchus litura*, Scolytidae (wahrscheinlich weit verbreitet).

Bemerkenswert ist, daß bei mehreren untersuchten Arten verschiedene Schuppentypen nebeneinander vorkommen (extrem bei *Ceutorhynchus litura*: 3 Schuppentypen und Haare). Als eine Besonderheit der Cupedidae sind wahrscheinlich die Schuppen auf der Unterseite der Elytren anzusehen (KLAUSNITZER 1975). Es ist zu vermuten, daß die Schuppenstruktur artspezifische Charaktere aufweist und zur Determination herangezogen werden kann (z. B. Cupedidae, *Hoplia*, *Anthrenus*, Curculionidae, Scolytidae). Darauf weisen auch die Untersuchungen von CLARK (1978) an der Gattung *Sibinia* (Curculionidae) hin.

Zusammenfassung

Es werden rasterelektronenmikroskopische Aufnahmen der Elytrenschuppen von 20 Arten aus 11 Familien der Coleoptera vorgestellt und beschrieben. Das Vorliegen mehrerer Schuppentypen läßt eine unabhängige mehrfache Entstehung der Schuppen als sehr wahrscheinlich erscheinen. Bemerkenswert ist ein gleichzeitiges Auftreten von drei Schuppentypen und einem Haartyp bei *Ceutorhynchus litura* und das Vorkommen von Schuppen auf der Innenseite der Elytren bei *Cupes* sp.

Summary

NOTES ON ELYTRA OF SEVERAL COLEOPTERA

Photographs taken with grid electron microscope of elytrum scales of 20 species from 11 families of Coleoptera are presented and described. The presence of several types of scales makes it highly probable that the scales have developed independently and in a manifold way. The simultaneous occurrence of three scale types and one hair type in the case of *Ceutorhynchus litura* and the presence of scales on the inner side of the elytra in the case of *Cupes* sp. are worthy of note.

Literatur

CLARK, W., 1978: The weevil genus *Sibinia* Germar: Natural History, Taxonomy, Phylogeny, and Zoogeography, with Revision of the New World species (Col., Curculionidae). – Quaest. Ent. **14**, 91–387.
KAESTNER, A., 1972: Lehrbuch der Speziellen Zoologie, Bd. I, 3. Teil, Insecta A. Jena.
KLAUSNITZER, B., 1975: Probleme der Abgrenzung von Unterordnungen bei den Coleoptera. – Ent. Abh. Mus. Tierk. Dresden **40**, Nr. 8, 269–275.
— u. F. SANDER, 1978: Die Bockkäfer Mitteleuropas. Die Neue Brehm-Bücherei 499, Wittenberg/Lutherstadt.
KOLBE, H. J., 1893: Einführung in die Kenntnis der Insekten. Berlin.

Anschrift des Autors:
Doz. Dr. sc. nat. B. Klausnitzer, Karl-Marx-Universität Leipzig, Sektion Biowissenschaften, Bereich Taxonomie u. Ökologie, DDR – 701 Leipzig, Talstraße 33.

ENTOMOLOGISCHE ABHANDLUNGEN
STAATLICHES MUSEUM FÜR TIERKUNDE IN DRESDEN

Band 43 Ausgegeben: 5. Mai 1980 Nr. 4

Über die Struktur der Elytren der Cupedidae und verschiedener Polyphaga

(Coleoptera)

Mit 20 Abbildungen

BERNHARD KLAUSNITZER
Leipzig

MACHATSCHKE (1962) äußerte Vorstellungen über den Entstehungsmodus der vollständigen Sklerotisierung der Elytren der Coleoptera. Er ging davon aus, daß auf die ursprünglich vorhandenen Längs- und Queradern des häutigen Vorderflügels Chitinbalken aufgelagert wurden. Die entstehenden Zwischenräume (Zellen) lassen zunächst noch die Flügelmembran erkennen und „wachsen" schließlich von den Chitinbalken ausgehend zu. Diesen Vorgang in statu nascendi sieht MACHATSCHKE (und andere Autoren) bei den rezenten Cupedidae. Die von ihm untersuchten Arten zeigen am Rande der Elytrenperforationen knotenartige Verdickungen, die nach MACHATSCHKEs Ansicht als Auswüchse schließlich die „Fenster" schließen würden. Auf die Entstehungsweise der Elytren der Coleoptera kann hier nicht eingegangen werden, doch soll die Struktureigentümlichkeit der Perforation besprochen werden, da ihr für Untersuchungen zur phylogenetischen Systematik eine gewisse Bedeutung zukommt (KLAUSNITZER 1975).

Eine Perforation der Elytren finden wir außer bei den Cupedidae (Archostemata) auch noch bei verschiedenen Familien der Polyphaga:

Lycidae (verschiedene Gattungen)

Cantharidae (Gattungen *Oontelus* SOLSKY und *Neoontelus* WITTMER)

Tenebrionidae (verschiedene Strongylinae und Amarygminae, besonders die Gattung *Strongylium)*

Chrysomelidae (verschiedene Cassidinae und Hispinae)

Scolytidae (Gattung *Cryptoxyleborus* SCHEDL: „am basalen Nahtwinkel der Flügeldecken je eine halbmondförmige Vertiefung, die zweifelsohne als Fenster angesprochen werden kann" (SCHEDL, i. l. 1975).

Durch die Freundlichkeit der Herren Dr. F. HIEKE, Berlin, Prof. Dr. Z. KASZAB, Budapest und Dr. W. WITTMER, Basel, erhielt ich Material von 3 Arten Cupedidae, 2 *Strongylium*-Arten und einer *Oontelus*-Art zur Untersuchung, wofür ich sehr herzlich danke. Dem Entgegenkommen des VEB Carl Zeiß Jena, besonders Herrn Dr. R. PLONTKE, verdanke ich rasterelektronenmikroskopische Aufnahmen mit dem Gerät ZRM 12 des VEB Carl

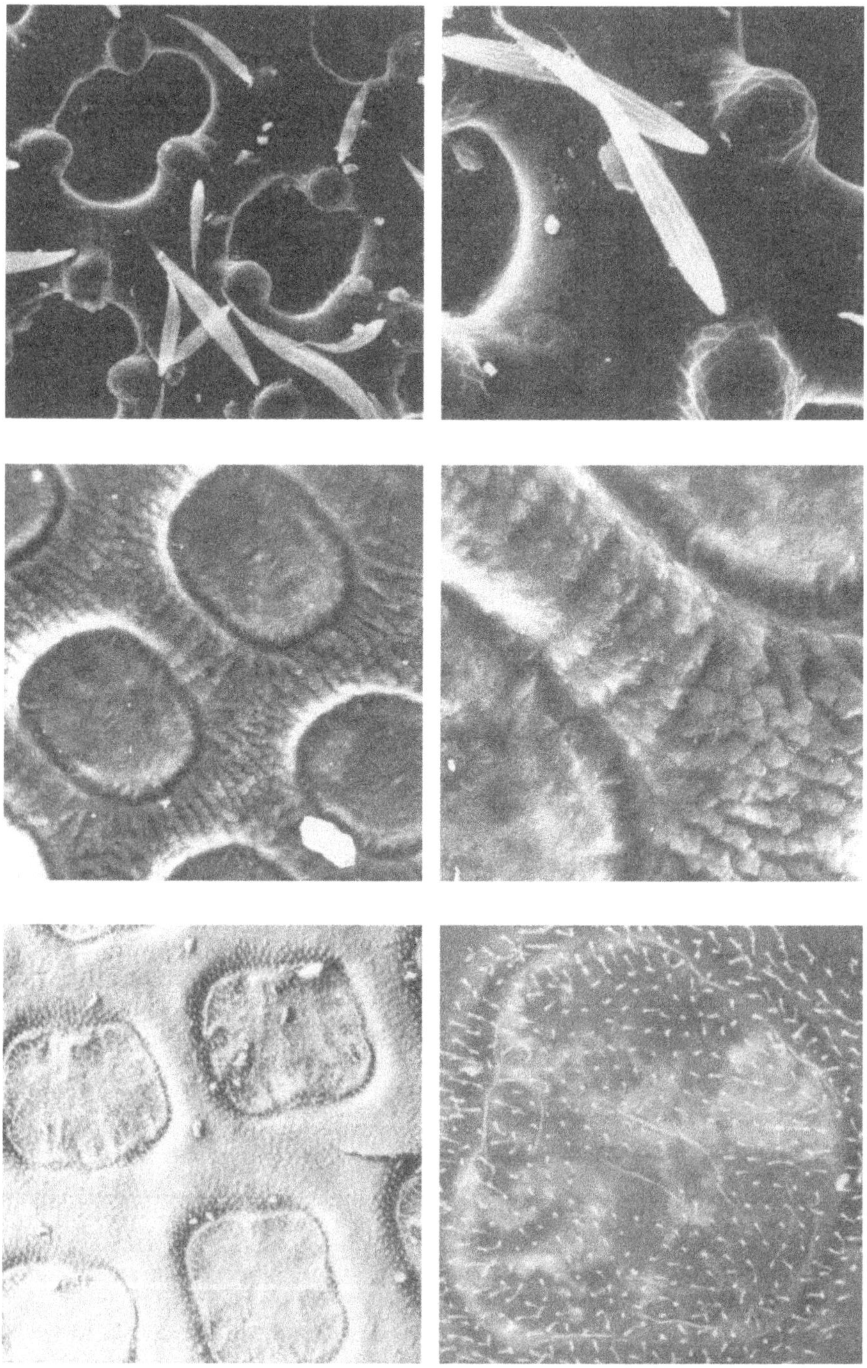

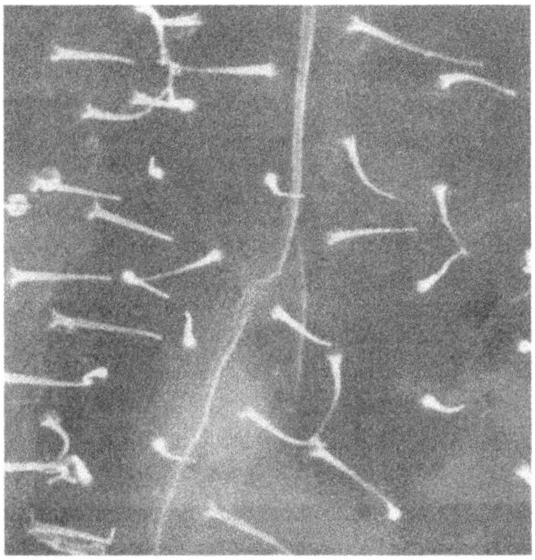

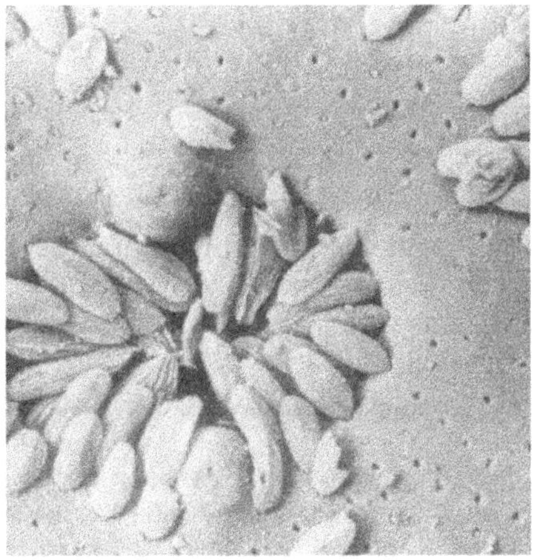

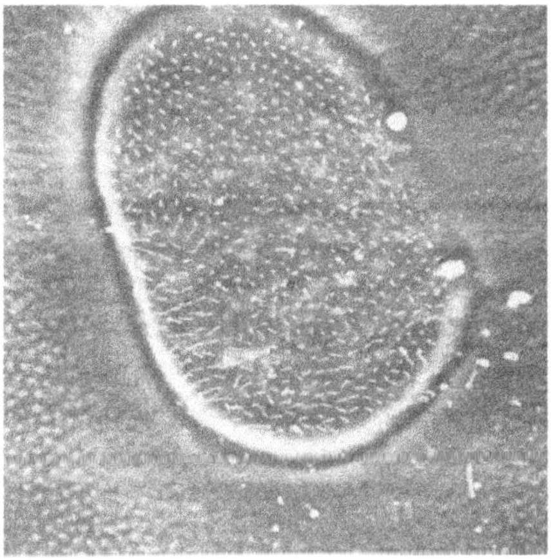

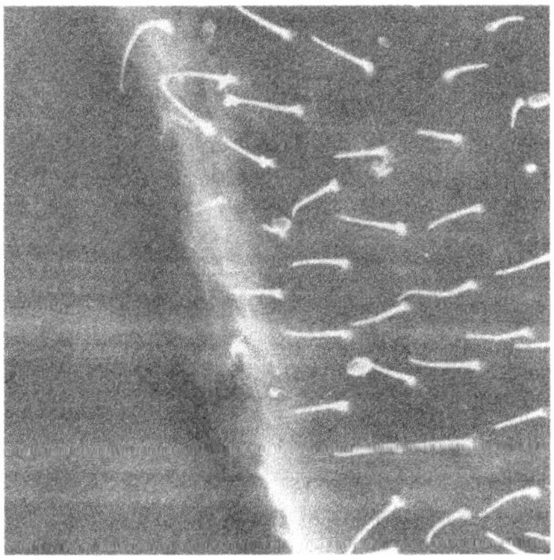

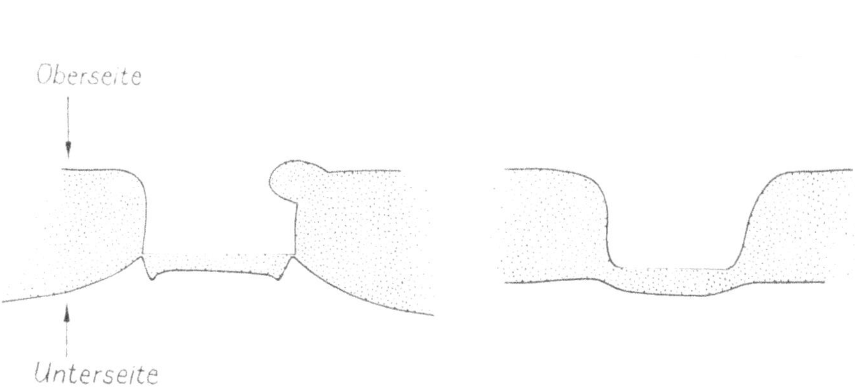
Oberseite
Unterseite

Zeiß, wofür ich sehr herzlich danken möchte. Es wurden Bilder der Ober- und Unterseite der Elytren von

Omma stanleyi NEWMAN (Cupedidae) (Abb. 1–4)
Cupes clathratus SOLSKY (Cupedidae) (Abb. 5–7)
Cupes sp. (Cupedidae) (Abb. 8–10)
Oontelus sp. (Cantharidae) (Abb. 19–20)
Strongylium rugosicolle (CARTER) (Tenebrionidae) (Abb. 13–15)
Strongylium costipenne MÄCKLIN (Tenebrionidae) (Abb. 16–18)

angefertigt. Es kam darauf an zu erkunden, ob die Art der Elytrenperforation der Cupedidae prinzipiell anderer Natur ist als die der ausgewählten Vertreter der Polyphaga.

Von oben gesehen sind die Elytrenperforationen der Cupedidae mehr (*Cupes*, Abb. 8) oder weniger (*Omma*, Abb. 1) von Schuppen verdeckt (KLAUSNITZER 1979). Ihre Größe und Gestalt ist artverschieden (z. B. ist der Durchmesser der Perforationen bei *Cupes* sp. fast doppelt so groß wie bei *Cupes clathratus*). Bei allen 3 untersuchten Arten fallen die kugelartig in das Lumen vorspringenden Knötchen (Abb. 1, 2, 8) auf (2, 3 oder 4 Stück). Die Betrachtung der Elytrenunterseite läßt die Perforationen fast wie eingesetzte Deckelchen erscheinen (Abb. 11). Die Deutung der rasterelektronenmikroskopischen Bilder ergibt in jedem Falle einen ringartigen außen und innen vertieften Wall rund um jede Perforation (Abb. 3, 4, 5, 6, 9). Es fällt auf, daß die Elytrenunterseite der beiden *Cupes*-Arten mit Haaren (Abb. 7, 10) bedeckt ist (auch Schuppen, s. KLAUSNITZER 1979), die bei *Omma stanleyi* zu fehlen scheinen (Abb. 4).

Die Elytrenperforationen beider *Strongylium*-Arten liegen frei und sind wie die der Cupedidae von zwei oder drei halbkugelförmigen, in das Lumen vorspringenden Knötchen begrenzt (Abb. 13, 16). Von der Unterseite gesehen sind die Perforationen als schwach erhabene Scheibchen (Abb. 17) erkennbar (bei *Strongylium rugosicolle* nur schwer zu sehen, Abb. 14). Die Deutung der Bilder läßt einen wallartigen, tief begrenzten Ring (wie bei den Cupedidae) nicht zu, vielmehr nur eine sehr schwache Eindellung (Abb. 12). Die Elytrenunterseite beider Arten ist dicht mit spitzen Haaren bedeckt (Abb. 15, 18).
Bei *Oontelus* sind die Perforationen von oben gesehen nicht bedeutend abgesetzt (Abb. 19), vielmehr liegt eine tiefe Einsenkung von der Unterseite her vor (Abb. 20); ein drittes Bauprinzip scheint verwirklicht zu sein.

Abb. 1–6. (S. 72)
1 (oben links): *Omma stanleyi*, Elytrenoberseite, 200fach – 2 (oben rechts): *O. stanleyi*, Elytrenoberseite, 500fach – 3 (Mitte links): *O. stanleyi*, Elytrenunterseite, 200fach – 4 (Mitte rechts): *O. stanleyi*, Elytrenunterseite, 500fach – 5 (unten links): *Cupes clathratus*, Elytrenunterseite, 200fach – 6 (unten rechts): *C. clathratus*, Elytrenunterseite, 500fach.

Abb. 7–12. (S. 73)
7 (oben links): *Cupes clathratus*, Elytrenunterseite, 2000fach – 8 (oben rechts): *Cupes* sp., Elytrenoberseite, 200fach – 9 (Mitte links): *Cupes* sp., Elytrenunterseite, 200fach – 10 (Mitte rechts): *Cupes* sp., Elytrenunterseite, 1000fach – 11 (unten links): *Cupes* sp., Elytrenbau, Querschnitt, schematisch – 12 (unten rechts): *Strongylium* sp., Elytrenbau, Querschnitt, schematisch.

Abb. 13–18. (S. 75)
13 (oben links): *Strongylium rugosicolle*, Elytrenoberseite, 200fach – 14 (oben rechts): *Str. rugosicolle*, Elytrenunterseite, 200fach – 15 (Mitte links): *Str. rugosicolle*, Elytrenunterseite, 5000fach – 16 (Mitte rechts): *Str. costipenne*, Elytrenoberseite, 500fach – 17 (unten links): *Str. costipenne*, Elytrenunterseite, 200fach – 18 (unten rechts): *Str. costipenne*, Elytrenunterseite, 1000fach.

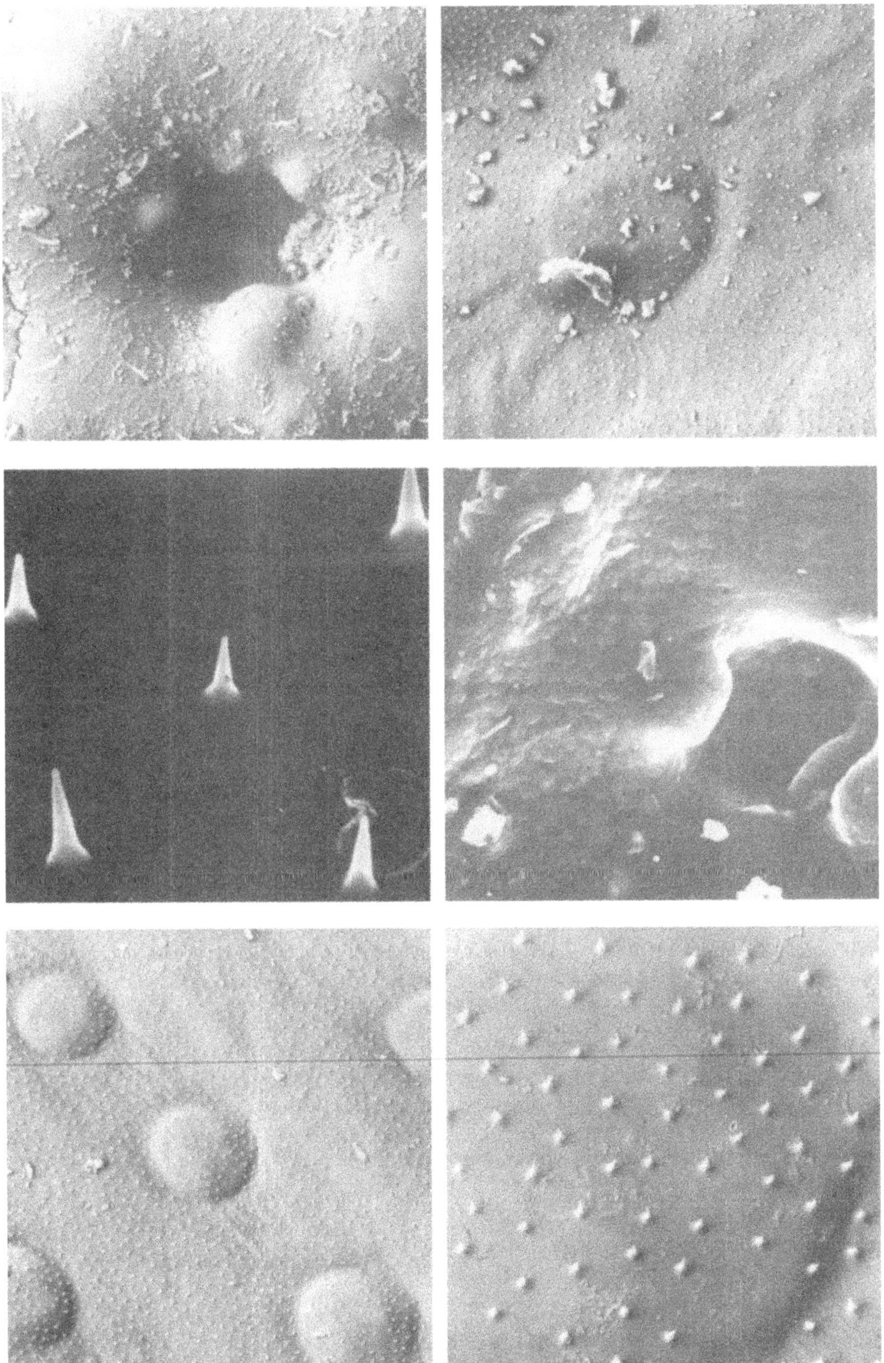

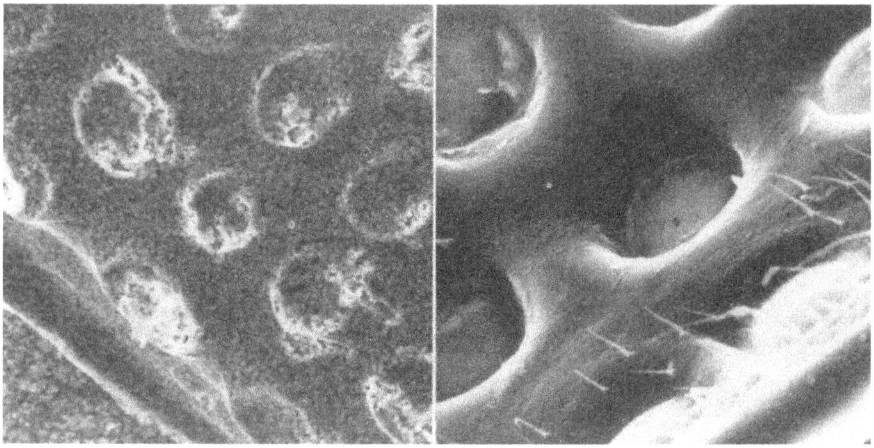

Abb. 19+20.
19 (links): *Oontelus* sp., Elytrenoberseite, 500fach – 20 (rechts): *Oontelus* sp., Elytrenunterseite, 1000fach.
(Anmerkung: Alle angegebenen Vergrößerungswerte beziehen sich auf die Originale, die Größenreduzierung im Druck erfolgte einheitlich auf 60 %)

Zusammenfassung

Es werden perforierte Elytren von 3 Arten der Cupedidae sowie von *Strongylium* (Tenebrionidae) und *Oontelus* (Cantharidae) rasterelektronenmikroskopisch untersucht. Die Auswertung der Bilder zeigt, daß bei den Cupedidae ein anderes Bauprinzip als bei den ausgewählten Vertretern der Polyphaga vorliegt.

Summary

ON THE STRUCTURE OF ELYTRA OF THE CUPEDIDAE AND SEVERAL POLYPHAGA

Perforated elytra of three species of Cupedidae as well as of *Strongylium* (Tenebrionidae) and *Oontelus* (Cantharidae) are investigated with the aid of grid electron microscope. Evaluation of the pictures shows that the Cupedidae dispose of another constructional principle as the selected representatives of Polyphaga.

Literatur

KLAUSNITZER, B., 1975: Probleme der Abgrenzung von Unterordnungen bei den Coleoptera. – Ent. Abh. Mus. Tierk. Dresden **40**, Nr. 8, 269–275.

—, 1979: Bemerkungen über die Beschuppung der Elytren verschiedener Coleoptera. – Ent. Abh. Mus. Tierk. Dresden **43**, Nr. 3, 61–70.

MACHATSCHKE, J. W., 1962: Bemerkungen zum System der Coleoptera. – Ber. 9. Wandervers. Dtsch. Ent. Berlin, 121–137.

Anschrift des Autors:

Doz. Dr. sc. nat. B. Klausnitzer, Karl-Marx-Universität Leipzig, Sektion Biowissenschaften, Bereich Taxonomie u. Ökologie, DDR – 701 Leipzig, Talstraße 33.

ENTOMOLOGISCHE ABHANDLUNGEN
STAATLICHES MUSEUM FÜR TIERKUNDE IN DRESDEN

Band 43 | Ausgegeben: 5. Mai 1980 | Nr. 5

Die Hylaeus-Arten einer apidologischen Sammelreise in den Iran

(Hymenoptera, Apoidea)

Mit 38 Figuren

HOLGER H. DATHE
Berlin

Von einer Expedition 1977 in den nördlichen Iran brachte P. ANDREAS W. EBMER (Linz) auch ein bemerkenswertes Material von *Hylaeus* F. mit, das er mir dankenswerterweise zur Bearbeitung überließ. Diese Reise war inspiriert durch einige wenige, aber besonders interessante Funde von Bienen, die andere Sammler als „Beifang" mitgebracht hatten. Der Iran ist entomologisch kaum erschlossen, läßt aber als Brücke zwischen den an Bienenarten reichen Gebieten der Türkei und Mittelasiens gute Ergebnisse vermuten. In Erwartung xeromontaner Halictiden wählte EBMER vorrangig hochgelegene Fangplätze im Elburs-Gebirge und im Kopet Dagh, an denen bisher überhaupt noch nicht gesammelt worden ist.

Die Bearbeitung der Halictiden-Ausbeute dieser Expedition liegt bereits vor (EBMER 1978). Die hier ermittelte überraschend reichhaltige Formenfülle bestätigte sich entsprechend auch an den *Hylaeus*-Arten, so daß die Publizierung der Ergebnisse einer einzelnen Sammelreise hinreichend gerechtfertigt erscheint, übertrifft sie doch wesentlich die Zahl aller bisher aus dem Iran bekannten Arten. POPOV (1967) nennt 10 Arten; 3 davon wurden nun wieder aufgefunden, 20 Formen sind neu für die iranische Fauna, 9 Arten sind neu für die Wissenschaft. Die Artenliste wird durch Literaturangaben vervollständigt, soweit diese nicht zu Zweifeln Anlaß geben. Insgesamt zeigt sich eine verhältnismäßig geringe Koinzidenz mit dem Artenspektrum, das vor allem von MORAWITZ (1876 ff.), POPOV (1935, 1952) u. a. von den nordöstlich unmittelbar angrenzenden Ebenen und Gebirgen Turkmeniens bis Tadshikistan beschrieben wurde. Viele der dort häufigsten Arten finden sich in EBMERs Material nicht, dafür aber etliche Europäer. Nicht ohne Einfluß war sicher auch der relativ späte Reisetermin, der auf den Bergen noch einen vollen Sommeraspekt bietet. Einmal mehr bestätigt sich die Bedeutung der nordostiranischen Gebirge als zoogeographische Barriere.

Einzelheiten über Lage und Gestaltung der Fundplätze können ausführlich bei EBMER (1978, p. 4–10, mit Karte) nachgelesen werden. Hier sind nur die Höhenangaben mit angefügt. Die Ortsbezeichnungen richten sich, EBMER folgend, nach dem „Time Atlas of the World" und sind gegebenenfalls nach dem „Haack Weltatlas" ergänzt, insbesondere ältere Namen. Bei den Typen wird der genaue Etikettentext wiedergegeben.

Verzeichnis der Fangplätze

(Bezeichnungen folgen weitgehend den Etiketten. Im Text verwendet EBMER z. T. andere Schreibweisen.)

E	Elburs-Gebiet (Reshteh-Ye-Alborz)		
(1)	N Karaj, oberhalb Karaj-Stausee	1800 m	12. 7. 1977
(2)	30 km SE Chalus	1500 m	27. 7. 1977
(3)	60 km S Chalus	1600 m	13. 7. 1977
(4)	ebenda		25. 7. 1977
(5)	ebenda		28. 7. 1977
(6)	75 km S Chalus, N Paßhöhe	2400 m	12. 7. 1977
(7)	ebenda		13. 7. 1977
(8)	ebenda		24. 7. 1977
(9)	75 km S Chalus, N Paßhöhe	2700 m	25. 7. 1977
(10)	50 km S (90 km Straße) Chalus	2800 m	26. 7. 1977
(11)	Damavand-Gebiet, Polur	2000 m	21. 7. 1977
(12)	ebenda		23. 7. 1977
(13)	Damavand-Gebiet, Polur Umg.	2200 m	22. 7. 1977
(14)	Damavand-Gebiet, N Paßhöhe	2200 m	22. 7. 1977
(15)	Damavand-Gebiet, Ab Ask	1400 m	23. 7. 1977
(16)	40 km S Shah Pasand, Tilabad	1600 m	16. 7. 1977
K	Kopet Dagh-Gebiet (Kopetdag)		
(17)	Chaman Bid, Kuh-e Aladagh-Gebirge	1600 m	17. 7. 1977
(18)	15 km N Quchan	1600 m	18. 7. 1977
(19)	30 km N Quchan, Paßhöhe	2000 m	18. 7. 1977
(20)	Oberhalb Zoshk bei Shandiz, W Mashhad	1600–2000 m	19. 7. 1977
N	Kaspi-See-Niederung		
(21)	Babol Sar	0 m	14. 7. 1977
(22)	Sari	130 m	14. 7. 1977
(23)	Pahlavi Dezh		15. 7. 1977
(24)	Shapasand (Shah Pasand)	300 m	16. 7. 1977
(25)	60 km E Minudasht, Zerreichenwald	600 m	20. 7. 1977

Danksagung

Für kollegiale Unterstützung bei der Erarbeitung dieses Manuskriptes danke ich herzlich den Herren P. A. W. EBMER (Puchenau b. Linz), Dr. W. GRÜNWALDT (München), Dr. E. KÖNIGSMANN (Berlin) und Dr. J. A. PESENKO (Leningrad).

Verzeichnis der iranischen Arten der Gattung Hylaeus F.

In das Verzeichnis sind auch alle früheren iranischen Funde mit aufgenommen, zumal sich z. T. dazu einige Anmerkungen notwendig machen. Keinesfalls aber kann diese Liste mit ihren 35 Arten als vollständig angesehen werden; sie bleibt ihrem Charakter nach eine Expeditionsausbeute.

Untergattung **Prosopis** F.

1. **H. (Prosopis) signatus berlandi** (BENOIST, 1943)

E Karaj (1) ♀. Damavand (12) ♂♀. 1800–2000 m.

Diese südliche Unterart zeichnet sich durch stärkere Punktierung auf Mesonotum und den Tergiten sowie durch breiteren Kopf aus. EBMER legte mir diese Form auch aus Marokkos Bergen vor (Midelt, 1400 m, 16. 7. 1975).

Neu für den Iran.

2. **H. (Prosopis) hyrcanius sp. n.**

Literatur: ALFKEN (1935, „*Prosopis stigmorhina* PÉR.") Elburs: Babol Sar (Meshedisser), Kiasar, Sari.

Form aus der *Hylaeus gibbus*-Gruppe, gekennzeichnet durch lebhaft gelbe Zeichnung, stark gebräunte Flügel und nur sehr fein und zerstreut punktiertes Tergum 1; Scutellum schwarz. Korrespondiert in der Kopfform und Färbung z. T. mit *H. pictus* SM. und wurde wahrscheinlich deshalb von ALFKEN (1935) zu *P. stigmorhina* PÉR. gestellt, denn die neue Form lag seiner Arbeit zu Grunde, wie die im Zoologischen Museum Berlin vorhandenen Exemplare belegen. Die schwache Tergitpunktierung (wie bei *H. confusus* NYL.), die wesentlich dunkleren Flügel und den größeren Habitus hat er nicht berücksichtigt; allerdings kannte er nur ♀♀. Es fällt schwer, sie einer der bekannten Arten subspezifisch zuzuordnen, obwohl sie zweifellos der geographische Vertreter der genannten Gruppe ist. *H. hyrcanius* sp. n. ist in der Kaspi-See-Niederung recht häufig.

♂ 6,8–7,4 mm.

K o p f trapezförmig, relativ lang (Kopfindex l:b 0,99–1,00). Scapus schwach erweitert, vorn in ganzer Länge gelb gestreift; Geißel schwarz, vom 2. Glied an unten gelb oder braun. Gesichtsmaske lebhaft gelb, matt, Nähte schwarz; Seitenflecken umfassen seitlich die Fühlerbasen, übersteigen sie etwas und runden sich oben ab (Fig. 1); Clypeus lang (Index l:b 1,63–1,69). Über Fühlerbasen matte, punktlose, aber gerunzelte Flächen etwa gleicher Größe wie die Einlenkungen; Stirn sonst dicht und rauh punktiert. Mandibeln oben gelb liniert, Oberlippe meist mit Fleck.

T h o r a x chagriniert, dicht grob punktiert. Propodeum gröber skulptiert als bei den verwandten Arten: Mittelfeld glänzend, grob und scharf netzrunzlig; Seitenfelder und Stutz matt, grob genetzt bzw. runzelstreifig, mit deutlicher Kante zwischen beiden. Pronotum mit 2 gelben Streifen oder schwarz, Flecken auch auf Calli und Tegulae. Tibien I vorn, II und III basal gelb; Metatarsen gelb, sonst Beine schwarz. Flügel 4,8–5,0 mm lang, auffallend braun verdunkelt, leicht irisierend.

A b d o m e n schwarz. Tergum 1 basal glatt und punktlos, im oberen Abschnitt des vertikalen und auf dem horizontalen Teil fein gerieft und fein und flach punktiert, ähnlich *H. confusus* NYL.; Punktabstände unregelmäßig; folgende Terga mit ebenso feinen, aber dichteren haartragenden Pünktchen. Tergum 1 seitlich mit dichten weißen Fransen, Endränder der folgenden Segmente mit nur angedeuteten Cilienbinden. Sternum 3 flach. Kopulationsapparat (Fig. 15) ähnlich *H. gibbus* SAUND., Penisvalven mitten etwas eingeschnürt; Sternite 8 und 9 ohne wesentliche Unterschiede (Fig. 16, 17).

♀ 6,6–7,6 mm.

K o p f trapezförmig (Index 0,92–1,01, Fig. 2). Scapus schwarz; Geißel schwarz, vom 3. oder 4. Glied an unten braun. Gesichtsseitenflecken kräftig gelb, meist lang und Gesichtsseiten ausfüllend, z. T. aber auch erheblich reduziert. Clypeus schwarz, vorn gelbbraun, Index 1,36–1,51. Skulptur wie beim ♂. Foveae faciales hoch ansetzend, bis zum oberen Augenrand. Mandibeln und Oberlippe schwarz.

T h o r a x mit großen gelben Flecken auf Pronotum, Calli und Tegulae. Skulptur wie bei ♂, aber weniger ausgeprägt; trotzdem deutlich gröber als bei den ♀♀ der verwandten europäischen Arten. Beine bis auf die Basis der Tibien schwarz. Flügel stark gebräunt, leicht irisierend; Länge 4,7–5,3 mm.

A b d o m e n schwarz, mit noch etwas feinerer Skulptur als bei ♂, ähnlich *H. confusus*

NYL. – ♀. Tergum 1 mit Seitenfransen, ff. mit mitten breit unterbrochenen Cilienbinden auf dem Endrand.

Holotypus ♂ „IRAN, Kaspi-See-Niederung, Sari, 130 m, 14. 7. 1977, leg. A. W. EBMER". Allotypus ♀ „IRAN, Kaspi-See-Niederung, 0 m, Babol Sar, 14. 7. 1977, leg. A. W. EBMER" (coll. Zool. Mus. Berlin).
Paratypen: **N** Babol Sar (21) ♂ 2 ♀♀. Sari (22) ♂. 5 km E Nowshar (Now Shahr) 1. 6. 1976, leg. RESSL/HOLZSCHUH ♂ 3 ♀♀ (coll. m. et coll. EBMER).

3. **H. (Prosopis) damascenus** (MAGRETTI, 1890)
Literatur: MORICE (1921) Sharoban

4. **H. (Prosopis) variegatus coriaceus** (PÉREZ, 1895)

Literatur: STRAND (1921, „*Prosopis variegata* F."), ALFKEN (1935, „*P. variegata* var. *integra* ALFK."), POPOV (1967, „*Prosopis variegata* F."): alle Astrabad (Gorgan).

E Chalus (2, 3, 4) 4 ♂♂♀. **K** Quchan (19) 2 ♂♂ 2 ♀♀. Zoshk (20) ♂ 2 ♀♀. **N** Babol Sar (21) ♀. Pahlavi Dezh (23) 3 ♂♂ 3 ♀♀. Shah Pasand (24) 3 ♂♂ 3 ♀♀. Minudasht (25) ♀. 0–2000 m, häufiger in unteren Lagen. Auch im Iran eine der häufigsten und verbreitetsten Arten. Die hiesige Form *coriaceus* (PÉR.) ist nicht wie früher angenommen eine westliche, sondern eine südliche Unterart.

5. **H. (Prosopis) maculatus** (ALFKEN, 1904)
Literatur: WARNCKE (1970) „K. Sefid/SW-Iran" (Angabe ist unklar, evtl. Kuh-e Safidar?)

6. **H. (Prosopis) rugicollis** (MORAWITZ, 1873)
Literatur: WARNCKE (1970) K. Sefid/SW-Iran

7. **H. (Prosopis) excelsus** (ALFKEN, 1931)
Literatur: ALFKEN (1930, 1935) Elburs: Asharabad (Gorgan) 2000 m. ALFKEN u. BLÜTHGEN (1937) Kendewan 3000 m

Untergattung **Dentigera** POPOV

Die Meldung von *Hylaeus (Dentigera) punctus* FÖRSTER für Tabriz (POPOV 1967) ist unsicher, denn er wird dort der Untergattung *Spatulariella* POPOV zugeordnet. Es kann sich deshalb ebensogut um *Hylaeus (Spatulariella) punctatus* (BRULLÉ) handeln. (POPOV hat die Drucklegung dieser Arbeit nicht mehr selbst besorgen können.)

8. **H. (Dentigera) kahri** FÖRSTER, 1871

E Chalus (3) ♀. Damavand (15) 2 ♀♀. Tilabad (16) ♀.
K Quchan (18) ♂. Zoshk (20) 8 ♂♂. 1400–2000 m.

Neu für den Iran.

9. **H. (Dentigera) acer sp. n.**

Das ♂ ist ein reich hell gezeichneter, kurzköpfiger *H. kahri* FRST. (aus der *Hylaeus brevicornis*-Gruppe) mit schmalem, spitzem Dorn auf dem Sternum 3. ♀ mit durchscheinenden Endrändern der Terga. Beide Geschlechter sind durch ein in dieser Gruppe ungewöhnliches längsstreifiges Propodeum-Mittelfeld gekennzeichnet (Fig. 21).

♂ 4,7–5,9 mm.

K o p f quer (Index 0,90–0,91, Fig. 3). Scapus stark kreiselförmig verdickt, nur 1,3fach länger als breit und apikal ausgehöhlt, überwiegend weiß; Geißel vom 1. Glied an gelb, oben verdunkelt. Maske elfenbeinweiß, glänzend; Seitenflecken gehen weit über die Scapusbasis hinaus und nehmen einen Teil der Stirn ein. Stirn sonst rauh punktiert, matt, auch in den Fühlergruben. Foveae faciales hoch angesetzt, deutlich. Clypeusindex 1,29–1,38. Genae linienartig. Oberlippe und Mandibeln schwarz.

T h o r a x chagriniert, dicht und tief punktiert; Punktabstände auf den Mesopleuren etwa 1 Durchmesser, aus dem Mesonotum ungefähr 0,5 Punktdurchmesser. Mittelfeld des Propodeums matt glänzend, mit etwa einem Dutzend unregelmäßiger Längsstreifen (Fig. 21); Seitenfelder nach hinten abgerundet; Stutz mitten fein skulptiert, unten und seilich runzelstreifig, Seite nur unten scharf gekantet. Weiß gezeichnet sind ein schmales Band auf dem Pronotum, Calli, Tegulae, Tibien I vorn, II und III basal und apikal, die beiden ersten Tarsenglieder; Klauenglied schwarz, Tarsus sonst braun. Flügel 3,4–3,9 mm lang, schwach getrübt.

A b d o m e n schwarz mit leicht aufgehellten Endrändern ab Tergum 2. Tergum 1 deutlich quergerieft, mit tiefer und dichter Punktierung, Abstände 0,5–1 Durchmesser, am Ende dichter. Folgende Terga etwas feiner, aber dichter punktiert. Tergum 1 seitlich mit undeutlichen Cilienfransen. Auf Sternum 3 charakteristisch schmaler, spitzer und rückwärts gekrümmter Dorn (Fig. 22); Sterna mit tiefen, aber ungleich großen und ungleich verteilten Punkten; letzte Sterna auffallend behaart. Kopulationsapparat (Fig. 18) vom *H. brevicornis*-Typ, Gonoforcipes verlängert. Sternite 8 und 9 s. Fig. 19, 20.

♀ 4,7–4,9 mm.

K o p f querelliptisch (Fig. 4), Index 0,87–0,90. Scapus schwarz, Geißel gelb, oben stark verdunkelt. Gesichtsseitenflecken am Augenrand entlang gestreckt, z. T. fast rechteckig, weiß. Clypeus mitunter vorn mit weißem Punkt; Index 1,18–1,24; Skulptur aus feiner Chagrinierung und zerstreuten Punkten. Stirn dicht punktiert, matt. Foveae hoch angesetzt, etwa so lang wie drei Viertel des Scapus.

T h o r a x skulptiert wie beim ♂; Streifung des Mittelfeldes etwas dichter und regelmäßiger. Pronotum mit weißer Binde, diese mitten schmal unterbrochen, Calli und Tegulae weiß. Beine schwarz, nur Basis der Tibien und Metatarsen weiß. Flügellänge 3,4–3,5 mm.

A b d o m e n schwarz. Endränder der Terga und Sterna breit rot aufgehellt, besonders in der Mitte. Tergum 1 fein quergerieft, nur fein und sehr zerstreut punktiert, ff. dicht fein punktiert. Sterna unregelmäßig und grob punktiert, abstehend behaart. Seitenfransen sehr kurz und undeutlich.

Holotypus ♂ „IRAN, Elburs, Damavand-Gebiet, 2200 m N Paßhöhe, 22. 7. 1977, leg. A. W. EBMER". Allotypus ♀ ebenda (coll. Zool. Mus. Berlin).
Paratypen: E Damavand (14) 3 ♂♂ 2 ♀♀. 2200 m (coll. m. et coll. EBMER).

10. **H. (Dentigera) brevicornis** NYLANDER, 1852

E Chalus (3, 6, 7, 10) 6 ♂♂ ♀. 1600–2800 m.

Insgesamt etwas dichter punktiert als europäische Tiere; ♂ reich weiß gezeichnet, mit großen Gesichtsseitenflecken und breiten Streifen am Scapusrand.

Neu für den Iran.

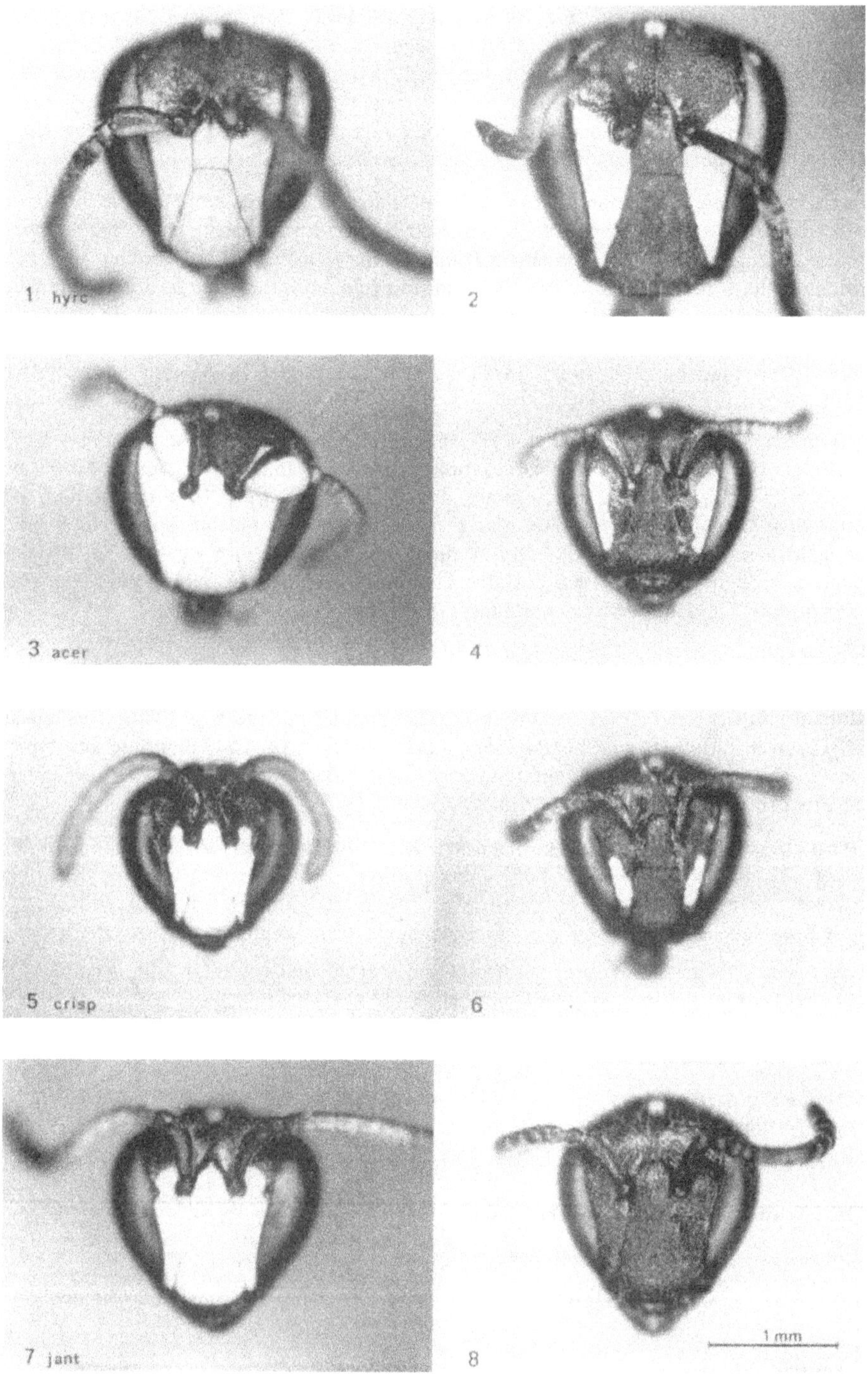
1 hyrc
2
3 acer
4
5 crisp
6
7 jant
8
1 mm

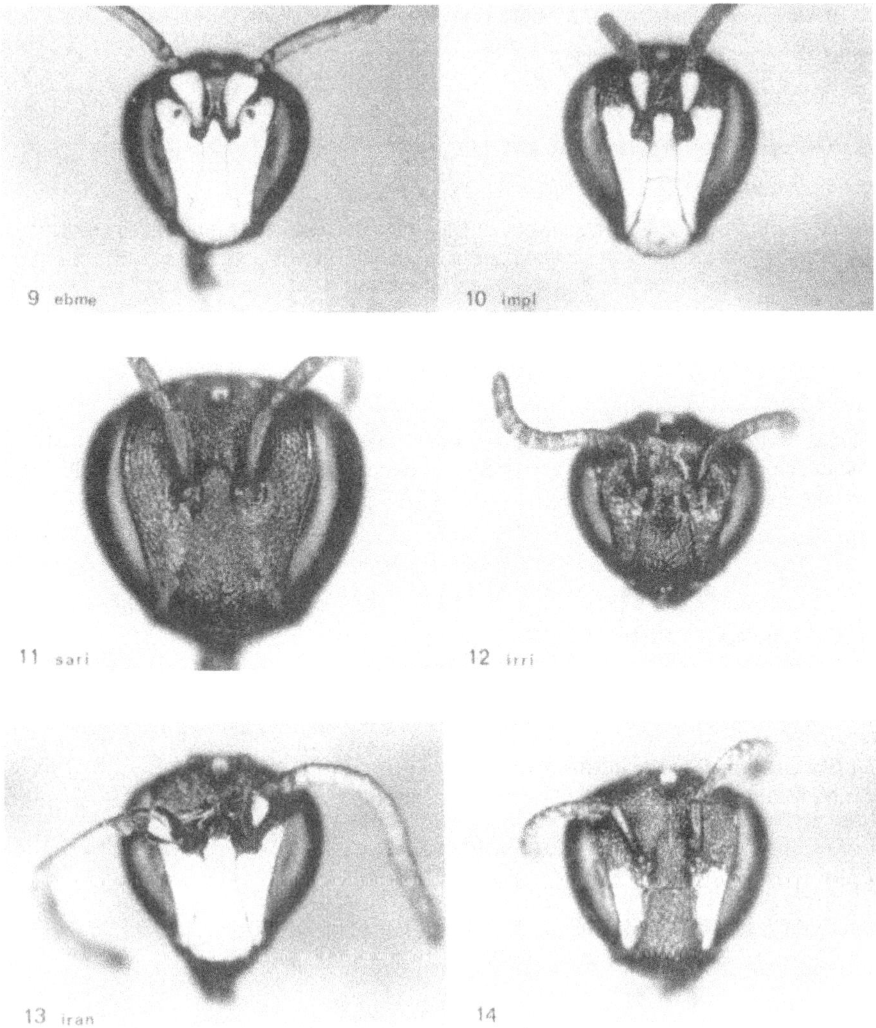

Fig. 1–14. Kopf.
1: *H. hyrcanius* sp. n., ♂. – 2: *H. hyrcanius* sp. n., ♀. – 3: *H. acer* sp. n., ♂. – 4: *H. acer* sp. n., ♀. – 5: *H. crispulus* sp. n., ♂. – 6: *H. crispulus* sp. n., ♀. – 7: *H. jantaris* sp. n., ♂. – 8: *H. jantaris* sp. n., ♀. – 9: *H. ebmeri* sp. n., ♂. – 10: *H. implicatus* sp. n., ♂. – 11: *H. sariensis* sp. n., ♀. – 12: *H. irritans* sp. n., ♀. – 13: *H. iranicus* sp. n., ♂. – 14: *H. iranicus* sp. n., ♀.

11. **H. (Dentigera) imparilis** FÖRSTER, 1871

E Chalus (2) ♂. **N** Minudasht (25) 2 ♂♂ ♀. 600–1500 m.

Neu für den Iran.

12. **H. (Dentigera)** aff. **breviceps** MORAWITZ, 1876

K Quchan (18, 19) ♂ 2 ♀♀. 1600–2000 m.

♂ ähnlich *H. imparilis* FRST., aber Kopf auf glatter, glänzender Grundskulptur zerstreuter punktiert; Scapus ebenso schlank, zu zwei Dritteln weiß. Sternum 3 mit breiter Schwiele, auf 4 etwas flacher. Kopulationsapparat mit *H. imparilis* FRST. weitgehend übereinstimmend. ♀ Kopf schwarz oder mit nur ganz kleinen hellen Flecken. Mandibeln dreizähnig. Bei beiden Geschlechtern Mesonotum und Scutellum chagriniert und zerstreut punktiert. Flügel weißlich mit sehr hellem Geäder, meist nur Subcosta braun.

Die genannten Merkmale stimmen gut zum allgemeinen Verständnis von *Hylaeus breviceps* MOR. Beim Vergleich der Exemplare mit Typenmaterial im Zoologischen Institut der Akademie der Wissenschaften der UdSSR in Leningrad ergab sich allerdings die Notwendigkeit weiterer Klärungen.

Neu für den Iran.

Untergattung **Paraprosopis** POPOV

13. **H. (Paraprosopis) sinuatus** (SCHENCK, 1853)

N Minudasht (25) ♂. 600 m.

Neu für den Iran.

14. **H. (Paraprosopis) soror** (PÉREZ, 1903)
Literatur: WARNCKE (1970) K. Sefid/SW-Iran.

15. **H. (Paraprosopis) lineolatus** (SCHENCK, 1859)

Literatur: WARNCKE (1970) K. Sefid/SW-Iran.

N Minudasht (25) ♂. **K** Zoshk (20) ♂. 600–2000 m.

Köpfe besonders lang, Index 1,08; Gesichtsseitenflecken groß.

Untergattung **Hylaeus** F.

16. **H. (Hylaeus) angustatus** (SCHENCK, 1859)

E Chalus (3) ♂ 2 ♀♀. 1600 m.

Diese iranischen Tiere haben nicht die aufgebogene Mesopleurenkante und das eingedrückte Feld davor wie zentraleuropäische Exemplare. Außerdem sind die Mesopleuren etwas zerstreuter punktiert, das Propodeum ist ohne scharfe Kanten. Kaukasische Tiere zeigen Übergänge zwischen diesen Formen.

Neu für den Iran.

17. **H. (Hylaeus) crispulus sp. n.**

Nahe an *H. angustatus* (SCHCK.) anzuschließende Art, durch andere Gesichtsbildung und anderen Kopulationsapparat des ♂ deutlich unterschieden. Grundskulptur von Mesonotum und Scutellum bei beiden Geschlechtern glatt und glänzend, bei *H. angustatus* chagriniert. Auffallend behaart.

♂ 4,6 und 4,7 mm.

K o p f Fig. 5. Scapus schwach verbreitert, schlanker als bei *Hylaeus angustatus* (SCHCK.), schwarz, oben lang behaart; Geißel vom 2. Glied an unten gelb, oben dunkelbraun bis schwarz. Kopf breiter (Index 0,91–0,92), nach unten stärker konvergierend; lang abstehend behaart sind besonders Scheitel, Oberlippe und Mandibeln. Maske weiß, glänzend. Clypeus länger (Index 1,42–1,48) und kräftig gewölbt, Gesicht zwischen Clypeus und Stirnfeld quer eingedrückt; Seitenflecken unterhalb der Fühlerbasen eingeschnürt, auf deren Höhe deshalb kleine „Knöpfe" bildend, seitlich schwarze glänzende Gruben. Fühlergruben glatt und glänzend, ähnlich die Grundskulptur der ganzen Stirn und des Scheitels; darüber dicht und tief punktiert, auf dem Scheitel zerstreuter und gröber. Foveae faciales beginnen etwas oberhalb der „Knöpfe", sind recht lang, aber nicht deutlich. Genae schmal.

T h o r a x relativ dicht hell behaart. Skulptur glatt und glänzend, tief punktiert, Punktabstände auf dem Mesonotum im Mittel 1 Durchmesser, auf den Mesopleuren dichter. Mesopleuren vorn konvex, obere Ecke nadelrissig. Propodeum abgerundet und fein skulptiert, matt, nur Mittelfeld und Mittelfurche glatt und glänzend; Mittelfeld grob netzrunzlig, etwa wie *H. angustatus*. Pronotum schwarz, Calli und Tegulae weiß gefleckt. Tibien I vorn, II und III basal sowie alle Metatarsen weitgehend weiß. Flügel leicht getrübt, Länge 3,2 mm.

A b d o m e n schwarz, Endränder schmal aufgehellt. Tergum 1 quergerieft, dicht tief punktiert (Abstand weniger als 1 Punktdurchmesser); ohne Seitenfransen. Sternum 2 und 3 schwielig. Abdomen kurz abstehend behaart, nur letzte Sterna länger. Kopulationsapparat mit schmalen und kurzen Gonoforcipes (Fig. 23). Sternite 8 und 9 siehe Fig. 24, 25.

♀ 4,2–4,9 mm.

K o p f (Fig. 6) breiter und stärker konvergierend als bei *H. angustatus*; Kopfindex 0,97–1,00. Scapus schwarz, Geißel vom 2. Glied an unten gelb, oben schwarz. Gesichtsseitenflecken langelliptisch, oben allenfalls bis zur Fühlereinlenkung reichend, weiß. Selten Clypeus mit Punktfleck; Clypeusindex 1,33–1,47. Kopfskulptur wie bei ♂. Besonders Stirn und Scheitel lang abstehend behaart. Foveae beginnen auf Höhe der Fühlerbasis-Oberkante und enden weit unter dem oberen Augenrand.

T h o r a x skulptur ähnlich ♂, aber Mesopleuren fein chagriniert; deren obere Ecke punktlos nadelrissig (im Unterschied zur folgenden Art). Propodeum-Mittelfeld etwas flacher genetzt, Mittelfurche oben chagriniert. Thorax und Beine relativ dicht behaart. Pronotum schwarz, Calli und Tegulae weiß gefleckt. Beine mit Ausnahme der Tibien- und Metatarsen III-Basis schwarz. Flügel wie ♂, 3,0–3,4 mm lang.

A b d o m e n schwarz, Terga am Ende schmal durchscheinend. Tergum 1 poliert, unregelmäßig zerstreut punktiert; folgende Terga fein gerieft und dicht punktiert; ohne Seitenfransen, nur anliegend behaart.

Holotypus ♂ „IRAN, Elburs, 75 km S Chalus, 2400 m, N Paßhöhe, 24. 7. 1977, leg. A. W. EBMER". Allotypus ♀ ebenda (coll. Zool. Mus. Berlin).
Paratypen: **E** Chalus (6, 7, 9) ♂ 6 ♀♀. Damavand (11, 13, 14) 7 ♀♀. 2000–2700 m (coll. m. et coll. EBMER).

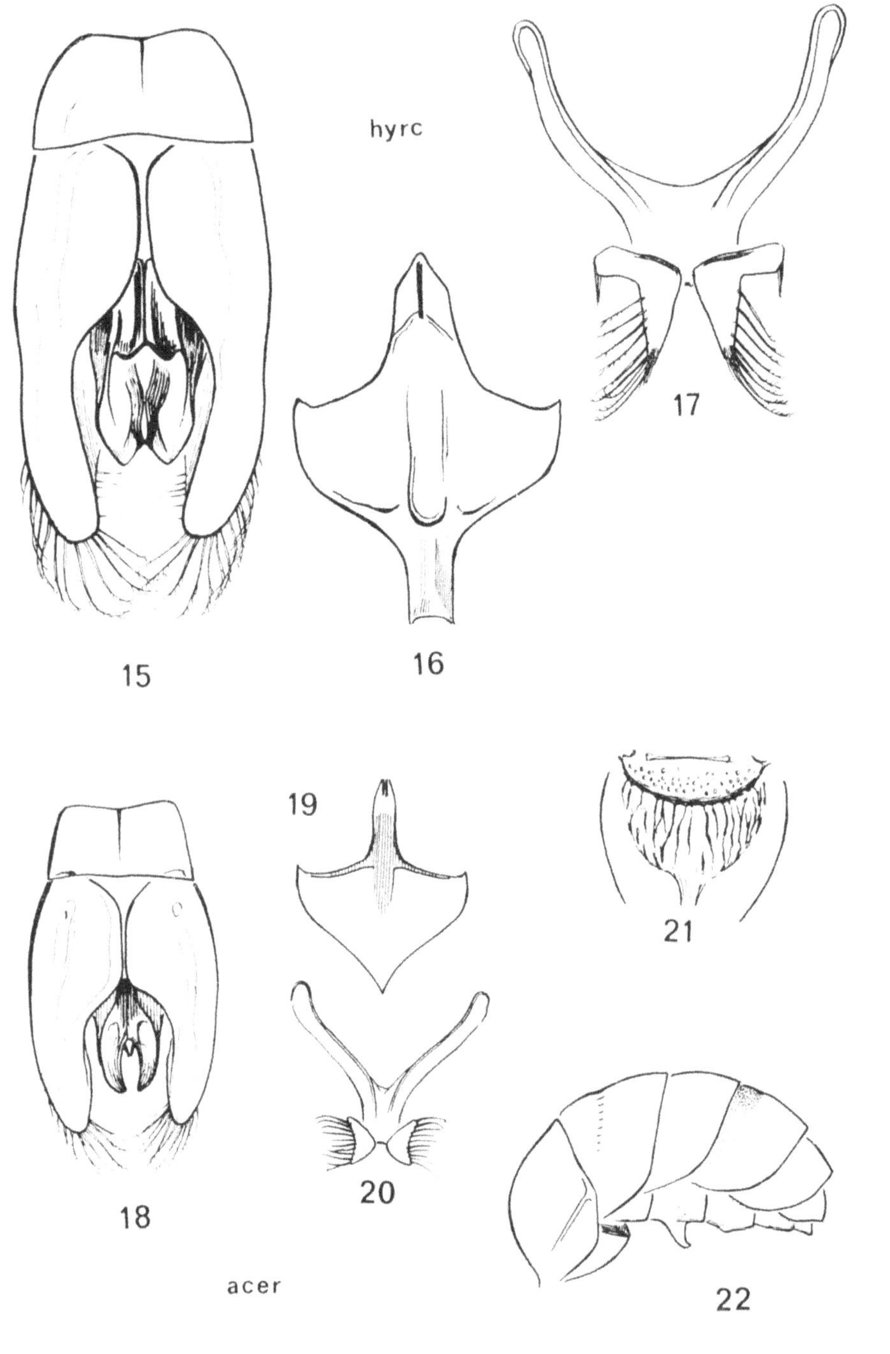

Fig. 15–22. Kopulationsapparat, 9. und 8. Sternit der ♂♂.
15–17: *H. hyrcanius* sp. n. – 18–22: *H. acer* sp. n. (21: Mittelfeld, 22: Abdomen).

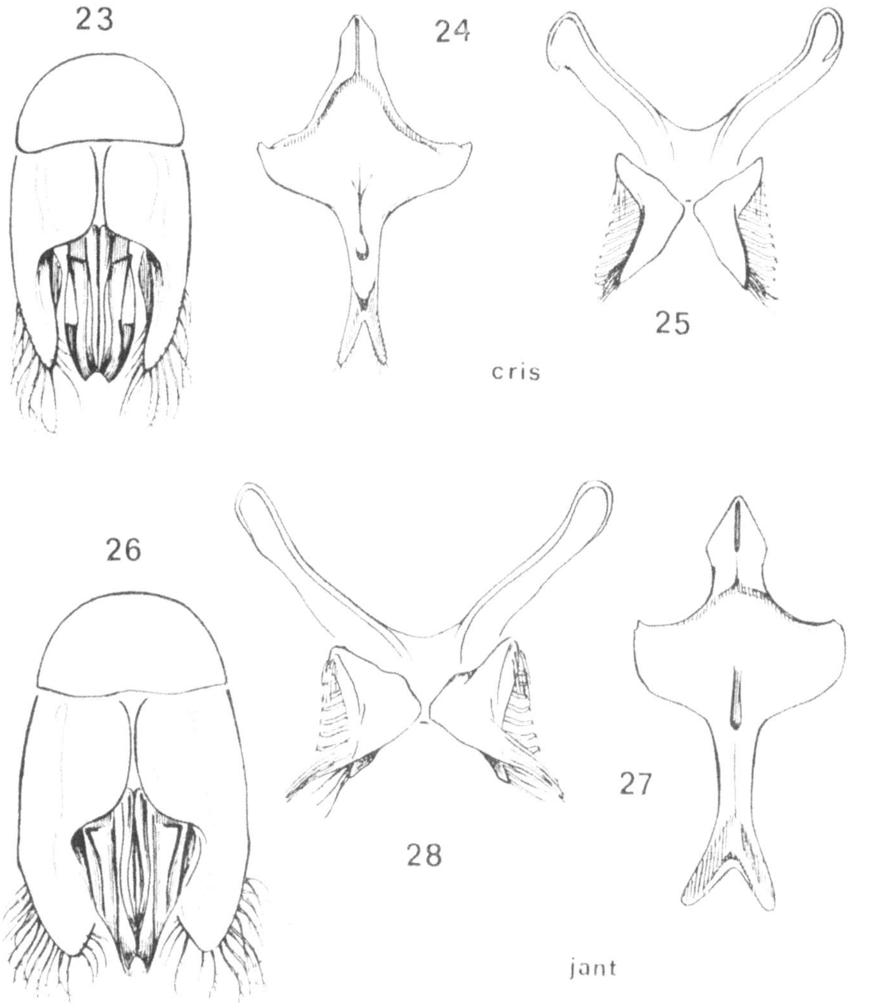

Fig. 23–28. Kopulationsapparat, 9. und 8. Sternit der ♂♂.
23–25: *H. crispulus* sp. n. – 26–28: *H. jantaris* sp. n.

18. **H. (Hylaeus) jantaris sp. n.**

Nächstähnlich zu *Hylaeus crispulus* sp. n. ♂ gut kenntlich am verbreiterten Stirnfeld und dem quergerieften Clypeus. ♀ mit schwarzem Gesicht. Bei beiden Geschlechtern Propodeum-Mittelfeld unregelmäßig längsstreifig und abgerundet, Endränder der Terga bernsteingelb aufgehellt.

♂ 4,7–6,0 mm.

K o p f (Fig. 7) weniger stark konvergierend als bei *H. crispulus*, rundlich; Index 0,93–0,97. Stirn, Scheitel, Schläfen, Genae, Oberlippe und Mandibeln lang abstehend behaart,

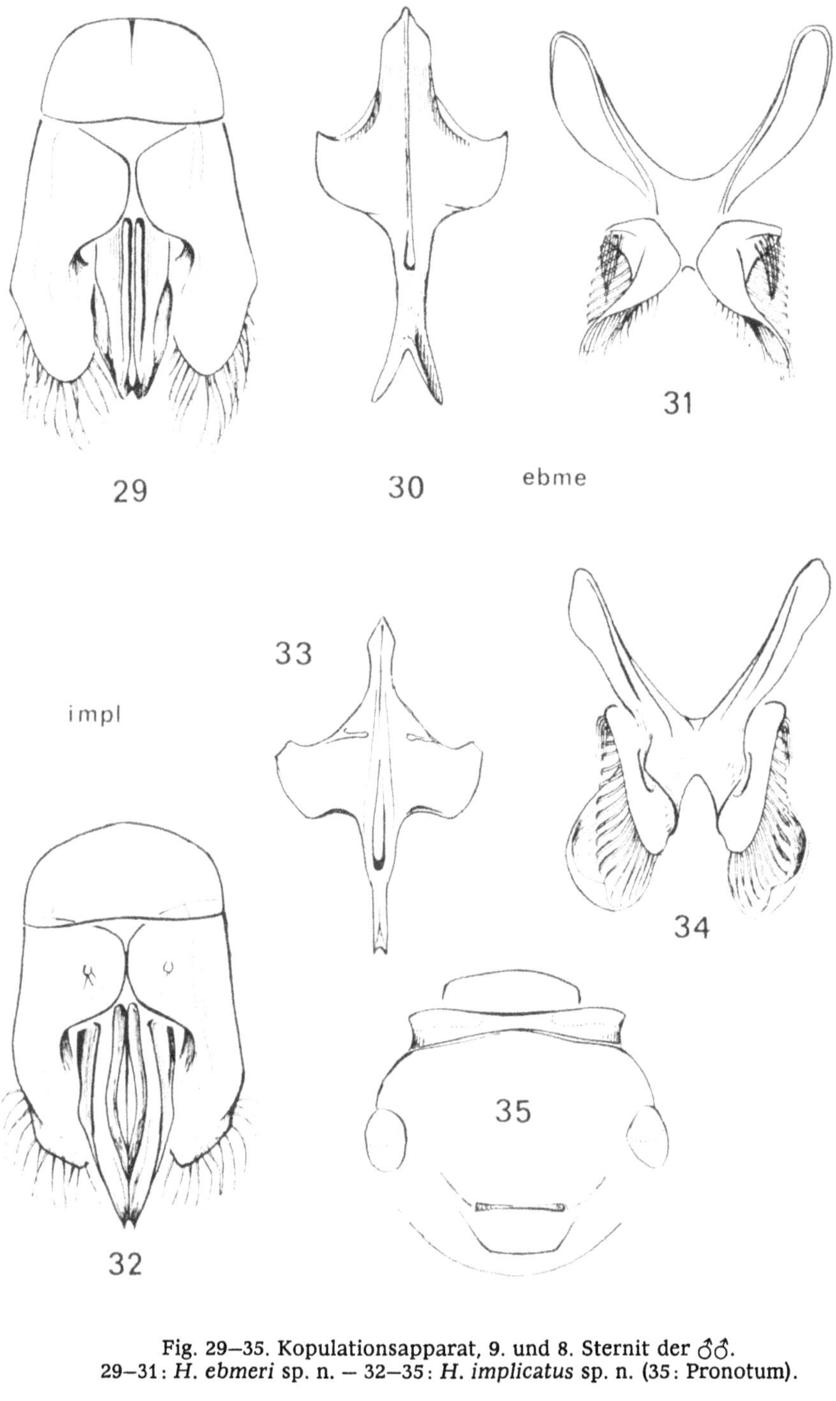

Fig. 29–35. Kopulationsapparat, 9. und 8. Sternit der ♂♂.
29–31: *H. ebmeri* sp. n. – 32–35: *H. implicatus* sp. n. (35: Pronotum).

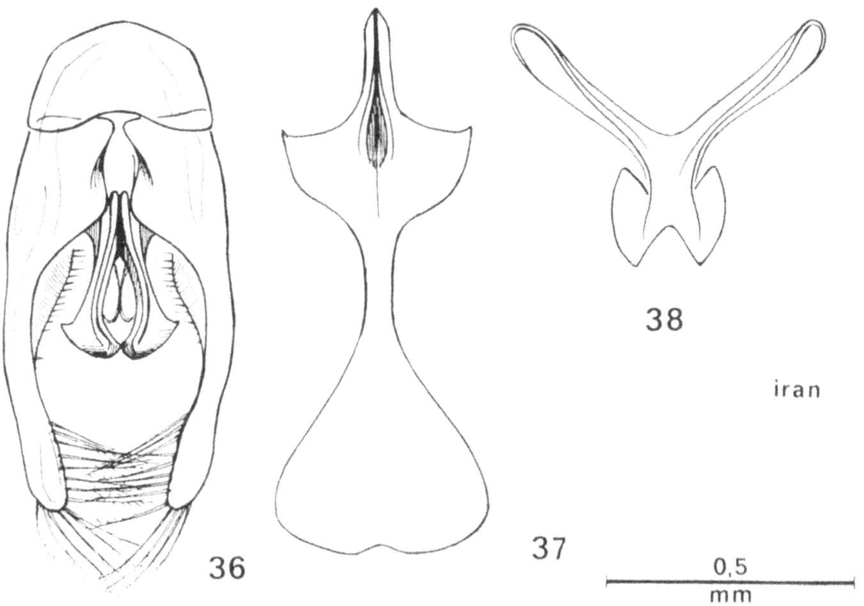

Fig. 36–38. Kopulationsapparat, 9. und 8. Sternit des ♂.
36–38: *H. iranicus* sp. n.
Der Abbildungsmaßstab gilt nur für die Genitalarmaturen der Fig. 15–38.

Maske kurz und dicht beborstet. Scapus ganz schwarz oder mit kleinem gelbem Punktfleck an der Basis; schwach erweitert (ähnlich *H. crispulus*), oben mit langen Haaren besetzt. Geißel überwiegend gelb ab Glied 1, oberseits braun verdunkelt. Maske weiß, trotz Skulptur hochglänzend. Clypeus (Index 1,37–1,49) nur apikal gewölbt, sonst flach; besonders basal mit auffallender feiner Querriefung, die sich schräg auf den Gesichtsseiten fortsetzt. Gesicht mitten kaum eingedrückt; Seitenränder des Stirnfeldes geschweift. Gesichtsseitenflecken weit heruntergezogen, beginnend an der Mandibelbasis reichen sie bis über die Fühlerbasis und umfassen sie teilweise; außen bleibt eine glänzende schwarze Grube frei, daher ebenfalls eine „Knopf"-Bildung. Stirn auf poliertem Grunde gröber und zerstreuter punktiert als bei *H. crispulus*. Foveae weit oben, kurz und undeutlich. Genae entwickelt, etwa halb so lang wie breit.

Thorax und Beine auffallend behaart. Mesonotum, Scutellum und Mesopleuren poliert, grob dicht punktiert, Punkte auf dem Rücken in ca. 1 Punktdurchmesser Abstand, auf den Seiten dichter. Mesopleuren vorn abgerundet, Ecke oben glatt. Propodeum fein skulptiert, abgerundet; Mittelfeld glänzend, mit kurzen Rippen unregelmäßig längsrunzlig. Pronotum meist mit kleinen Flecken, Calli und Tegulae weiß getupft. Tibien überwiegend weiß, II und III nur mit schwarzen Ringen; ganz weiß sind auch zumindest die ersten beiden Tarsenglieder. Flügel leicht gebräunt, 3,2–4,2 mm lang.

Abdomen schwarz, Endränder der Terga niedergedrückt und gelb bis farblos aufgehellt. Tergum 1 glatt und glänzend, mit unregelmäßiger tiefer Punktierung, Abstände im Mittel 1 Punktdurchmesser, apikal dichter; folgende Terga ebenfalls poliert, aber sehr dicht punktiert und daher matt; ohne Seitenfransen, kurz abstehend behaart. Sternum 3 mit ± entwickelter Schwiele. Kopulationsapparat (Fig. 26) mit breiteren Gonoforcipes, ähnlich *H. bisinuatus* FRST. Sternite 8 und 9 siehe Fig. 27, 28.

♀ 5,3–5,9 mm.

K o p f lang trapezförmig (Fig. 8, Index 0,97–1,00). Scapus schwarz, Geißel ab Glied 2 unten gelb, oben schwarz. Gesicht ganz schwarz, nur Gesichtsseiten unten an der Mandibelbasis und z. T. Genae etwas braun aufgehellt. Clypeus längs nadelrissig und punktiert, Index 1,21–1,31. Skulptur und Behaarung wie bei ♂. Foveae faciales lang, von Fühlerbasis-Oberkante bis oberen Augenrand reichend.

T h o r a x oben poliert, Pleuren aber fein chagriniert; obere Ecke der Mesopleuren punktiert. Propodeum abgerundet und fein skulptiert; Mittelfeld mit flachen, unregelmäßigen Längsrunzeln, Hinterkante manchmal angedeutet. Thorax und Beine nur kurz abstehend behaart. Pronotum, Calli und Tegulae weiß gefleckt, ebenso Basis aller Tibien und der Metatarsen II und III. Flügel wie ♂, Länge 3,9–4,4 mm.

A b d o m e n schwarz, Terga (und Sterna) am Ende auffallend aufgehellt, ohne Seitenfransen, aber mit angedeuteten Binden aus Cilien und daher gebändert erscheinend. Tergum 1 poliert und unregelmäßig zerstreut punktiert, die folgenden sehr dicht punktiert. Behaarung vorn anliegend, an der Hinterleibsspitze auch dicht und abstehend.

Holotypus ♂ „IRAN, Elburs, 75 km Chalus, 2400 m N Paßhöhe, 12. 7. 1977, leg. A. W. EBMER". Allotypus ♀ ebenda (coll. Zool. Mus. Berlin).
Paratypen: **E** Chalus (6, 7, 8, 10) 7 ♂♂ 4 ♀♀. **K** Chaman Bid (17) ♂. Quchan (19) 2 ♂♂. 1600–2800 m. (coll. m. et coll. EBMER).

19. H. (Hylaeus) ebmeri sp. n.

Diese bisher nur im ♂ vorliegende neue Art ist den vorigen anzuschließen. Sie hat wie *H. jantaris* sp. n. eine Längskante auf dem Femur II sowie etliche gemeinsame Skulpturmerkmale wie abgerundetes Propodeum, Thoraxpunktierung und Mittelfeld-Relief. Eigenständige Merkmale sind vor allem die charakteristische Form der Maske und die Bildung des Mesosternums.

♂ 5,3 mm.

K o p f lang (Index 1,00), lang abstehend behaart; Maske sehr kurz behaart. Scapus flach dreieckig erweitert, ähnlich breit wie bei *H. angustatus* (SCHCK.), vorn fast völlig weiß; Geißel vom 1. Glied an gelb, Oberseite und Endglied(er) dunkel. Maske weiß, hochglänzend; Seiten mit einzelnen Punkten. Clypeus fein chagriniert und dicht punktiert. Gesicht mitten über das Stirnfeld kräftig quer eingedrückt. Clypeus fast halbkuglig aufgewölbt, ebenso der Stirnhöcker und der Vorderrand der Fühlerbasen erhöht; Clypeusindex 1,57–1,64. Seitenflecken reichen weit auf die Stirn (Fig. 9), schräg oberhalb der Fühlerbasis befindet sich im weißen Feld eine glänzend schwarze ovale Grube; Seitenfleck wird am Augenrand oben von einem schwarzen Streifen begrenzt. Stirn unter den Scapi eingedrückt, poliert und punktlos, darüber und entlang der Stirnnaht tief punktiert mit polierten Zwischenräumen. Foveae schmal, bis zum oberen Augenrand reichend. Genae schmal.
T h o r a x kurz aber dicht behaart. Mesonotum poliert und zerstreut punktiert (Abstände 2 Punktdurchmesser); Punktierung der Mesopleuren dichter, auf glattem Untergrund unregelmäßige Mikroskulptur. Mesosternum grubenartig eingedrückt und dicht behaart; vorn am Übergang zu den Mesopleuren jederseits ein stumpfer, glänzender Höcker. Pro-

podeum breit und abgerundet; Mittelfeld mit flachen, unregelmäßigen Längsrunzeln. Pronotum, Calli und Tegulae mit weißen Flecken. Tibien I vorn, II und III basal und apikal sowie alle Tarsen mit Ausnahme des braunen Krallengliedes weiß. Flügel klar, Länge 3,5–3,8 mm.

Abdomen schwarz; Endränder der Terga flach niedergedrückt und etwas braun aufgehellt. Tergum 1 auf der Wölbung querchagriniert, der Endteil glatt; gröber als der Thorax, aber nicht sehr dicht punktiert; Punktabstände unregelmäßig 1–3 Durchmesser; ohne Seitenfransen. Folgende Terga quergerieft, dicht flach punktiert und anliegend behaart. Sternum 3 mitten mit Doppelhöcker. Kopulationsapparat (Fig. 29) ähnlich *H. angustatus*, aber Gonoforcipes am Ende breiter. Sternite 8 und 9 siehe Fig. 30, 31.

Holotypus ♂ „IRAN, oberhalb Zoshk bei Shandiz, W Mashad, 1600–2000 m, 19. 7. 1977, leg. A. W. EBMER" (coll. Zool. Mus. Berlin).
Paratypus: **K** Quchan (19) ♂ 2000 m (coll. m.).

Ich widme diese Art dem Apidologen P. ANDREAS W. EBMER, dessen solide Arbeitsweise ich ebenso hoch achte wie seine kollegiale Haltung.

20. **H. (Hylaeus) frontalis** MORAWITZ, 1876

K Quchan (18) 2 ♀♀. 1600 m.

Neu für den Iran.

21. **H. (Hylaeus) trifidus** (ALFKEN, 1936)
Literatur: WARNCKE (1970) Isfahan/SW-Iran.

22. **H. (Hylaeus) communis** NYLANDER, 1852

Literatur: WARNCKE (1970) Isfahan/SW-Iran.

N Minudasht (25) 3 ♂♂ 2 ♀♀. **E** Chalus (2, 5) ♂ 2 ♀♀. 600–1600 m.

Mit Ausnahme des ♀ von (5) sind die ♀ prächtig gelb gefärbt: Gesichtsseiten ausgefüllt, z. T. Clypeus mit Punktfleck, Pronotum mit gelben Streifen. Systematische Konsequenzen sind wegen des geringen Materials vorläufig nicht möglich, denn diese häufige Art kann beträchtlich variieren.

23. **H. (Hylaeus) implicatus sp. n.**

Die Art ähnelt dem *H. communis* NYL., dessen Verwandtschaftsgruppe in Mittelasien eine besondere Formenvielfalt entwickelt. *H. implicatus* sp. n. unterscheidet sich von dem sympatrischen *H. communis* durch längeren Kopf, weiße Zeichnung anstatt der gelben, eckig vorgezogenes Pronotum und deutlich punktiertes Tergum 1. Der ebenfalls sehr ähnliche *H. angustifrons* MOR. besitzt abweichend eine unpunktierte Maske, abgerundetes Propodeum und stumpfwinklige Pronotumecken.

♂ 5,3 mm.

Kopf lang, Index 1,04, Gesicht schmal und kurz behaart. Scapus erweitert, etwas schlanker als bei *H. communis*, vorn groß dreieckig weiß gefleckt; Geißel fast ganz schwarz, unterseits kaum heller. Maske weiß und glänzend, glatt, aber mit großen Punktgruben, die insgesamt schwache Längsfurchen bilden. Clypeus lang, Index 1,82. Stirnfeld mehr als doppelt so lang wie breit. Gesicht nur wenig eingedrückt. Seitenflecken raumfüllend, über die Fühlerbasis hochgezogen und quer abgestutzt. Stirn grob runzlig punktiert, schmale Zwischenräume glänzend. Foveae fehlen oder unkenntlich. Genae gut entwickelt, halb so lang wie breit. Fig. 10.

Thorax kurz abstehend behaart. Skulptur glatt, nur lokal Mikrochagrin; Punktierung grob, dicht und tief, aber regelmäßig, Abstände etwa 0,5 Punktdurchmesser und weniger. Pronotum seitlich vorgezogen, Ecken in der Draufsicht spitzwinklig (Fig. 35). Propodeum wie bei *H. communis*: Stutz kreisförmig scharfkantig begrenzt, Mittelfeld mit 7 glänzenden Längsfurchen, die hinten in eine scharfe Kante übergehen. Weiße Zeichnung auf Pronotum, Calli, Tegulae, Tibienbasen und Metatarsen II und III, letztere ganz weiß. Flügel klar, 4,0 mm lang.

Abdomen schlank, braunschwarz, kurz anliegend behaart; Endränder der Terga schmal aufgehellt. Tergum 1 poliert, mit zerstreuten groben Punkten (Abstand 2–3 Durchmesser), ohne Seitenfransen. Folgende Terga dicht grob punktiert. Sterna eben. Kopulationsapparat (Fig. 32) gleicht dem von *H. communis* NYL. Sternite 8 und 9 (Fig. 33, 34) ebenfalls sehr ähnlich.

Nur 1 ♂ vorliegend, ♀ unbekannt.

Holotypus ♂ „IRAN, oberhalb Zoshk, bei Shandiz W Mashad; 1600–2000 m, 19. 7. 1977, leg. A. W. EBMER" (coll. Zool. Mus. Berlin).

24. **H. (Hylaeus) scutellaris** MORAWITZ, 1873
Literatur: MORICE (1921) Qazvin. POPOV (1967, „*Hylaeus morawitzi* RAD.") Kerman.

25. **H. (Hylaeus) hungaricus** (ALFKEN, 1905)
Literatur: POPOV (1967) S Elburs: Schah-Kuh, 2600–3000 m.

26. **H. (Hylaeus) vulgaris** MORAWITZ, 1876
Literatur: POPOV (1967) Dzhachrum.

27. **H. (Hylaeus) moricei luteifrons** (STRAND, 1909)

Literatur: MORICE (1921, „*Hylaeus moricei* (FRIESE)") Qazvin.

N Babol Sar (21) ♂.

28. **H. (Hylaeus) nigritus** (FABRICIUS, 1798)

E Damavand (12, 13, 14) ♂ 3 ♀♀. **K** Quchan (19) 2 ♀♀. 2000–2200 m.

Neu für den Iran.

29. **H. (Hylaeus) kotschisus** (WARNCKE)

E Chalus (6) ♂. **K** Zoshk (20) ♂. 1600–2400 m.

WARNCKE stellt diese von ihm in der Türkei gefundene und bislang nicht publizierte Form als Unterart zu *H. nigritus* (F.) (briefl. Mitteilung, Paratypen in coll. m.). Das Verbreitungsmuster im Iran schließt die Einordnung aus. Außerdem sind die Kopulationsapparate der ♂♂ klar unterschieden.

Neu für den Iran.

Untergattung **L a m b d o p s i s** POPOV

30. **H. (Lambdopsis) annularis** (KIRBY, 1802)

E Chalus (6, 8, 10) 8 ♂♂ 8 ♀♀. Tilabad (16) ♀. **K** Zoshk (20) ♂. **N** Minudasht (25) ♂. 600–2800 m.

Neu für den Iran.

31. **H. (Lambdopsis) sariensis sp. n.**

Sehr ähnlich *H. annularis* (K.), aber mit größerem Habitus und durch kräftig gebräunte Flügel und poliertes und nur äußerst fein und zerstreut punktiertes Tergum 1 unterschieden. Der bekannte *H. annularis* ist im Gebiet häufig und besitzt im ♀ sogar ein besonders verstärkt punktiertes Tergum 1.

♀ 7,3–7,7 mm.

K o p f breit (Index 0,86–0,90, Fig. 11), chagriniert und grob runzlig punktiert, Gesicht schwarz oder mit kleinen ausgezackten weißen Flecken, die außen dem Clypeus anliegen; Gesichtsseiten entlang des Clypeus, der Clypeusvorderrand, Genae und Mandibeloberrand rotbraun aufgehellt. Clypeusindex 1,35–1,39. Scapus schwarz; Geißel von Glied 2 an unten gelb, oben schwarz. Foveae faciales lang, beginnen etwas über Scapuseinlenkung und erreichen den Augenoberrand, wobei sie sich etwas gegen die Ocellen wenden. Genae schmal.

T h o r a x auf chagriniertem Grund grob runzlig punktiert (wie bei *H. annularis*). Propodeum mit rings scharf gerandetem Stutz; Mittelfeld glatt, mit scharfen Rippen, die ein unregelmäßiges grobes Netz bilden. Pronotum, Calli und Tegulae weiß gefleckt. Beine schwarz, nur Tibienbasen weiß. Flügel kräftig gebräunt, Länge 4,9–5,0 mm.

A b d o m e n schwarz. Tergum 1 poliert, basal punktlos, auf dem Endteil sehr fein und flach zerstreut punktiert, seitlich dicht fein punktiert. Tergum 2 ff. fein gerieft und deutlich punktiert. Terga ohne Fransen, feine anliegende Behaarung erscheint in der Ansicht von hinten wie abgekürzte Filzbinden.

Holotypus ♀ „IRAN, Kaspi-See-Niederung, Sari, 130 m, 14. 7. 1977, leg. A. W. EBMER" (coll. Zool. Mus. Berlin).
Paratypus: ♀ ebenda (coll. m.).

32. **H. (Lambdopsis) scutellatus** (SPINOLA, 1838)

Literatur: ALFKEN (1904, „*Prosopis persica* ALFK.") N-Iran, Ordubad am Araxes.

Untergattung **K o p t o g a s t e r** ALFK.

33. **H. (Koptogaster) bifasciatus** (JURINE, 1807)
Literatur: POPOV (1967) Tabriz.

Untergattung **S p a t u l a r i e l l a** POPOV

34. **H. (Spatulariella) iranicus sp. n.**

Nächstverwandt mit *H. hyalinatus* SM. und zweifellos dessen geographischer Vertreter, aber durch einige morphologische Merkmale als eigenständig ausgewiesen: Scapus des ♂

kurz und dick, Kopf kurz, Mesopleuren vorn nur kantig, Thorax und Abdomen im Vergleich feiner punktiert.

♂ 5,1 mm.

K o p f relativ kurz (Index 0,97), lang und abstehend behaart, auch auf der Maske. Scapus kurz und dick (Index l:b 1,4), mit dreieckigem Fleck; Geißel lang, Glieder ab 3 deutlich länger als bei *H. hyalinatus*; ab 2. Glied bis zur Spitze unten hellgelb, oben schwarz. Maske komplett, weiß (Fig. 13). Stirn über der Fühlerbasis mit punktloser glatter und glänzender Fläche, diese quer ausgedehnt wie bei keiner mir bekannten Form aus der *H. hyalinatus*-Gruppe. Stirn grob runzlig punktiert und mit glänzenden Zwischenräumen. Foveae kurz, weit oben angesetzt. Clypeusindex 1,58. Genae entwickelt.

T h o r a x dicht und lang behaart. Grundskulptur glatt und glänzend, mit groben und tiefen Punkten; Abstände auf dem Mesothorax 0,5–1 Punktdurchmesser, auf den Pleuren etwas dichter. Propodeum fast abgerundet, Mittelfeld grob netzrunzlig und nur partiell scharf begrenzt. Mesopleuren vorn mit aufgebogener Kante, diese aber nicht lamellenartig scharf. Pronotum, Calli und Tegulae weiß gefleckt. Tibien I vorn, II basal und apikal, III basal, Tibiensporne und alle Metatarsen weiß; 2. Glied des Tarsus III ebenfalls weiß, sonst alle Tarsenglieder schwarz. Flügel klar, 3,8 mm lang.

A b d o m e n schwarz, niedergedrückte Endränder ab Tergum 2 durchscheinend. Tergum 1 mit weißen Seitenfransen, poliert, mit tiefen Punkten, diese im Durchmesser etwa halb so groß wie auf dem Thorax; Punktierung regelmäßig dicht, Abstände 1–2 Durchmesser. Folgende Terga flacher, aber etwa ebenso dicht punktiert. Sterna ohne Auszeichnungen, eben. Kopulationsapparat (Fig. 36) mit charakteristischer Valvenform; Sternit 9 apikal breit und fast dreieckig, mitten sacht ausgerandet, mit kurzem Stiel (Fig. 37).

♀ 4,9–6,1 mm.

K o p f kurz trapezförmig (Index 0,94–0,96), Behaarung und Skulptur ohne abweichende Besonderheiten. Seitenflecken weiß, dreieckig oder oben abgestutzt, manchmal Clypeus mit Apikalfleck. Clypeusindex 1,38–1,49. Foveae bis zum oberen Augenrand, etwas einwärts gewendet. Genae entwickelt. Fig. 14.

T h o r a x in der Grundskulptur deutlich chagriniert; Mesonotum grob dicht punktiert, Abstände 0,5 Punktdurchmesser; Mesopleuren unregelmäßig grob punktiert, mit aufgebogener Vorderkante wie bei ♂. Propodeum wie bei ♂. Pronotum, Calli, Tegulae, Tibienbasis und -sporne weiß gezeichnet. Flügellänge 3,7–4,6 mm.

A b d o m e n reichlich anliegend behaart. Tergum 1 mit Franse; poliert und nur mit mikroskopisch feinen und sehr zerstreuten Pünktchen, seitlich etwas stärker punktiert; folgende Terga ebenfalls glatt und mit feiner, aber dichterer Punktierung.

Holotypus ♂ „IRAN, Elburs, Damavand-Gebiet, Polur, 2000 m, 23. 7. 1977, leg. A. W. EBMER". Allotypus ♀ Damavand (11). (coll. Zool. Mus. Berlin).
Paratypen: **E** Chalus (4, 8) 2 ♀♀. **K** Quchan (18) ♀. 1600–2400 m. (coll. m.).

Species i n c e r t i s u b g e n e r i s

35. **H. irritans sp. n.**

Diese Form erscheint durch ihren kurzen, dicken Kopf und den abgeplatteten Thorax so spezialisiert, daß sie ohne Kenntnis des ♂ nicht mit Sicherheit einer bestimmten Untergattung zugeordnet werden kann. In erster Linie kommt dafür *Hylaeus* s. str. in Frage, es sind aber auch andere Lösungen nicht prinzipiell auszuschließen (z. B. *Dentigera*), so daß dies hier offen bleiben muß.

♀ 5,1–5,8 m.

Kopf querelliptisch, kurz (Index 0,84–0,88, Fig. 12); kräftig gewölbt, mit dicken Schläfen und abstehender Behaarung. Scapus und Geißel kurz, letztere vom 2. Glied an unten gelb, oben schwarz. Gesicht schwarz, Seiten rötlich aufgehellt, bei einem Exemplar auch mit kleinen gelben Punktflecken; Skulptur chagriniert und flach runzlig punktiert, nur auf dem Scheitel auch glatte Zwischenräume. Clypeusindex 1,12–1,16. Foveae faciales setzen etwas oberhalb der Fühlerbasen an und reichen bis zum oberen Augenrand, wo sie sich leicht einwärts wenden. Genae schmal.

Thorax auffallend dorsoventral abgeplattet, lang. Mesonotum abgeflacht; fein gekörnelt und tief punktiert, Punktabstand 1–2 Durchmesser; Scutellum und Mesopleuren fast ganz glatt, ersteres zerstreuter, letztere dichter als der Rücken punktiert. Mesosternum und Thoraxseiten lang abstehend und relativ dicht behaart. Epicnemienkante etwas aufgebogen und wulstig abgesetzt. Propodeum lang und mit Mesonotum, Scutellum und Postscutellum in einer Ebene; auf dem horizontalen Teil grob netzrunzlig; Stutz nach allen Seiten durch ± scharfe Kanten abgegrenzt, seine Skulptur fein und matt, Mittelfurche breit und unten poliert. Pronotum schwarz, Calli und Tegulae weiß gefleckt oder schwarz; Basis der Tibien mit weißen Flecken, sonst die Beine ganz schwarz. Flügel klar, 3,7–4,1 mm lang.

Abdomen schlank, kurz anliegend behaart. Tergum 1 ohne Franse oder Cilienbinde; poliert, Punktierung nur flach, fein und zerstreut, am Ende dichter (Abstand hier 2–4 Punktdurchmesser). Folgende Terga gerieft und dicht punktiert.

Holotypus ♀ „IRAN, oberhalb Zoshk, bei Shandiz, W Mashad, 1600–2000 m, 19. 7. 1977, leg. A. W. EBMER" (coll. Zool. Mus. Berlin).
Paratypen: **E** Demavand (11) ♀. **K** Zoshk (20, wie Holotypus) ♀. 1600–2000 m (coll. m.).

Zusammenfassung

Anhand einer Expeditionsausbeute wird eine Liste aller bisher für den Iran bekannt gewordenen Arten von *Hylaeus* F. aufgestellt. Danach sind nun insgesamt 35 Arten nachgewiesen; 20 davon sind neu für die iranische Fauna. Folgende 9 Arten werden neu beschrieben: *Hylaeus (Prosopis) hyrcanius* sp. n. ♂♀; *H. (Dentigera) acer* sp. n. ♂♀; *H.* (s. str.) *crispulus* sp. n. ♂♀; *H.* (s. str.) *jantaris* sp. n. ♂♀; *H.* (s. str.) *ebmeri* sp. n. ♂; *H.* (s. str.) *implicatus* sp. n. ♂; *H. (Lambdopsis) sariensis* sp. n. ♀; *H. (Spatulariella) iranicus* sp. n. ♂♀; *H.* (inc. subg.) *irritans* sp. n. ♀.

Summary

THE SPECIES OF THE GENUS HYLAEUS F. COLLECTED BY AN APIDOLOGICAL EXPEDITION TO IRAN

Using the results of an expedition a list of all hitherto known species of the bee genus *Hylaeus* F. from Iran is compiled. Nowadays 35 species are authenticated including 20 new members of the Iranian fauna. Description is given for 9 novae species: *Hylaeus (Prosopis) hyrcanius* sp. n. ♂♀; *H. (Dentigera) acer* sp. n. ♂♀; *H.* (s. str.) *crispulus* sp. n.

♂♀; *H.* (s. str.) *jantaris* sp. n. ♂♀; *H.* (s. str.) *ebmeri* sp. n. ♂; *H.* (s. str.) *implicatus* sp. n. ♂; *H. (Lambdopsis) sariensis* sp. n. ♀; *H. (Spatulariella) iranicus* sp. n. ♂♀; *H.* (inc. subg.) *irritans* sp. n. ♀.

Резюме

ВИДЫ РОДА *Hylaeus* F., СОБРАННЫЕ ПРИ ЭКСПЕДИЦИИ В ИРАНЕ

На основе материяла экспедиции составляется список всех до сих пор известных 35 видов рода *Hylaeus* F. из Ирана. 20 этих видов перьвый раз нашли в Иране. Описываются 9 новых видов: *Hylaeus (Prosopis) hyrcanius* sp. n. ♂♀; *H. (Dentigera) acer* sp. n. ♂♀; *H.* (s. str.) *crispulus* sp. n. ♂♀; *H.* (s. str.) *jantaris* sp. n. ♂♀; *H.* (s. str.) *ebmeri* sp. n. ♂; *H.* (s. str.) *implicatus* sp. n. ♂; *H. (Lambdopsis) sariensis* sp. n. ♀; *H. (Spatulariella) iranicus* sp. n. ♂♀; *H.* (inc. subg.) *irritans* sp. n. ♀.

Nachtrag

Nach Abschluß des Manuskriptes kamen mir durch freundliche Vermittlung von Herrn Dr. J. GUSENLEITNER (Linz) noch die folgenden drei Arten zur Kenntnis (alle leg. GUSENLEITNER):

H. (Koptogaster) punctulatissimus SMITH, 1842
E Chalus (4) ♀. 1600 m.
Neu für den Iran.

H. (Abrupta) cornutus CURTIS, 1831
Literatur: WARNCKE (1970) Susa/SW-Iran.
E Chalus (3, 4) 3 ♀♀. Damavand (12) ♀. N Minudasht (25) ♂. 600–2000 m.

H. (Spatulariella) punctatus longimaculus (ALFKEN, 1936)
E Karaj (1) ♂. 1800 m.

Damit erhöht sich die Artenzahl auf 38, die Zahl der Erstnachweise auf 21.

Literatur

ALFKEN, J. D., 1904: Neue paläarktische *Prosopis*-Arten und -Varietäten. – Z. Hym. Dipt. **4**: 322–327.
—, 1935: Beitrag zur Bienenfauna von Persien. – Mitt. ent. Ver. Bremen **23**: 21–24.
—, u. P. BLÜTHGEN, 1937: Ergebnisse der österreichischen Demawend-Expedition 1936. Apidae, ausschließlich *Bombus*-Arten. – Konowia **16**: 97–106.
EBMER, A. W., 1978: *Halictus, Lasioglossum, Rophites* und *Systropha* aus dem Iran sowie neue Arten aus der Paläarktis. – Linzer biol. Beitr. **10**: 1–109.
MORAWITZ, F., 1876: Pčely. In: Putešestvie v Turkestan A. P. Fedčenko. Tom 2. Izv. Imp. Obšč. Ljub. Estestv. Antrop. Etnogr. **21** (3): 161–304.
—, 1880: Ein Beitrag zur Bienen-Fauna Mittelasiens. – Bull. Acad. Sci. St. Pétersb. **26**: 337–389.
—, 1886: Insecta in itinere Cl. N. Przewalskii in Asia centrali novissime lecta. – Hor. Soc. ent. Ross. **20**: 195–229.
—, 1894: Supplement zur Bienenfauna Turkestans. – Hor. Soc. ent. Ross. **28**: 1–87.
—, 1895: Beitrag zur Bienenfauna Turkmeniens. – Hor. Soc. ent. Ross. **29**: 1–76.
MORICE, F. D., 1921: Annoted lists of Aculeate Hymenoptera (except Heterogyna) and Chrysids recently collected in Mesopotamia and North-West Persia. I. – J. Bombay Nat. Hist. Soc. **27**: 816–828.

POPOV, V. B., 1935: Materialy k faune pčel Tadžikistana. – Trud. Tadž. bazy AN SSSR **5**: 351–408.

—, 1952: Fauna pčelinych i ee razpredelenie v srednej časti trassy gos. lesnoj polosy gora Višnevaja-Kaspijskoje more. – Trud. Zool. Inst. AN SSSR Leningrad **11**: 142–166.

—, 1967: Pčelinye Irana. – Trud. Zool. Inst. AN SSSR Leningrad **43**: 184–216.

STRAND, E., 1921: Apidologisches, insbesondere über paläarktische *Andrena*-Arten, auf Grund von Material des Deutschen Entomologischen Museums. – Arch. Naturgesch. **87** (A): 266–304.

WARNCKE, K., 1970: Beitrag zur Systematik und Verbreitung der Bienengattung *Prosopis* F. in der Westpaläarktis. – Bull. Rech. agron. Gembloux N. S. **5**: 745–768.

HAACK Großer Weltatlas. Gotha, Leipzig: 1968.

Anschrift des Autors:
Dr. Holger H. Dathe, Akademie der Wissenschaften der DDR, Forschungsstelle für Wirbeltierforschung (im Tierpark Berlin),
DDR – 1136 Berlin, Am Tierpark 125.

ENTOMOLOGISCHE ABHANDLUNGEN
STAATLICHES MUSEUM FÜR TIERKUNDE IN DRESDEN

Band 43 Ausgegeben: 5. Mai 1980 Nr. 6

Ephemeroptera aus der Emergenz des zentralafrikanischen Bergbaches Kalengo (Zaïre)

Teil I: Baëtidae

Mit 40 Abbildungen

JENS-PETER KOPELKE
Kiel

I. EINLEITUNG

Bisherige intensive Emergenzstudien haben umfangreiche Einblicke in die Ökologie und Biologie vor allem mitteleuropäischer Fließgewässer gestattet (ILLIES 1971, 1972, 1974; u. a.). Voraussetzung für eine detaillierte Aufschlüsselung der Insekten-Emergenz ist eine Klärung des Arteninventars; denn erst nach ausgiebiger taxonomischer Vorarbeit können Angaben zum jahreszeitlichen Auftreten, zum Geschlechtsverhältnis und zur Produktionsbiologie all dieser Insekten gemacht werden, die als Imagines das aquatische Milieu verlassen und bei ihrem gerichteten Lebensraumwechsel quantitativ erfaßbar sind.

Bei tropischen Fließgewässern sind wir über derartige Fragen noch viel schlechter unterrichtet. So war von vornherein zu erwarten, daß ein erstes umfangreiches Emergenzprogramm in den Tropen, wie es von BÖTTGER, Zoologisches Institut der Universität Kiel, über 16 Monate hinweg (1972/73) am zentralafrikanischen Bergbach Kalengo durchgeführt wurde, viele neue Ergebnisse liefern mußte.

Die Sammlung gestattete eine entsprechend vielseitige Auswertung. Den ersten quantitativen und qualitativen Überblick gab BÖTTGER (1975). STATZNER (1976) bearbeitete dann speziell die Trichoptera und ZWICK (1976) die Plecoptera. Die Bearbeitung der Ephemeroptera war meine Aufgabe. In diesem Ephemeropteren-Material konnten erwartungsgemäß viele noch unbeschriebene Arten festgestellt werden. In der vorliegenden Arbeit wird deshalb zunächst die Taxonomie der Familie Baëtidae abgehandelt, die mit 12 bisher unbekannten Arten, 1 bereits beschriebenen Art und 2 nicht näher bestimmbaren ♀♀ in der Emergenz vertreten war. Die taxonomische Bearbeitung der restlichen in der Kalengo-Emergenz auftretenden Familien sowie die ökologische Auswertung des gesamten Ephemeropteren-Materials wird an anderer Stelle folgen (in Vorbereitung).

Herrn Prof. Dr. K. BÖTTGER danke ich für die Anregung zu diesem Thema, die Überlassung des umfangreichen Tiermaterials und die hilfreiche Betreuung der Arbeit. Danken möchte ich auch Frau Dr. I. MÜLLER-LIEBENAU (Max-Planck-Institut für Limnologie, D – 232 Plön) für wertvolle Hinweise und anregende Diskussionen. Besonderer Dank gilt ferner Herrn Dr. V. PUTHZ (D – 6407 Schlitz) für die gewährte Unterstützung.

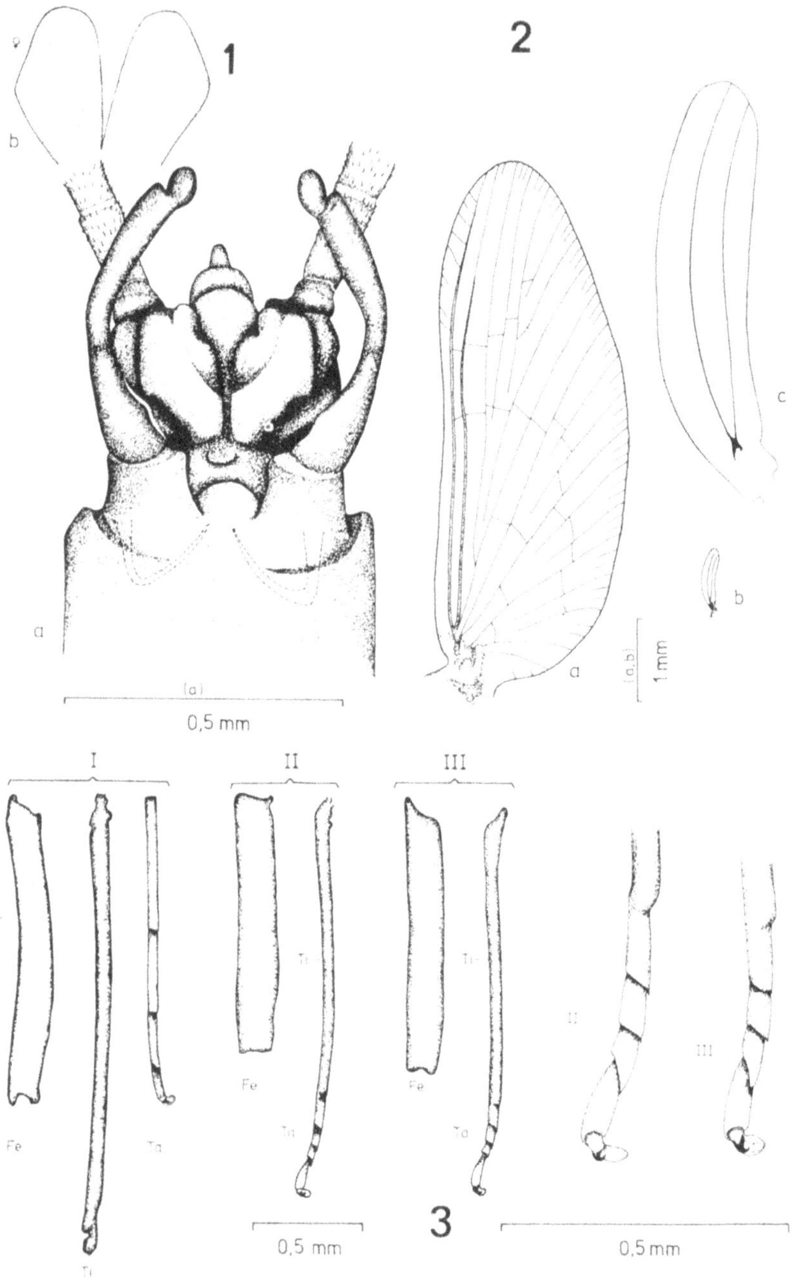

Abb. 1–3. *Baëtis kalengoensis* sp. n.
1: a) Genitalbereich des ♂ von ventral. b) Subanalplatte des ♀ von ventral, ohne Maßstab. 2: rechter Vorderflügel (a) und rechter Hinterflügel (b) des ♂ im gleichen Maßstab; c) rechter Hinterflügel stark vergrößert. →

II. MATERIAL UND METHODE

Die unten beschriebenen Baëtidae stammen aus einem Emergenzhaus, das über dem Bergbach Kalengo errichtet wurde. Der Kalengo befindet sich im zentralafrikanischen Graben und gehört zum Einzugsgebiet des Kivu-Sees. Er ist nur wenige Kilometer lang. Beim Standort des Emergenzhauses (Höhenlage ca. 1800 m ü. NN) besitzt der Kalengo eine Breite von ca. 3 m und eine Tiefe von 0,10 m. Das Emergenzhaus wurde während der Untersuchungszeit (April 1972 – Juli 1973) täglich einmal abgesammelt, und sämtliche geschlüpften Insekten wurden in jeweils einem Tagessammelgefäß mit 70%igem Alkohol fixiert (BÖTTGER 1975). Ich selbst übernahm die Ephemeroptera, nachdem BÖTTGER die Differenzierung in einzelne Gruppen bereits vorgenommen hatte.

Zur taxonomischen Bearbeitung wurden von allen Arten und jeweils beiden Geschlechtern Präparate hergestellt, sowohl Total- als auch Teilpräparate (Flügel, Beine, männliche Genitalien). Die Einbettung erfolgte in FAURÉsches Gemisch. Die männlichen Genitalien wurden vor ihrer Einbettung in 10%iger NaOH ausgekocht. Wegen der starken Beschädigung des Materials wurden die Zeichnungen nach dem Holotypus bzw. nach Paratypen angefertigt.

III. TAXONOMIE

Das vorliegende Ephemeropteren-Material der Kalengo-Emergenz umfaßt 21 Arten. Davon sind lediglich 2 Arten der Wissenschaft bereits bekannt. 2 weitere, nur durch einzelne ♀♀ repräsentierte Arten können nicht näher bestimmt werden. Die übrigen 17 Arten sind bisher unbeschrieben. Im Rahmen dieses Kapitels erfolgt eine Beschreibung der 15 in der Emergenz vertretenen Spezies der Baëtidae, für die abschließend ein Bestimmungsschlüssel aufgestellt wird.

Die Präparate und das Alkoholmaterial befinden sich in meiner Sammlung. Die Typuspräparate sind besonders gekennzeichnet. Paratypen wurden außerdem im Staatlichen Museum für Tierkunde Dresden hinterlegt.

Familie Baëtidae

Baëtis kalengoensis sp. n. (Abb. 1–3)

Holotypus: 1 ♂, 13. 4. 1972.
Paratypen: zahlreiche ♂♂ und ♀♀, größtenteils stark beschädigt.
Gesamtzahl des vorliegenden Materials dieser Art: 3941 ♂♂, 3500 ♀♀.

Imago ♂:
Körpergröße durchschnittlich 6,5 mm. Turbanaugen gelblich, Oberfläche ein wenig dunkler als Schaft. Thorax glänzend kastanienbraun; Abdomen gelblichbraun und insgesamt heller. Keine Farbunterschiede zwischen Ober- und Unterseite, die letzten Segmente etwas dunkler. Beinpaare I–III (Abb. 3) gleichmäßig hellgelb, im Bereich der Tarsalgelenke und Krallen nur wenig dunkler. Länge der einzelnen Vorderbeinglieder (Fe/Ti/Ta) 1,39/2,06/1,37 mm; Länge der einzelnen Tarsalglieder von Bein I (Abb. 13a) 0,6/0,32/0,26/0,19 mm.

3: rechtes Vorderbein, Mittelbein und Hinterbein des ♂; die einzelnen Beinglieder im gleichen Maßstab nebeneinander gestellt; Tarsalglieder von Bein II und III zusätzlich im vergrößerten Maßstab dargestellt. (Fe = Femur, Ti = Tibia, Ta = Tarsen)

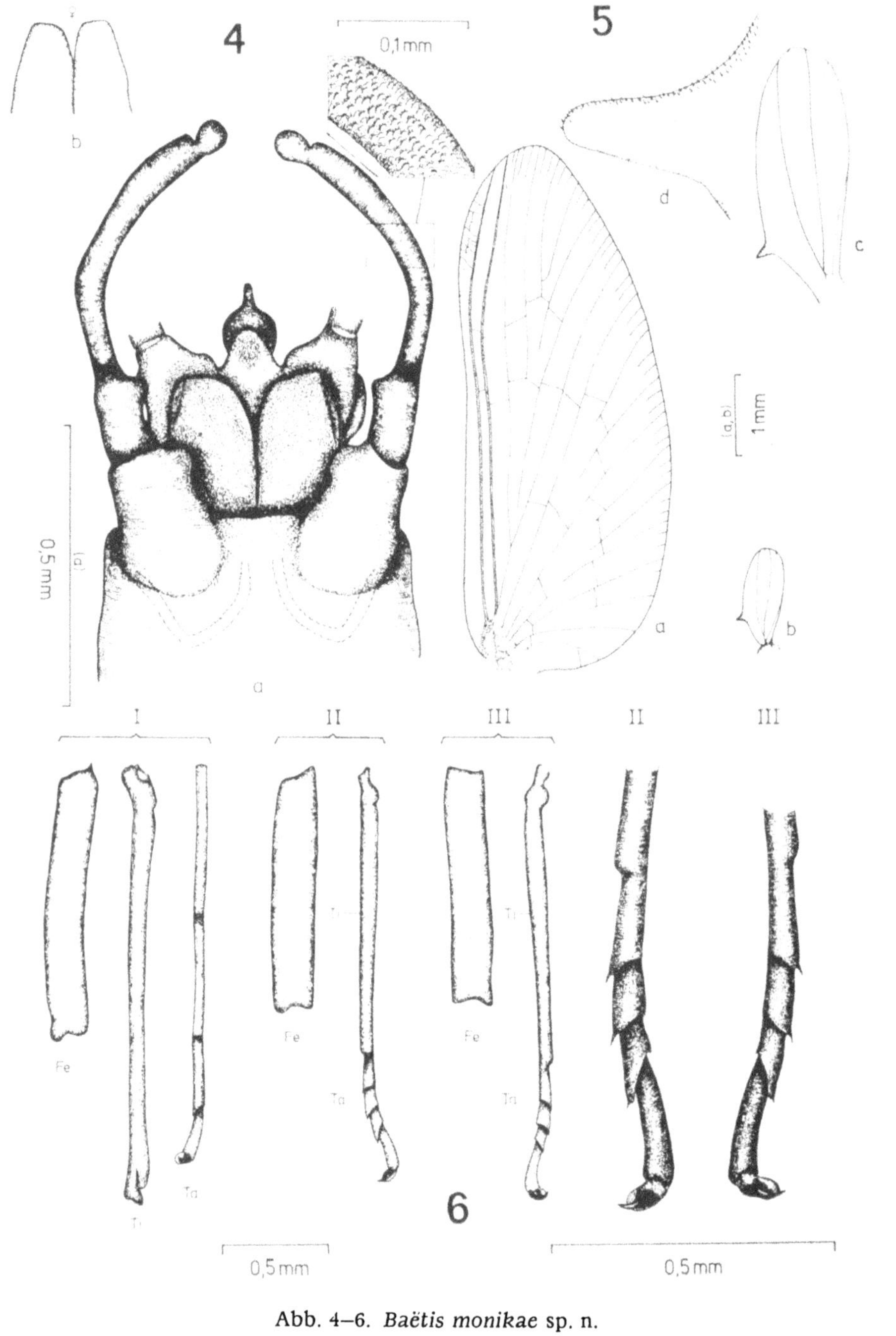

Abb. 4–6. *Baëtis monikae* sp. n.
4: a) Genitalbereich des ♂ von ventral und vergrößerter Ausschnitt aus Gonopodenoberfläche. b) Subanalplatte des ♀ von ventral, ohne Maßstab. →

Vorderflügel (Abb. 2a) hyalin, nur im apikalen Bereich des Costal- und Subcostalfeldes mit schwach gelblicher Tönung, etwa 6,2 mm lang und 2,4 mm breit. Umriß des Vorderflügels kaum dreieckig, mehr länglich oval. Ober- und Unterrand mit annähernd parallelem Verlauf. Adern gelblichbraun. Am Flügelrand deutlich ausgebildete, doppelte Interkalaradern. Hinterflügel (Abb. 2b) 0,74 mm lang und 0,17 mm breit, mit nur zwei etwa parallel verlaufenden, deutlichen Längsadern. Costalrand ohne Processus costalis. Gonopoden (Abb. 1a) mittelbraun, zum Endglied hin etwas heller. Basalglied zum Apex hin nur wenig verjüngt, etwa genau so lang wie breit. 1. und 2. Gonopodenglied miteinander verwachsen und somit ohne deutliche Abgrenzung. 1. Gonopodenglied im Basalteil dick und am Innenrand schwach vorgewölbt, zum Apex hin stark verjüngt und am Übergang zum 2. Glied schmal. 2. Glied etwas erweitert, ein wenig länger als das 1. Glied. Endglied sehr kurz, fast kreisrund. Die drei Gonopodenglieder bilden zusammen einen leichten Bogen. Hinterrand des 9. Sternits stärker sklerotisiert, zwischen den Basalgliedern deutlich konvex vorgewölbt. Unterhalb dieser Vorwölbung ein heller, gelblicher Bereich. Paraproctplatten am Ende nahezu geradlinig abgestutzt, am apikalen Innenrand mit vorspringendem Wulst und schwacher Einbuchtung.

Imago ♀:
Körpergröße durchschnittlich 6,9 mm. Thorax kastanienbraun, Abdomen rötlichbraun, ohne Muster. Beine gleichmäßig gelblich. Vorderflügel hyalin, am apikalen Costal- und Subcostalrand schwach gelblich getönt. Adern gelblichbraun und deutlich. Hinterflügel so klein und schmal wie beim ♂, mit 2 etwa parallel verlaufenden Längsadern. Subanalplatte (Abb. 1b) median mit tiefem Einschnitt, apikolateral abgerundet und lateral stark konvex; zur Basis hin verjüngt.

Der Genitalbereich des ♂ von *Baëtis kalengoensis* ähnelt am ehesten dem von *B. glaucus* AGNEW, 1961, einer aus Südafrika bekannten Art. Bei letzterer ist jedoch das Basalglied am Außenrand spitz vorgewölbt, während bei *B. kalengoensis* die Außenkante gerade verläuft. Außerdem ist bei der neuen Art der Hinterrand des 9. Sternits zwischen den Basalgliedern stärker vorgewölbt als bei *B. glaucus*. Die Hinterflügel von *B. kalengoensis* sind auch etwas schmaler als die von *B. glaucus*.

Baëtis monikae sp. n. (Abb. 4–6)

Holotypus: 1 ♂, 13. 4. 1973.
Paratypen: einige ♂♂ und ♀♀, z. T. stark beschädigt.
Gesamtzahl des vorliegenden Materials dieser Art: 92 ♂♂, 42 ♀♀.

Imago ♂:
Körpergröße durchschnittlich 7,8 mm. Turbanaugen gelblichbraun, mit etwas hellerem Schaft. Thorax hellbraun, ventral z. T. heller als dorsal. Abdomen fahl, gelblichweiß und ohne Muster . Beine I–III (Abb. 6) gelblichweiß, nur im Bereich der Gelenke (insbesondere bei Bein I) etwas bräunlich. Länge der einzelnen Vorderbeinglieder (Fe/Ti/Ta) 1,25/1,97/1,79 mm, Länge der Tarsalglieder (Bein I) (Abb. 13c) 0,67/0,56/0,29/0,28 mm. Glieder 1–3 der Tarsen von Bein II und III am oberen Rand mit dornartig ausgezogener Spitze. Vor-

5: rechter Vorderflügel (a) und rechter Hinterflügel (b) des ♂ im gleichen Maßstab; c) rechter Hinterflügel stark vergrößert; d) Processus costalis des Hinterflügels stark vergrößert.
6: rechtes Vorderbein, Mittelbein und Hinterbein des ♂; die einzelnen Beinglieder im gleichen Maßstab nebeneinander gestellt; Tarsalglieder von Bein II und III zusätzlich im vergrößerten Maßstab dargestellt. (Fe = Femur, Ti = Tibia, Ta = Tarsen)

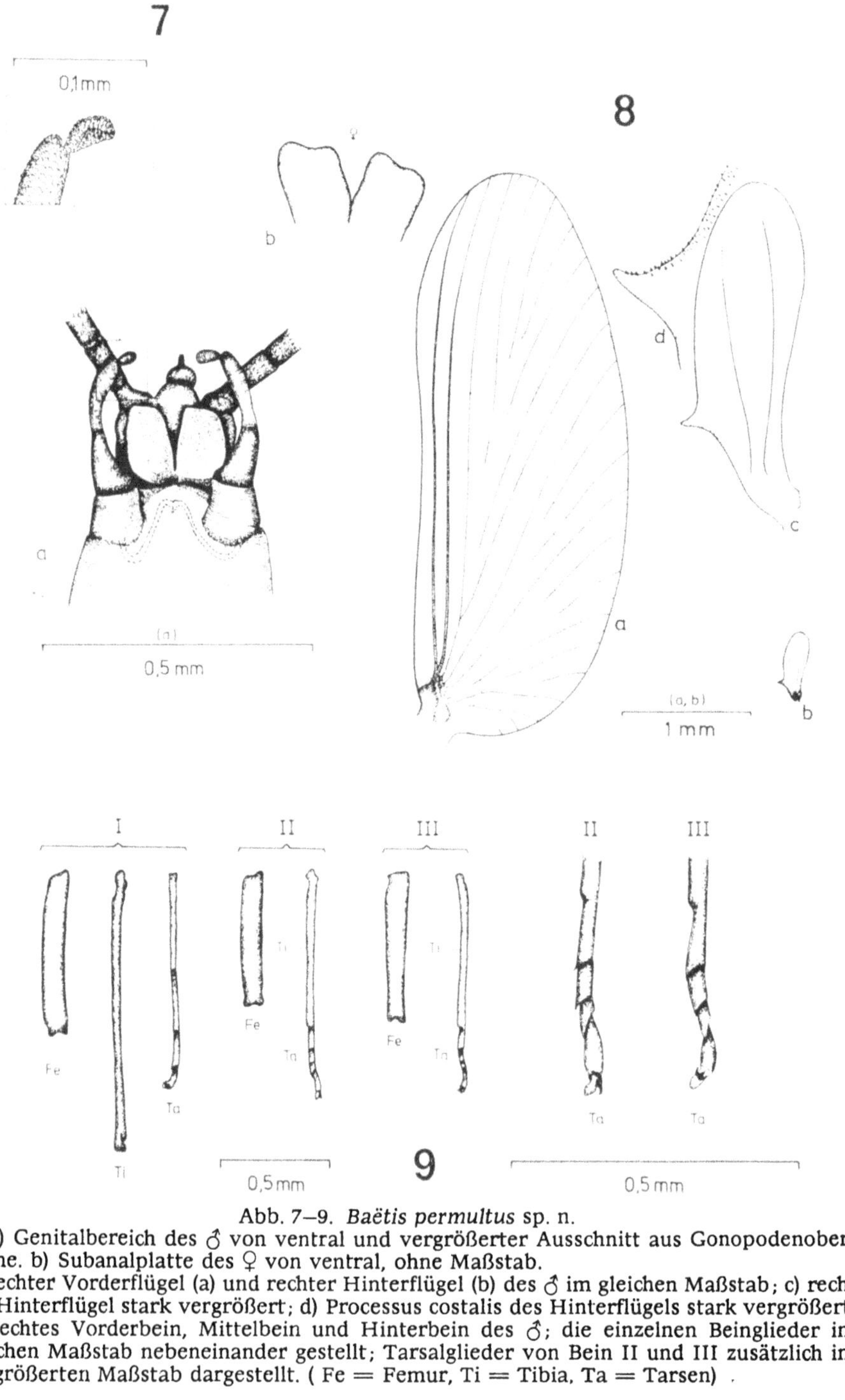

Abb. 7–9. *Baëtis permultus* sp. n.
7: a) Genitalbereich des ♂ von ventral und vergrößerter Ausschnitt aus Gonopodenoberfläche. b) Subanalplatte des ♀ von ventral, ohne Maßstab.
8: rechter Vorderflügel (a) und rechter Hinterflügel (b) des ♂ im gleichen Maßstab; c) rechter Hinterflügel stark vergrößert; d) Processus costalis des Hinterflügels stark vergrößert.
9: rechtes Vorderbein, Mittelbein und Hinterbein des ♂; die einzelnen Beinglieder im gleichen Maßstab nebeneinander gestellt; Tarsalglieder von Bein II und III zusätzlich im vergrößerten Maßstab dargestellt. (Fe = Femur, Ti = Tibia, Ta = Tarsen) .

derflügel (Abb. 5) hyalin, 6,3 mm lang und 2,6 mm breit. Adern fahl gelblich; randständige, paarige Interkalaradern im Bereich der Flügelspitze deutlich, im Bereich der Flügelbasis schwach ausgebildet. Hinterflügel 1,2 mm lang und 0,5 mm breit. Mit 3 Längsadern versehen; die beiden oberen verlaufen etwa parallel bis zur Spitze, die untere ist kürzer und endet am unteren Flügelrand. Randständige Interkalaradern vorhanden, jedoch schwach ausgebildet: 2 zwischen der mittleren und unteren, 1 zwischen der mittleren und oberen Längsader. Costalrand mit starkem, einfachem Processus costalis. Letzterer am Hinterrand mit kurzen, spitzen Borsten (Abb. 5d). Gonopoden (Abb. 4a) fahl gelblich. Innerer Apikalrand der Basalglieder mit kräftigem, schmalem Wulst. Basalglied etwa 1,5mal so lang wie breit. 1. Gonopodenglied zum Apex hin nicht verschmälert, sondern dort ebenfalls am Innenrand mit einem kräftigen Wulst versehen. 2. Glied gleichmäßig dick und sichelförmig gebogen, etwa 3mal so lang wie das 1. Glied. Endglied sehr klein, fast kreisrund. Hinterrand des 9. Sternits zwischen den Basalgliedern gerade. Paraproctplatten apikal schwach nach innen abgerundet.

Imago ♀:
Körpergröße durchschnittlich 8,2 mm. Augen blauschwarz, Kopf dorsal hellbraun, ventral gelblich. Thorax hellbraun, ventral insgesamt heller, gelblichweiß. Abdomen dorsal hellbraun, ventral gelblich. Tergite mit etwas dunkler gefärbten Hinterrändern. Beine gelblich. Vorderflügel hyalin, Adern gelblich bis hellbraun und deutlich ausgebildet. Hinterflügel ebenfalls hyalin, mit 3 Längsadern, 2 bis zum hinteren Flügelrand verlaufend, 1 in geringer Entfernung von der Basis am unteren Flügelrand endigend. Subanalplatte (Abb. 4b) median tief eingeschnitten, apikal flach abgestumpft. Lateral schwach abgeschrägt und zur Basis hin etwas breiter.

Aus Afrika ist keine *Baëtis*-Art mit ähnlich geformten männlichen Geschlechtsorganen bekannt. Lediglich die Gestalt der Hinterflügel zeigt eine gewisse Ähnlichkeit mit den Hinterflügeln der in Nordafrika verbreiteten *B. maurus* KIMMINS, 1938. Beide Arten weisen in diesen 3 deutliche Längsadern mit dazwischen liegenden (bei *B. monikae* undeutlichen), randständigen Interkalaradern auf. Die Gonopoden dieser beiden Arten unterscheiden sich jedoch erheblich.

Baëtis permultus sp. n. (Abb. 7–9)

Holotypus: 1 ♂, 22. 10. 1972.
Paratypen: zahlreiche ♂♂ und ♀♀.
Gesamtzahl des vorliegenden Materials dieser Art: 4621 ♂♂, 4187 ♀♀.

Imago ♂:
Körpergröße durchschnittlich 3,5 mm. Oberfläche der Turbanaugen dunkel graubraun, Schaft etwas heller. Thorax dunkelbraun, Abdomen fahl weiß bis gelblich, am Ende hellbraun. Beine I–III (Abb. 9) gleichmäßig hellgelb. Länge der einzelnen Vorderbeinglieder (Fe/Ti/Ta) 0,75/1,26/0,97 mm, Länge der Vordertarsenglieder (Abb. 13d) 0,43/0,28/0,17/0,13 mm. Vorderflügel hyalin (Abb. 8), Umriß länglich oval. Ober- und Unterrand mit annähernd parallelem Verlauf; 4,2 mm lang und 1,6 mm breit. Randständige, paarige Interkalaradern zur Flügelbasis hin schwächer ausgebildet. Adern fahl gelblich,Pterostigma mit 4 Queradern. Hinterflügel 0,5 mm lang und 0,2 mm breit, mit 2 am Flügelrand undeutlich ausgebildeten Längsadern. Costalrand mit einfachem, kräftigem Processus costalis, der am Hinterrand mit kurzen, spitzen Borsten versehen ist (Abb. 8d). Gonopoden (Abb. 7) hellbraun, zum Endglied hin etwas heller. Basalglied genau so lang wie breit, ohne Wulst

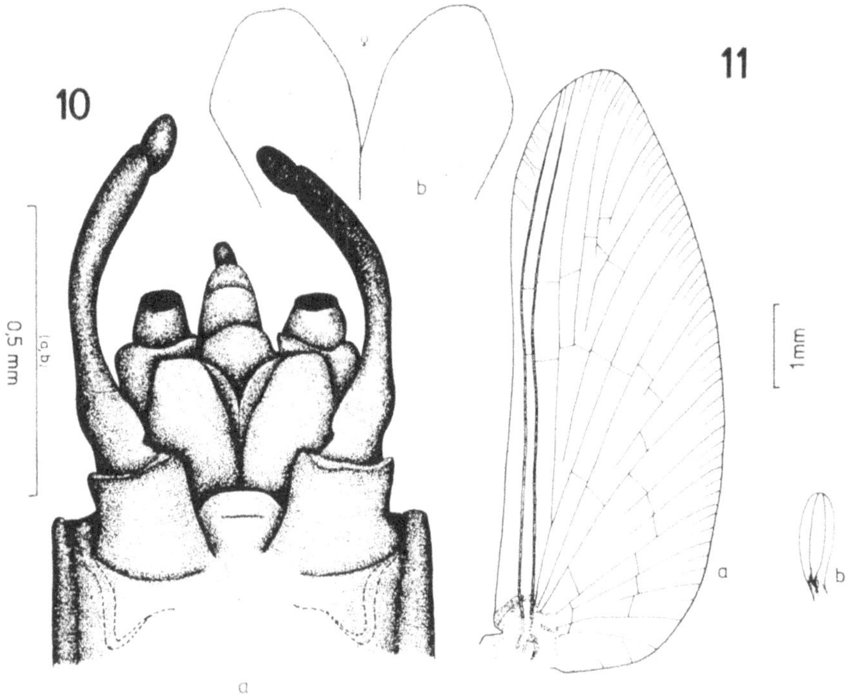

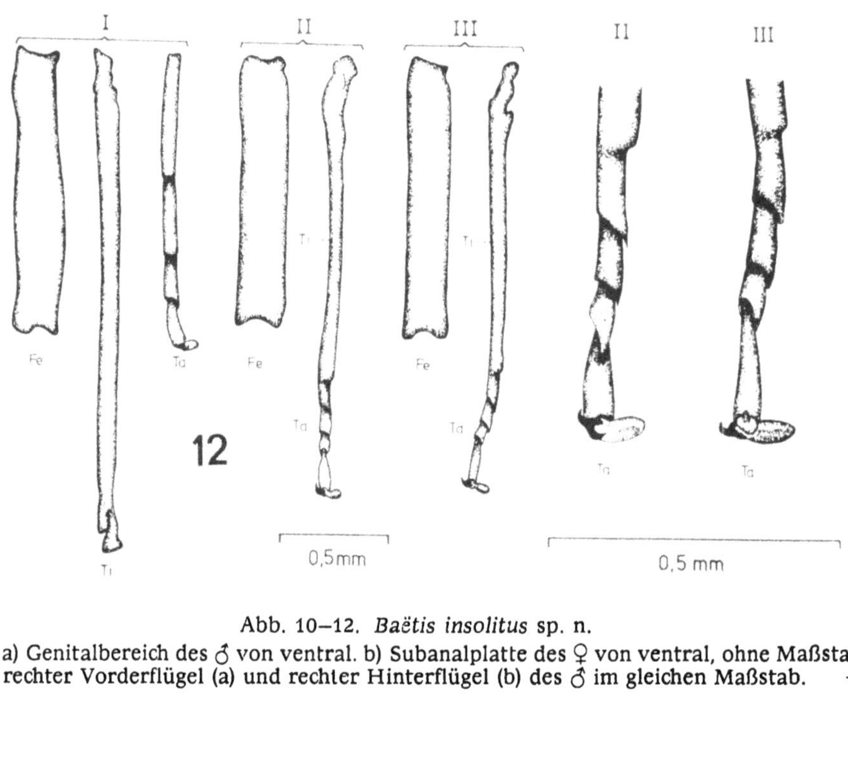

Abb. 10–12. *Baëtis insolitus* sp. n.

10: a) Genitalbereich des ♂ von ventral. b) Subanalplatte des ♀ von ventral, ohne Maßstab.
11: rechter Vorderflügel (a) und rechter Hinterflügel (b) des ♂ im gleichen Maßstab. →

oder Ferse am inneren Apikalrand. 1. Gonopodenglied zum Apex hin stark verjüngt und an seiner Basis dick. 2. Gonopodenglied etwas erweitert, nur wenig länger als das 1. Endglied länglich, kolbenförmig, 2mal so lang wie breit. Die Gonopodenglieder sind nur schwach nach innen gebogen. Zwischen den Basalgliedern 9. Sternit nur wenig vorgewölbt. Paraproctplatten am Ende gerade und etwas schmaler als an der Basis.

Imago ♀:

Körpergröße durchschnittlich 3,9 mm, Thorax hellbraun, Abdomen dorsal ebenfalls hellbraun, ventral gelblich-braun. Beine gleichmäßig gelblich. Vorderflügel hyalin, Hinterflügel mit 2 Längsadern und einfachem Processus costalis. Subanalplatte (Abb. 7b) median deutlich eingeschnitten, apikolateral abgeflacht und lateral gerade. Zur Basis hin schmaler.

Die Hinterflügel von *B. permultus* besitzen eine gewisse Ähnlichkeit mit denen von *B. parvulus* CRASS, 1947. Beide Arten weisen am Costalrand jeweils einen einfachen, starken Processus costalis auf. Dazu sind bei beiden auch nur jeweils 2 deutliche Längsadern vorhanden. Der Hinterflügel von *B. permultus* ist jedoch kleiner und etwas schmaler als der von *B. parvulus*. So zeigt auch der Vorderflügel von letzterer nur eine etwa 5,5fache Länge des Hinterflügels, während er bei *B. permultus* 8,3mal so lang ist. Die Gonopoden unterscheiden sich vor allem in den Proportionen der Basalglieder und in den Längenverhältnissen der Gonopodenglieder 1 und 2. Das Basalglied von *B. permultus* ist vor allem in der Basis schmaler als das von *B. parvulus*. Zudem weist die neue Art ein im Verhältnis zum 1. Glied nur 1,3mal längeres 2. Gonopodenglied auf, während das 2. Glied bei *B. parvulus* etwa doppelt so lang ist wie das 1. Außerdem bestehen zwischen beiden Arten noch Färbungsunterschiede.

Baëtis insolitus sp. n. (Abb. 10–12)

Holotypus: 1 ♂, 9. 4. 1972, z. T. beschädigt.
Paratypen: wenige ♂♂ und ♀♀, meist Subimagines und beschädigt.
Gesamtzahl des vorliegenden Materials dieser Art: 20 ♂♂, 5 ♀♀.

Imago ♂:

Körpergröße durchschnittlich 7,4 mm. Turbanaugen hellgelb, Oberfläche etwas dunkler als der Schaft. Thorax kastanienbraun, Pleuralregion und Sterna etwas heller; Abdomen gelblich, ventral fast weiß, zum Abdomenende hin etwas dunkler, ohne Muster. Beine I–III (Abb. 12) gelblichweiß, Länge der einzelnen Vorderbeinglieder (Fe/Ti/Ta) 1,36/2,25/1,43 mm, Länge der Vordertarsenglieder (Abb. 13b) 0,56/0,38/0,24/0,25 mm. Vorderflügel (Abb. 11a) hyalin, 7,5 mm lang und 2,7 mm breit. Adern hellgelb und deutlich. Randständige Interkalaradern doppelt und ebenfalls deutlich ausgebildet. Pterostigma mit 8 z. T. unvollständigen Queradern. Hinterflügel (Abb. 11b) hyalin und länglich oval, 1,2 mm lang und 0,4 mm breit, mit 2 in der Flügelmitte etwas auseinanderweichenden Längsadern. Costalrand ohne Processus costalis. Gonopoden hellgelb (Abb. 10a), zum Apex hin weißlich. Gonopodenbasen und Hinterrand des zwischen den Basalgliedern liegenden Vorsprunges des 9. Sternits stärker sklerotisiert und dadurch gelblichbraun gefärbt. Basalglieder an den Seiten gleichmäßig rund, etwa genau so lang wie breit. 1. und 2. Gono-

12: rechtes Vorderbein, Mittelbein und Hinterbein des ♂; die einzelnen Beinglieder im gleichen Maßstab nebeneinander gestellt; Tarsalglieder von Bein II und III zusätzlich im vergrößerten Maßstab dargestellt. (Fe = Femur, Ti = Tibia, Ta = Tarsen)

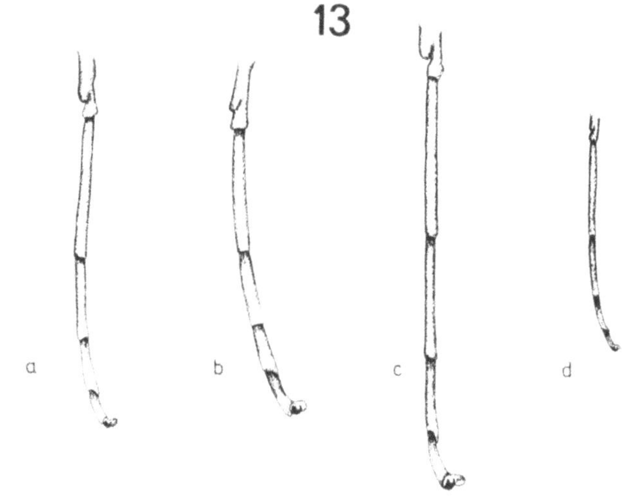

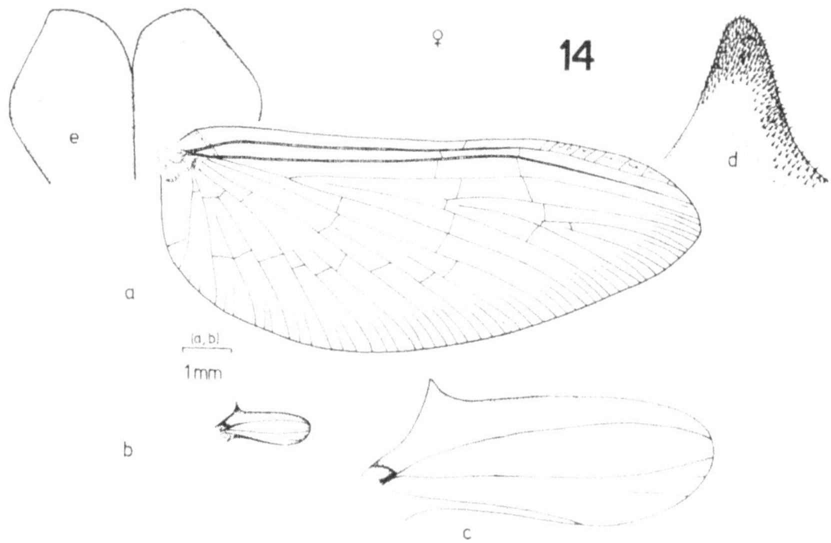

Abb. 13. Gegenüberstellung der Vorderbein-Tarsalglieder (♂) von *Baëtis kalengoensis* (a), *Baëtis insolitus* (b), *Baëtis monikae* (c) und *Baëtis permultus* (d) im gleichen Maßstab.

Abb. 14. *Baëtis* sp. 1

14: rechter Vorderflügel (a) und rechter Hinterflügel (b) des ♀ im gleichen Maßstab; c) rechter Hinterflügel stark vergrößert; d) Processus costalis des Hinterflügels stark vergrößert; e) Subanalplatte des ♀ von ventral, ohne Maßstab.

podenglied übergangslos miteinander verwachsen. 1. Glied im basalen Abschnitt mit deutlicher Einschnürung und anschließender Verdickung. 2. Glied zum Apex hin nur wenig erweitert. Endglied länglich oval, etwa doppelt so lang wie breit. Zwischen den Basalgliedern 9. Sternit deutlich trapezförmig vorgezogen.

Subimago ♀:
Körpergröße durchschnittlich 8,5 mm. Augen milchig blau-schwarz. Kopf dorsal graubraun, ventral gelblich. Thorax dorsal kastanienbraun, Pleuralregion gelblich-braun, Sterna hellgelb bis weißlich. Abdomen dorsal dunkelbraun, ventral gelblichbraun. Tergite mit etwas dunkler gefärbten Hinterrändern. Beine I—III gelblich-braun. Vorderflügel dunkelbraun, 8,3 mm lang und 2,8 mm breit. Hinterflügel graubraun und länglich oval, mit 2 Längsadern, 1,2 mm lang und 0,3 mm breit. Unterer Flügelrand mit dichtem Haarsaum. Subanalplatte (Abb. 10b) median deutlich eingeschnitten, apikolateral abgerundet, lateral stark konvex; an der Basis deutlich verjüngt.

Baëtis insolitus ähnelt den Arten *B. glaucus* AGNEW, 1961 und *B. kalengoensis* sp. n. Unterschiede bestehen vor allem in der Gestalt der Gonopoden. Diese zeigen nur bei *B. insolitus* eine deutlichere Einschnürung im basalen Abschnitt des 1. Gliedes. Außerdem ist das 9. Sternit zwischen den Basalgliedern bei *B. insolitus* trapezförmig vorgewölbt, während es bei *B. kalengoensis* gleichmäßig konvex und bei *B. glaucus* nur schwach nach hinten ausgezogen ist. Bezüglich der Färbung sind ebenfalls relativ deutliche Unterschiede zwischen den genannten Arten festzustellen.

Baëtis sp. 1 (Abb. 14)

1 ♀, Imago, 13. 3. 1973, z. T. beschädigt.
Gesamtzahl des vorliegenden Materials dieser Art: 1 ♀.

Körpergröße 10,1 mm. Augen blauschwarz, Kopf dorsal gelblichbraun, ventral weißlich. Thorax dorsal hellbraun mit schmalen, noch helleren Längsstreifen, ventral fast weiß. Pleuralregion gelblich, Abdomen dorsal rötlich-braun, ventral hellgelb, fast weiß. Tergite am Hinterrand mit jeweils einem schmalen, weißen Querband. Sternite ohne Muster. Vorderbeine einfarbig gelblichbraun (die restlichen Beine fehlen). Vorderflügel (Abb. 14a) hyalin, 10,9 mm lang und 4,4 mm breit. Adern hellbraun und deutlich. Randständige Interkalaradern paarig, relativ lang. Pterostigmaregion mit 8 Queradern und dazwischenliegendem Muster. Apikale Costalregion schwach hellbraun getönt. Hinterflügel (Abb. 14b, c) hyalin, 1,9 mm lang und 0,6 mm breit. Mit 3 Längsadern; die untere am hinteren, unteren Flügelrand endigend, die beiden oberen median etwas auseinanderweichend und bis zur Flügelspitze reichend. Zwischen der mittleren und unteren Längsader 2 randständige, ungleiche Interkalaradern; Costalrand mit deutlichem, einfachem Processus costalis, der am Hinterrand dicht mit winzigen Borsten besetzt ist (Abb. 14d). Subanalplatte (Abb. 14e) median eingeschnitten, apikolateral abgerundet und lateral stark konvex; zur Basis hin verjüngt.

Dieses *Baëtis*-♀ läßt sich vor allem mit den ♀♀ der Arten *B. maurus* KIMMINS, 1938 und *B. monikae* sp. n. vergleichen. Alle drei Spezies besitzen Hinterflügel mit jeweils 3 ähnlich verlaufenden Längsadern. Außerdem befinden sich bei allen zwischen der mittleren und unteren Längsader 2 randständige Interkalaradern. Der Costalrand des Hinterflügels weist bei diesen Arten jeweils einen einfachen, kräftigen Processus costalis auf. Jedoch bestehen bezüglich der Größe und auch der Färbung z. T. erhebliche Unterschiede zwischen den ♀♀ von *B. maurus*, *B. monikae* und *Baëtis* sp. 1, so daß eine sichere Zuordnung letzterer zu einer der genannten Arten nicht erfolgen kann.

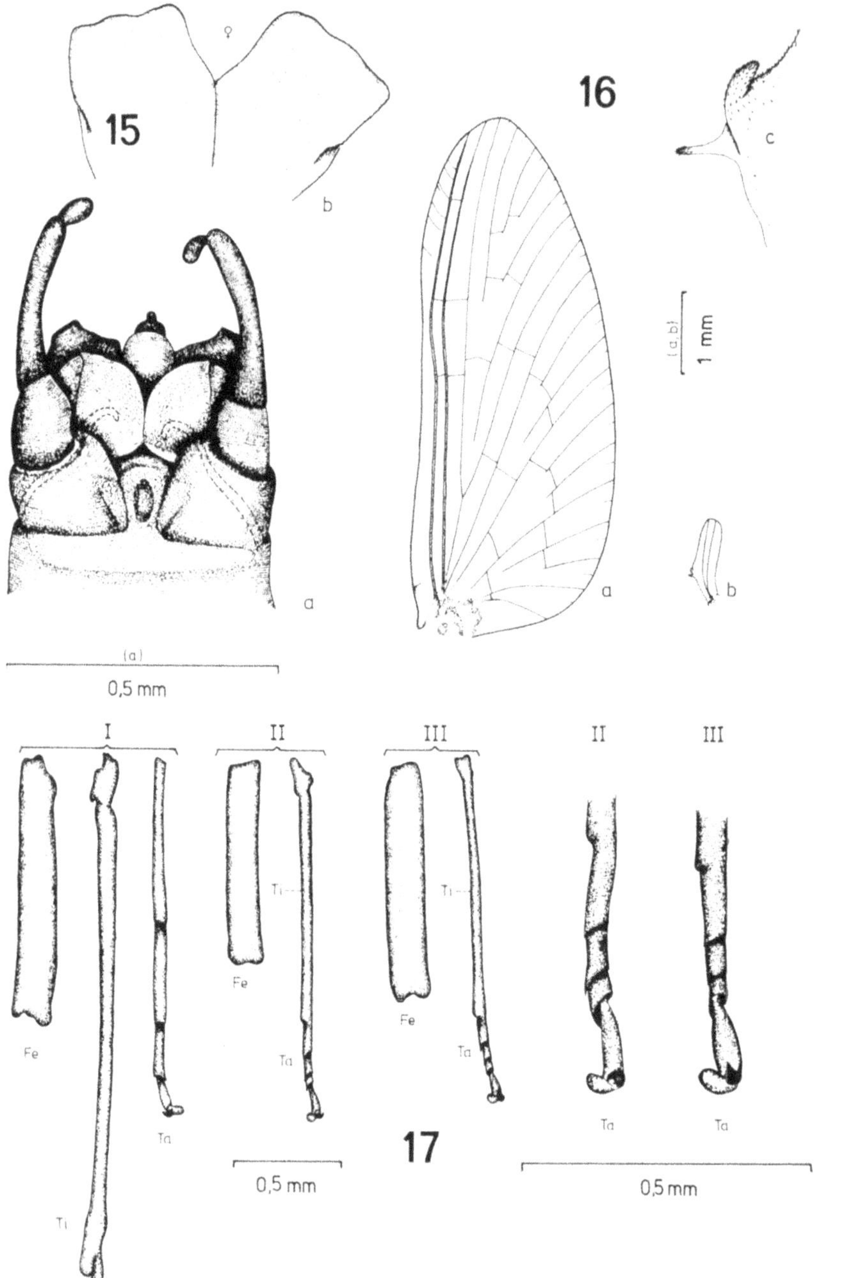

Abb. 15–17. *Centroptilum boettgeri* sp. n.
15: a) Genitalbereich des ♂ von ventral, b) Subanalplatte des ♀ von ventral, ohne Maßstab. 16: rechter Vorderflügel (a) und rechter Hinterflügel (b) des ♂ im gleichen Maßstab; c) Processus costalis des Hinterflügels stark vergrößert. →

Centroptilum boettgeri sp. n. (Abb. 15—17)

Holotypus: 1 ♂, 14. 6. 1972.
Paratypen: zahlreiche ♂♂ und ♀♀, z. T. beschädigt.
Gesamtzahl des vorliegenden Materials dieser Art: 3029 ♂♂, 1757 ♀♀.

Imago ♂:
Körpergröße durchschnittlich 5,7 mm. Turbanaugen graubraun, Schaft etwas heller. Thorax glänzend kastanienbraun, Abdomen gelblichbraun, ventral etwas heller. Tergithinterränder und z. T. auch die Vorderränder schwarzbraun gefärbt. Beine I—III (Abb. 17) gleichmäßig hellbraun. Länge der einzelnen Vorderbeinglieder (Fe/Ti/Ta) 1,21/2,39/1,6 mm, Länge der Vordertarsenglieder 0,74/0,44/0,26/0,21 mm. Vorderflügel (Abb. 16a) hyalin, manchmal etwas gelblich getönt; länglich oval, 6,2 mm lang und 2,5 mm breit. Adern gelblichbraun. Randständige Interkalaradern einfach und deutlich ausgebildet. Hinterflügel (Abb. 16b) klein und schmal, am Ende flach abgerundet. Mit 2 Längsadern. Costalrand mit doppeltem Processus costalis, der basale Teil aufrecht, der apikale Teil nach innen umgebogen. Beide mit kurzen, spitzen Borsten besetzt, der vordere nur im Spitzenbereich (Abb. 16c). Flügellänge 1 mm, Flügelbreite 0,3 mm. Gonopoden (Abb. 15a) gelblichbraun. Basalglieder kurz und gedrungen, ein wenig breiter als lang. 1. Gonopodenglied ebenfalls kurz und deutlich vom 2. abgesetzt. Zum Apex hin nur wenig verjüngt. Innenrand mit schwachem Wulst. 2. Gonopodenglied gleichmäßig dick und nur schwach gebogen, etwa 1,8mal so lang wie das 1. Glied. Endglied länglich kolbenförmig, doppelt so lang wie breit. 9. Sternit zwischen den Basalgliedern bei einigen Individuen nur schwach sklerotisiert und dadurch von hellgelber Färbung. In diesem Bereich ein länglicher, hellbrauner und stärker sklerotisierter Fleck. Andere Individuen auch ohne derartigen, deutlich hervorgehobenen Fleck und im gesamten Bereich stärker sklerotisiert. Paraproctplatten gedrungen, am Ende abgerundet.

Imago ♀:
Körpergröße durchschnittlich 6,2 mm. Thorax kastanienbraun, Abdomen hellbraun. Tergithinterränder und Vorderränder wie bei den ♂♂ dunkel, fast schwarz gefärbt. Sternite heller und ohne dunkle Querstreifen. Vorderflügel schwach gelblich getönt. Adern intensiv hellbraun und im Gegensatz zu den ♂♂ besonders deutlich hervorgehoben. Hinterflügel wie bei den ♂♂ schmal, mit 2 Längsadern und doppeltem Processus costalis. Beine gleichmäßig hellbraun gefärbt. Subanalplatte (Abb. 15b) median deutlich eingeschnitten, apikolateral flach abgestutzt und lateral gerade. Zur Basis hin stark verjüngt.

Die männlichen Genitalien von C. *boettgeri* besitzen besonders große Ähnlichkeit mit denen von C. *loweae* KIMMINS, 1949. Das 1. Gonopodenglied von C. *boettgeri* ist jedoch im Gegensatz zu dem von C. *loweae* an seiner Basis schmaler und verjüngt sich zum Apex hin nur wenig. Außerdem ist der Innenrand dieses Gliedes bei C. *boettgeri* median leicht vorgewölbt. Bei C. *loweae* ist eine derartige Vorwölbung nicht zu verzeichnen. Das sicherste Unterscheidungsmerkmal läßt sich allerdings am Hinterflügel feststellen. Der Costalrand des Hinterflügels von C. *boettgeri* besitzt einen doppelten Processus costalis, während der Processus bei C. *loweae* nur einfach ist. Zudem bestehen zwischen beiden Arten auch noch Unterschiede in der Körpergröße und der Färbung.

17: rechtes Vorderbein, Mittelbein und Hinterbein des ♂; die einzelnen Beinglieder im gleichen Maßstab nebeneinander gestellt; Tarsalglieder von Bein II und III zusätzlich im vergrößerten Maßstab dargestellt. (Fe = Femur, Ti = Tibia, Ta = Tarsen)

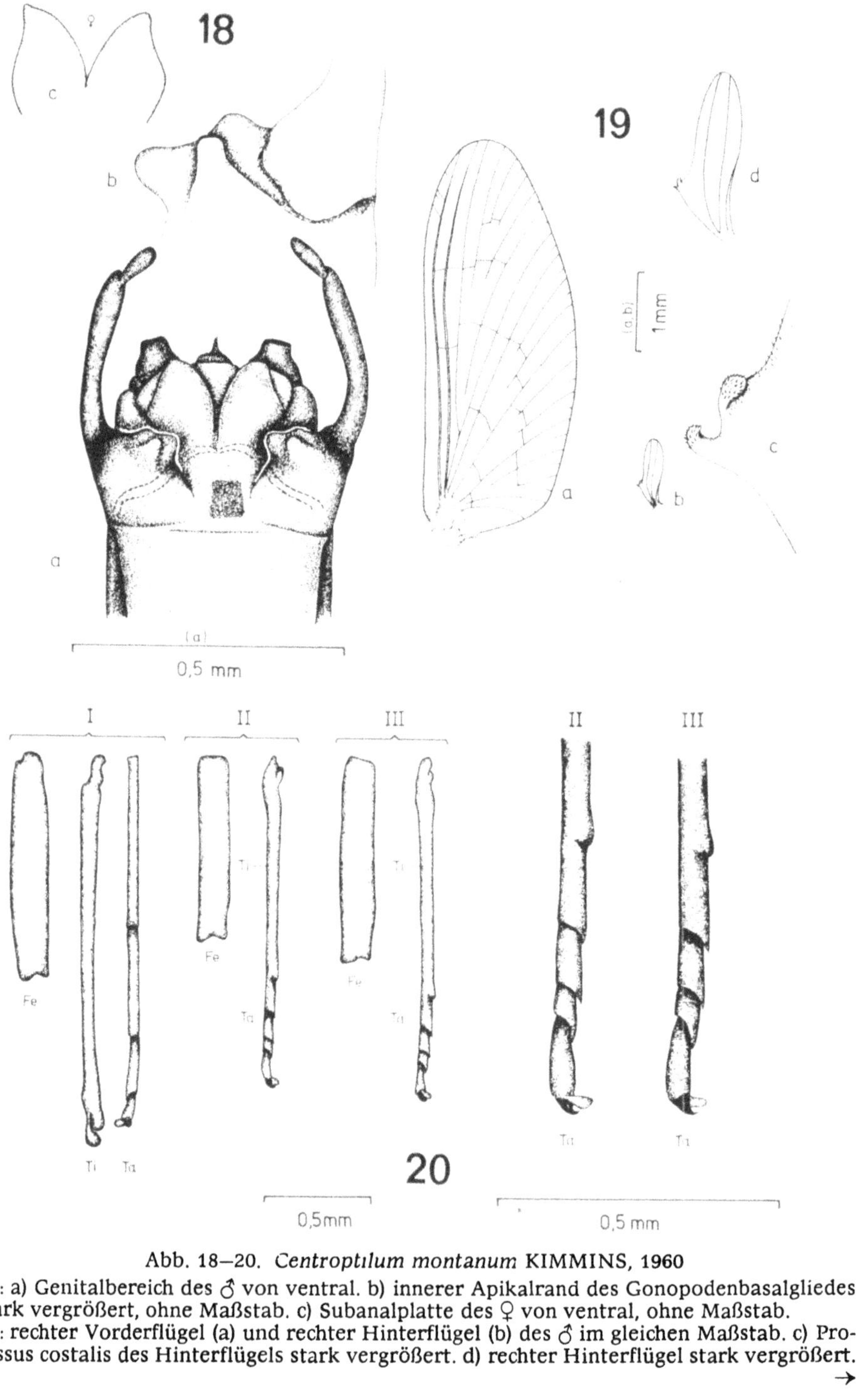

Abb. 18–20. *Centroptilum montanum* KIMMINS, 1960

18: a) Genitalbereich des ♂ von ventral. b) innerer Apikalrand des Gonopodenbasalgliedes stark vergrößert, ohne Maßstab. c) Subanalplatte des ♀ von ventral, ohne Maßstab.
19: rechter Vorderflügel (a) und rechter Hinterflügel (b) des ♂ im gleichen Maßstab. c) Processus costalis des Hinterflügels stark vergrößert. d) rechter Hinterflügel stark vergrößert.
→

Centroptilum montanum KIMMINS, 1960 (Abb. 18–20)

Gesamtzahl des vorliegenden Materials dieser Art: 104 ♂♂, 43 ♀♀.

Imago ♂:
Körpergröße durchschnittlich 4,9 mm. Turbanaugen ocker, Schaft etwas heller. Thorax kastanienbraun, Abdomen gleichmäßig gelblichbraun und ohne Muster. Beine I–III (Abb. 20) hellbraun, Länge der einzelnen Vorderbeinglieder (Fe/Ti/Ta) 0,99/1,79/1,69 mm, Länge der Vordertarsenglieder 0,78/0,5/0,28/0,17 mm. Vorderflügel (Abb. 19a) hyalin, Adern gelblichbraun. Umriß länglich oval, 5 mm lang und 2 mm breit. Randständige Interkalaradern einfach und deutlich ausgebildet. Pterostigma mit nur 4 Queradern. Hinterflügel (Abb. 19b, d) schmal, mit 3 Längsadern, die untere dicht am Flügelrand verlaufend und nur etwa halb so lang wie die beiden oberen. Costalrand mit doppeltem Processus costalis, von einer gemeinsamen, breiten Basis ausgehend. Der distale ist nach innen umgebogen; beide Fortsätze sind mit kurzen Borsten versehen (Abb. 19c). Flügellänge 0,9 mm und Flügelbreite 0,3 mm. Gonopoden (Abb. 18a) hellbraun. Basalglied etwas länger als breit, am inneren Apikalrand mit sehr kräftigem, am Ende eingekerbtem Wulst. Neben dem Wulst noch eine zusätzliche, deutlich ausgebildete Ferse. 1. und 2. Gonopodenglied ohne deutliche Abgrenzung. Beide Glieder etwa gleichmäßig dick, sie bilden zusammen einen schwachen Bogen. 2. Glied am Ende kaum erweitert. Endglied länglich, kolbenförmig, 3,5mal so lang wie breit. Zwischen den Basalgliedern ein hellerer Bereich, in dem ein stark sklerotisierter und dadurch deutlich hervortretender, fast quadratrscher Fleck liegt. Paraproctplatten am Ende abgerundet.

Imago ♀:
Körpergröße durchschnittlich 4,6 mm. Augen blauschwarz. Kopf dorsal und ventral gelblich. Thorax mittelbraun, ventral etwas heller. Nähte deutlich dunkelbraun abgesetzt. Abdomen gelblich, Tergite am Hinterrand etwas dunkler. Beine gelblich. Vorderflügel hyalin, Adern hellbraun. Hinterflügel wie beim ♂ mit drei Längsadern und doppeltem Processus costalis. Subanalplatte (Abb. 18c) median deutlich eingeschnitten, apikolateral verhältnismäßig spitz zulaufend, lateral schwach konvex. An der Basis etwas verjüngt.

C. *montanum* wurde bereits vom Mt. Elgon des benachbarten Uganda gemeldet (KIMMINS 1960). Doch lassen sich geringe Unterschiede zu den Tieren aus dem vorliegenden Kalengo-Material feststellen. So besitzen die Kalengo-Individuen im Gegensatz zum Typus kein Abdomenmuster. Außerdem ist bei ihnen auch nur eine geringere Anzahl der Pterostigma-Queradern zu verzeichnen.

Centroptilum badium sp. n. (Abb. 21–23)

Holotypus: 1 ♂, 25. 10. 1972.
Paratypen: einige ♂♂ und ♀♀, z. T. beschädigt.
Gesamtzahl des vorliegenden Materials dieser Art: 30 ♂♂, 13 ♀♀.

Imago ♂:
Körpergröße durchschnittlich 3,6 mm. Turbanaugen hellbraun, Oberfläche dunkler als der Schaft. Thorax kastanienbraun, Abdomen rötlichbraun. Beine (Abb. 23) hellbraun bis

20: rechtes Vorderbein, Mittelbein und Hinterbein des ♂; die einzelnen Beinglieder im gleichen Maßstab nebeneinander gestellt; Tarsalglieder von Bein II und III zusätzlich im vergrößerten Maßstab dargestellt. (Fe = Femur, Ti = Tibia, Ta = Tarsen)

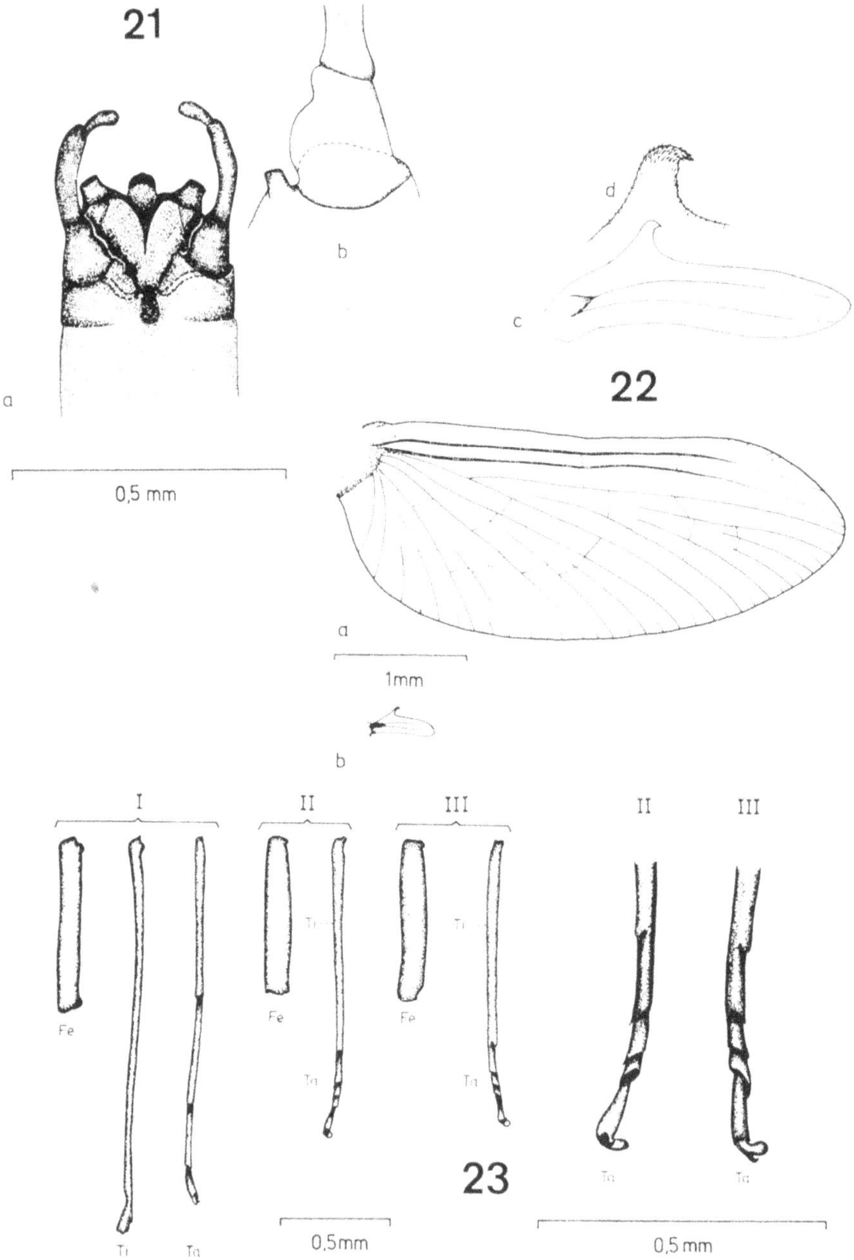

Abb. 21–23. *Centroptilum badium* sp. n.

21: a) Genitalbereich des ♂ von ventral. b) innerer Apikalrand des Gonopodenbasalgliedes sowie 1. Gonopodenglied stark vergrößert, ohne Maßstab.
22: rechter Vorderflügel (a) und rechter Hinterflügel (b) des ♂ im gleichen Maßstab. c) rechter Hinterflügel stark vergrößert; d) Processus costalis des Hinterflügels stark vergrößert.
→

gelblich. Länge der Vorderbeinglieder (Fe/Ti/Ta) 0,72/1,76/1,64 mm, Länge der Vordertarsenglieder 0,71/0,47/0,29/0,18 mm. Vorderflügel (Abb. 22a) hyalin, Adern hellgelb. Umriß länglich oval, Ober- und Unterkante fast parallel. Randständige Interkalaradern einfach und deutlich. Flügellänge 3,9 mm, Flügelbreite 1,5 mm. Pterostigma mit meist 5 schwach angedeuteten Queradern. Hinterflügel (Abb. 22b, c) klein und schmal, mit 2 parallelen Längsadern, die jedoch den apikalen Flügelrand nicht ganz erreichen; 0,5 mm lang und 0,2 mm breit. Costalrand mit einem starken, sichelförmigen und beborsteten Processus costalis. Gonopoden (Abb. 21a) hellbraun. Basalglieder kurz und gedrungen, breiter als lang. Am inneren Apikalrand mit jeweils einer kräftigen Ferse. 1. Gonopodenglied nur undeutlich vom 2. abgesetzt, zum Apex hin verjüngt. Am Innenrand mit 2 aufeinanderfolgenden Vorwölbungen, die untere doppelt so groß wie die obere. 2. Gonopodenglied 1,5mal so lang wie das 1. Glied, zum Ende hin etwas erweitert. Endglied schmal und länglich kolbenförmig, 2,5mal so lang wie breit. Zwischen den Basalgliedern ein länglicher, stärker sklerotisierter Bereich des 9. Sternits.

I m a g o ♀:
Körpergröße durchschnittlich 3,9 mm. Augen blauschwarz, Kopf dorsal und ventral gelblich. Thorax mittelbraun, Pleuralregion teilweise heller. Abdomen rötlichbraun, ventral etwas heller. Sowohl Sternite als auch Tergite am Hinterrand dunkler gefärbt, vor allem Tergite 6–8. Beine gelblichbraun. Vorderflügel hyalin, Aderung hellbraun und deutlich. Hinterflügel wie beim ♂ mit 2 Längsadern und einem einfachen, kräftigen und beborsteten Processus costalis.

Bezüglich der Hinterflügelgestalt ähnelt C. *badium* besonders den Arten C. *loweae* KIMMINS, 1949, C. *exisum* BARNHARD, 1932 und C. *falcatum* CRASS, 1947. Doch sind zu letzteren beiden z. T. erhebliche Unterschiede in der Genitalmorphologie zu verzeichnen. Eine große Ähnlichkeit der Gonopodenform weisen allerdings C. *badium* und C. *loweae* auf. Jedoch zeigen die Basalglieder der Gonopoden von C. *badium* im Gegensatz zu denen von C. *loweae* am inneren Apikalrand jeweils eine kräftige Ferse. Außerdem ist das Gonopodenendglied der neuen Art länger als das Endglied von C. *loweae*.

Centroptilum biarcuatum sp. n. (Abb. 24–26)

H o l o t y p u s : 1 ♂, 28. 9. 1972.
P a r a t y p e n : wenige ♂♂, z. T. beschädigt.
Gesamtzahl des vorliegenden Materials dieser Art: 14 ♂♂, 1 ♀?.

I m a g o ♂:
Körpergröße durchschnittlich 5,4 mm. Turbanaugen ocker, Oberfläche dunkler als Schaft. Thorax hellbraun mit z. T. helleren Flächen, Abdomen fahl, weißgelblich. Tergite mit größeren, rötlichbraunen Flecken, Sternite gleichmäßig fahl oder insgesamt dunkler gefärbt, mit hellen Segmentgrenzen. Beine (Abb. 26) gleichmäßig hellgelb. Länge der einzelnen Vorderbeinglieder (Fe/Ti/Ta) 1,06/2,07/1,79 mm, Länge der Vordertarsenglieder 0,83/0,46/0,31/0,24 mm. Vorderflügel (Abb. 25a) hyalin, Adern hellgelb. Umriß länglich oval. Randständige Interkalaradern einfach und deutlich. Flügellänge 5,7 mm, Flügelbreite 2,2 mm. Hinterflügel (Abb. 25b) klein und schmal, mit 2 Längsadern, die untere insgesamt

23: rechtes Vorderbein, Mittelbein und Hinterbein des ♂; die einzelnen Beinglieder im gleichen Maßstab nebeneinander gestellt; Tarsalglieder von Bein II und III zusätzlich im vergrößerten Maßstab dargestellt. (Fe = Femur, Ti = Tibia, Ta = Tarsen)

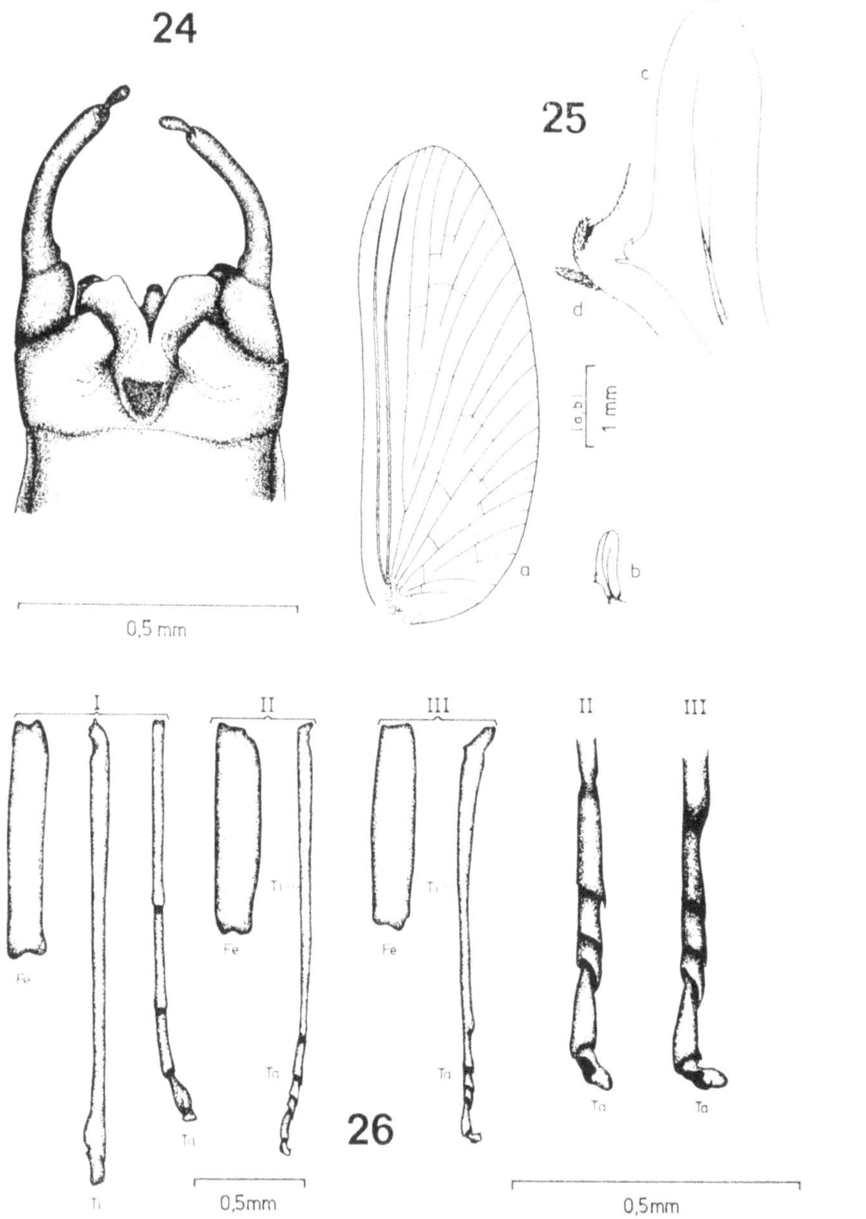

Abb. 24–26. *Centroptilum biarcuatum* sp. n.

24: Genitalbereich des ♂ von ventral.

25: rechter Vorderflügel (a) und rechter Hinterflügel (b) des ♂ im gleichen Maßstab. c) rechter Hinterflügel stark vergrößert; d) Processus costalis des Hinterflügels stark vergrößert.

26: rechtes Vorderbein, Mittelbein und Hinterbein des ♂; die einzelnen Beinglieder im gleichen Maßstab nebeneinander gestellt; Tarsalglieder von Bein II und III zusätzlich im vergrößerten Maßstab dargestellt. (Fe = Femur, Ti = Tibia, Ta = Tarsen)

schwächer ausgebildet und nicht ganz bis zum Flügelrand reichend. Hinterflügel etwa 0,9 mm lang und 0,3 mm breit. Costalrand mit doppeltem Processus costalis, der basale schmal und spitz, der distale größer und nach innen umgebogen (Abb. 25d). Gonopoden (Abb. 24) hellgelb, zum Endglied hin fahl weißlich. Basalglieder am inneren Apikalrand mit jeweils einem kräftigen, trapezförmig abgestumpften Wulst. Rand des Wulstes gerade, nicht eingekerbt. 1. und 2. Gonopodenglied relativ deutlich voneinander abgegrenzt. 1. Glied innen stärker vorgewölbt und so ebenfalls einen Wulst bildend, allerdings von anderer Form und Größe als der Wulst des Basalgliedes. 2. Gonopodenglied am basalen Innenrand schwach vorgezogen, oberhalb davon etwa gleichmäßig dick und nur leicht gekrümmt; etwa 3mal so lang wie das 1. Glied. Endglied schmal und länglich kolbenförmig, an seiner Basis sehr dünn, 3,4mal so lang wie breit. Zwischen den Basalgliedern ein größerer, fast dreieckiger, stärker sklerotisierter und dadurch dunkler erscheinender Bereich.

I m a g o ♀: Die Zuordnung des einen ♀ zu dieser Art ist fraglich.

Bezüglich der Hinterflügel-Merkmale besteht eine gewisse Ähnlichkeit zwischen *C. biarcuatum*, *C. bicorne* ULMER, 1909 und *C. parvum* CRASS, 1947. Die Genitalmorphologie der neuen Spezies weicht jedoch z. T. erheblich von der der genannten Arten ab. Diesbezüglich ist allerdings eine besonders große Ähnlichkeit mit der Gonopodengestalt von *C. montanum* KIMMINS, 1960 festzustellen. So weisen beide Arten z. B. am apikalen Innenrand des Basalgliedes eine starke, zahnartige Vorwölbung auf. Das 1. Gonopodenglied zeigt dagegen deutliche Unterschiede. *C. biarcuatum* besitzt am Innenrand dieses Gliedes ebenfalls eine deutliche Vorwölbung, während es bei *C. montanum* etwa gleichmäßig dick ist. Außerdem ist bei der neuen Art das 1. Gonopodenglied deutlicher vom 2. abgegrenzt als bei *C. montanum*. Das Gonopodenendglied von *C. biarcuatum* ist zudem etwas kürzer, insgesamt schlanker und besonders an seiner Basis dünner als das Endglied von *C. montanum*.

Pseudocloëon tenuicrinitum sp. n. (Abb. 27–29)

H o l o t y p u s : 1 ♂, 18. 4. 1973.
P a r a t y p e n : einige ♂♂ und ♀♀, z. T. beschädigt
Gesamtzahl des vorliegenden Materials dieser Art: 198 ♂♂, 132 ♀♀.

I m a g o ♂:
Körpergröße durchschnittlich 4,7 mm. Turbanaugen ocker, Oberfläche dunkler als der Schaft. Thorax kastanienbraun, Abdomen hell, gelblichbraun. Beine (Abb. 29) hellbraun, Länge der einzelnen Vorderbeinglieder (Fe/Ti/Ta) 0,88/1,49/0,93 mm, Länge der Vordertarsenglieder 0,38/0,25/0,17/0,17 mm. Vorderflügel (Abb. 28) hyalin, schmal und länglich oval; 4,9 mm lang und 1,9 mm breit. Adern hellbraun, randständige Interkalaradern doppelt und deutlich ausgebildet. Pterostigma mit 7–10 Queradern. Hinterflügel völlig reduziert. Gonopoden (Abb. 27a) hellbraun. Basalglieder sehr kurz und gedrungen, 1,5mal breiter als lang. Innerer Apikalrand mit deutlich vorgewölbtem, relativ spitzem Wulst. 1. Gonopodenglied mit stäkerer Einschnürung im basalen Abschnitt, vor allem am Innenrand sichtbar. Zum Apex hin Erweiterung und danach wieder starke Verjüngung des 1. Gliedes. Am Innenrand wie auch beim Basalglied einige Borsten (Abb. 27b). Abgrenzung zum 2. Gonopodenglied undeutlich. 2. Glied zum Ende hin etwas verdickt, etwa 1,5mal so lang wie das 1. Glied. Endglied kurz und dick, fast kreisrund. Alle 3 Gonopodenglieder bilden zusammen einen relativ starken Bogen. Zwischen den Basalgliedern schwach konvexe Vorwölbung des 9. Sternits vorhanden.

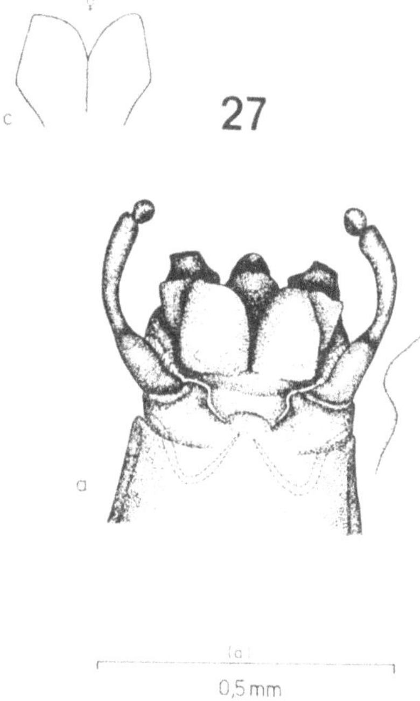

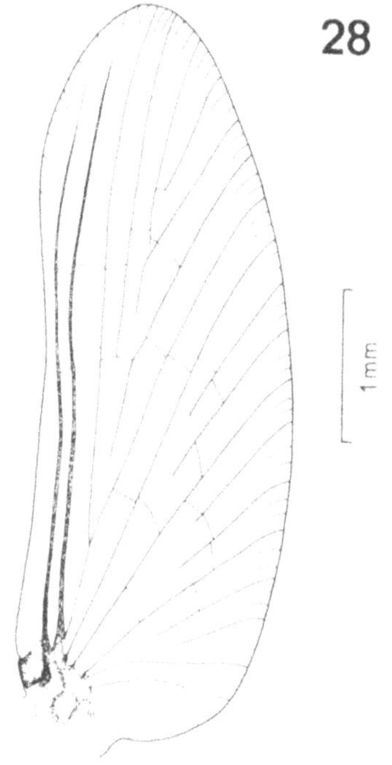

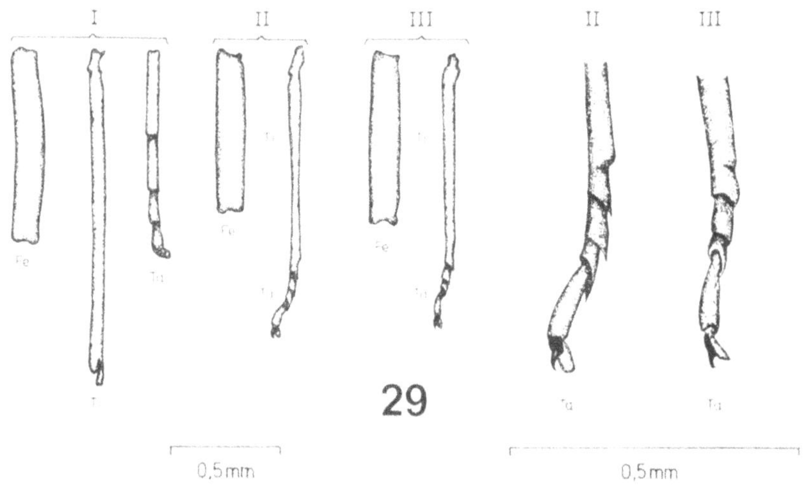

Abb. 27–29. *Pseudocloëon tenuicrinitum* sp. n.

27: a) Genitalbereich des ♂ von ventral. b) innerer Apikalrand des Gonopodenbasalgliedes sowie 1. Gonopodenglied stark vergrößert, ohne Maßstab. c) Subanalplatte des ♀ von ventral, ohne Maßstab.

28: rechter Vorderflügel des ♂.

29: rechtes Vorderbein, Mittelbein und Hinterbein des ♂; die einzelnen Beinglieder im gleichen Maßstab nebeneinander gestellt; Tarsalglieder von Bein II und III zusätzlich im vergrößerten Maßstab dargestellt. (Fe = Femur, Ti = Tibia, Ta = Tarsen)

30

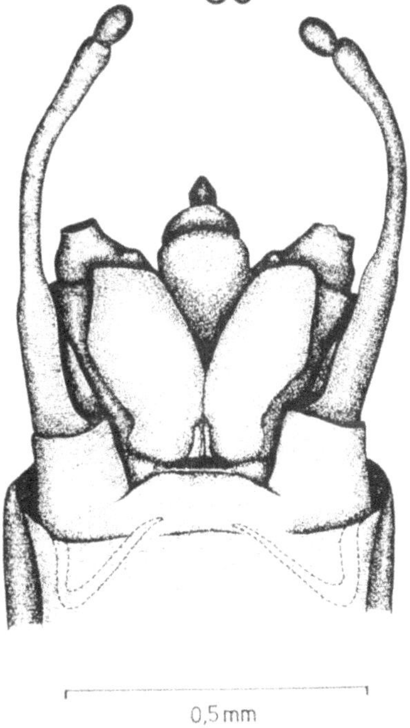

31

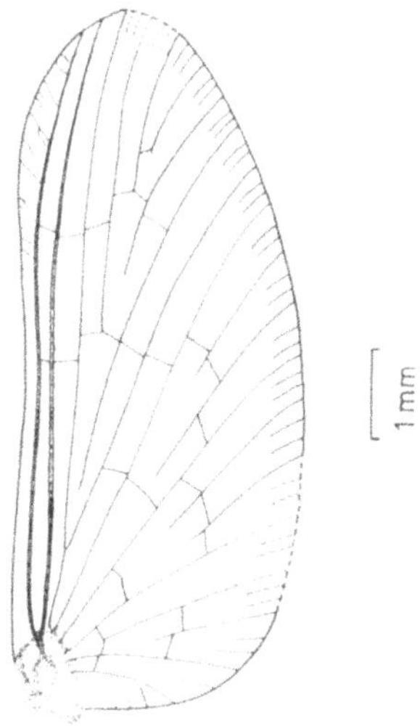

Abb. 30–31. *Pseudocloëon grandiculum* sp. n.
30: Genitalbereich des ♂ von ventral.
31: rechter Vorderflügel des ♂.

Imago ♀:
Körpergröße durchschnittlich 4,6 mm. Augen blauschwarz, Kopf gelblich, ventral etwas heller. Thorax mittelbraun, in der Pleuralregion teilweise gelblich, Abdomen gelblichweiß. Tergite manchmal an den lateralen Hinterrändern dunkelbraun gefärbt. Beine fahl, fast weiß. Vorderflügel hyalin mit hellgelben Adern, 5,2 mm lang und 2 mm breit. Pterostigma mit ca. 8 Queradern. Subanalplatte (Abb. 27c) mit medianem Einschnitt, beiderseits apikolateral abgerundet, lateral zunächst gerade abfallend und deutlich konvex; Basis verjüngt.

Genitalmorphologisch besteht eine gewisse Ähnlichkeit zwischen *P. tenuicrinitum* und *P. camerunense* ULMER, 1919. Jedoch zeigt die neue Art am inneren Apikalrand des Gonopoden-Basalgliedes keinen spitz auslaufenden Vorsprung wie bei *P. camerunense*, sondern nur einen stumpfen, aber relativ stark hervortretenden Wulst. *P. camerunense* besitzt zwischen den Basalgliedern zudem einen deutlichen, fast dreieckigen und am Ende spitz zulaufenden Vorsprung. Bei *P. tenuicrinitum* ist kein derartiger Vorsprung festzustellen, sondern nur eine schwach angedeutete, konvexe Vorwölbung. Außerdem befindet sich bei letzterer auf den Innenrändern der Basalglieder und 1. Gonopodenglieder eine im Gegensatz zu *P. camerunense* dünne Beborstung.

32

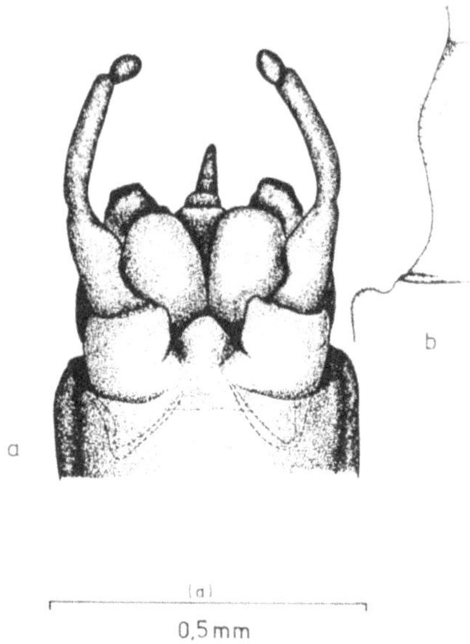

33

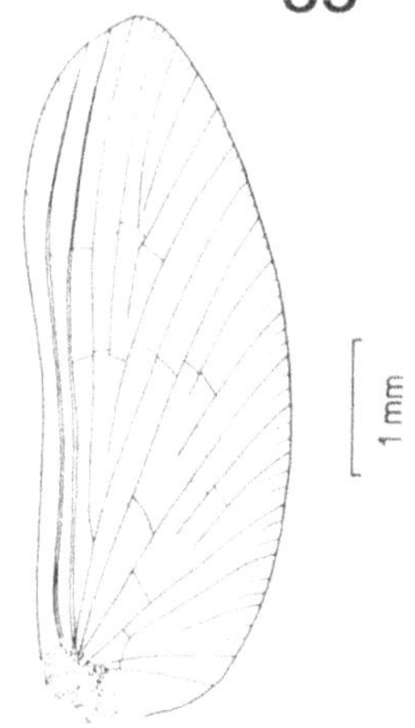

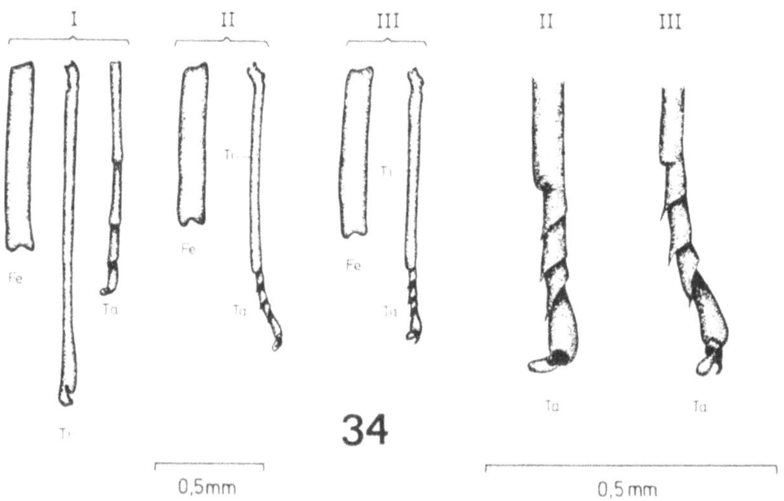

Abb. 32–34. *Pseudocloëon fastigatum* sp. n.

32: a) Genitalbereich des ♂ von ventral. b) innerer Apikalrand des Gonopodenbasalgliedes sowie 1. Gonopodenglied stark vergrößert.

33: rechter Vorderflügel des ♂.

34: rechtes Vorderbein, Mittelbein und Hinterbein des ♂; die einzelnen Beinglieder im gleichen Maßstab nebeneinander gestellt; Tarsalglieder von Bein II und III zusätzlich im vergrößerten Maßstab dargestellt. (Fe = Femur, Ti = Tibia, Ta = Tarsen)

Pseudocloëon grandiculum sp. n. (Abb. 30–31)

Holotypus: 1 ♂, 18. 4. 1972, z. T. beschädigt.
Gesamtzahl des vorliegenden Materials dieser Art: 2 ♂♂.

Imago ♂:
Körpergröße 8,2 mm. Oberflächen der Turbanaugen dunkelbraun, Schaft heller. Thorax kastanienbraun, Abdomen hellbraun und ohne Zeichnung. Beine fehlen. Vorderflügel (Abb. 31) hyalin, Costal- und Subcostalraum apikal allerdings mit intensiver hellbrauner Tönung. Flügellänge 7,1 mm, Flügelbreite 3 mm. Adern hellbraun, insgesamt kräftig gefärbt. Randständige Interkalaradern doppelt und ebenfalls sehr deutlich. Umriß länglich oval. Hinterflügel völlig reduziert. Gonopoden (Abb. 30) hellbraun, zum Endglied hin etwas heller. Basalglieder am Apikalrand gleichmäßig gerundet, nur wenig länger als breit. 1. Gonopodenglied gleichmäßig dick, am Ende allerdings etwas verjüngt. Abgrenzung zum 2. Glied sehr undeutlich. 2. Glied zum Apex hin geringfügig erweitert, fast doppelt so lang wie das 1. und insgesamt dünner. Endglied kurz und dick, nur wenig länger als breit. Zwischen den Basalgliedern eine schwach trapezförmige Vorwölbung des 9. Sternits. Oberhalb dieser Vorwölbung ein länglich spitzes, schwach chitinisiertes Gebilde, von einer flachen, stark sklerotisierten Basis ausgehend.

Imago ♀: Unbekannt.

Die Genitalmorphologie von *P. grandiculum* ähnelt ein wenig der von *P. camerunense* ULMER, 1919. Deutliche Unterschiede weisen allerdings die Basalglieder der Gonopoden auf. Hier besitzt *P. grandiculum* im Gegensatz zu *P. camerunense* nur ein schwach trapezförmige Vorwölbung und oberhalb dieser Vorwölbung ein pfeilspitzenähnliches Gebilde. Bei *P. camerunense* ist der Vorsprung zwischen den Basalgliedern stärker ausgebildet und von dreieckiger Gestalt. Außerdem ist das 2. Gonopodenglied bei der neuen Art fast doppelt so lang wie das 1., während die Gonopodenglieder 1 und 2 bei *P. camerunense* eine annähernd gleiche Länge aufweisen.

Pseudocloëon fastigatum sp. n. (Abb. 32–34)

Holotypus: 1 ♂, 6. 3. 1973, z. T. beschädigt.
Paratypen: wenige ♂♂, z. T. beschädigt.
Gesamtzahl des vorliegenden Materials dieser Art: 14 ♂♂.

Imago ♂:
Körpergröße durchschnittlich 4,1 mm. Turbanaugen ocker, Schaft etwas heller. Thorax hell- bis mittelbraun, Abdomen heller, gelblichbraun, am Ende fast weißlich. Hinterränder der Tergite mit feinem, dunkelbraunem Band. Sternite ohne diese Musterung und insgesamt heller. Beine (Abb. 34) hellbraun, an den Gelenken etwas dunkler. Länge der einzelnen Vorderbeinglieder (Fe/Ti/Ta) 0,85/1,54/0,97 mm, Länge der einzelnen Vordertarsenglieder 0,44/0,29/0,18/0,17 mm. Vorderflügel (Abb. 33) hyalin, 5 mm lang und 1,8 mm breit. Adern hellbraun und deutlich. Randständige Interkalaradern doppelt und ebenfalls deutlich ausgebildet. Pterostigma mit 7 z. T. unvollständigen Queradern. Hinterflügel völlig reduziert. Gonopoden (Abb. 32a, b) weißgelblich. Basalglieder kurz, etwa genau so lang wie breit. Innerer Apikalrand deutlich vorgewölbt und schwach mit Borsten besetzt. 1. Gonopodenglied nur wenig kürzer als das 2., Innenrand des oberen Abschnittes mit stark vorgewölbtem Wulst, dieser ebenfalls mit einzelnen Borsten besetzt (Abb. 32b). Abgrenzung des 1. Gliedes vom 2. undeutlich. Außenkante der Gonopoden in Höhe des Überganges vom 1. zum 2. Glied mit deutlicher Einkerbung. 2. Glied gleichmäßig dick.

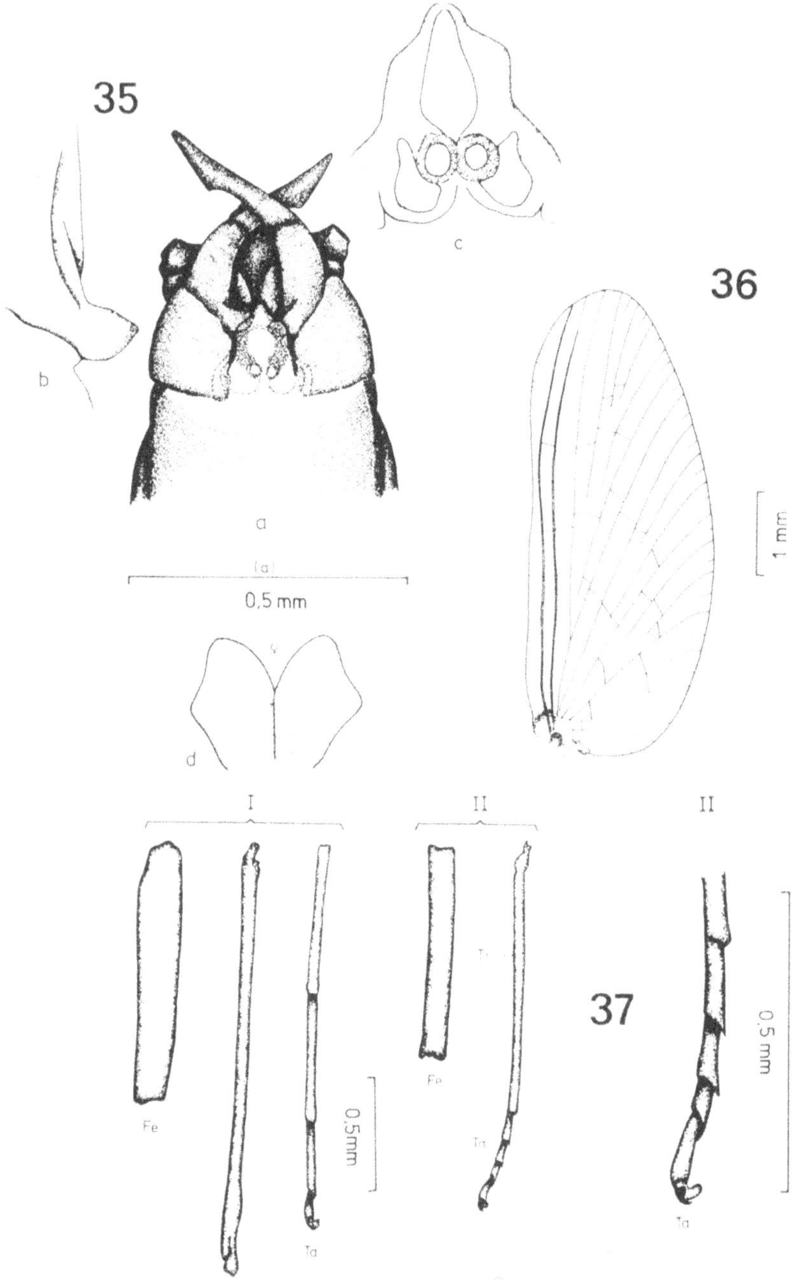

Abb. 35–37. *Cloëon permirum* sp. n.

35: a) Genitalbereich des ♂ von ventral. b) basaler Innenrand des 1. Gonopodengliedes stark vergrößert. c) Vorsprung des 9. Sternits stark vergrößert. d) Subanalplatte des ♀ von ventral. b), c) und d) ohne Maßstab. →

Endglied kurz, eiförmig, nur wenig länger als breit. Zwischen den Basalgliedern eine kräftige Vorwölbung des 9. Sternits von nahezu dreieckiger Gestalt. Die Flanken dieses Vorsprunges verlaufen von den Gonopodenbasen.

Imago ♀: Unbekannt.

P. fastigatum besitzt eine sehr große Ähnlichkeit insbesondere mit *P. tenuicrinitum* sp. n. und *P. camerunense* ULMER, 1919. Folgende Unterschiede können jedoch festgestellt werden: Im Gegensatz zu *P. tenuicrinitum* besitzen sowohl *P. fastigatum* als auch *P. camerunense* eine kräftige, spitz zulaufende Vorwölbung zwischen den Gonopoden-Basalgliedern. Die Basalglieder sind bei allen drei Arten unterschiedlich stark am inneren Apikalrand vorgewölbt. Der Innenrand des 1. Gonopodengliedes zeigt nur bei *P. tenuicrinitum* und *P. fastigatum* eine Vorwölbung, bei letzterer allerdings eine besonders starke. Außerdem ist bei diesen beiden neuen Arten eine schwache Beborstung an den Innenrändern des Basal- und 1. Gonopodengliedes festzustellen. *P. fastigatum* unterscheidet sich zudem noch von *P. tenuicrinitum* und *P. camerunense* durch eine deutliche Einkerbung des Gonopodenaußenrandes im Übergangsbereich der Glieder 1 und 2.

Cloëon permirum sp. n. (Abb. 35–37)

Holotypus: 1♂, 20. 5. 1972, z. T. beschädigt.
Paratypen: wenige ♂♂ und ♀♀, alle beschädigt.
Gesamtzahl des vorliegenden Materials dieser Art: 16♂♂, 14♀♀.

Imago ♂:
Körpergröße durchschnittlich 5,3 mm. Turbanaugen ocker, Schaft insgesamt etwas heller. Thorax mittelbraun, Abdomen fahl weiß, die letzten Segmente mittelbraun, ohne Muster. Beine (Abb. 37) hellgelb, Länge der einzelnen Vorderbeinglieder (Fe/Ti/Ta) 1,17/1,92/1,71 mm, Länge der Vordertarsenglieder 0,67/0,57/0,35/0,18 mm. Vorderflügel (Abb. 36) hyalin, schmal und länglich oval, 5,3 mm lang und 2,2 mm breit. Adern hellgelb und deutlich. Randständige Interkalaradern einfach. Pterostigma mit 5–7 z. T. schwach ausgebildeten Queradern. Hinterflügel völlig reduziert. Gonopoden (Abb. 35a–c) hell- bis mittelbraun, stark zur Mitte geneigt und sich am Ende überkreuzend. Basalglieder am Außenrand länger und leicht konvex gebogen, insgesamt etwas länger als breit. 1. Gonopodenglied undeutlich vom 2. abgegrenzt, zum Apex hin konisch zulaufend, am basalen Innenrand mit kräftigem und zur Mitte gerichtetem, daumenähnlichen Fortsatz (Abb. 35b). 2. Glied mit Endglied verwachsen, etwas kürzer als das 1. und zum Endglied hin ein wenig schmaler. Endglied länglich und einer Pfeilspitze ähnlich, am Innenrand gerade abgeflacht. Zwischen den Basalgliedern ein deutlich vorgewölbter, länglich-zungenförmiger Vorsprung des 9. Sternits mit unterschiedlich stark sklerotisierten Bereichen (Abb. 35c). Enden der daumenähnlichen Fortsätze der 1. Gonopodenglieder durch diese Vorwölbung z. T. verdeckt.

Imago ♀:
Körpergröße durchschnittlich 5,5 mm. Kopf weißgelblich, Augen blauschwarz. Thorax hell, gelblichbraun. Abdomen insgesamt hellgelb, fast weiß und ohne Muster. Beine hell-

36: rechter Vorderflügel des ♂
37: rechtes Vorderbein und Mittelbein des ♂; die einzelnen Beinglieder im gleichen Maßstab nebeneinander gestellt. Tarsenglieder von Bein II zusätzlich im vergrößerten Maßstab dargestellt. (Fe = Femur, Ti = Tibia, Ta = Tarsen)

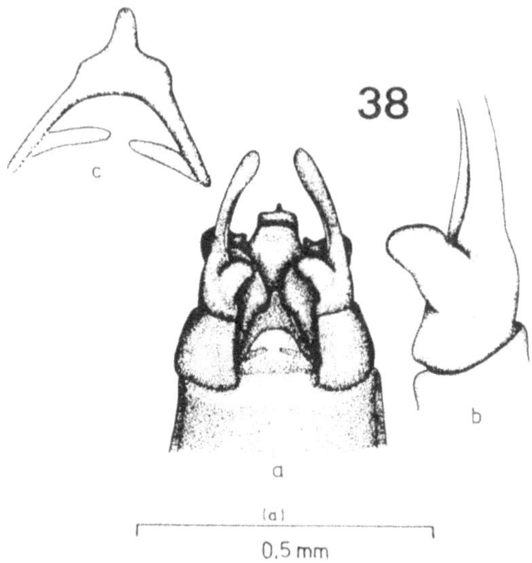

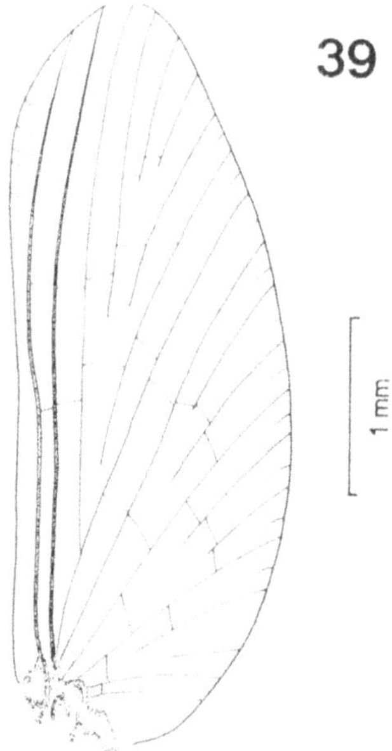

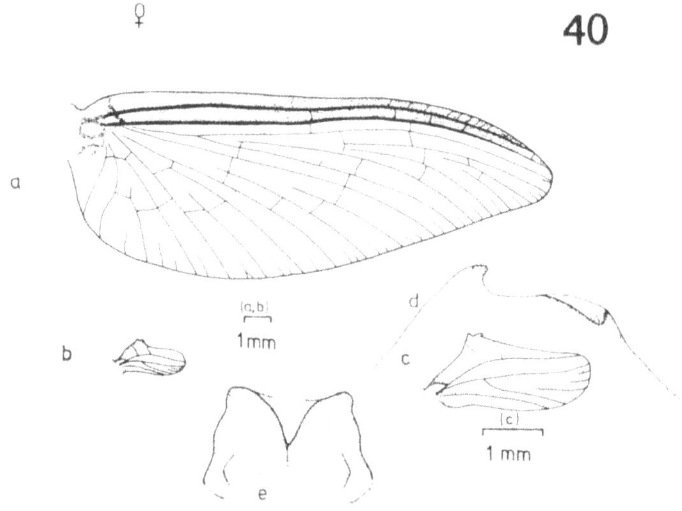

Abb. 38–39. *Cloëon insuetum* sp. n.

38: a) Genitalbereich des ♂ von ventral. b) basaler Innenrand des 1. Gonopodengliedes stark vergrößert. c) Vorsprung des 9. Sternits stark vergrößert. b) und c) ohne Maßstab. 39: rechter Vorderflügel des ♂.

Abb. 40. *Centroptiloïdes* sp. 1

40: rechter Vorderflügel (a) und rechter Hinterflügel (b) des ♀ im gleichen Maßstab. c) rechter Hinterflügel stark vergrößert. d) Processus costalis des Hinterflügels stark vergrößert. e) Subanalplatte des ♀ von ventral, ohne Maßstab.

gelb. Vorderflügel hyalin, 6,2 mm lang und 2,6 mm breit. Adern gelblich und deutlich. Randständige Interkalaradern einfach und ebenfalls deutlich ausgebildet. Hinterflügel reduziert. Subanalplatte (Abb. 35d) mit medianem Einschnitt, apikolateral abgerundet und lateral spitz-konvex vorgewölbt; Basis verjüngt.

Cl. permirum zeigt eine recht ungewöhnliche Gestalt der Gonopoden. In ähnlicher Ausbildung wurden sie bisher nur bei einer afrikanischen Art dieser Gattung (*Cl. dentatum* KIMMINS, 1956) festgestellt. Letztere weist in einigen Genitalmerkmalen eine gewisse Ähnlichkeit mit *Cl. permirum* auf. Dennoch sind die Unterschiede so gravierend, daß die neue Art sich gut von *Cl. dentatum* unterscheiden läßt. So sind die Basalglieder von *Cl. permirum* am inneren Apikalrand abgeflacht und besitzen hier keinen kräftigen, spitz auslaufenden Fortsatz wie bei *Cl. dentatum*. Lediglich die 1. Gonopodenglieder der beiden Arten zeigen mit ihren daumenartigen, nach innen gerichteten Fortsätzen eine gewisse Ähnlichkeit. Dagegen unterscheiden sich die Glieder 2 und 3 wiederum erheblich. Bei *Cl. permirum* ist im Gegensatz zu *Cl. dentatum* das 2. Gonopodenglied mit dem Endglied verwachsen. Letzteres besitzt zudem bei der neuen Art eine längliche, pfeilspitzenähnliche Form, während es bei *Cl. dentatum* insgesamt kürzer ist und am Innenrand eine stärkere Vorwölbung aufweist. Außerdem besitzt *Cl. permirum* zwischen den Basalgliedern einen kräftigen, unterschiedlich stark sklerotisierten Vorsprung, der in dieser Ausbildung bei *Cl. dentatum* nicht vorhanden ist.

Cloëon insuetum sp. n. (Abb. 38–39)

Holotypus: 1 ♂, 10. 6. 1973, z. T. beschädigt.
Paratypus: 1 ♂, ebenfalls beschädigt.
Gesamtzahl des vorliegenden Materials dieser Art: 2 ♂♂.

Imago ♂:
Körpergröße 3,9 mm. Turbanaugen rot, Schaft heller. Thorax kastanienbraun. 1.–6. Abdomensegment weiß, ab 7. Segment dorsal rötlichbraun; ventral kaum gefärbt, nur 9. Segment gelblichbraun. Abdomen insgesamt ohne Muster. (Beine fehlen.) Vorderflügel (Abb. 39) hyalin, 4,3 mm lang und 1,7 mm breit. Adern gelblich und deutlich, randständige Interkalaradern einfach, nur im Bereich von 1 CU–1 R3a vorhanden. Pterostigma mit 6 z. T. unvollständigen Queradern. Hinterflügel reduziert. Gonopoden (Abb. 38a–c) gelblichbraun. Basalglieder länglich, zylinderförmig, etwa 1,5mal so lang wie breit. 1. Gonopodenglied mit kräftigem, daumenartigem Fortsatz am Innenrand. Gonopodenglieder 1–3 ohne klare Abgrenzung. 2. Glied und Endglied zusammen von fingerförmiger Gestalt, zum Apex hin etwas erweitert. Alle Gonopodenglieder fast gerade, nur wenig zur Mitte geneigt. 9. Sternit zwischen den Basalgliedern mit einem kräftigen, spitz auslaufenden Vorsprung. Randpartien des Vorsprunges stärker sklerotisiert; im basalen Abschnitt mit nach innen gerichteten, schmalen Spangen (Abb. 38c).

Imago ♀: Unbekannt.

Cl. insuetum besitzt eine größere Ähnlichkeit mit *Cl. permirum* sp. n. als mit *Cl. dentatum* KIMMINS, 1956. Unterschiede bestehen vor allem bei den Basal- und Endgliedern der Gonopoden. *Cl. insuetum* sowie *Cl. permirum* besitzen im Gegensatz zu *Cl. dentatum* zwischen den Basalgliedern jeweils einen kräftigen, länglichen Vorsprung des 9. Sternits. Dieser ist jedoch bei diesen beiden neuen Arten in unterschiedlichen Bereichen stärker sklerotisiert, wodurch auch ein voneinander abweichendes Muster entsteht. Durch die starke Verwachsung des Endgliedes mit dem 2. Gonopodenglied erhalten die Gonopoden von *Cl. insuetum* ein einheitliches, fingerförmiges Aussehen. Eine Verwachsung der Gonopodenglieder 2 und 3 ist allerdings auch bei *Cl. permirum* erfolgt, doch wird hier das Endglied durch einen kräftigen, spitzen Vorsprung des Innenrandes abgegrenzt. Bei *Cl. dentatum* wird eine deutliche Trennung des Endgliedes vom 2. Gonopodenglied sichtbar. Außerdem sind zwischen den 3 Arten auch noch gewisse Unterschiede in der Gestalt der Basalglieder festzustellen. *Cl. dentatum* besitzt hier als einzige Art jeweils einen kräftigen Fortsatz am apikalen Innenrand, während der Innenrand im gleichen Bereich bei *Cl. permirum* stumpf abfällt. Die Basalglieder von *Cl. insuetum* sind dagegen gleichmäßig rund und ohne Fortsatz.

Mit *Cl. permirum* sp. n. und *Cl. insuetum* sp. n. erscheinen neben *Cl. dentatum* KIMMINS, 1956 zwei weitere afrikanische Spezies, die eine für diese Gattung recht ungewöhnliche Gonopodengestalt aufweisen.

Centroptiloides sp. 1 (Abb. 40a–e)

1 ♀, Imago: 26. 6. 1972.
Gesamtzahl des vorliegenden Materials dieser Art: 1 ♂ (SI), 1 ♀.

Imago ♀:
Körpergröße 16,1 mm. Augen blauschwarz, Kopf dorsal hellbraun, ventral gelblich. Thorax mittelbraun, ventral teilweise heller, Episterna und Epimeren ebenfalls mittelbraun. Abdomen hellbraun, Tergite am Hinterrand mit rötlichbraun schimmerndem Querband. Beine gelblichbraun. Vorderflügel (Abb. 40a) schwach bräunlich getönt, Costal- und Subcostalraum mit intensiver Braunfärbung; 18,1 mm lang und 6,8 mm breit. Adern dunkelbraun, randständige Interkalaradern größtenteils einfach. Pterostigma mit ca. 12 Queradern. Hinterflügel (Abb. 40b, c) 2,5 mm lang und 1,2 mm breit. Im basalen Abschnitt dunkelbraun getönt, im apikalen Abschnitt nur schwach braun schimmernd. Mit 3 Längsadern, die mittlere nach etwa $^1/_3$ der Entfernung Flügelbasis – Flügelspitze gegabelt. In der Gabel 4–5 randständige, ungleiche Interkalaradern. Costalrand mit kräftigem, doppeltem Processus costalis (Abb. 40d), von einer gemeinsamen, breiten Basis ausgehend. Costalraum mit 2 Queradern. Subanalplatte (Abb. 40e) median deutlich eingeschnitten. Apikolateral relativ spitz abgerundet und lateral wellig abfallend.

Die Hinterflügel von *Centroptiloides* sp. 1 ähneln am ehesten denen von *Centroptiloides bifasciata* (= *Centroptilum bifasciatum*) ESBEN-PETERSEN, 1913. Doch sind vor allem in der Aderung Unterschiede zwischen diesen beiden Arten festzustellen. Daneben differieren außerdem noch die Farbmuster sowohl der Vorder- als auch der Hinterflügel.

IV. BESTIMMUNGSSCHLÜSSEL FÜR DIE BAËTIDAE DER KALENGO-EMERGENZ

Der Schlüssel gilt für die ♂♂; nur bei den beiden Arten *Baëtis* sp. 1 und *Centroptiloides* sp. 1 mußte in Ermangelung männlicher Tiere auf ein ♀ Bezug genommen werden. Bei Farbangaben ist zu berücksichtigen, daß es sich um Alkoholmaterial handelt.

1	Hinterflügel vorhanden.	2
—	Hinterflügel fehlt.	11
2	Hinterflügel mit 2 Längsadern.	3
—	Hinterflügel mit 3 Längsadern.	7

3 Hinterflügel mit Processus costalis. 4

— Hinterflügel ohne Processus costalis, randständige Interkalaradern des Vorderflügels paarig. 10

4 Processus costalis des Hinterflügels einfach, randständige Interkalaradern des Vorderflügels paarig, Gonopoden wie in Abb. 7, Thorax dunkelbraun, Abdomen fahl weiß, Körpergröße durchschnittlich 3,5 mm. **Baëtis permultus**

— Randständige Interkalaradern des Vorderflügels einfach. 5

5 Processus costalis des Hinterflügels doppelt. 6

— Processus costalis des Hinterflügels einfach, Gonopoden wie in Abb. 21, Thorax kastanienbraun, Abdomen rötlichbraun, Körpergröße durchschnittlich 3,6 mm. **Centroptilum badium**

6 Gonopodenbasis am apikalen Innenrand stark vorgewölbt (Abb. 24). Turbanaugen ocker, Thorax hellbraun, Abdomen fahl und dorsal mit größeren, rötlichbraunen Flecken, Körpergröße durchschnittlich 5,4 mm. **Centroptilum biarcuatum**

— Gonopodenbasis ohne Vorwölbung am apikalen Innenrand (Abb. 15a), Turbanaugen graubraun, Thorax kastanienbraun, Abdomen gelblichbraun, Tergitränder dunkler, Körpergröße durchschnittlich 5,7 mm. **Centroptilum boettgeri**

7 Processus costalis des Hinterflügels einfach, randständige Interkalaradern des Vorderflügels doppelt. 8

— Processus costalis des Hinterflügels doppelt, randständige Interkalaradern des Vorderflügels einfach. 9

8 Gonopoden wie in Abb. 4, Turbanaugen gelblichbraun, Thorax hellbraun, Abdomen fahl, Körpergröße durchschnittlich 7,8 mm. **Baëtis monikae**

— Thorax hellbraun, ventral weißlich, Abdomen dorsal rötlichbraun, ventral hellgelb, Subanalplatte wie in Abb. 14e. Körpergröße 10,1 mm (1 ♀). **Baëtis** sp. 1

9 Hinterflügel ohne Interkalaradern, Basalglieder der Gonopoden am apikalen Innenrand mit deutlicher Vorwölbung (Abb. 18a, b), Turbanaugen ocker, Thorax kastanienbraun, Abdomen gelblichbraun, Körpergröße durchschnittlich 4,9 mm. **Centroptilum montanum**

— Hinterflügel mit mehreren, randständigen Interkalaradern, mittlere Längsader gegabelt, Thorax mittelbraun, Abdomen hellbraun, Tergite am Hinterrand mit rötlich schimmerndem Querband, Subanalplatte wie in Abb. 40e, Körpergröße 16,1 mm (1 ♀). **Centroptiloïdes** sp. 1

10 Gonopoden wie in Abb. 1a, Turbanaugen gelblich, Thorax kastanienbraun, Abdomen gelblichbraun, Hinterflügel 0,74 mm lang und 0,17 mm breit, Körpergröße durchschnittlich 6,5 mm. **Baëtis kalengoensis**

— Gonopoden wie in Abb. 10a, Turbanaugen hellgelb, Thorax kastanienbraun, Abdomen dorsal gelblich, ventral weißlich, Hinterflügel 1,22 mm lang und 0,43 mm breit, Körpergröße durchschnittlich 7,4 mm. **Baëtis insolitus**

11 Randständige Interkalaradern des Vorderflügels paarig. 12

— Randständige Interkalaradern des Vorderflügels einfach. 14

12 Basalglieder der Gonopoden mit z. T. deutlicher Vorwölbung am apikalen Innenrand. Innenränder der Basalglieder und 1. Gonopodenglieder schwach mit Borsten besetzt. 13

— Basalglieder ohne derartige Vorwölbung und Beborstung. Gonopoden wie in Abb. 30. Turbanaugen dunkelbraun, Thorax kastanienbraun, Abdomen hellbraun. Körpergröße durchschnittlich 8,2 mm. **Pseudocloëon grandiculum**

13 Gonopoden wie in Abb. 27a, b. Turbanaugen ocker, Thorax kastanienbraun, Abdomen gelblichbraun, Körpergröße durchschnittlich 4,9 mm. **Pseudocloëon tenuicrinitum**

— Gonopoden wie in Abb. 32a, b. Turbanaugen ocker, Thorax hell- bis mittelbraun, Abdomen gelblichbraun, am Ende weißlich, Hinterränder der Tergite mit feinem, dunkelbraunem Querband, Körpergröße durchschnittlich 4,1 mm. **Pseudocloëon fastigatum**

14 Gonopoden wie in Abb. 35a–c. Turbanaugen ocker, Thorax mittelbraun, Abdomen fahlweiß, die letzten Segmente mittelbraun, Körpergröße durchschnittlich 5,3 mm. **Cloëon permirum**

— Gonopoden wie in Abb. 38a–c. Turbanaugen rot, Thorax kastanienbraun, Abdomensegmente 1–6 weiß, ab 7. Segment dorsal rötlichbraun, ventral nur 9. Segment gelblichbraun, Körpergröße durchschnittlich 3,9 mm. **Cloëon insuetum**

Zusammenfassung

In den Jahren 1972/1973 wurde am zentralafrikanischen Bergbach Kalengo (Zaïre) ein umfangreiches Emergenzprogramm durchgeführt. 16 Monate erfolgte ein regelmäßiges Absammeln der aus dem Wasser schlüpfenden Insekten-Imagines. In dem Untersuchungsabschnitt des Kalengo wurden insgesamt 21 Ephemeropteren-Arten festgestellt. In der vorliegenden Arbeit wird die Taxonomie der Familie Baëtidae abgehandelt, die mit 12 bisher unbekannten Arten (*Baëtis kalengoensis* sp. n., *B. monikae* sp. n., *B. permultus* sp. n., *B. insolitus* sp. n., *Centroptilum boettgeri* sp. n., *C. badium* sp n., *C. biarcuatum* sp. n., *Pseudocloëon tenuicrinitum* sp, n., *P. grandiculum* sp. n., *P. fastigatum* sp. n., *Cloëon permirum* sp. n., *Cl. insuetum* sp. n.), 1 bereits beschriebenen Art (*Centroptilum montanum* KIMMINS, 1960) und 2 nicht näher bestimmbaren ♀♀ (*Baëtis* sp. 1, *Centroptiloïdes* sp. 1) in der Emergenz vertreten ist.

Summary

EPHEMEROPTERA EMERGING FROM THE KALENGO MOUNTAIN STREAM IN CENTRAL AFRICA (ZAIRE). PART I: BAETIDAE

The insect-emergence of the Central African mountain stream Kalengo has been studied over a period of 16 months in 1972/1973. In an emergence house daily collections were made of all insects. In the testing section of the Kalengo 21 species of the Ephemeroptera were found. In this paper a description is given of 15 species of the Baëtidae, 12 of which are new ones (*Baëtis kalengoensis* sp. n., *B. monikae* sp. n., *B. permultus* sp. n., *B. insolitus* sp. n., *Centroptilum boettgeri* sp. n., *C. badium* sp. n., *C. biarcuatum* sp. n., *Pseudocloëon tenuicrinitum* sp. n., *P. grandiculum* sp. n., *P. fastigatum* sp. n., *Cloëon permirum* sp. n., *Cl. insuetum* sp. n.), 1 species was described formerly (*Centroptilum montanum* KIMMINS, 1960) and 2 species more are presented by ♀♀ only (*Baëtis* sp. 1, *Centroptiloïdes* sp. 1).

Literaturverzeichnis

AGNEW, J. D., 1961: New Baëtidae (Ephemeroptera) from South Africa. – Nov. Taxa Entomol. **25**: 3–18.

BARNHARD, K. H., 1932: South African may-flies (Ephemeroptera). – Trans. R. Soc. S. Afr. **20**: 201–259.

BÖTTGER, K., 1975: Produktionsbiologische Studien an dem zentralafrikanischen Bergbach Kalengo. – Arch. Hydrobiol. **75**: 1–31.

CRASS, R. S., 1947: The may-flies (Ephemeroptera) of Natal and the Eastern Cape. – Ann. Natal. Mus. **11**: 37–110.

ESBEN-PETERSEN, P., 1913: Ephemeridae from South Africa. – Ann. S. Afr. Mus. **10**: 177–187.

ILLIES, J., 1971: Emergenz 1969 im Breitenbach. Schlitzer produktionsbiologische Studien (1). – Arch. Hydrobiol. **69**: 14–59.

—, 1972: Emergenzmessung als neue Methode zur produktionsbiologischen Untersuchung von Fließgewässern. – Verh. Dt. Zool. Ges., **65**. Jahresvers.: 65–69.

—, 1974: Emergenzschwankungen – ein produktionsbiologisches Problem. – Verh. Ges. Ökolog., Saarbrücken 1973: 131–142.

KIMMINS, D. E., 1938: A new Morocean Ephemeropteron. – Ann. Mag. Nat. Hist. (11) **11**: 302–305.

—, 1949: Ephemeroptera from Nyasaland, with descriptions of new species. – Ann. Mag. Nat. Hist. (12) **1**: 825–836, 1948.

—, 1956: New species of Ephemeroptera from Uganda. – Bull. Brit. Mus. (Nat. Hist.), Ent. **4**: 71–87.

—, 1960: Notes on East African Ephemeroptera, with descriptions of new species. – Bull. Brit. Mus. (Nat. Hist.), Ent. **9**: 337–355. •

STATZNER, B., 1976: Die Köcherfliegen-Emergenz (Trichoptera, Insecta) aus dem zentralafrikanischen Bergbach Kalengo. – Arch. Hydrobiol. **78**: 102–137.

ULMER, G., 1909: Ephemeriden von Madagaskar und den Comoren. In: Voeltzkow's Reise in Ostafrika, 1903–1905, II: 315–368.

—, 1919: Neue Ephemeropteren. – Arch. Naturg. **85** (A), 11: 1–80.

ZWICK, P., 1976: *Neoperla* (Plecoptera, Perlidae) emerging from a mountain stream in Central Africa. – Int. Revue ges. Hydrobiol. **61**: 683–697.

Anschrift des Autors:

Dr. J.-P. Kopelke, Zoologisches Institut (– Ökologie –) der Universität, Ohlshausenstraße 40–60, D – 23 Kiel.

ENTOMOLOGISCHE ABHANDLUNGEN

STAATLICHES MUSEUM FÜR TIERKUNDE IN DRESDEN

Band 43 Ausgegeben: 5. Mai 1980 Nr. 7

Untersuchungen über Gallmücken XXII
Die Erreger von Sproßgallen an Salix aurita, S. caprea und S. cinerea

(Diptera, Cecidomyiidae)

Mit 16 Figuren und 7 Fotos

HELMUT STELTER

Lüsewitzer Krug

Die folgenden Arten werden als Bewohner von Sproßgallen an Wollweiden (Salix aurita, S. caprea, S. cinerea) genannt: *Rhabdophaga salicis* (SCHRANK, 1803); *Rh. saliciperda* (DUFOUR, 1841); *Rh. karschi* (KIEFFER, 1891); *Rh. dubiosa* (KIEFFER, 1892); *Rh. medullaris* (KIEFFER, 1892); *Rh. pierrei* (KIEFFER, 1896); *Rh. perforans* KIEFFER, 1906; *Rh. nielseni* KIEFFER, 1906; *Rh. oculiperda* RÜBSAAMEN, 1921; *Dasyneura pierreana* (KIEFFER, 1909).

Für jede dieser Arten ist eine der Zeit entsprechende, mehr oder weniger ausführliche Beschreibung gegeben, in denen zum Teil auf differenzierende Merkmale verwiesen wird. Die Definition der einzelnen Arten bereitet heute jedoch erhebliche Schwierigkeiten und ist oft nur auf Umwegen möglich. Typen oder überhaupt Material von den einzelnen Arten wurde entweder nicht hinterlegt oder es ist im Laufe der Jahre unbrauchbar geworden. Für das den Autoren vorgelegene Gallenmaterial (Herbar) gelten ähnliche Einschränkungen.

Es wird in dieser Zusammenstellung anhand der Literatur und mit dem aus 20jährigen Zuchten vorliegenden Material eine Grundlage für weitere Arbeiten in Mitteleuropa angestrebt. Von den einzelnen Arten werden hier Puppen, Imagines und die Gallen berücksichtigt.

Verwendete Abkürzungen:

Fühler:	Bgl.	= Basalglied
	Ggl.	= Geißelglied
	Kn.	= Knoten
	M.	= Mikrotrichen
	Bw.	= Bogenwirtel
	Hw.	= Haarwirtel
Flügel:	rr	= Ramus Radii
	Gp.	= Gabelpunkt
	Cu.	= Cubitus
	cu 1	= erster Gabelast des Cu.
	cu 2	= zweiter Gabelast des Cu.

	a	= Entfernung der Mündung von cu 1 zu cu 2 in den Hinterrand
	b	= Entfernung der Mündung von cu 1 bis zur Flügelspitze
	c	= Entfernung der Flügelspitze von der Mündung des rr in den Vorderrand
Hypopygium:	o.L.	= obere Lamelle
	m.L.	= mittlere Lamelle
	Bgl.	= Basalglied
	Kgl.	= Klauenglied
	M.	= Mikrotrichen
Lamellen der Legeröhre:	o.L.	= obere Lamelle
	u.L.	= untere Lamelle
	M.	= Mikrotrichen

Rhabdophaga salicis (SCHRANK, 1803)

Synonyme: NIJVELDT (1977) notiert folgende Synonyme: *Cecidomyia salicina* BOUCHÉ, 1834; *Cecidomyia degeerii* BREMI, 1847; *Cecidomyia gallarum-salicis* HARDY, 1850; *Cecidomyia argyrosticta* MACQUART, 1854; *Cecidomyia karschi* KIEFFER, 1891; *Rhabdophaga ramicola* RÜBSAAMEN, 1915; *Rhabdophaga saliyonai* SHINJI, 1938.
Gattungszugehörigkeit: *Tipula* (Erstbeschreibung), *Cecidomyia* (H. LOEW, 1850), *Dichelomyia* (RÜBSAAMEN, 1892), *Bertieria* (KIEFFER, 1896), *Rhabdophaga* (KIEFFER, 1900).

Cecidomyia salicis BOUCHÉ, 1834 – NIJVELDT (1977) unterlief mit der Schreibweise *C. salicina* ein Irrtum – ist nicht als ein Synonym von *Rh. salicis* anzusehen. Die Beschreibung von BOUCHÉ ist so allgemein gehalten und läßt eine weite Auslegung zu. Es wird vorgeschlagen, *Cecidomyia salicis* BOUCHÉ, 1834 als Nomen dubium zu betrachten. Ebenso ist *Cecidomyia gallarum-salicis* HARDY, 1850 nicht mehr zu identifizieren. Auch dieser Name sollte als Nomen dubium angesehen werden.

Für die von BREMI (1847) beschriebene *Cecidomyia degeerii* wird ausdrücklich Salix purpurea als Wirt notiert. Eine abschließende Beurteilung über die Stellung von *C. degeerii* kann im Zusammenhang mit einer vergleichsweisen Betrachtung von *Rh. salicis* und *Rh. ramicola* erfolgen.

Rhabdophaga karschi ist eine selbständige Art (STELTER, 1978). – Die Beschreibungen von *C. argyrosticta* MACQUART, 1854 und *Rh. saliyonai* SHINJI, 1938 stehen mir nicht zur Verfügung.

Diese Art wird hier in aller Kürze behandelt. Einzelheiten sind der ausführlichen Beschreibung (STELTER, 1956) zu entnehmen.

Männchen (n = 24)

Fühler: 2 + 15–19gliedrig.

Flügel: (Fig. 1, Maße in Tab. 1), rr im ganzen Verlauf leicht geschwungen, cu 1 in ganzer Länge mit leichter Krümmung, cu 2 trifft schräg auf den Hinterrand.

Hypopygium: (Fig. 2), die m.L. wird von der o.L. überragt und die Penisscheide ist etwas länger als die o.L., Bgl. wenig länger als die Penisscheide. Die Kgl. sind oberseits im basalen Drittel und unterseits bis etwa 2 Borstenlängen vor der Spitze mit M. besetzt. Diese stehen oberseits und unterseits in lockeren Gruppen, deren Abstände sich in Richtung zur Spitze vergrößern. Vornehmlich an der Basis des Gliedes und zur Spitze auslaufend sind die M. einzeln angeordnet. Länge des Bgl.: 211–274 μm, Breite des Bgl.: 74–88 μm, Länge des Kgl.: 131–154 μm, Breite des Penis etwa 6 μm vor der Spitze: 16–17 μm.

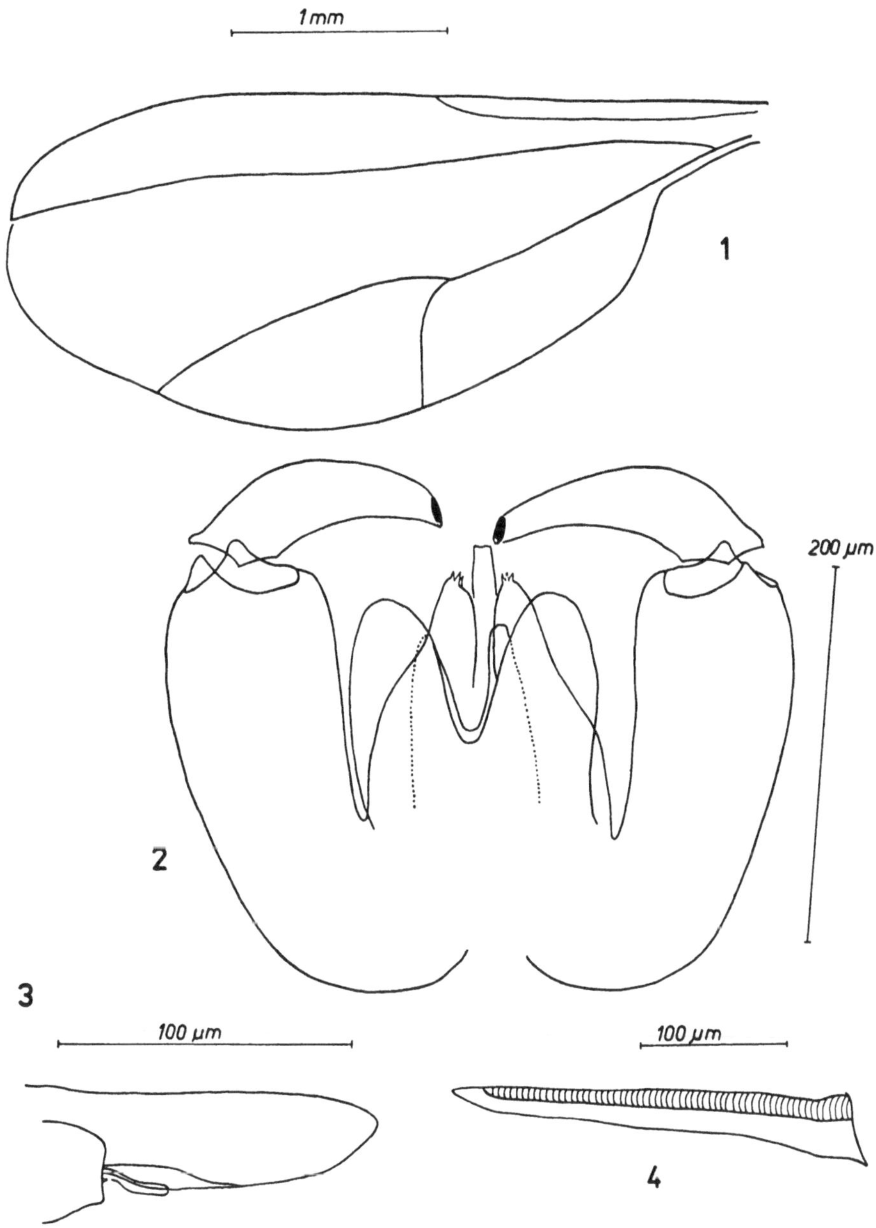

Fig. 1–4. *Rhabdophaga salicis* (SCHRANK)
1: Flügel eines Männchens – 2: Hypopygium – 3: Lamellen der Legeröhre – 4: Atemröhrchen einer Puppe.

Fig. 5. *Rhabdophaga salicis* (SCHRANK), Gallen an Salix aurita.

Tab. 1. *Rhabdophaga salicis* (SCHRANK), Flügelmaße vom kleinsten und größten Männchen und Weibchen meiner Sammlung in μm.

	kleinstes ♂	größtes ♂	kleinstes ♀	größtes ♀
Länge	2832	3577	2409	3329
Breite	1168	1402	920	1416
a	861	1066	671	993
b	788	934	657	832
c	151	151	131	175
Stiel des Cu.	1110	1518	905	1343
cu 1	1051	1212	832	1197
Gp. von rr	423	540	350	511
Gp. vom Hinterrand	365	482	277	460

Weibchen (n = 35)

F ü h l e r : 2 + 16–19gliedrig.

F l ü g e l : (Maße in Tab. 1), Aderverlauf wie bei den Männchen.

L e g e r ö h r e : (Fig. 3), Länge der o.L.: 73–96 μm, Breite der o.L.: 29–35 μm, Länge der u.L.: 17–26 μm. Die o L. ist mit sehr kurzen M. in kleinen gedrängt angeordneten und oft undeutlichen Gruppen besetzt.

P u p p e : Atemröhrchen (Fig. 4) braun, kräftig, gerade und zur Spitze verjüngt, Länge der Atemröhrchen: 257–296 μm, Länge der Scheitelborsten: 74–108 μm.Die schon von WINNERTZ (1853) erwähnten Stirnstachel sind schlank spatelförmig.

G a l l e : (Fig. 5), unregelmäßige, meist stengelumfassende 10–50 mm lange Anschwellung, auf der die Knospen regellos verteilt sind. Häufig ist die Rinde auf den Gallen aufgerissen.

W i r t s p f l a n z e n : Für *Rh. salicis* werden in der Literatur folgende Wirte genannt: Salix myrsinites (F. LÖW, 1877), S. arbuscula (F. LÖW, 1885), S. helvetica (F. LÖW, 1888a), S. hastata (F. LÖW, 1888b), S. pedicellata (HOUARD, 1913). AMBRUS (1964) nennt u. a. S. alba und V. BALÁS (1941) u. a. S. purpurea als Wirtspflanze. Weitere Wirte notiert HOUARD (1908). Mir liegen Züchtlinge von den häufig genannten Wirten S. aurita, S. caprea und S. cinerea vor.

Rhabdophaga dubiosa (KIEFFER, 1892)

S y n o n y m : *Cecidomyia dubia* KIEFFER, 1892
G a t t u n g s z u g e h ö r i g k e i t : *Cecidomyia* (Erstbeschreibung), *Bertieria* (KIEFFER, 1896), *Rhabdophaga* (KIEFFER, 1900).

Diese Art wird hier in aller Kürze behandelt. Einzelheiten sind der ausführlichen Beschreibung zu entnehmen (STELTER, 1956).

Männchen (n = 43)

F ü h l e r : 2 + 17–20gliedrig.

F l ü g e l : (Fig. 6, Maße in Tab. 2), rr fast gerade, nur kurz vor der Mündung in den Flügelrand leicht nach hinten gekrümmt, cu 1 an der Basis und kurz vor der Einmündung in den Hinterrand leicht gekrümmt, cu 2 im basalen Teil leicht gekrümmt, mündet fast senkrecht auf den Hinterrand.

H y p o p y g i u m : (Fig. 7), die m.L. kürzer und die o.L. etwas länger als die Penisscheide. Die Kgl. sind oberseits bis zur halben Gliedlänge mit M. in kleinen lockeren Gruppen, seltener einzeln stehend, besetzt, unterseits stehen die M. fast bis zur Spitze des Gliedes in Reihen oder in Doppelreihen. Länge des Bgl.: 176–222 μm, Breite des Bgl.: 86–103 μm, Länge des Kgl.: 97–114 μm, Breite des Penis etwa 6 μm vor der Spitze: 16–20 μm.

Weibchen (n = 69)

F ü h l e r : 2 + 15–20gliedrig.

F l ü g e l : (Maße in Tab. 2), Form und Verlauf der Aderung wie bei den Flügeln der Männchen. Die Größenunterschiede zwischen dem kleinsten und dem größten Tier sind beträchtlich.

L e g e r ö h r e : (Fig. 8), Länge der o.L.: 93–136 μm, Breite der o.L.: 35–41 μm, Länge der u.L.: 23–38 μm. Die o.L. ist bis zur Spitze mit in Gruppen angeordneten M. und mit feiner, im Bereich der Spitze etwas dichterer Behaarung versehen.

P u p p e : Ohne Stirnstachel, an der Basis der Fühlerscheide befindet sich lediglich ein Wulst quer zur Scheide. Atemröhrchen (Fig. 9) braun, an der Spitze kopfförmig gerundet und meist leicht geschwungen. Länge der Atemröhrchen: 148–160 μm, Länge der Scheitelborsten: 86 μm.

G a l l e : (Fig. 10). Spindelförmige, oft einseitige Anschwellung der Triebe. Die einseitigen Gallen endigen immer mit einer terminalen Knospe, bei stengelumfassenden Gallen sind Knospen fast ausschließlich im oberen Teil der Galle verteilt. Die Rinde auf der Galle ist nur höchst selten aufgerissen (Gegensatz zu *Rh. salicis*).
Die im Holzkörper angelegten Larvenkammern sind in der Regel in Längsrichtung der Galle orientiert. Der Schlupf der Puppen erfolgt ausschließlich aus den Knospenansätzen. Den Schlupfvorgang von *Rh. dubiosa* hat schon DEGEER (1782) richtig beobachtet und auch die Gallen unverwechselbar abgebildet.

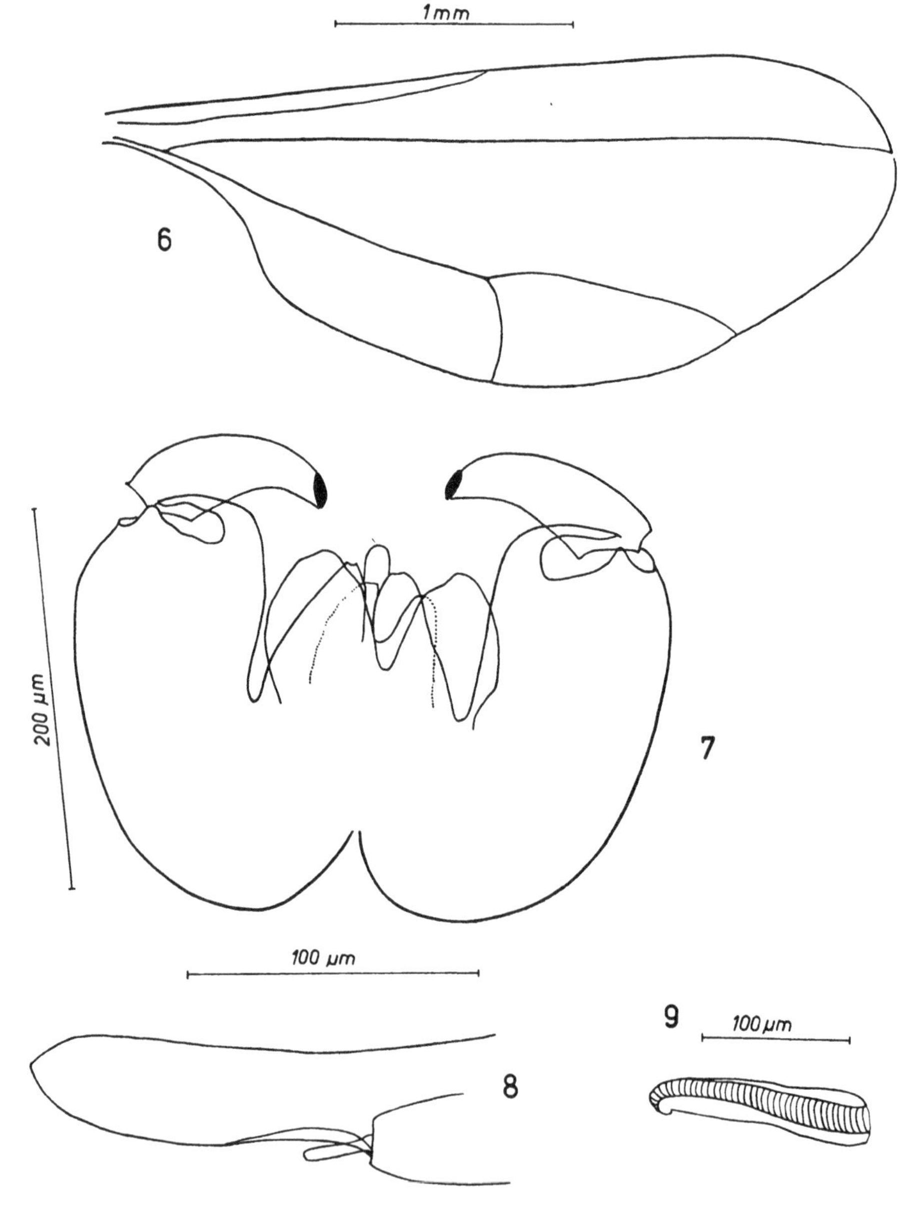

Fig. 6–9. *Rhabdophaga dubiosa* (KIEFFER)
6: Flügel eines Männchens – 7: Hypopygium – 8: Lamellen der Legeröhre – 9: Atemröhrchen einer Puppe.

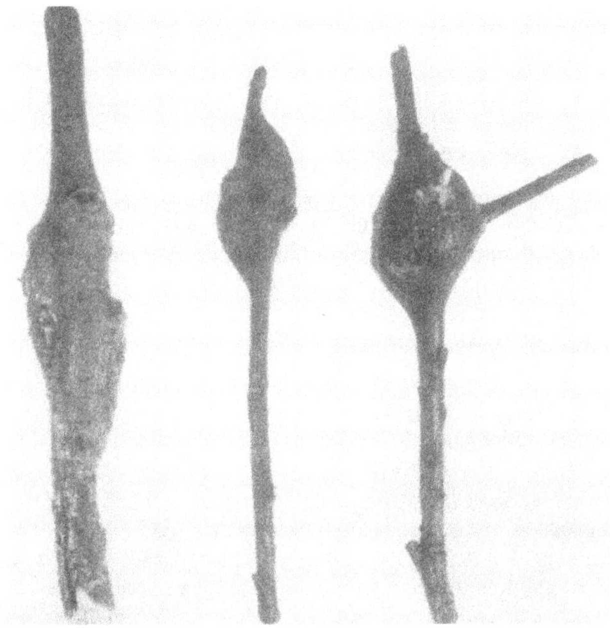

Fig. 10. *Rhabdophaga dubiosa* (KIEFFER), Gallen an Salix aurita.

Tab. 2. *Rhabdophaga dubiosa* (KIEFFER), Flügelmaße vom kleinsten und größten Männchen und Weibchen meiner Sammlung in μm.

	kleinstes ♂	größtes ♂	kleinstes ♀	größtes ♀
Länge	3066	3519	2424	3606
Breite	1197	1445	876	1387
a	934	1095	686	1168
b	730	847	642	934
c	117	190	131	146
Stiel des Cu.	1358	1504	1007	1445
cu 1	978	1183	759	1256
Gp. von rr	482	555	380	540
Gp. vom Hinterrand	350	467	234	423

W i r t s p f l a n z e n : Die wesentlichsten Wirtspflanzen in meinem Beobachtungsgebiet sind Salix aurita und S. cinerea, seltener konnten Gallen an S. caprea nachgewiesen werden. Die dieser Art zugeschriebenen Gallen an weiteren Weidenarten: S. helvetica (HIERONYMUS u. PAX, 1901), S. alba (HENRIKSEN u. TUXEN, 1944), S. repens (BUHR, 1965) bedürfen der Überprüfung. LEATHERDALE (1959) erwähnt aus Norwegen eine Galle an S. lapponum, die der von *Rh. dubiosa* an S. aurita verursachten ähnlich ist.

Rhabdophaga medullaris (KIEFFER, 1892)

S y n o n y m e : nicht bekannt.
G a t t u n g s z u g e h ö r i g k e i t : *Cecidomyia* (Erstbeschreibung), *Bertieria* (KIEFFER, 1896), *Rhabdophaga* (KIEFFER, 1900).

Von dieser Art schreibt KIEFFER (1892), daß er die Imagines (Weibchen) nicht von *Rh. karschi* unterscheiden kann. Er verweist auf die differenzierenden Merkmale der Puparien, nach denen ein Wiedererkennen möglich ist (KIEFFER, 1906). Diese Art wurde später offenbar nicht wieder gezüchtet.

Mir stehen Gallen zur Verfügung, die dem von KIEFFER beschriebenen Schadbild für *Rh. medullaris* entsprechen. Die daraus geschlüpften Puppen weichen jedoch wesentlich in den von KIEFFER für diese Art angegebenen Merkmalen ab.

Die aus den vorliegenden Gallen gezogenen Männchen sind deutlich von *Rh. karschi* zu unterscheiden, während differenzierende Merkmale für die Weibchen nicht nachzuweisen sind. Klarheit über *Rh. medullaris* ist mit Material vom ursprünglichen Fundort zu erwarten.

Rhabdophaga pierrei (KIEFFER, 1896)

S y n o n y m e : nicht bekannt.
G a t t u n g s z u g e h ö r i g k e i t : *Bertieria* (Erstbeschreibung), *Rhabdophaga* (KIEFFER, 1900), *Perrisia* (TAVARES 1905), *Rhabdophaga* (KIEFFER, 1906), *Helicomyia* (RÜBSAAMEN, 1915).

Diese Art wurde von KIEFFER (1896) ohne Bezeichnung der Wirtspflanze oder einer Beschreibung der Spezies und der Gallen mit einem Namen belegt. Erst später (KIEFFER, 1900) erfolgt eine kurze Beschreibung der Gallen. Es wird ausdrücklich darauf verwiesen, daß nur starke Zweige oder selbst Stämme befallen werden und daß die Larvenkammern senkrecht zur Längsachse des Triebes orientiert sind und nicht, wie bei den von *Rh. saliciperda, Rh. triandraperda* oder *Rh. purpureaperda* verursachten Gallen, in denen die Larvenkammern parallel zur Längsachse der Zweige angeordnet sind. Dieser Hinweis auf die Lage der Larvenkammern ist von HOUARD (1908) übernommen worden, wobei die erläuternde Abbildung (Fig. 168a) aber eindeutig in Längsrichtung der Zweigachse liegende Larvenkammern aufweist, wie übrigens auch die Abbildung von RÜBSAAMEN (RÜBSAAMEN u. HEDICKE, 1939, Tafel 21). MÖHN (1955) notiert senkrecht zur Längsachse des Triebes orientierte Larvenkammern.

Eine Beschreibung der Imagines ist mir nicht bekannt. Differenzierende Merkmale der Puparien werden von KIEFFER (1906) in einem Schlüssel verwertet. MÖHN (1955) beschrieb die Larven.

Über die Verbreitung von *Rh. pierrei* liegt ein umfangreiches Schrifttum vor. KIEFFER (1900) fand diese Art in Lothringen. Weitere Fundmeldungen kommen aus Italien (CECCONI, 1906: Salix fragilis), Böhmen und Mähren (BAUDYŠ, 1916a, b: S. fragilis, S. purpurea), Portugal (TAVARES, 1905: S. cinerea), Ungarn (V. BALÁS, 1941: S. caprea; AMBRUS, 1964: ohne Wirtspflanze). MÖHN (1955) betrachtet Mitteleuropa als Verbreitungsgebiet dieser Art. JAAP (1918) notiert für *Rh. pierrei* die folgenden Wirtspflanzen: S. pentandra, S. fragilis, S. amygdalina, S. cinerea, S. aurita und S. repens. Es wird von starkem Befall mit davon resultierenden Absterbeerscheinungen an S. aurita berichtet.

Bemerkenswert sind die wenigen Hinweise zur Charakteristik der Art selbst und die im Gegensatz dazu häufigen Verbreitungsangaben. Entwicklungsstadien von dieser Art haben offenbar, außer KIEFFER, noch TAVARES, JAAP und MÖHN vorgelegen. In der Literatur finde ich keine Hinweise darüber, daß Imagines einmal gezüchtet worden wären.

Die genannten Wirtspflanzen sind in ihrer Zusammenstellung zumindest recht ungewöhnlich für eine *Rhabdophaga*-Art und geben hinsichtlich der Zuordnung Anlaß für manche Zweifel.

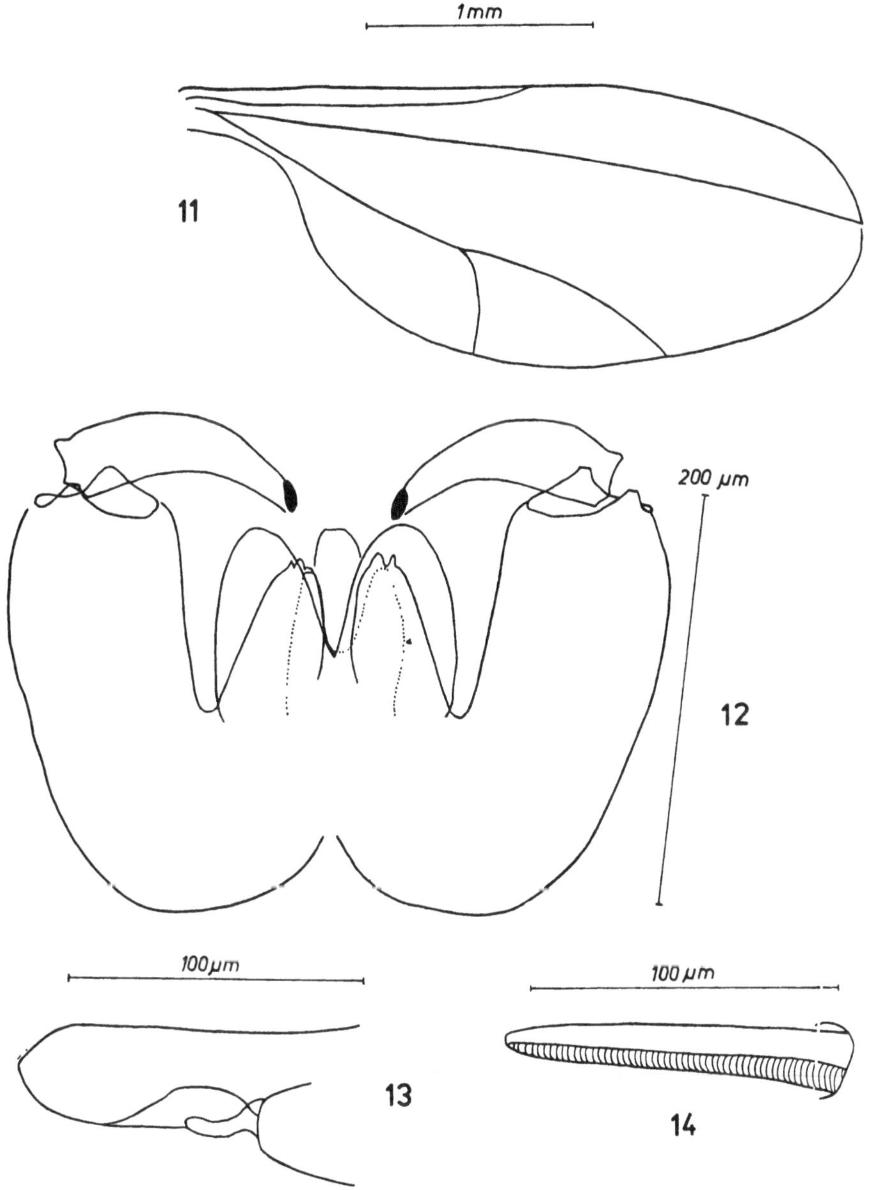

Fig. 11–14. *Rhabdophaga karschi* (KIEFFER)
11: Flügel eines Männchens – 12: Hypopygium – 13: Lamellen der Legeröhre – 14: Atemröhrchen einer Puppe.

Rhabdophaga karschi (KIEFFER, 1891)

S y n o n y m : *Rhabdophaga oculiperda* RÜBSAAMEN, 1921; **syn. n.**
G a t t u n g s z u g e h ö r i g k e i t : *Cecidomyia* (Erstbeschreibung), *Bertieria* (KIEFFER, 1896), *Rhabdophaga* (KIEFFER, 1900).

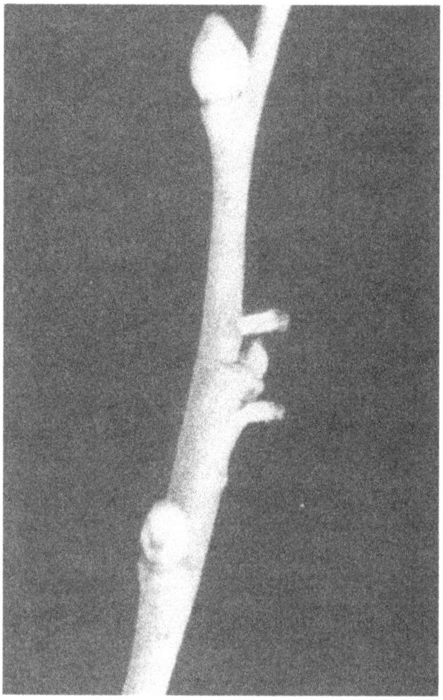

Fig. 15. *Rhabdophaga karschi* (KIEFFER), Galle an Salix aurita.

Tab. 3. *Rhabdophaga karschi* (KIEFFER), Maße der Geißelglieder eines Fühlers von einem Männchen in μm.

	1. Knoten		2. Knoten	
	Knoten	Stiel	Knoten	Stiel
1. Ggl.	93	6	87	32
2. Ggl.	84	32		
3. Ggl.	81	29		
4. Ggl.	81	32		
5. Ggl.	78	32		
6. Ggl.	81	29		
7. Ggl.	78	29		
8. Ggl.	78	26		
9. Ggl.	73	26		
10. Ggl.	73	23		
11. Ggl.	67	23		
12. Ggl.	67	23		
13. Ggl.	64	20		
14. Ggl.	64	9		
15. Ggl.	52	—		

Von dieser Art wurde in letzter Zeit mehrfach berichtet. NIJVELDT (1977) stellte sie als Synonym zu *Rh. salicis*. Diese Zuordnung erfuhr unter Verweis auf die morphologischen Besonderheiten des Pupariums und der Imagines eine Korrektur (STELTER, 1978). Von weiteren vergleichenden Untersuchungen wird hier berichtet:

Männchen (n = 18)

F ü h l e r : 2 + 13–16gliedrig (Maße der Ggl. in Tab. 3).

F l ü g e l : (Fig. 11, Maße in Tab. 4). Unabhängig von der Größe ist entweder a etwas länger als b oder umgekehrt, der Stiel des Cu. ist immer länger als cu 1. Der Gp. ist dem Hinterrand näher als dem rr.

Hypopygium: (Fig. 12, Maße in Tab. 5), die o.L. ist länger als die Penisscheide und die Bgl. sind länger als die o.L. Die Kgl. sind oberseits nur am Grunde mit einzeln stehenden oder in Reihen etwas schräg zum Glied angeordneten M. besetzt, unterseits stehen M. am Grunde des Gliedes einzeln oder in Reihen quer zum Glied und anschließend, bis etwa 2 Borstenlängen von der Spitze, in lockeren, länglichen Gruppen. Der Penis ist 6 μm hinter der Spitze 17--23 μm breit.

Tab. 4. *Rhabdophaga karschi* (KIEFFER), Flügelmaße einiger Männchen in μm (Wirt: Salix aurita).

	kleinstes ♂	größtes ♂	Neotypus
Länge	2862	3533	3475
Breite	1197	1460	1402
a	891	1007	993
b	803	1037	993
c	117	131	146
Stiel des Cu.	1139	1489	1460
cu 1	993	1037	1051
Gp. von rr	453	562	555
Gp. vom Hinterrand	380	467	467

Weibchen (n = 33)

Fühler: 2 + (12)13–16gliedrig.

Flügel: Form und Maße entsprechen weitgehend denen der Männchen.

Legeröhre: (Fig. 13), Länge der o.L.: 75–93 μm, Breite der o.L.: 32–41 μm, Länge der u.L.:29–38 μm. Die M. sind in zum Teil unterschiedlich geformten, deutlich unterscheidbaren Gruppen über die o.L. verteilt.

Puppe: Atemröhrchen (Fig. 14) hyalin, gerade oder leicht gebogen, Länge der Atemröhrchen: 112–115 μm, Länge der Scheitelborsten: 111 μm. Die Stirnstachel sind breit spatelförmig.

Von *Rh. karschi* wurde ein Holotypus nicht aufgestellt. Zur Stabilisierung in dieser etwas schwierigen Gattung wird aus dem vorliegenden Material ein Neotypus benannt.

Neotypus: Männchen Nr. 2631/4 T, geschlüpft am 22. Mai 1962.

Wirt des Neotypus: Salix aurita L.
Weitere Wirtspflanzen: S. caprea (BAUDYŠ, 1916a), S. cinerea (KIEFFER, 1891; BAUDYŠ, 1916b). Aufgrund von Übereinstimmungen der Gallenform werden S. rosmarinifolia (IONESCU, 1961) und S. repens (JAAP, 1918; WAHLGREN, 1944) als Wirte für *Rh. karschi* angesehen. Mir liegen Züchtlinge aus einjährigen Trieben von Salix aurita, S. caprea und S. cinerea vor.

Fundort des Neotypus: In den Waldungen nördlich der Chaussee zwischen Groß Lüsewitz und Sanitz, Kr. Rostock (Wald-Wiesen-Gelände).

Verbreitung: Obgleich nur wenig Verbreitungsangaben vorliegen, ist anzunehmen, daß *Rh. karschi* zumindest in Europa im Verbreitungsgebiet der Wirtspflanzen erwartet werden kann.

Galle: (Fig. 15). Die Gallenbeschreibung von KIEFFER (1891, 1892) lautet: „... schwach, walzen- oder spindelförmige Anschwellung, 2 mm dick und 5–10 mm lang, an dünnen einjährigen Zweigen." Hierzu ist zu ergänzen, daß beliebige Stellen der Jahrestriebe befallen werden und bemerkenswert häufig der Raum unterhalb der Knospen betroffen ist. Die Larven leben jedoch nie in oder unmittelbar unter einer Knospe, sondern immer in einer Höhlung im Holzkörper unter der Rinde. Die Schlupföffnung der Puppe wird regelmäßig durch die Rinde angelegt, meist im terminalen Teil der Galle – hierauf weist KIEFFER (1892) ausdrücklich hin. Nicht ungewöhnlich sind Schlupföffnungen auch im basalen Bereich, mit basipetaler Orientierung der Puppe.

Tab. 5. *Rhabdophaga karschi* (KIEFFER), Maße des Hypopygiums einiger Männchen in μm.

	kleinstes Hypopygium	größtes Hypopygium	Neotypus
Basalgliedlänge	205	239	228
Basalgliedbreite	74	91	86
Klauengliedlänge	114	131	125

In diesem Zusammenhang sind die Bemerkungen von RÜBSAAMEN (1921) zur Galle von *Rh. oculiperda* aufschlußreich: Er berichtet von 1 cm langen Anschwellungen, die das Blattpolster einschließen. Die Puppe schlüpft stets durch die Rinde. (Die Erwähnung des Knospenpolsters im Zusammenhang mit der Galle von *Rh. oculiperda* ist vermutlich mit ein Grund für die Zuordnung zu den Knospengallen durch BUHR, 1965). Das von RÜBSAAMEN bearbeitete Gallenmaterial existiert nicht mehr, ebenso sind die Imagines von *Rh. oculiperda* nicht mehr nachweisbar. Klarheit über diese Art konnte durch eine Gallenliste von JAAP (1918) und dem im Staatlichen Zoologischen Museum in Hamburg aufbewahrten und geretteten Herbarmaterial mit Gallen von *Rh. oculiperda* an S. aurita erzielt werden. Diese Gallen [1]) entsprechen der Beschreibung von RÜBSAAMEN und in allen Einzelheiten auch den Gallen, aus denen ich regelmäßig *Rh. karschi* gezogen habe. Bei der engen Zusammenarbeit zwischen RÜBSAAMEN und JAAP kann unterstellt werden, daß das Herbarmaterial von JAAP zumindest dem Material entsprach, das RÜBSAAMEN zur Beschreibung von *Rh. oculiperda* vorgelegen hatte.

In der Beschreibung von *Rh. oculiperda* (Weibchen) werden vornehmlich die Flügelmerkmale berücksichtigt. Sie entsprechen den mir vorliegenden Weibchen von *Rh. karschi*. Der Flügelrand soll hinter der Einmündung des rr bei *Rh. oculiperda* nicht unterbrochen sein. Aber gerade diese Kerbe im Flügelrand variiert innerhalb einer Art beträchtlich, sie ist oft schwer zu erkennen oder kann auch gänzlich fehlen.

Aufgrund der genannten Übereinstimmungen halte ich es für gerechtfertigt, *Rhabdophaga oculiperda* RÜBSAAMEN, 1921 als Synonym zu *Rhabdophaga karschi* (KIEFFER, 1891) zu stellen.

[1]) Herrn Prof. Dr. WEIDNER, Zool. Museum der Universität Hamburg, danke ich für die Übersendung der Gallen aus der Sammlung JAAP.

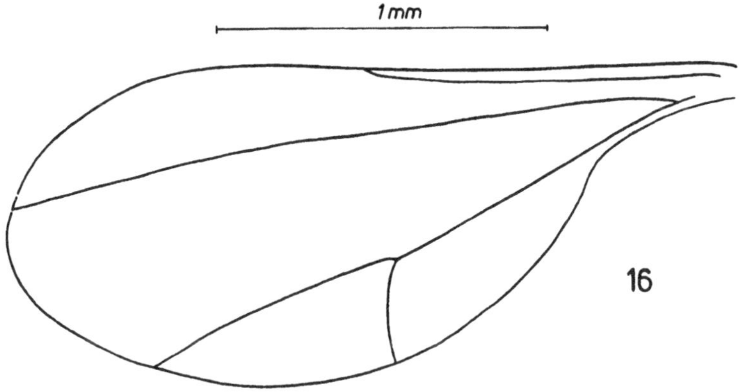

16

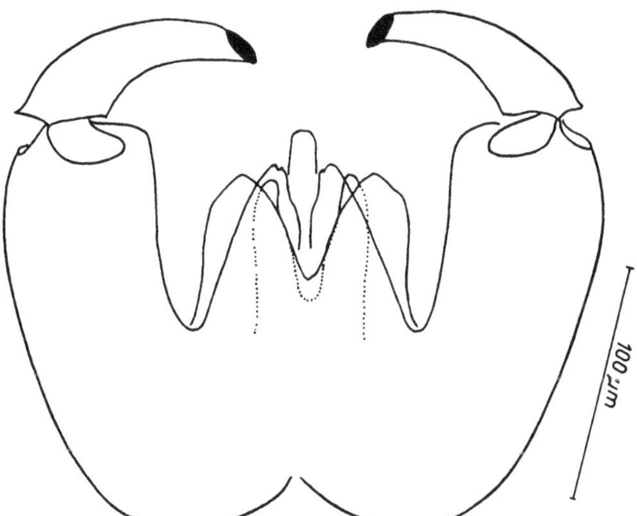

17

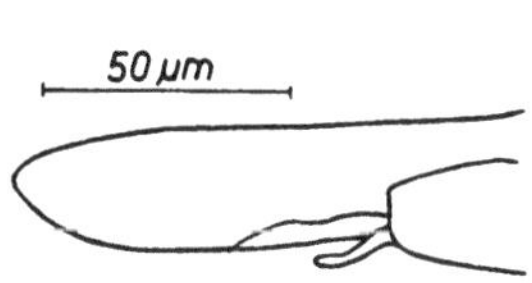

18

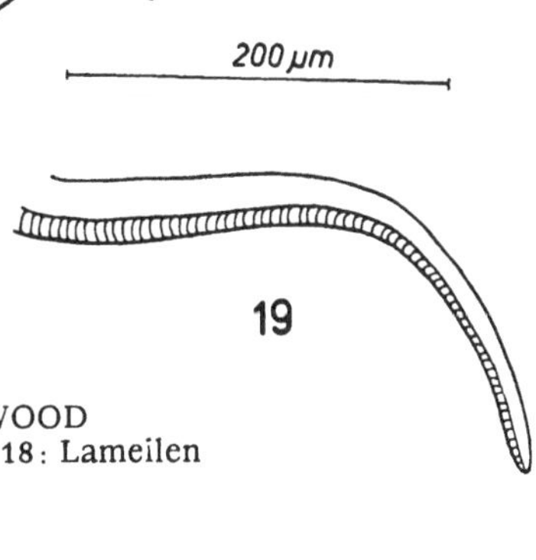

19

Fig. 16–19. *Rhabdophaga viminalis* WESTWOOD
16: Flügel eines Männchens – 17: Hypopygium – 18: Lameilen der Legeröhre – 19: Atemröhrchen einer Puppe.

Rhabdophaga viminalis WESTWOOD, 1847

Synonym: *Rhabdophaga perforans* KIEFFER, 1906; **syn. n.**
Gattungszugehörigkeit: *Cecidomyia (Rhabdophaga)* (Erstbeschreibung), *Cecidomyia* (KALTENBACH, 1874), *Rhabdophaga* (KIEFFER, 1913).

WESTWOOD (1847) erhielt diese Art aus Triebgallen von Salix viminalis und S. rubra. Obgleich bei der Beschreibung der Galle nicht auf Einzelheiten eingegangen wurde, läßt sich in Verbindung mit der Abbildung doch eine klare Vorstellung von dem Schadbild ableiten.

Die Beschreibung von *Rh. viminalis* gibt nicht viel Anhaltspunkte für eine Zuordnung der Imagines, so daß im wesentlichen von der Galle auf den Erreger geschlossen werden muß. Fehlerhafte Deutungen der Parasit:Schadbild-Beziehungen sind jedoch so gut wie ausgeschlossen, da die Ruten von S. viminalis von anderen Gallmückenarten nicht befallen werden.

Von dieser Art wird im Schrifttum, in Anlehnung an WESTWOOD, lediglich von S. viminalis und S. rubra berichtet. Seit 1952 gelang die Aufzucht von *Rh. viminalis* regelmäßig auch aus einjährigen Triebgallen von S. aurita und S. cinerea, die denen an S. viminalis entsprechen. Anfängliche Zweifel über die Zugehörigkeit der Züchtlinge konnten im Laufe der Jahre zerstreut werden.

Die folgende Beschreibung bezieht sich ausschließlich auf Züchtlinge von S. viminalis. Nennenswerte Abweichungen an den von S. aurita und S. cinerea erhaltenen Tieren wurden bisher nicht nachgewiesen.

Männchen (n = 24)

Fühler: 2 + 13–15gliedrig, erstes Ggl. mit 2, die übrigen mit einem Kn. Auf jedem Kn. ein Bw. und von diesem ausgehend eine Längsverbindung um den oberen Knotenrand sowie drei Hw. in der für *Rhabdophaga*-Arten üblichen Anordnung. Auf den Kn. ist der Raum zwischen den Wirteln mit M. besetzt, die Stiele sind kahl.
Hinter den Augen verläuft um den Kopf ein 15–17 μm breiter brauner Rand.

Thorax: Flügel: (Fig. 16, Maße in Tab. 6). Die Basis von rr oft unscheinbar, Querader leicht geschwungen, rr fast gerade, lediglich kurz vor der Mündung in die Flügelspitze leicht nach hinten gekrümmt. Kurz hinter der Einmündung ist der Hinterrand etwas eingekerbt. Der Stiel des Cu. in ganzer Länge leicht geschwungen, cu 1 (fast in Verlängerung des Stiels verlaufend) und cu 2 leicht gekrümmt, a in der Regel größer als b, selten umgekehrt. Der Gp. liegt dem Hinterrand näher als dem rr.
Die Fußkrallen mit einem kräftigen Zahn und das Empodium geringfügig länger als die Krallen.

Tab. 6. *Rhabdophaga viminalis* WESTWOOD, Flügelmaße des kleinsten und größten Männchens meiner Sammlung in μm (Wirt: Salix viminalis).

	kleinstes ♂	größtes ♂
Länge	2234	3140
Breite	934	1066
a	657	730
b	555	745
c	102	146
Stiel des Cu.	978	1212
cu 1	715	832
Gp. von rr	365	394
Gp. vom Hinterrand	277	336

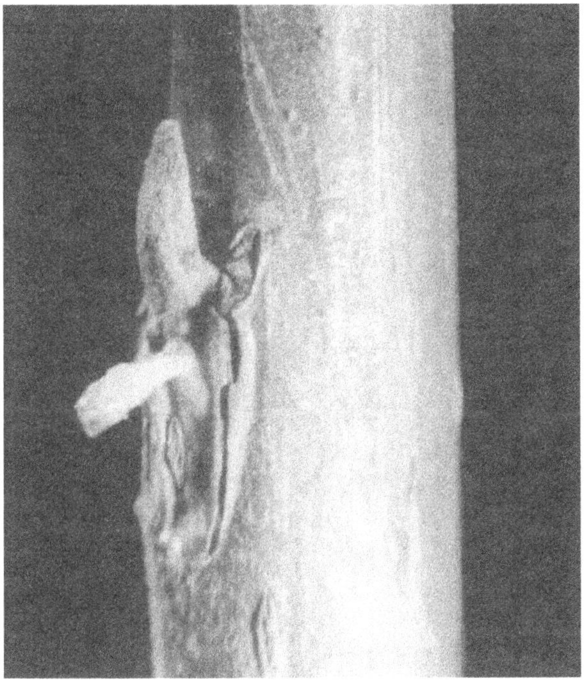

Fig. 20. *Rhabdophaga viminalis* WESTWOOD, Galle an Salix viminalis.

H y p o p y g i u m : (Fig. 17, Maße in Tab. 7). Die Lamellen erreichen die Länge der Penisscheide oder sie sind etwas kürzer, die m.L. ist an der Spitze überwiegend tief dreieckig eingeschnitten und meist breiter als ein Lappen der o.L. M. stehen auf den Kgl. oberseits am Grunde in Gruppen und unterseits bis zwei Borstenlängen vor der Spitze, am Grunde einzeln, daran anschließend bis zur Spitze in großen länglichen Gruppen. Der Penis ist 6 μm hinter der Spitze 11,5–13 μm breit.

Tab. 7. *Rhabdophaga viminalis* WESTWOOD, Maße des Hypopygiums einiger Männchen in μm (Wirt: Salix viminalis).

	kleinstes Hypopygium	größtes Hypopygium
Basalgliedlänge	143	205
Basalgliedbreite	57	68
Klauengliedlänge	97	108

Weibchen (n = 35)

F ü h l e r : 2 + 12–14gliedrig, das erste Ggl. mit zwei, die übrigen mit einem Kn., diese fast sitzend, auf jedem Kn. 2 Bw. und 2 Hw.

T h o r a x : Flügel und Fußkrallen wie bei den Männchen.

L e g e r ö h r e : (Fig. 18). Länge der o.L.: 58–70 μm, Breite der o.L.: 23–29 μm, Länge der u.L.: 15–17 μm. M. stehen auf der o.L. in unregelmäßigen, kleinen und deutlich voneinander getrennten Gruppen.

P u p p e : Die Form der Atemröhrchen (Fig. 19) variiert von leichter, in ganzer Länge

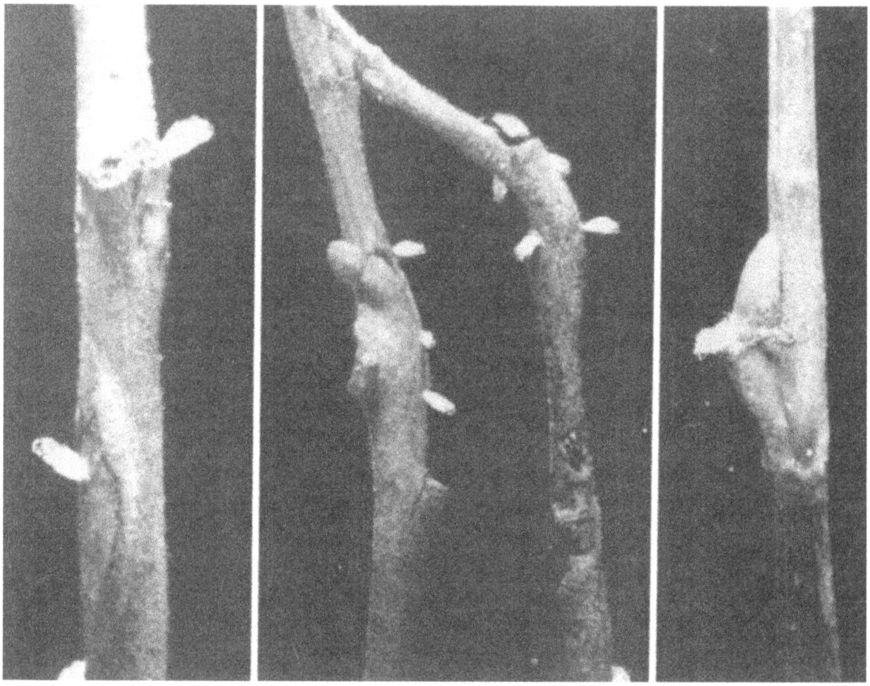

Fig. 21a, b, c (von links nach rechts). *Rhabdophaga viminalis* WESTWOOD, Gallen an Salix aurita.

gleichmäßig verlaufender Krümmung bis zu Formen, bei denen die basale Hälfte fast gerade ist, gefolgt von stärkerer Krümmung des terminalen Teiles. Länge der Atemröhrchen: 276–302 μm, Breite der Atemröhrchen an der Basis: 22,8–28,5 μm, Länge der Scheitelborsten: 80–120 μm (gemessen ohne Berücksichtigung der Krümmung).

Galle: Die von *Rh. viminalis* an Salix viminalis verursachte Galle weist typische Merkmale auf. Die Rinde ist ellipsenförmig (4–5 × 8–10 mm) aufgerissen und innerhalb des medaillonartigen Schadbildes verfärbt (Fig. 20). Soweit mir bekannt, kommt diese Galle nur an einjährigen Ruten an beliebigen Stellen, gelegentlich unter Einbeziehung einer Knospe, vor. Die Puppe schlüpft immer aus dem Zentrum der Galle durch die Rinde. Triebverdickungen konnten auch an dünnen Ruten oder an Triebenden nicht nachgewiesen werden.

An Salix aurita und S. cinerea entwickelt sich *Rh. viminalis* in drei unterschiedlichen Gallen:

1. Eine Gallenform, wie sie oben für Salix viminalis beschrieben wurde (Fig. 21a).
2. Leichte, allseitige Verdickung der Triebe (*Rh. karschi* verursacht meist einseitige Triebverdickungen), oft mit Krümmungen verbunden (Fig. 21b). Die Rinde ist nur an einigen Stellen und selten die Larvenkammer umfassend aufgerissen. Diese Gallen fand ich nur einmal, dann allerdings reichlich, an einem einzigen aus anderen Ursachen größtenteils abgestorbenen Strauch (S. aurita). Es liegt die Vermutung nahe, daß den Weibchen geeig-

nete Substrate für die Eiablage fehlten und, abweichend von der normalen Verhaltensweise, eine gehäufte Eiablage erfolgte. Die Triebverdickung wäre dann das Ergebnis einer Reizwirkung auf das Pflanzengewebe, ausgehend von mehreren dicht beieinander sich entwickelnden Larven. Aus solchen sich überlappenden Gallen schlüpften bis zu acht Mücken dicht gedrängt.
3. Deutliche Anschwellung des Knospenpolsters in Verbindung mit Verfärbungen der Rinde (Fig. 21c). Eine ähnliche Anschwellung des Knospenpolsters notiert KIEFFER für *Rh. perforans*. Es drängt sich in diesem Falle ein Vergleich mit *Rh. karschi* auf. Die aus den hier beschriebenen Gallen erhaltenen Tiere (Männchen und Weibchen) gehören jedoch eindeutig zu *Rh. viminalis* (Exuvie, Penis). Diese Art der Vergallung scheint die Ausnahme zu sein. In meinem Herbar befinden sich nur zwei solcher Gallen.

Die Beschreibung der *Rh. perforans* (KIEFFER, 1906) trifft in wesentlichen Merkmalen, z. B. den der Exuvie, für *Rh. viminalis* zu. In Verbindung mit der nun auch tatsächlich gefundenen Art der von KIEFFER genannten Vergallung und den daraus gezüchteten Tieren, sind die Zweifel an einer Identität ausgeräumt. *Rhabdophaga perforans* KIEFFER, 1906 ist ein Synonym von *Rhabdophaga viminalis* WESTWOOD, 1847.

Rhabdophaga saliciperda (DUFOUR, 1847)

Nach KIEFFER (1892) ist Salix caprea eine Wirtspflanze für *Rh. saliciperda*. Dies ist die bisher einzige Fundmeldung für diese Art an einer Wollweide.

Rhabdophaga nielseni KIEFFER, 1906

In der Beschreibung von *Rh. nielseni* wird eine Wirtspflanze nicht genannt. JAAP (1918) notiert mit Fragezeichen (?) Salix repens und S. aurita. Als Schadbild werden zwei unterschiedliche Gallen angegeben: die eine entspricht ziemlich genau der Galle (Medaillongalle) von *Rh. viminalis* an Salix viminalis, während die zweite für eine von S. repens bekannte Galle zutrifft.

Dasyneura pierreana (KIEFFER, 1909)

S y n o n y m e : nicht bekannt.
G a t t u n g s z u g e h ö r i g k e i t : *Perrisia* (Erstbeschreibung), *Dasyneura* (RÜBSAAMEN in RÜBSAAMEN u. HEDICKE, 1925/39), *Rhabdophaga* (*Dasyneura*) (BUHR, 1965).

Der Beschreibung von *D. pierreana* lagen Gallen und Larven zugrunde. Vollinsekten werden in der Literatur bisher nicht erwähnt. Mir ist *D. pierreana* nicht bekannt.

Zusammenfassung

Die in Trieben von Wollweiden (Salix aurita, S. caprea, S. cinerea) lebenden Gallmücken (*Cecidomyiidae*) werden mit Verwendung von Literaturangaben und den in mehr als 150 Zuchten erhaltenen Vollinsekten behandelt: *Rhabdophaga salicis* (SCHRANK, 1803); *Rh. dubiosa* (KIEFFER, 1892); *Rh. medullaris* (KIEFFER, 1892); *Rh. pierrei* (KIEFFER, 1896); *Rh. karschi* (KIEFFER, 1891); *Rh. viminalis* WESTWOOD, 1847. Neben der detaillierten Beschreibung von Vollinsekten, Puparien und Gallen werden für jede Art Synonyme, Wirtspflanzen und die im Laufe der Zeit wechselnde Gattungszugehörigkeit notiert.

Summary

INVESTIGATIONS ON GALL-MIDGES XXII
THE GALL-PRODUCERS IN SHOOTS OF SALIX AURITA, S. CAPREA AND S. CINEREA

The gall-midges living in shoots of wool-willows (Salix aurita, S. caprea, S. cinerea) are treated together with literature references and adult insects obtained from more than 150 rearings: *Rhabdophaga salicis* (SCHRANK, 1803); *Rh. dubiosa* (KIEFFER, 1892); *Rh. medullaris* (KIEFFER, 1892); *Rh. pierrei* (KIEFFER, 1896); *Rh. karschi* (KIEFFER, 1891); *Rh. viminalis* WESTWOOD, 1847. Besides detailed descriptions of adult insects, puparia, and galls, for each species the synonyms, host plants, and changing genera to which the species are belonging in course of time are noticed.

Literatur

AMBRUS, B., 1964: Füzeseink gubacslegyei. – Külön. az Àllat. Közlem., **51**, 7–21.
BALÁS, G. VON, 1941: Pótlás „Magyarország Gubacsai"-hoz. Budapest, 197 S.
BAUDYŠ, ED., 1916a: Zoocecidie nové pro Čechy. – Časopis České Společ. Entomol., **13**, 1–10.
—, 1916b: Neue Gallen und Gallenwirte aus Böhmen. – Soc. Entomol., **31**, Nr. 10, 45–49.
BOUCHÉ, P. FR., 1834: Naturgeschichte der Insekten. Berlin, 216 S.
BREMI, J. J., 1847: Beiträge zu einer Monographie der Gallmücken, *Cecidomyia* Meigen. – Neue Denkschr. allg. schw. Ges. f. d. ges. Naturw., **9**, 17 u. 45–46.
BUHR, H., 1965: Bestimmungstabellen der Gallen (Zoo- und Phytocecidien) an Pflanzen Mittel- und Nordeuropas. 2 Bde. Jena, Bd. 2.
CECCONI, G., 1906: Contribuzione alla cecidologia Toscana. – Marzellia, **5**, 39–43.
DEGEER, K., 1782: Abhandlungen zur Geschichte der Insekten. Nürnberg, 6. Bd., 155–156.
DUFOUR, M. L., 1841: Histoire des métamorphoses des Cécidomyies du pin maritime et du peuplier. – Ann. Sci. Nat., 15, 257–263.
HARDY, J., 1850: On the effects produced by some insects upon plants. – Ann. Mag. nat. hist., **6**, 182–188.
HENRIKSEN, K. L. u. TUXEN, S. L., 1944: Fortegnelse over de danske galler (Zoocecidier). – Spolia zool. Mus. Hauniensis, **6**, 212 S.
HIERONYMUS, G. u. PAX, F., 1901: Herbarium cecidiologicum, Lieferung IX, Nr. 251–275.
HOUARD, C., 1908: Les Zoocécidies des plantes d'Europe et du Bassin de la Méditerranée. 3 Bde. Paris, Bd. 1, 570 S.
—, 1913: Cécidies d'Algérie et de Tunisie. – Bull. de la Soc. d'Hist. Nat. de l'Afrique du Nord, **4**, 134–162.
IONESCU, M. A. u. ROMAN, N., 1961: Noi contributii la studiul zoocecidiilor din R. P. R. – Analele Univ. C. I. Parhon, Seria Stiintele Nat., **10**, 117–126.
JAAP, O., 1918: Verzeichnis der bei Triglitz in der Prignitz beobachteten Zoocecidien nebst Bemerkungen zu einigen in meiner Sammlung ausgegebenen Arten. – Verh. Bot. Ver. Prov. Brandenbg., **60**, 1–55.
KALTENBACH, J. H., 1874: Die Pflanzenfeinde aus der Klasse der Insekten. Stuttgart, 848 S.
KIEFFER, J. J., 1891: Die Zoocecidien Lothringens. – Ent. Nachr., **17**, 230–240.
—, 1892: Zur Kenntnis der Weidengallmücken. – Berl. ent. Ztschr., **36**, 241–258.
—, 1896a: Sur les Cécidomyies du saule (Dipt.). Description d'un genre nouveau et d'une espéce nouvelle. – Bull. Soc. ent. Fr. 1896, 188–189.
—, 1896b: Diagnose de trois Cécidomyides nouvelles (Dipt.). – Bull. Soc. ent. Fr. 1896, 216–218.
—, 1900: Monographie des Cécidomyides d'Europe et d'Algérie. – Ann. Soc. ent. Fr., **69**, 181–472.
—, 1906: Deux nouveaux représentants du genre *Rhabdophaga*. – Marcellia, **5**, 70–74.
—, 1909: Contributions a la connaissance des insectes gallicoles. – Bull. Soc. d'hist. Nat. Metz, **26**, 1–35.
—, 1913: Genera Insectorum, Diptera Fam. *Cecidomyidae*. Bruxelles, Fasc. **152**, 346 S., 15 Taf.
— u. NIELSEN, J. C., 1906: Eine neue Weidengallmücke. – Ent. Medd., **3**, 1–4.

LEATHERDALE, D., 1959: The plant galls of Norway. – Arbok 1959, Univ. Bergen, Naturv. Rekke Nr. **8**, 56 S.
LOEW, H., 1850: Dipterologische Beiträge, Vierter Teil. Posen, 40 S.
LÖW, FR., 1877: Über Gallmücken. – Verh. zool.-bot. Ges. Wien, **27**, 1–38.
—, 1885: Beiträge zur Naturgeschichte der gallenerzeugenden Cecidomyiden. – Verh. zool.-bot. Ges. Wien, **35**, 483–510.
—, 1888a: Mitteilungen über neue und bekannte Cecidomyiden. – Verh. zool.-bot. Ges. Wien, **38**, 231–246.
—, 1888b: Norwegische Phyto- und Entomocecidien. – Verh. zool.-bot. Ges. Wien, **38**, 537–548.
MACQUART, J., 1854: Les plantes herbacées d'Europe et leurs insectes. – Recueil Soc. Agric. Lille, **1**, 21–22.
MÖHN, E., 1955: Beiträge zur Systematik der Larven der *Itonididae* (= *Cecidomyiidae*, Diptera). 1. Teil: *Porricondylinae* und *Itonidinae* Mitteleuropas. – Zoologica, Stuttgart, **38**, Lieferung 2, 129–247.
NIJVELDT, W., 1977: Notes on *Cecidomyiidae*, II. – Ent. Ber., **37**, 88–92.
RÜBSAAMEN, EW. H., 1892: Die Gallen des königlichen Museums für Naturkunde zu Berlin. – Berl. ent. Ztschr., **37**, 319–411.
—, 1915: Cecidomyidenstudien IV. Revision der deutschen Oligotropharien und Lasiopterarien nebst Beschreibung neuer Arten. – Sitzungsber. Ges. naturf. Fr. Berlin, Nr. **10**, 485–567.
—, 1921: Cecidomyiden-Studien VII. – Dt. Entomol. Ztschr., 1921, 33–52.
— u. HEDICKE, H., 1925/39: Die Zoocecidien, durch Tiere erzeugte Pflanzengallen Deutschlands und ihre Bewohner. 2. Bd. Zoologica, Stuttgart, **29**, 350 S., 42 Tafeln.
SCHRANK, F. P., 1803: Fauna Boica. 3 Bde. Landshut, Bd. 3, S. 69.
SHINJI, O., 1938: On the Japanese *Cecidomyiidae*, II. – Insect Wld., **42**, 178–182 (Japanisch).
STELTER, H., 1956: Untersuchungen über Gallmücken I. *Rhabdophaga salicis* Schrank und *Rhabdophaga dubia* Kieffer. – Archiv d. Fr. Naturgeschichte Mecklenbg., **2**, 406–418.
—, 1978: Sind *Rhabdophaga karschi* (Kieff., 1891) und *Rh. ramicola* Rübs., 1915 Synonyme von *Rh. salicis* (Schrank, 1803) ? – Dt. entomol. Ztschr., N. F. **25**, 331–336.
TAVARES, J. S., 1905: Synopse das Zoocecidias Portuguezas. – Broteria, **4**, 1–123.
WAHLGREN, E., 1944: Cecidologiska anteckningar V. – Entomol. Tidskr. **65**, 50–121.
WESTWOOD, J. O., 1847: The willow-twig Midge. – Gardners Chronicle Nr. **63**, S. 588.
WINNERTZ, J., 1853: Beitrag zu einer Monographie der Gallmücken. – Linnaea Entomologica, **8**, 154– 319, 4 Tafeln.

Anschrift des Autors:
H. Stelter, DDR – 2551 Lusewitzer Krug, Post Broderstorf, Kreis Rostock.

ENTOMOLOGISCHE ABHANDLUNGEN

STAATLICHES MUSEUM FÜR TIERKUNDE IN DRESDEN

Band 43	Ausgegeben: 5. Mai 1980	Nr. 8

On Some Typhlocybinae from India

(Homoptera, Auchenorrhyncha, Cicadellidae)

With 425 Figures

IRENA DWORAKOWSKA
Warszawa

The paper is a small contribution to the cognition of Indian fauna. It is based on the collections of the University of Agricultural Sciences in Bangalore (B), Punjab Agricultural University in Ludhiana (PAU), Staatliches Museum für Tierkunde in Dresden (D) and of the Institute of Systematic and Experimental Zoology, Polish Academy of Sciences in Kraków (ISEZ).

The posessor of the holotype is mentioned on the first place at certain description. Some paratypes are deposited also at the collection of the British Museum (Nat. Hist.) in London (BM).

There are described 46 new species and five taxons of generic rank. The generic names are to be treated as arbitrary combinations of letters. In all cases, Gender: Feminine.

Empoascini

Dialecticopteryx KIRKALDY, 1907

Subgenus **Akotettix** MATSUMURA, 1931

The comparison of characters of both subgenera is available in figures, viz: 1–10 showing *Dialecticopteryx* (s. str.) *australica* KIRK., 12–21, 34, 35 *D. (Akotettix) centromaculata* (RAM. et MENON), 22–32, 36, 37 *D. (A.) quadrata* sp. n. and 11 –subgenital plate of *D. (A.) akonis* (MATS.) made from type specimen.

Dialecticopteryx (Akotettix) quadrata sp. n. (Figs. 22–32, 36, 37)

Body sordid yellow. Centre of hind part of pronotum milky. Scutum and scutellum brownish at the midline. There is a dark brown semilunar patch in the centre of pronotum (Fig. 26). Two roundish patches on vertex, basal triangles, a rhomboidal patch on frontoclypeus (Fig. 29) and eyes, blackish. Fore wing hardly semitransparent, wax-field and apical cells (especially 3rd apical cell) slightly smoked. Veins and margins of fore wing infuscated, the hind margin dark brown.

The male genital apparatus of the new species differs considerably from these of *D. (A.) centromaculata* (RAM. et MENON) and *D. (A.) akonis* (MATS.) by other proportions of

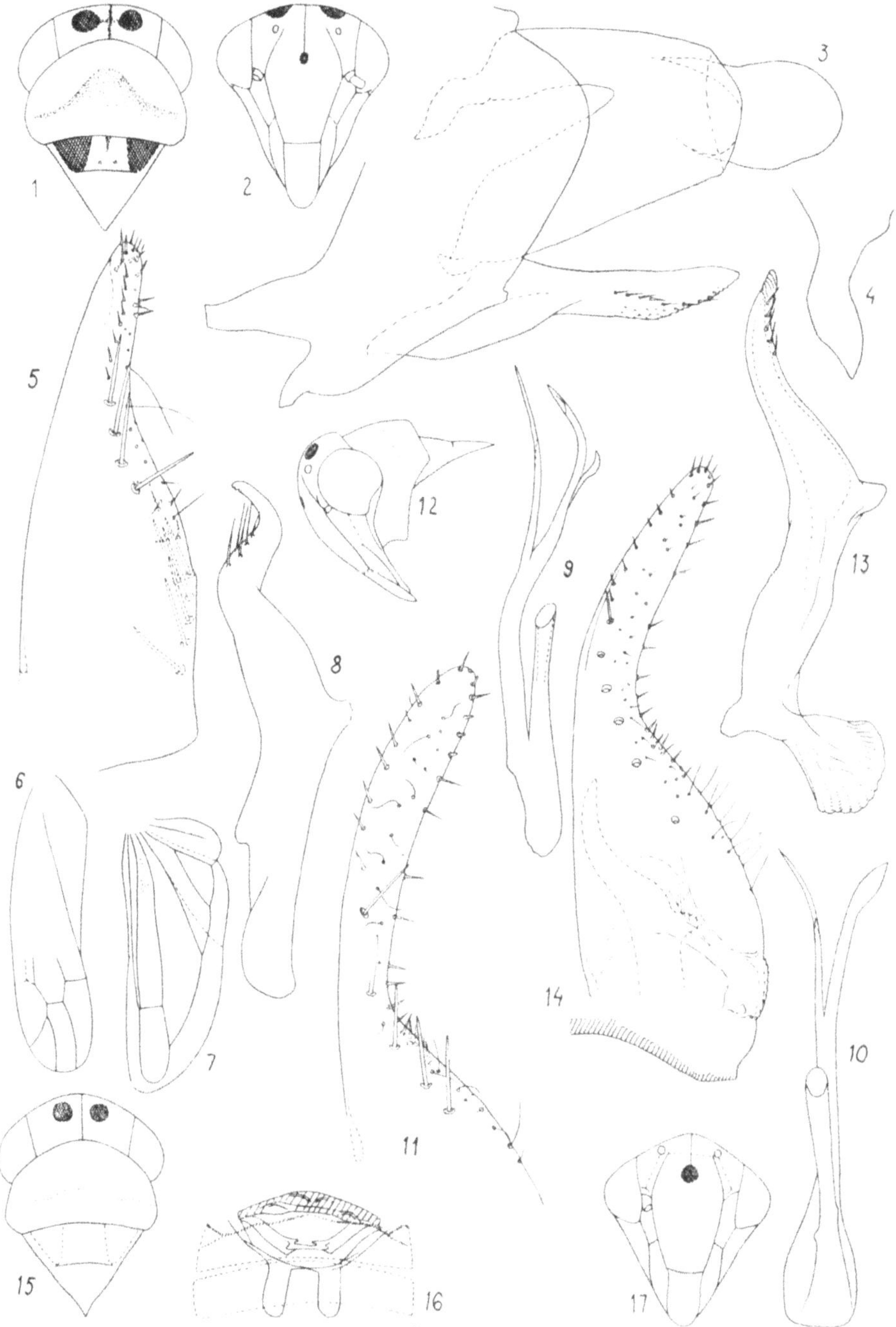

Figs. 1-17.

Dialecticopteryx (s. str.) australica KIRK.: 1-10.

1: head and thorax, dorsal view - 2: face - 3: pygophore lobe and anal tube in slide - →

genital capsule (Fig. 23). The subgenital plates are comparatively short, quite broad apically (Fig. 27) and fused with each other on a longer distance. Paramere is quite long (Figs. 27, 28) with broad termination. Pygophore side elongated caudad (Fig. 22), well pigmented. Upper atrial appendage at penis is longer than the stem (Figs. 23, 36, 37) which is devoid of processes. The processes of the upper atrial appendage are characteristically shaped (Figs. 36, 37). Anal tube appendage terminated on three extensions, two of them tapering and one broadened before apex and ornamented with teeth sculpture there (Fig. 25). Abdominal apodemes narrow (Fig. 24).

Length: ♂ 4.15 and 4.25 mm.

Holotype, male, and paratype, ♂: Karnataka, 18–25 km E of Mudigere, June 2, 1978, coll. C. A. VIRAKTAMATH. (B)

Apheliona KIRKALDY, 1907

Apheliona (s. str.) indica DWORAKOWSKA et SOHI, 1978 (Fig. 33)

2 ♂♂, 2 ♀♀, Karnataka, 6 km S of Mulbagal, Apr. 13, 1977; 1 ♂, 18–25 km E of Mudigere, June 2, 1978; 1 ♀, Magadi, July 16, 1977; 1 ♂, 52 km W of Kollegal, Aug. 8, 1977. All collected by C. A. VIRAKTAMATH.

Female of this species has reduced dark pattern on face (Fig. 33).

Subgenus **Sujitettix** MATSUMURA, 1931

Apheliona (Sujitettix) ferruginea (MATSUMURA, 1931)

1 ♀, Karnataka, Nagarahole, Jan. 17, 1978; 1 ♀, (pale), 22 km W of Hunsur, Jan. 19, 1978; 2 ♂♂, 1 ♀, 9 km W of Kollegal, Aug. 8, 1977; 1 ♀, Mahadeswaramalai Hills, Aug. 11, 1977, coll. C. A. VIRAKTAMATH; 1 ♀, U. P., Dehra Dun, grasses, Apr. 6, 1978, coll. I. DWORAKOWSKA.

Empoanara DISTANT, 1918

Empoanara militaris DISTANT, 1918 (Figs. 38–42)

2 ♀♀ mounted together labelled: „S India E. A. Butler 1915 – 160 166" and „Lovedale Nilgiri Hills S India T. V. Campbell" (the type-series kept at the British Museum).

Lankasca GHAURI, 1963

Lankasca ficianella RAMAKRISHNAN et MENON, 1972 (Figs. 44–48)

2 ♂♂, Karnataka, 20 km S of Channapatna, July 15, 1977, coll. C. A. VIRAKTAMATH.

Lankasca vicaria sp. n. (Figs. 49–53)

Ground yellowish-olivaceous. Eyes brown. A black patch in the centre of pronotum bigger than that in *L. centromaculata* (MEL.) Fore wing semitransparent, light olivaceous.

4: anal tube appendage - 5: subgenital plate - 6: fore wing - 7: hind wing - 8: paramere - 9: penis, side view - 10: penis, ventral view. – *D. (Akotettix) akonis* (MATS.). 11: apical part of subgenital plate. – *D. (A.) centromaculata* (RAM. et MENON): 12-17. 16: abdominal apodemes.

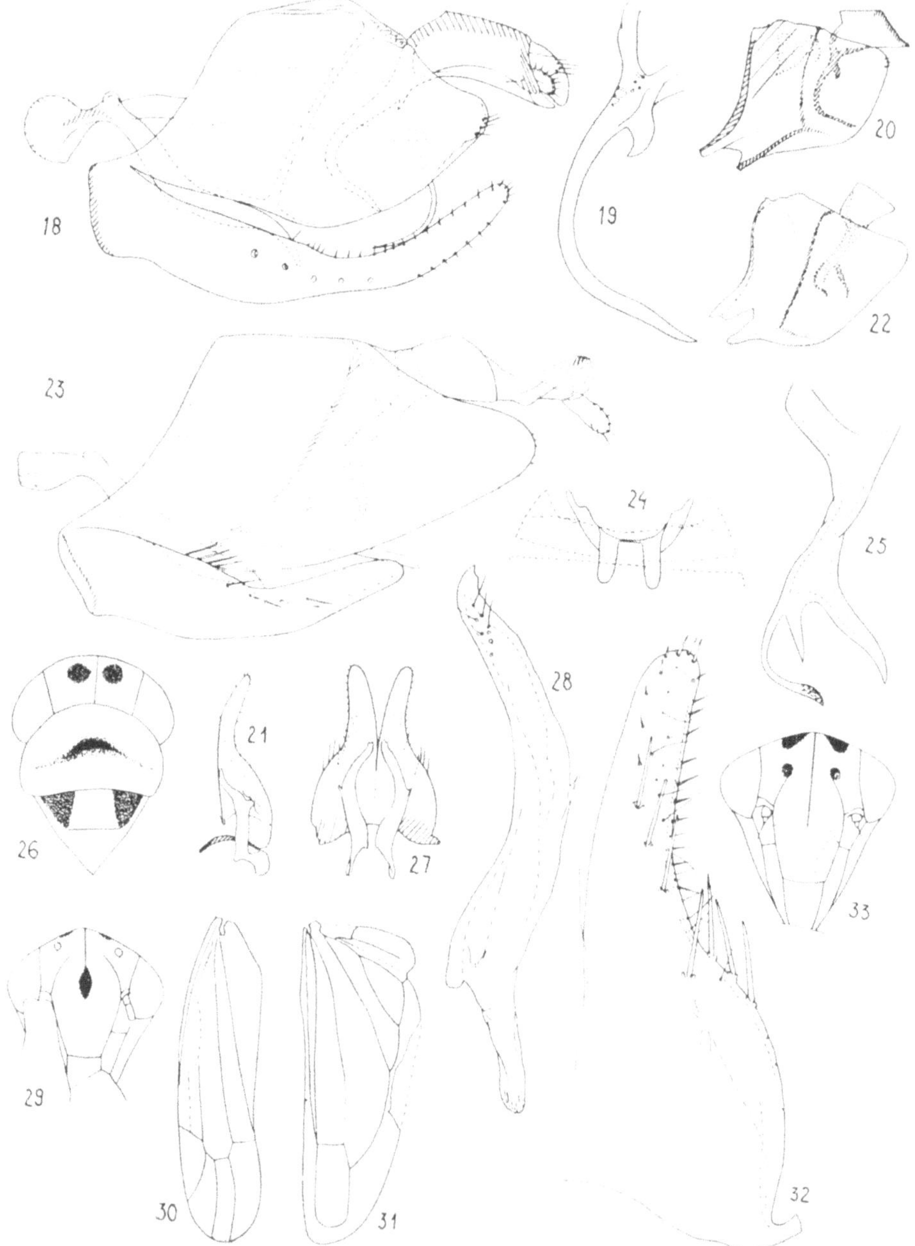

Figs. 18-33.
Dialecticopteryx (Akotettix) centromaculata (RAM. et MENON): 18-21. 18: genital capsule - 19: anal tube appendage - 20: proportions and scheme of pigmentation of pygophore side and base of anal tube - 21: proportions of subgenital plate, paramere and 9th abdominal sternite. – *D. (A.) quadrata* sp. n.: 22-32. – *Apheliona (s. str.) indica* DWOR. et SOHI, 33: face of female.

Male genital apparatus resembles that of *L. centromaculata* (MEL.) the most but penis stem broader in lateral aspect and an atrial tuber smaller (Fig. 50). Penis stem truncate at apex and swollen at base (Fig. 53), paramere more curved than in *L. centromaculata* (MEL.) (Fig. 52) and longer arm of anal tube appendage broadened before apex and the shorter one only arcuated (Figs. 49, 51) while in just mentioned species it is sinuated (Fig. 43).

Length: ♂ 3.6 mm.

Holotype, male: Karnataka, Yellapur (70 km W of Hubli), Nov. 15, 1977, coll. C. A. VIRAKTAMATH. (B)

Lankasca menoni sp. n. (Figs. 54–58)

Lankasca ficianella: DWORAKOWSKA and VIRAKTAMATH 1978 [1]) nec RAMAKRISHNAN et MENON, 1972

Externally undistinguishable from *L. ficianella* RAM. et MENON but male genital apparatus different.

Penis stem almost straight in lateral aspect (Fig. 55), truncate at apex (Fig. 57), apical part of paramere only slightly curved (Fig. 54) and anal tube appendage thin (Fig. 58). The longer arm of anal tube appendage thin, arcuated and slightly sinuated at apex and the shorter one is tooth-shaped, very short and directed basad (Fig. 56).

Length: ♂ 3.8 mm.

Holotype, male: Karnataka, Jog Falls, light trap, Nov. 19, 1976, coll. C. A. VIRAKTAMATH. (B)

Velu GHAURI, 1963

Velu caricae GHAURI, 1963

1 ♂, West Bengal, Calcutta, fig, Apr. 14, 1978, coll. I. DWORAKOWSKA.

Velu pruthii sp. n. (Figs. 59–66)

Ground of upper side of head and thorax brownish-testaceous, beneath lighter. There are two darker patches on sides of vertex and light sinuated transverse line at about midlength of pronotum. Fore wing dull brownish. Small ochre-testaceous patches just above ocelli on face.

Penis stem provided with lateral appendages at its base (Figs. 59, 61). Anal tube appendage lamellate, well sclerotized (Fig. 63), ornamented with teeth at margin (Figs. 60, 62). Pygophore appendage solid, bifurcated apically (Fig. 66). Paramere (Figs. 64, 65) more slim than that in *V. caricae* GHAURI.

Length: ♂ 3.7 and 3.8 mm.

Holotype, male: Karnataka, Thithimathi, Jan. 20; paratype, ♂: 18–25 km E of Mudigere, June 2, collected by C. A. VIRAKTAMATH in 1978. (B, D)

[1]) The references omitted here are to be found in METCALF's bibliography (METCALF 1964) or in „Taxonomic Review. . ." (SOHI and DWORAKOWSKA 1980).

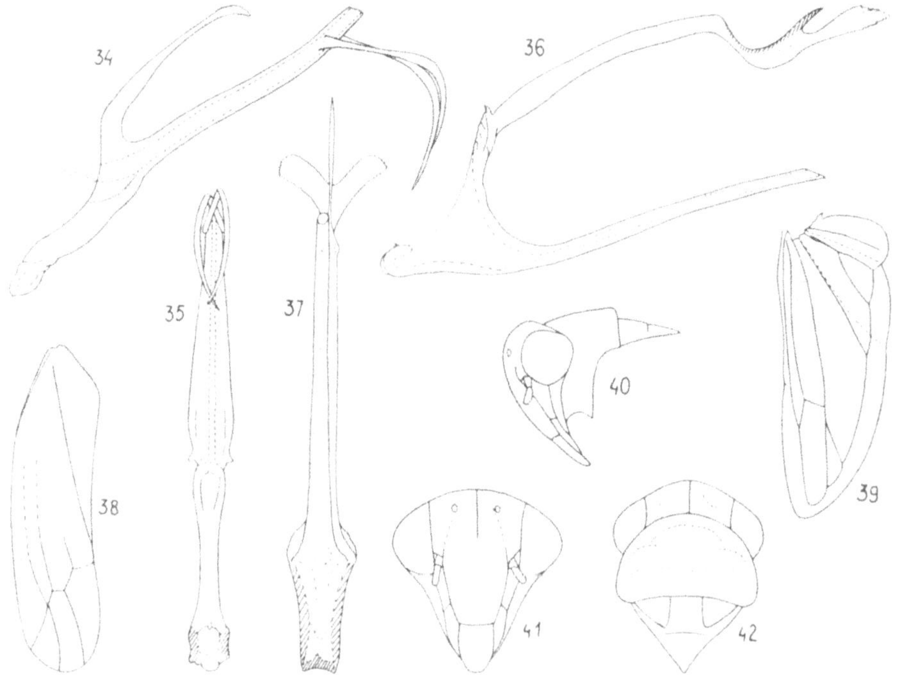

Figs. 34-42.
Dialecticopteryx (Akotettix) centromaculata (RAM. et MENON). 34: penis with connective, side view - 35: same, ventral view. – *D. (A.) quadrata* sp. n.: 36, 37. – *Empoanara militaris* DIST.: 38-42.

Alebroides MATSUMURA, 1931

Alebroides sinuatus sp. n. (Figs. 67–73)

Vertex slightly produced anteriorly. Ground of head and thorax light whitish-yellow. Whitish hypodermal pattern poorly expressed. Fore wing light, semitransparent. Eyes light brown.

Male genital apparatus resembles that of *A. falcatus* SOHI et DWOR. (SOHI and DWORAKOWSKA 1979), but anal tube process (Figs. 69, 70) sinuated and pygophore process longer, ornamented with small ledges subapically and terminated on a short tapering part bearing a distinct oval depression (Fig. 73). Penis stem broader in both aspects in comparison with that of *A. falcatus* SOHI et DWOR. and extensions of its dorsal side are comparatively more protruding (Figs. 67, 68).

Length: ♂ 3.70–3.75 mm, ♀ 3.80–4.00 mm.

Holotype, male, and paratypes, 3 ♂♂, 5 ♀♀: H. P., Dehra Dun, grasses and lower vegetation at a small water lead, Apr. 7, 1978, coll. I. DWORAKOWSKA. (ISEZ, D, BM)

Empoasca WALSH, 1862

Group of *Empoasca signata* (HAUPT, 1927)

Empoasca (s. str.) signata (HAUPT, 1927)

1 ♂, Karnataka, Gadag, Feb. 21; 1 ♂, Bangalore, black light trap, June 24, coll. C. A. VIRAKTAMATH in 1978.

Empoasca (s. str.) motti PRUTHI, 1940

1 ♂, Karnataka, 9 km W of Kollegal, Aug. 8, 1977; 1 ♂, Bangalore, black light trap, June 24, 1978; 2 ♂♂, same locality, July 17, 1978, coll. C. A. VIRAKTAMATH.

Empoasca (s. str.) spirosa DWORAKOWSKA et VIRAKTAMATH, 1979

Empoasca spinosa DWORAKOWSKA et SOHI, 1978b, nec *Empoasca spinosa* AHMED et SAMAD, 1972

1 ♂, Karnataka, Bangalore, black light trap, July 17, 1978; 1 ♂, Maharastra, Dhond, Nov. 26, 1977, coll. C. A. VIRAKTAMATH.

Empoasca (s. str.) lillae sp. n. (Figs. 74–82)

Vertex of male slightly produced in the middle, rounded at apex. Ground of upper side of thorax and head yellow-green. Bordering of coronal suture, two oblique streaks on vertex and anterior margin of pronotum light greenish. Not very distinct typical whitish hypodermal pattern on scutum and scutellum. Fore wing semitransparent, greenish, its apical part lighter and delicately smoked.

Anal tube appendage short, hook-like (Fig. 78). Pygophore appendage resembles that of *E. motti* PRUTHI but it much exceeds pygophore lobe (Fig. 77) and bears a small serrated plate at apex (Fig. 82). The surfaces of the plate are directed antero-posteriorly (Fig. 79). Subgenital plate almost equally broad on its whole length (Fig. 76). Paramere solid (Fig. 80). Abdominal apodemes (Fig. 81) short, truncated terminally.

Length: ♂ 2.3 mm.

Holotype, male: Karnataka, Mahadeswaramalai Hills, Aug. 11, 1977, coll. C. A. VIRAKTAMATH. (B)

Empoasca (s. str.) rura sp. n. (Figs. 83–89)

Vertex of male slightly produced in the midline. Ground of head and thorax pale yellowish-green. Eyes greyish-black. Fore wing semitransparent, light green. Apical cells smoked.

Male genital apparatus resembles that of *E.* (*s. str.) pitiensis* METC. (LINNAVUORI 1975), the differences exist in shape of apical part of paramere which in the new species is narrowing apicad (Fig. 83) while in *E. (s. str.) pitiensis* METC. it is broadened subapically (Fig. 90) and in shape of pygophore process being shorter and thicker in *E. (s. str.) pitiensis* METC. (Fig. 91) and more slim and longer in *E. (s. str.) rura* sp. n. (Fig. 84).

Length: ♂ 2.4 mm.

Holotype, male: Karnataka, 52 km W of Kollegal, Aug. 10, 1977, coll. C. A. VIRAKTAMATH. (B)

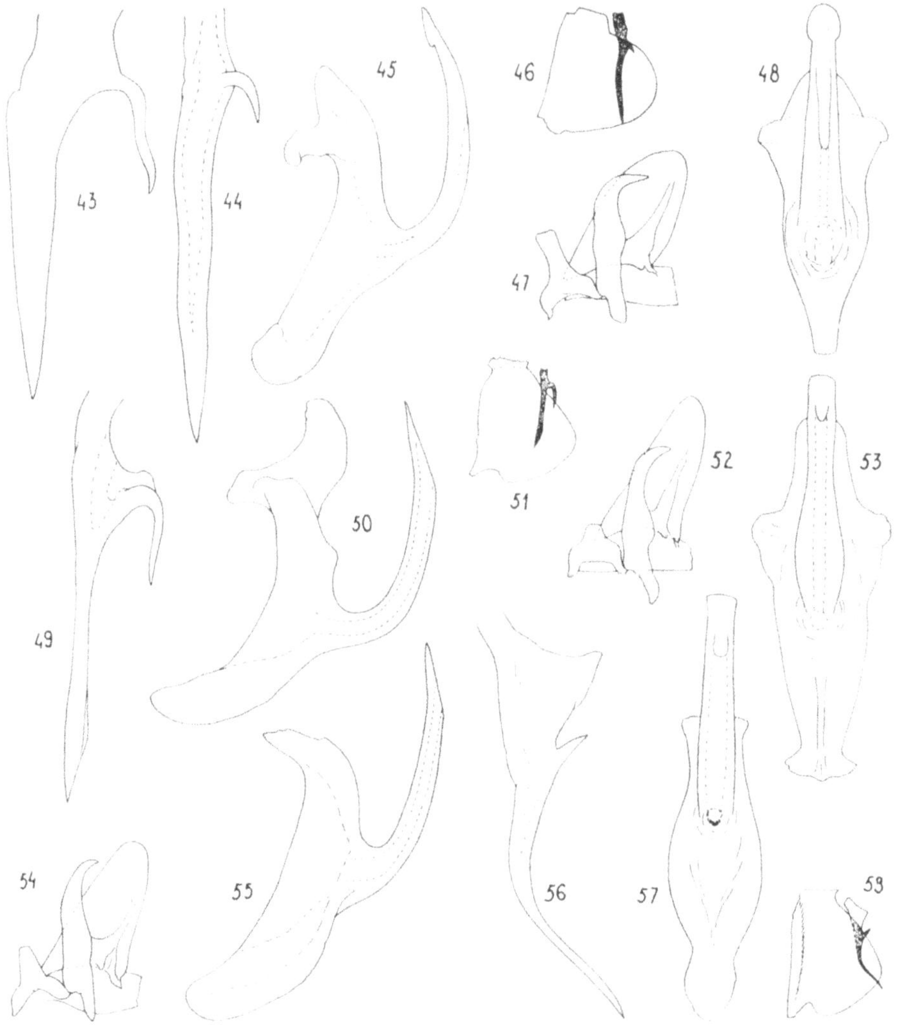

Figs. 43–58.
Lankasca centromaculata (MEL.). 43: anal tube appendage. – *L. ficianella* RAM. et MENON: 44-48. – *L. vicaria* sp. n.: 49-53. – *L. menoni* sp. n.: 54-58.

Empoasca (s. str.) tastara sp. n. (Figs. 93–100)

Body quite robust. Ground green with olivaceous tint which is darker at tip of vertex, at centre of pronotum and on clavus. Light hypodermal pattern light greenish, well expressed, consisting of three streaks on vertex, three patches at anterior margin of pronotum and typically distributed patches on scutum and scutellum. Eyes brownish-grey. Apical cells slightly smoked.

Anal tube appendage is very characteristical (Figs. 94, 97), it resembles that of *E. (s. str.)*

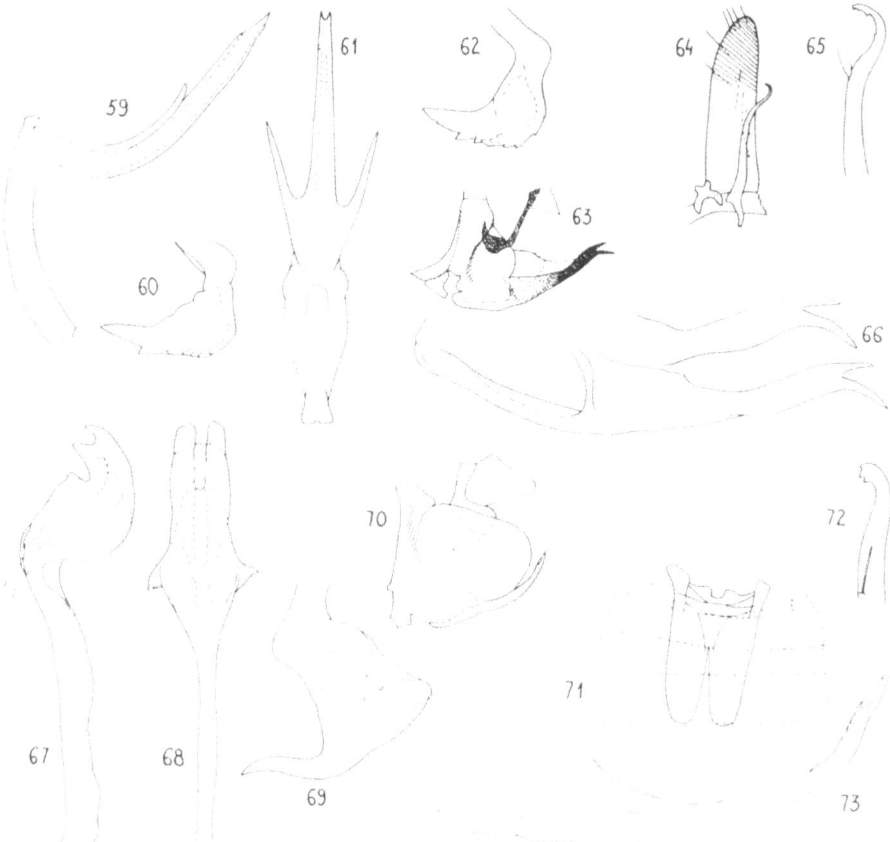

Figs. 59-73.
Velu pruthii sp. n.: 59-66. 65: apex of paramere. – *Alebroides sinuatus* sp. n.: 67-73.

livara DWOR. et SOHI.[2] Apical part of paramere very long and slim (Figs. 98, 100). Pygophore process almost straight, slightly broadened subapically and indistinctly serrated at apex (Fig. 99). Penis stem very broad when seen from behind (Fig. 93).

Length: ♂ 2.4 mm.

H o l o t y p e, male: Karnataka, 5–10 km SW of Mudigere, June 2, 1978, coll. C. A. VIRAKTAMATH. (B)

Empoasca (s. str.) tanova sp. n. (Figs. 101–109)

Vertex of male conically produced in the middle. Ground light vivid green with an olivaceous tint on pronotum. Whitish hypodermal pattern visible only on scutum and scutellum.

[2]) The holotype of *E. (s. str.) livara* DWOR. et SOHI is preserved in the collection of Forest Research Institute in Dehra Dun.

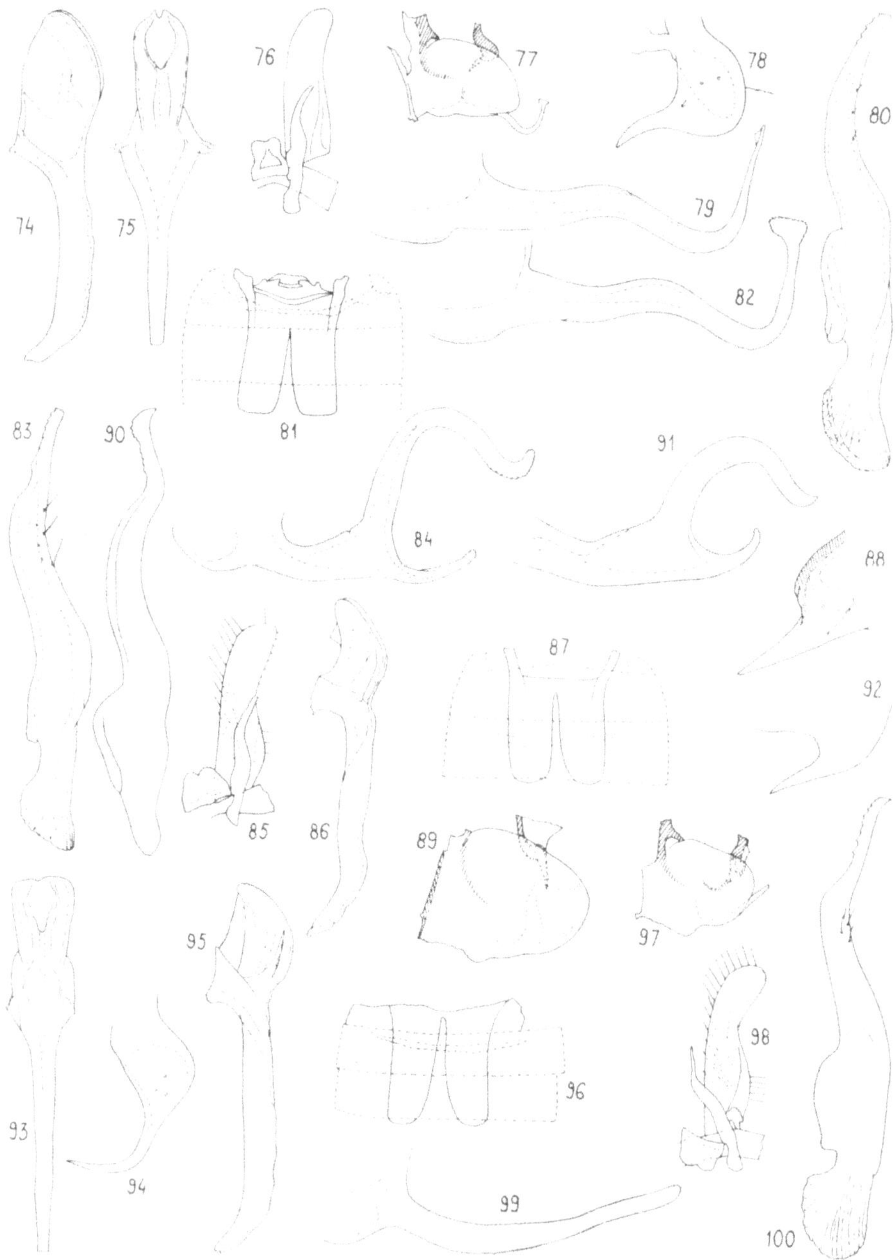

Figs. 74-100.
Empoasca (s. str.) lillae sp. n.: 74-82. 79: pygophore appendage in a natural position - 82: the same in slide. – *E. (s. str.) rura* sp. n.: 83-89. – *E. (s. str.) pitiensis* METC., after LINNAVUORI (1975): 90- 92. – *E. (s. str.) tastara* sp. n.: 93-100.

Fore wing hardly semitransparent, green in basal $^{3}/_{4}$, slightly smoked apically. Eyes testaceous-grey.

Penis stem very short, almost spherous in profile (Fig. 102), broadened and truncated at apex in posterior view (Fig. 103). Anal tube appendage horn-like (Fig. 106), directed cephalad (Fig. 105). Pygophore appendage slightly exceeding pygophore lobe (Fig. 105), straight, broadened in the midlength, tapering apically (Figs. 108, 109). Apical part of paramere quite slim (Fig. 101). There are two distinct groups of gracile microsetae on subgenital plate. Abdominal apodemes very long (Fig. 107).

Length: ♂ 3.1 mm.

Holotype, male: Karnataka, Nandi Hills, 1150 m, July 17, 1978, coll. C. A. VIRAKTAMATH. (B)

The new species is the closest related to *E. (s. str.) interrupta* DWOR. from Sunda Is. (DWORAKOWSKA 1976) differing by penis structure, shape of anal tube and pygophore appendages and by apex of paramere.

Group of *Empoasca reducta* DWORAKOWSKA, 1972

Empoasca (s. str.) tuba sp. n. (Figs. 110–118)

Ground emerald-green. Eyes blackish. Scutum and scutellum ochre-brownish. Whitish hypodermal pattern not visible on head and thorax. Hind margin and apical part of fore wing darkly smoked. Veins in apical part of fore wing dark green.

Male genital apparatus very similar to that of *E. (s. str.) reducta* DWOR. but penis stem terminated on two sclerotized hooks and its sides smooth (Figs. 110, 111). The lower branch of pygophore appendage about half longer than the upper one is provided with a small tooth at about its midlength (Figs. 117, 118). Connective almost triangular (Fig. 113). Abdominal apodemes long (Fig. 114).

Length: ♂ 3.6 mm.

Holotype, male: Karnataka, Nagarahole, Jan. 17, 1978, coll. C. A. VIRAKTAMATH. (B)

Group of *Empoasca warchalowskii* DWORAKOWSKA, 1972

Empoasca (s. str.) stata sp. n. (Figs. 119–124)

Ground green. Whitish hypodermal pattern on head and thorax poorly developed, consisting of only indistinct light patches along anterior margin of pronotum. Eyes brownish. Fore wing semitransparent greenish. Apical cells slightly smoked.

Male genital apparatus resembles that of *E. (s. str.) gucia* DWOR. from Vietnam (DWORAKOWSKA 1977) but in the new species anal tube appendage is broader at its base (Fig. 122), apical penis process bifurcated only at the very tip and lateral penis processes are attached to the stem when seen from behind (Fig. 124). There is a distinct vertical lamella situated on dorsal side of penis stem (Fig. 123) while in *E. (s. str.) gucia* DWOR. the lamella is situated at ventral margin of the stem.

Length: ♂ 3.20 and 3.25 mm, ♀ 3.15–3.30 mm.

Holotype, male, and paratypes, 1 ♂, 3 ♀♀: Karnataka, Nagarahole, Jan. 17, 1978, coll. C. A. VIRAKTAMATH. (B, D)

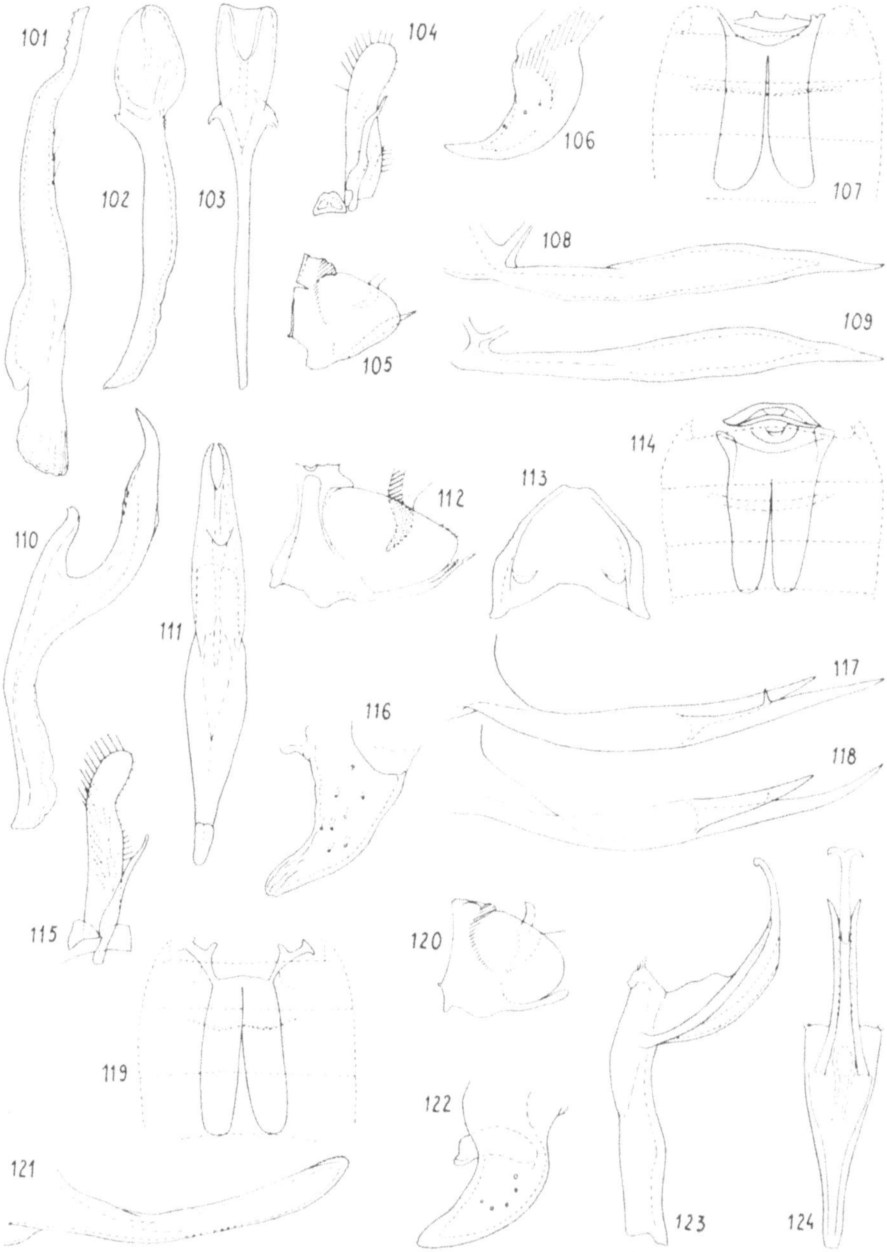

Figs. 101-124.
Empoasca (s. str.) tanova sp. n.: 101-109. – *E. (s. str.) tuba* sp. n.: 110-118. 113: connective. – *E. (s. str.) stata* sp. n.: 119-124.

Subgenus **Distantasca** DWORAKOWSKA, 1972

Empoasca (Distantasca) terminalis DISTANT, 1918

1 ♂, Karnataka, Nagarahole, Jan. 17; 1 ♂, Bangalore, black light trap, July 17; 1 ♂, Bangalore, June 24, all collected by C. A. VIRAKTAMATH in 1978.

Empoasca (Distantasca) tna sp. n. (Figs. 128–133)

Body robust. Ground yellowish-green. Eyes brownish. Poorly developed whitish hypodermal pattern on scutum and scutellum. Fore wing semitransparent, suffused with green in basal $^3/_4$, slightly smoked apically.

Male genital apparatus resembles that of *E. (D.) faciata* (DWOR.) known from Vietnam but anal tube process of the new species is broadened at base and slightly sinuated (Figs. 131, 132) while in the previous species the process is arcuated and almost equally broad on its whole length (Fig. 127). Penis stem of the new species is broader than its appendages when seen in profile (Fig. 128) and in *E. (D.) faciata* (DWOR.) it is of the same breadth (Fig. 125) and penis appendages in *E. (D.) tna* sp. n. are curved mesad at about $^1/_3$ of their length from tip (Fig. 129) while in the previous species they are curved in a different way (Fig. 126).

Length: ♂ 3.25 mm. (Length of ♂ of *E. (D.) faciata* 4.0–4.3 mm.)

H o l o t y p e, male: West Bengal, Calcutta, Quisqualis indica L., Apr. 14, 1978, coll. I. DWORAKOWSKA. (ISEZ)

C h l o r i t a FIEBER, 1872

Subgenus **Eremochlorita** ZACHVATKIN, 1946

Chlorita (Eremochlorita) hortensis DWORAKOWSKA, 1977

1 ♂, 6 ♀♀, U. P., Dehra Dun, Artemisia sp., Apr. 7, 1978, coll. I. DWORAKOWSKA.

F a i g a gen. n.

T y p e - s p e c i e s : *Faiga dropia* sp. n.

Body proportions similar to these of *Amrasca* GHAURI. Head with eyes slightly broader than pronotum (Fig. 156). Face almost flat (Fig. 157), moderately long (Fig. 155).

Wings shape and venation (Figs. 154, 158) as in *Amrasca* GHAURI.

Genital capsule (Fig. 143) short, broad. Anal tube only slightly exceeds extreme of pygophore lobe. Subgenital plate a bit longer than pygophore, curved dorsad at about half of its length.

Anal tube appendage short, curved, sensory pits situated on its concave part (Fig. 142). Pygophore side sclerotizations (Fig. 148) and setosity (Fig. 146) similar to these of *Amrasca* GHAURI but lower appendage simple.

Subgenital plate spoon-like (Fig. 143). The setosity well differentiated (Figs. 144, 145), reduced in comparison with *Amrasca* GHAURI. Basal part of plate free of setae on a long distance. Marginal row of microsetae restricted to several quite thick and long setae near tip and several others forming a „basal group". The „basal group" is situated on a protruding lobe. Macrosetae not numerous arranged in a short row which is doubled in its

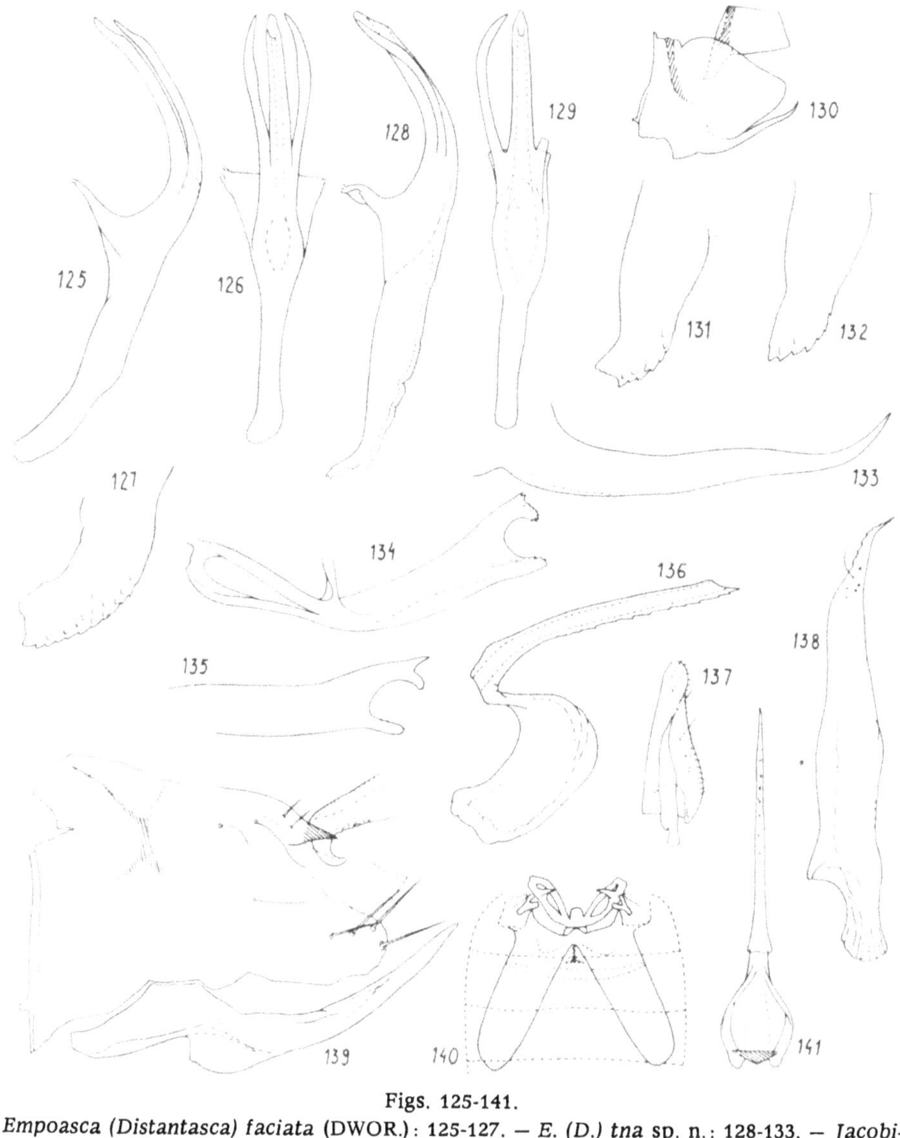

Figs. 125-141.
Empoasca (Distantasca) faciata (DWOR.): 125-127. – *E. (D.) tna* sp. n.: 128-133. – *Jacobiasca libyca* (BERG. et ZANON): 134, 135. – *Ifugoa media* sp. n.: 136-141.

base and does not reach tip of plate. There are only a few minute microsetae being remain of rows of gracile microsetae. Sculpture poorly expressed.

Paramere very long and slim (Figs. 145, 147) terminated on a broadened and serrated lamella. Setae groupped subapically (Fig. 153).

Connective uniformly lamellate (Fig. 150).

Abdominal apodemes well developed (Fig. 149), their bases like these in *Empoasca* WALSH.

Penis stem short, tubular, manubrium very long, gonopore ventral (Figs. 151, 152).

The newly described genus is the closest related to *Amrasca* GHAURI, differing from it chiefly by structure of subgenital plate, paramere, connective and by simple abdominal apodemes.

Faiga dropia sp. n. (Figs. 142–158)

Ground testaceous with indistinct brownish or olivaceous-brown darkenings situated mainly at the borders of whitish patches (Fig. 156). Basal triangles olivaceous-yellow. Face yellowish-grey with indistinct brownish transverse striation on frontoclypeus. Ocelli and sides of genae whitish. Anteclypeus sometimes ochre-yellow. Eyes brown or even blackish. Fore wing dark grey. Wax-field and narrow borderings of veins sordid white. There is a dark brown patch inside cu cell just at the longitudinal cu vein (Fig. 158).

Pygophore appendage parallel to lower margin of the lobe (Fig. 143), it is broadened subapically and tapering at apex (Fig. 146). Apical part of paramere with several big teeth at margin (Fig. 153).

Length: ♂ 3.00–3.15 mm.

H o l o t y p e, male, and p a r a t y p e s, 2 ♂♂: Karnataka, 18–25 km E of Mudigere, June 2, 1978, coll. C. A. VIRAKTAMATH. (B, D)

A m r a s c a GHAURI, 1967

Amrasca biguttula biguttula (ISHIDA, 1913)

121 ♂♂, 36 ♀♀, Karnataka, Bangalore, black light trap, June 24; 9 ♂♂, 2 ♀♀, Bangalore, black light trap, July 17; 43 ♂♂, 20 ♀♀, Gadag, Feb. 21, coll. C. A. VIRAKTAMATH in 1978; 1 ♂, West Bengal, Calcutta, Apr. 16, 1978, coll. I. DWORAKOWSKA.

Amrasca apicoserrata SOHI, 1977

1 ♂, Karnataka, 20 km S of Channapatna, June 15, 1977, coll. C. A. VIRAKTAMATH.

J a c o b i a s c a DWORAKOWSKA, 1972

Jacobiasca libyca (BERGEVIN et ZANON, 1922) (Figs. 134, 135)

3 ♂♂, 6 ♀♀, Karnataka, 20 km S of Channapatna, June 15, 1977, coll. C. A. VIRAKTAMATH.

Jacobiasca renschi (DWORAKOWSKA, 1972)

25 ♂♂, 12 ♀♀, Karnataka, Gadag, Feb. 21, 1978; 4 ♂♂, 4 ♀♀, Magadi, July 16, 1977, coll. C. A. VIRAKTAMATH.

The specimens from India do not differ from these known to me from south-eastern Asia.

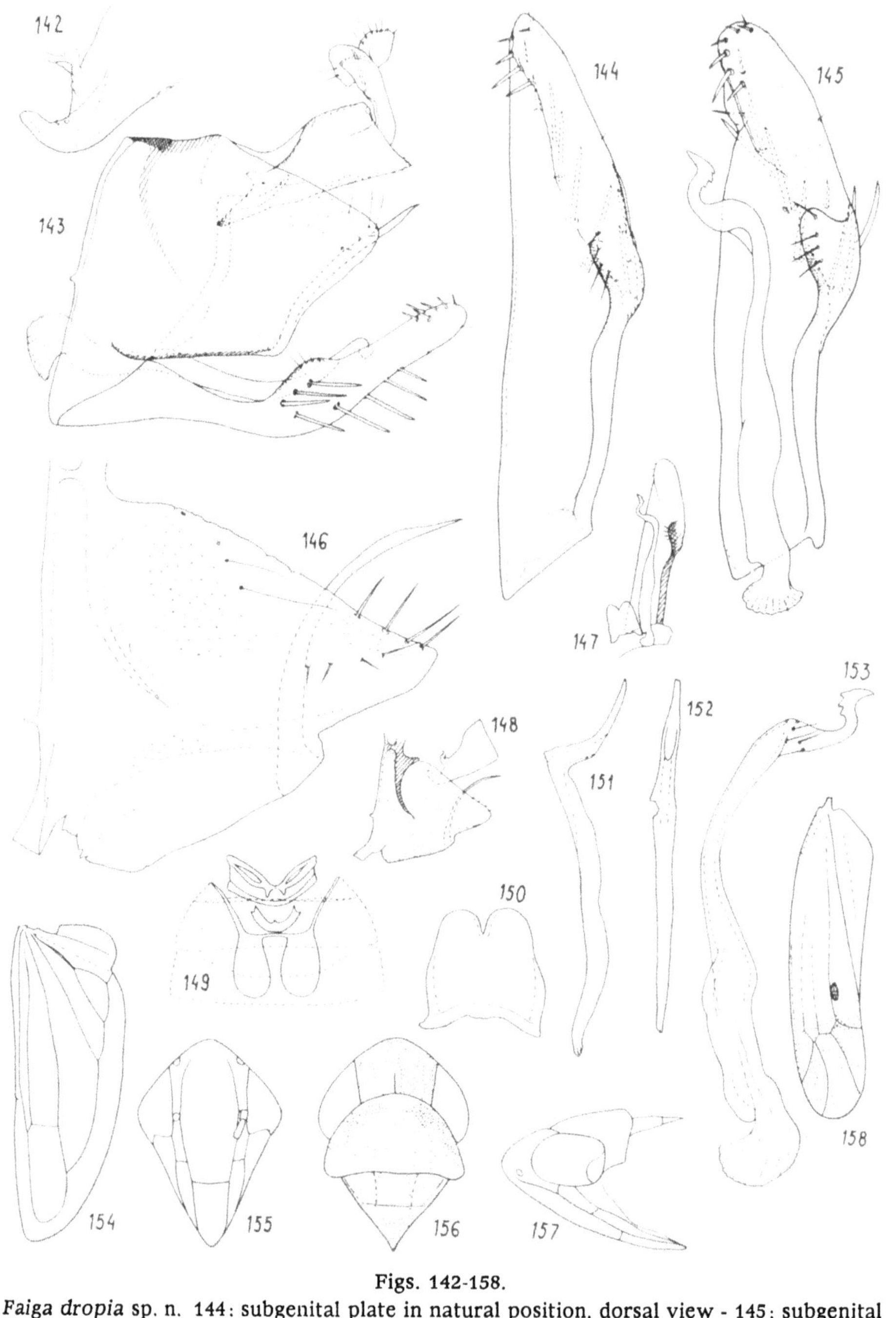

Figs. 142-158.
Faiga dropia sp. n. 144: subgenital plate in natural position, dorsal view - 145: subgenital plate and paramere in slide.

Jacobiasca furcostylus (RAMAKRISHNAN et MENON, 1972)

11 ♂♂, 9 ♀♀, Karnataka, Gadag, Feb. 21, 1978, coll. C. A. VIRAKTAMATH.

D a y u s MAHMOOD, 1967

Dayus formosus DWORAKOWSKA et VIRAKTAMATH, 1978

1 ♂, 2 ♀♀, Karnataka, 5–10 km SW of Mudigere, June 2, 1978; 1 ♂, 1 ♀, Maharastra, Mahabaleswar, ca. 1600 m, Nov. 20, 1977, coll. C. A. VIRAKTAMATH.

I f u g o a DWORAKOWSKA et PAWAR, 1974

Ifugoa media sp. n. (Figs. 136–141)

Body form as in *Ifugoa mikra* DWOR. et PAWAR. Living specimens whitish-yellow. Eyes light brownish. Dried specimens slightly grey-testaceous with vertex and anterior margin of pronotum suffused with whitish and with a golden tint on the whole upper side of body. Fore wing semitransparent, yellowish.

Penis (Figs. 136, 141) with the stem almost straight, tubular, ornamented with distinct teeth on its ventral margin. Gonopore almost terminal. Upper pygophore protruding shorter than in *I. mikra* DWOR. et PAWAR and anal tube appendage hook-like (Fig. 139). Lower pygophore appendage almost straight, solid.

Length: ♂ 2.5 mm, ♀ 2.3–3.6 mm.

H o l o t y p e, male, and p a r a t y p e s, 6 ♀♀: West Bengal, Calcutta, Apr. 16, 1978, coll. I. DWORAKOWSKA; p a r a t y p e, ♂: Karnataka, 3 km W of Yellapur, Nov. 15, 1977, coll. C. A. VIRAKTAMATH. (D, B)

U s h a r i a DWORAKOWSKA, 1977

Usharia glabra sp. n. (Figs. 159–166)

Body form as in *U. hyzha* DWOR. Colour light yellowish with an ochre tint on pronotum. Fore wing semitransparent, light yellow. Eyes testaceous-grey.

Penis stem quite short and thick (Fig. 162), its short terminal process incised at apex and two lateral lamellate extensions (Fig. 161) serrated at their margins. Paramere (Fig. 165) solid. Anal tube process short, bluntly terminated and „upper connective" narrow and distinctly trilobate at connection with pygophore (Fig. 159).

Length: ♂ 2.45 mm.

H o l o t y p e, male: Maharastra, Dhond, Nov. 26, 1977, coll. C. A. VIRAKTAMATH. (B) The main difference between the newly described species and two others known in the genus is tubular penis stem and well differentiated setosity of subgenital plate (Fig. 166). The most distinctive in the setosity is presence of a „basal group" and long apical microsetae of the marginal row and thickened and elongated gracile microsetae in apical part of plate.

G o i f a DWORAKOWSKA, 1977

Goifa rotundata sp. n. (Figs. 167–173)

Ground of upper side of body light testaceous. Eyes grey and brownish. A patch at apex of vertex (spotted in Fig. 172) brown, areas behind it (marked with short dashes in Fig.

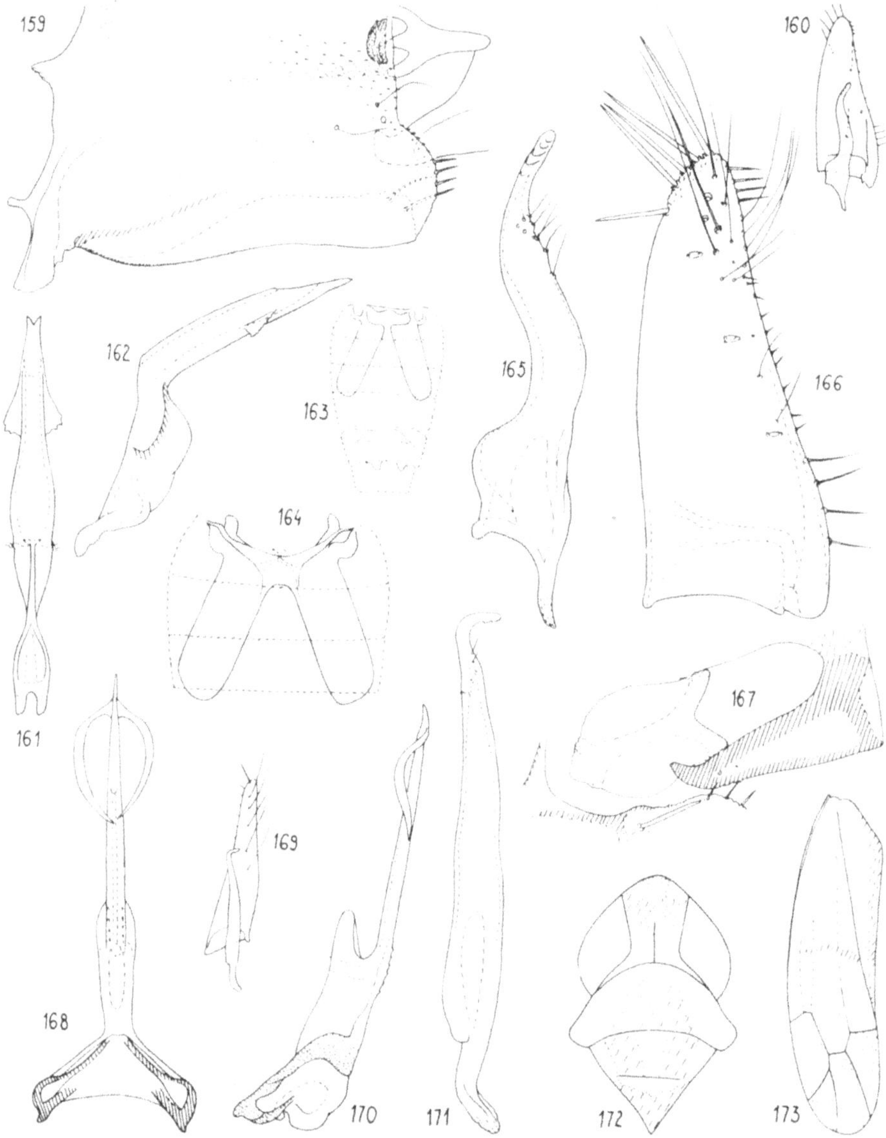

Figs. 159-173.
Usharia glabra sp. n.: 159-166. 163: scheme of sclerotized ledges of terminal segments of male abdomen. – *Goifa rotundata* sp. n.: 167-173. 167: basal part of anal tube, hind margin of pygophore lobe and "upper connective".

172) orange-red. Remaining part of vertex light brownish-yellow except three light patches at about its midlength. Centre and centre of hind part of pronotum golden-olivaceous or orange-olivaceous. Scutum and scutellum of the same colour except light areas seen in

Fig. 172 which are ivory. Face light testaceous or whitish. Borderings of lateral frontal sutures orange. Anteclypeus (at least in its lower part and at sides), lorae, inner parts of genae and streaks along lateral margins of frontoclypeus, orange-red. Fore wing semitransparent, slightly smoked in apical part. Costal margin orangeous. There is quite broad longitudinal streak along hind margin of clavus and narrow transverse stripe on corium (Fig. 173), both bright orange.

In male genital apparatus the most characteristical is penis with only two lateral appendages at apex which are curved in an arch when seen from ventral side (Figs. 168, 170).

Length: ♂ 3.0 mm, ♀ 3.0–3.1 mm.

Holotype, male, and paratypes, 3 ♂♂, 3 ♀♀: Karnataka, 18–25 km E of Mudigere, June 2, 1978, coll. C. A. VIRAKTAMATH. (B, D, BM)

Typhlocybini

Shamala gen. n.

Type-species: *Shamala mikra* sp. n.

Body proportions similar to these of *Farynala* DWOR. but vertex and pronotum longer (Fig. 179), postclaval part of fore wing shorter (Fig. 180) and hind wing narrow (Fig. 184). The cross-vein cu_1–cu_2 in hind wing situated more apically than cross-vein cu_2-m. Face long (Fig. 186), almost flat (Fig. 187).

Genital capsule quite short (Fig. 176).

Pygophore side structure and setosity (Fig. 181) similar to that of *Farynala* DWOR. but there are two sclerotized lobes divided by a semimembraneous part of wall at its hind margin. There are no macrosetae at lower basal angle of the lobe.

Subgenital plate (Fig. 175) not pigmented apically, gradually narrowing towards apex. Macroseta and slender microsetae in terminal part of plate arranged as in *Farynala* DWOR. but a continuous row of marginal microsetae present only in the terminal part (Fig. 177). The marginal microsetae thickened and pointed at their apices. There are not numerous (in the only specimen at my disposal – two) stout microsetae at the apex.

Connective (Fig. 185) lamellate with sclerotized lateral ledges, not complete central ledge and the transverse one (like these in *Typhlocyba* GERM. but unlike *Farynala* DWOR.).

Penis (Figs. 178, 182) like that of *Farynala* DWOR. but its membraneous terminal part much larger.
Paramere (Fig. 183) and abdominal apodemes (Fig. 174) as in *Farynala* DWOR.

Shamala mikra sp. n. (Figs. 174–187)

Ground of body white. Vertex produced in the middle (Fig. 179). Vertex, centre of pronotum and basal triangles yellowish. Eyes light brown. Fore wing semitransparent, whitish with two brown patches at apices of longitudinal cu and m cells (Fig. 180). Veins white. Clavus and hind margin of fore wing slightly yellowish.

Apical part of paramere sinuated, broadened subapically (Fig. 183). Penis stem compressed laterally, with a sclerotized apical process (Fig. 182) and long, paired, slightly asymmetrical basal processes (Fig. 178).

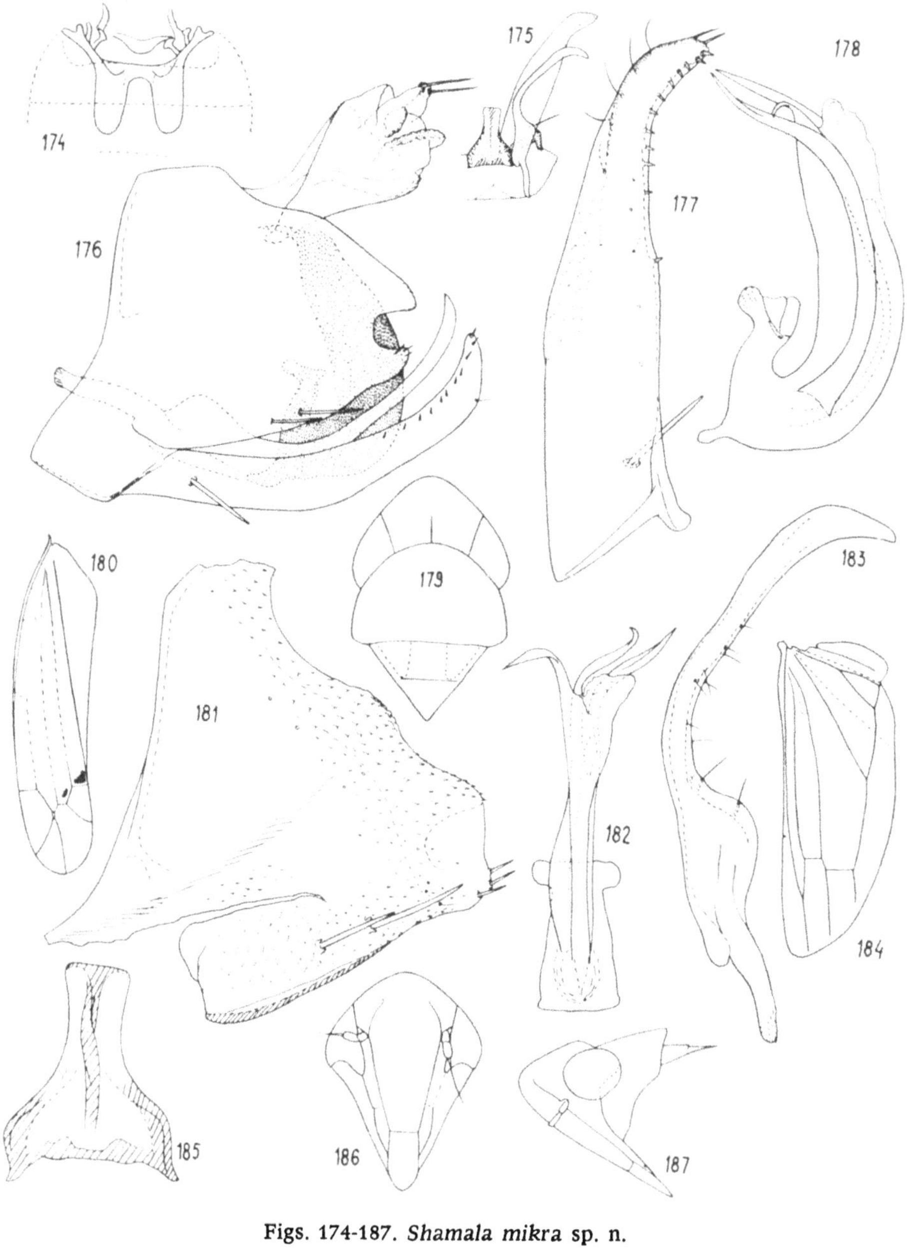

Figs. 174-187. *Shamala mikra* sp. n.

Length: ♂ 2.8 mm, ♀ 3.0 mm.

H o l o t y p e, male, and p a r a t y p e, ♀: Assam, Burnihat, Shima wallichii CHOISY, Apr. 18, 1978, coll. I. DWORAKOWŠKA. (ISEZ)

Farynala DWORAKOWSKA, 1970

Farynala malhotri SHARMA, 1977

1 ♂, H. P., Simla, potato, Nov. 8, 1978, coll. S. B. LAL.

Eupteryx CURTIS, 1833

Eupteryx multifaciata SINGH, 1969

1 ♂, 1 ♀, 2 larvas, H. P., Kulu, Mentha sp.; 6 ♂♂, 5 ♀♀, Kulu, Mentha piperita L., Apr. 1, 1978, coll. I. DWORAKOWSKA.

Eupteryx bharatiae sp. n. (Figs. 188–198)

Ground of upper side of body and face light yellowish. Dark pattern seen in Fig. 188 blackish (squared areas) or brown (stripped areas), centre of scutellum whitish. Eyes greyish-black. Dark pattern on face similar to that of *E. multifaciata* SINGH but patches on frons roundish or quadrangular, outer parts of genae whitish, lorae sordid whitish and longitudinal stripes at sides of frontoclypeus consist of distinct transverse dashes. Fore wing whitish with light brown or dark brown patches as shown in Fig. 193.

In male genital apparatus the most distinctive is the penis structure. Penis stem short, almost straight, narrowing apically in side view (Figs. 191, 192), broadened subapically in posterior view (Fig. 189). There are paired apical appendages directed laterad, each provided with a tooth (Fig. 189) or with a narrow process (Fig. 194) near its base.

Length: ♂ 3.0 mm, ♀ 3.0–3.3 mm.

Holotype, male, and paratypes, 2 ♀♀: H. P., Kulu, Mentha piperita L., Apr. 1; paratypes, 1 ♂, 2 ♀♀: H. P., between Kandaghat and Shogi, Apr. 5, 1978, coll. I. DWORAKOWSKA. (D)

The penis stem of this species resembles that of *E. gyardagica* DLAB. from Crete (DLABOLA 1957) but apical appendages of that species are directed caudo-dorsad in side view. The penis processes of *E. bharatiae* sp. n. in posterior view are similar to these of *E. bicaria* LNV. (LINNAVUORI 1968) but in side view the apical part of penis stem of the last species is curved cephalad on a long distance.

Aguriahana DISTANT, 1918

Aguriahana paivana (DISTANT, 1918)

1 ♀, Meghalaya, Shillong, Cupressus funebris ENDL., Apr. 20, 1978, coll. I. DWORAKOWSKA.

Aguriahana distanti DWORAKOWSKA, 1972

1 ♂, Meghalaya, Shillong, Fragaria sp., Apr. 19, 1978, coll. I. DWORAKOWSKA.

Knightipsis DWORAKOWSKA, 1969

Knightipsis knighti DWORAKOWSKA, 1969

1 ♂, 1 ♀, H. P., Simla, Apr. 4, 1978, coll. I. DWORAKOWSKA.

Erythroneurini

Thaia GHAURI, 1962

Thaia (s. str.) albida sp. n. (Figs. 199–205)

Vertex short, rounded anteriorly. Head with eyes narrower than pronotum. Ground of head and upper side of thorax pale yellowish, scutum and scutellum almost whitish. Eyes and basal triangles black. Fore wing hardly semitransparent, whitish in basal 3/4, dark grey apically.

Penis stem short, almost straight, ornamented with teeth on dorsal surface; praeatrium very long; atrial process curved dorsad (Fig. 202). Pygophore process short, straight (Fig. 204). Anal tube process moderately long, bifurcated (Figs. 200, 201). Apex of paramere quite long, almost straight, praeapical lobe well developed (Fig. 199). Connective bilobate (Fig. 205).

Length: ♂ 4.1 mm.

Holotype, male: Karnataka, Nandi Hills, 1150 m, coll. C. A. VIRAKTAMATH. (B)
The new species is the closest related to *T. (s. str.) septima* DWOR. et VIR.

Subgenus **Nlunga** DWORAKOWSKA, 1974

Thaia (Nlunga) obtusa DWORAKOWSKA et VIRAKTAMATH, 1979

2 ♂♂, 3 ♀♀, Karnataka, Yellapur (70 km W of Hubli), Nov. 15, 1977, coll. C. A. VIRAKTAMATH.

Cassianeura RAMAKRISHNAN et MENON, 1973

Cassianeura cassiae (AHMED, 1970)

2 ♂♂, Karnataka, 9 km W of Kollegal, Aug. 8, 1977; 1 ♂, 2 ♀♀, Bangalore, June 11, 1978, coll. S. VIRAKTAMATH.

Cassianeura aurea sp. n. (Figs. 206–210)

Upper side of body of male beige-brownish. Large roundish black patches on vertex surrounded with whitish. Two very light patches on sides of pronotum behind eyes. Basal triangles blackish. Eyes yellowish and blackish. Face sordid yellow in the centre, whitish at sides. Fore wing semitransparent, pale.

Penis stem slightly curved cephalad (Fig. 207) provided with two long appendages at apex (Fig. 208). Pygophore process directed caudad (Fig. 206), only slightly curved at apex (Fig. 209). Paramere similar to that of *C. cassiae* (AHMED) but with apex broader and a small protruding thicker (Fig. 210). Abdominal apodemes short.

Length: ♂ 4.0 mm.

Holotype, male: Karnataka, Thithimathi, Jan. 20, 1978, coll. C. A. VIRAKTAMATH. (B)

Takama DWORAKOWSKA et VIRAKTAMATH, 1975

Takama magna DWORAKOWSKA et VIRAKTAMATH, 1975

1 ♂, 7 ♀♀, Karnataka, 12–15 km SW of Hunsur, Jan. 18; 1 ♂, Nagarahole, Jan. 17, 1978, coll. C. A. VIRAKTAMATH.

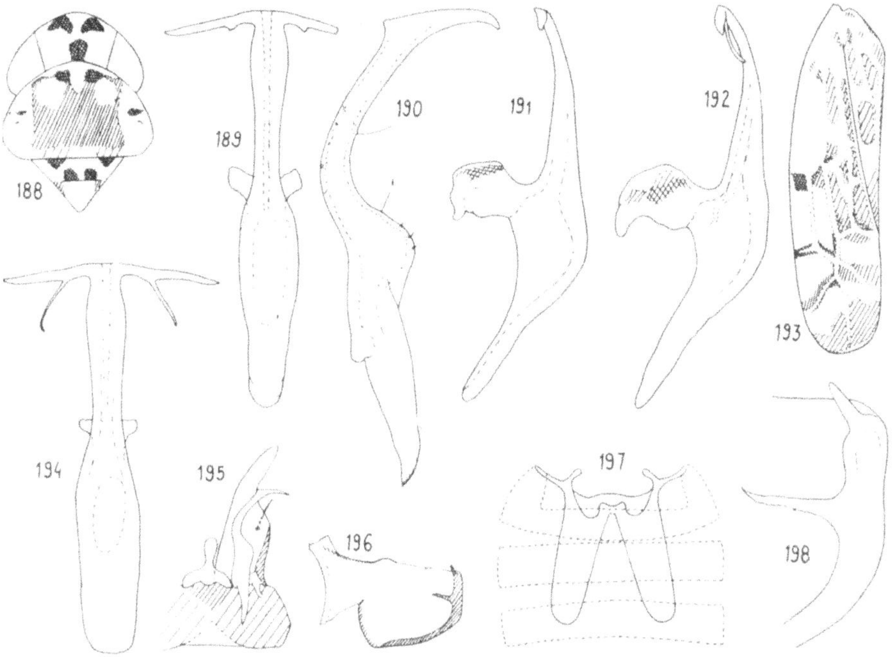

Figs. 188-198.
Eupteryx bharatiae sp. n. 188: head and thorax of female, dorsal view - 193: fore wing of female.

Takama minuta sp. n. (Figs. 211–218)

External appearance as in *T. magna* DWOR. et VIR. but brown patches on vertex not visible and colour rather light yellowish. Fore wing whitish-yellow, wax-field yellow, apical cells slightly smoked.

Penis stem tubular, well sclerotized, slightly sinuated, provided with a big unpaired subapical extension on its ventral side (Fig. 218) and two small lateral processes (Fig. 212). Basal penis process only slightly shorter than the penis stem. Upper atrial appendage consists of a lamellate base and two long sclerotized horns, each with an additional tooth at its base (Figs. 211, 213). Paramere exceeding short subgenital plate (Fig. 214), its apical part straight (Fig. 215) terminated on a hook. Pygophore process tapering, sinuated (Fig. 217), not exceeding the lobe (Fig. 216).

Length: ♂ 3.7 mm.

H o l o t y p e , male: Karnataka, Nagarahole, Jan. 17, 1978, coll. C. A. VIRAKTAMATH. (B)

Takama media sp. n. (Figs. 219–225)

Externally similar to *T. magna* DWOR. et VIR. Two blackish patches on vertex well expressed, regularly roundish.

Penis stem tubular, broadened basally, provided with paired sinuated appendages arrising from its dorsal margin (Fig. 222), terminated on a short vertical lamella (Fig. 220).

Basal penis process lamellate (Fig. 220). Upper atrial appendage provided with short horns (Fig. 225) deviated laterad (Fig. 224). Paramere (Fig. 219) not exceeding subgenital plate. Pygophore process (Fig. 221) about $^3/_4$ as long as upper margin of pygophore side, almost straight.

Length: ♂ 4.05 mm, ♀ 4.00 mm.

Holotype, male, and paratype, ♀: Karnataka, 9 km W of Kollegal, Aug. 8, 1977, coll. C. A. VIRAKTAMATH. (B)

Ahmedra DWORAKOWSKA et VIRAKTAMATH, 1979

Ahmedra distincta DWORAKOWSKA et VIRAKTAMATH, 1979

4 ♂♂, 7 ♀♀, Karnataka, Jog Falls, 1650 m, Feb. 4, 1978, coll. C. A. VIRAKTAMATH.

Andrabia AHMED, 1970

Andrabia aurea DWORAKOWSKA et SOHI, 1978

4 ♂♂, 6 ♀♀, H. P., Kulu, Rubus ellipticus SMITH, Apr. 4, 1978, coll. I. DWORAKOWSKA.

Vermara gen. n.

Type-species: *Vermara neglecta* sp. n.

In the outward appearance resembles *Gambialoa* DWOR. Face quite broad. Anteclypeus longer than in *Gambialoa* DWOR. Lorae very broad.

Fore wing venation (Fig. 227) like that of *Nkasa* DWOR. but membrane narrower.

Hind wing quite narrow (Fig. 230). The venation resembles that of *Nkasa* DWOR. but transverse cu_1–cu_2 vein shifted apicad.

Genital capsule cylindrical, quite short. Anal tube not reaching hind margin of pygophore side, without processes. There is a small triarmate „upper connective". Subgenital plate slightly curved dorsad at about its midlength, exceeds beyond pygophore lobe (Fig. 226). Pygophore side uniformly pigmented, without distinct ledges in basal part and with a marginal inner fold at hind lower angle (Fig. 233). Setosity like that of *Gambialoa* DWOR. but there are no microsetae at basal lower angle of the lobe.

Subgenital plate (Fig. 232) only slightly pigmented, narrowing at about its midlength and provided with a distinct protruding there. The marginal microsetae are distinctly grouped in apical part, at the mentioned protruding and in basal part. Basal part of plate broadened very much and ornamented with rich sculpture. Macrosetae very small (Fig. 228).

Penis (Figs. 234, 235) well sclerotized, with ventral gonopore, large praeatrium, tubular stem and quite massive dorsal part of atrial rim.

Connective (Figs. 229, 232) lamellate, with two pigmented lateral ledges and light central lobe.

Paramere (Figs. 231, 232) quite short in apical part. Praeapical lobe indistinct, apical part tapering. There are only a few sensory pits situated subapically.

Vermara neglecta sp. n. (Figs. 226–236)

(The head and thorax of the only specimen at my disposal is damaged).

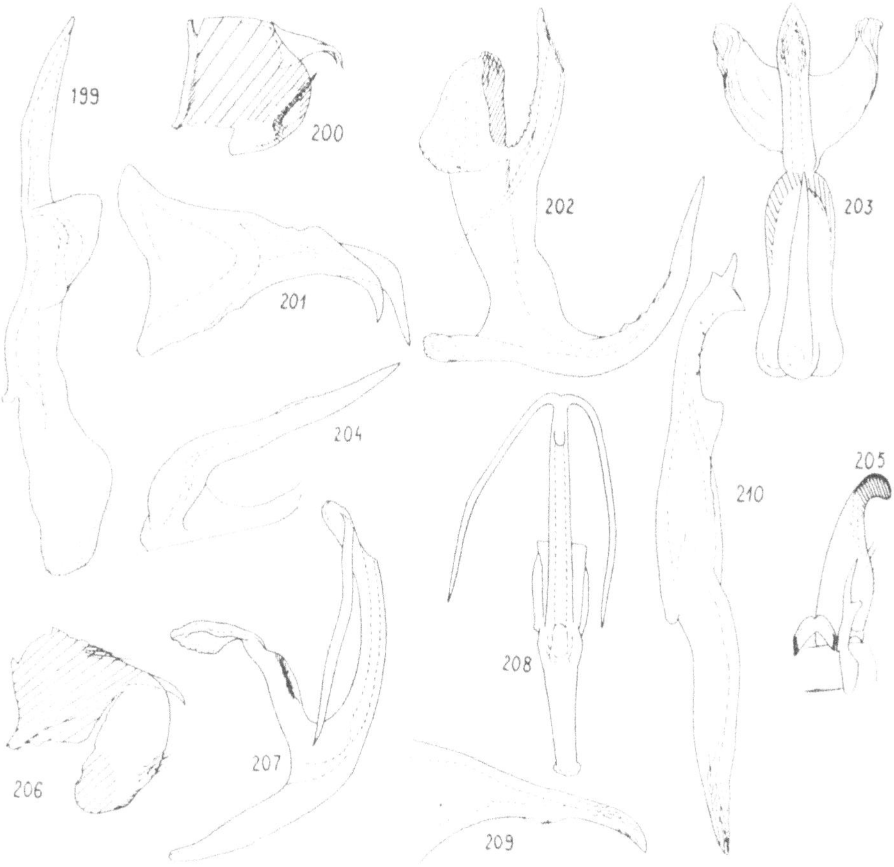

Figs. 199-210.
Thaia (s. str.) albida sp. n.: 199-205. – *Cassianeura aurea* sp. n.: 206-210.

Face light creamy white, basal triangles brownish. Scutum and scutellum whitish. Ground of fore wing white. Wax-field, margins and veins in apical part of wing, brown. The areas spotted in Fig. 227 are smoked brownish. Longitudinal veins at apex of hind wing brownish, adjoining part of wing membrane smoked.

There is a narrow hook-like inner process at lower ledge of pygophore lobe (Fig. 233). Penis (Figs. 234, 235) provided with thin unpaired process at base of stem and tooth-like sclerotized lateral processes. The penis apex is terminated on two short colourless extensions curved mesad.

Length of fore wing of the holotype: 2.8 mm.

H o l o t y p e, male: West Bengal, Darjeeling, Rhododendron arboreum SM., Apr. 24, 1978, coll. I. DWORAKOWSKA. (ISEZ)

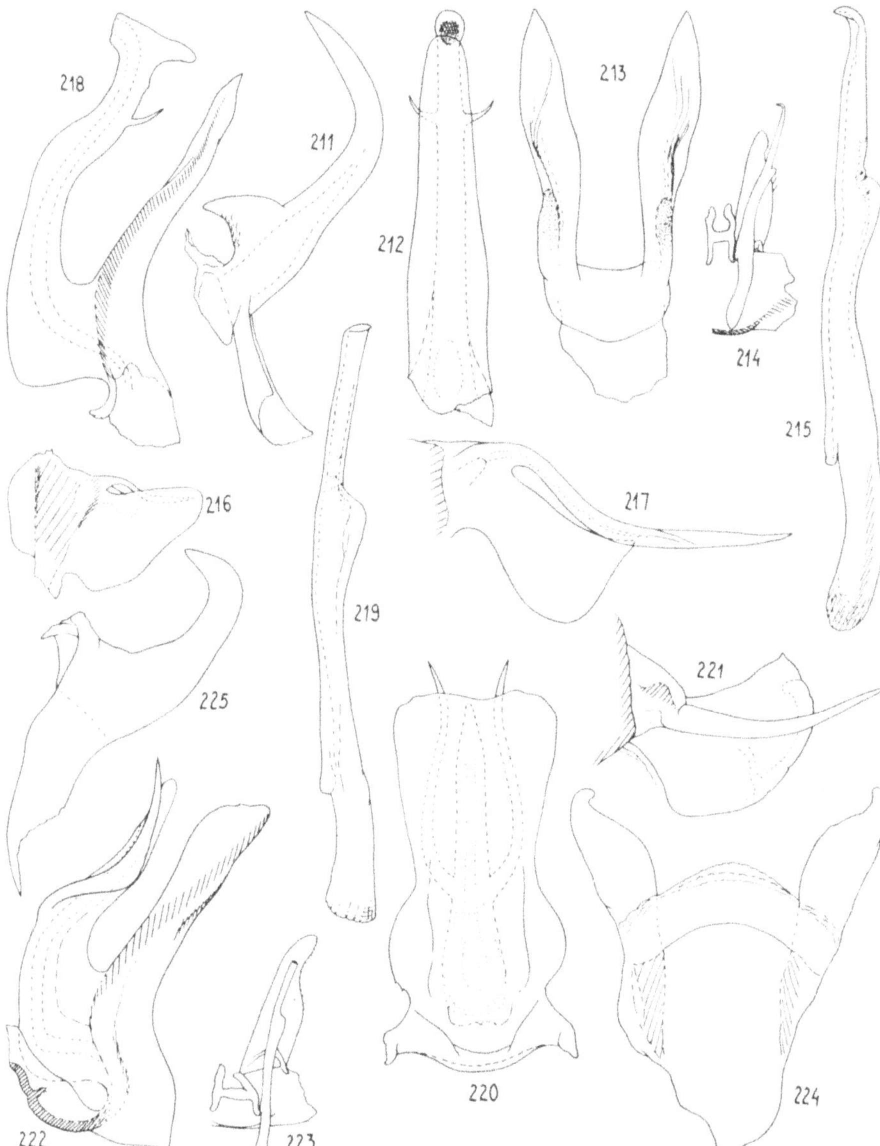

Figs. 211-225.
Takama minuta sp. n.: 211-218. 211+213: upper atrial appendage from side and the same from behind. – *T. media* sp. n.: 219-225.

Tuzinka DWORAKOWSKA et VIRAKTAMATH, 1979

Tuzinka acuta DWORAKOWSKA et VIRAKTAMATH, 1979

1 ♂, 9 ♀♀, Karnataka, 3 km W of Yellapur, Nov. 15, 1977, coll. C. A. VIRAKTAMATH.

Singapora MAHMOOD, 1967

Singapora indica (RAMAKRISHNAN et MENON, 1973)

28 ♂♂, 54 ♀♀, 9 larvas, Karnataka, 27 km N of Biligirirangan Hills, 925 m, Aug. 12, 1977, coll. C. A. VIRAKTAMATH.

Mandera AHMED, 1971

Mandera stylata sp. n. (Figs. 237–241)

Ground yellowish-green. Fore wing semitransparent, slightly smoked apically. Eyes blackish.

Penis stem slightly compressed laterally, provided with a distinct lamella on dorsal side near apex (Fig. 241) and two lateral appendages at base (Fig. 237). Atrial process very long, slightly sinuated at apex. Paramere terminated on a curved hook and a club-like extension (Fig. 240). The extension ornamented with a scaly sculpture at its apex. A central ledge and lateral parts of connective well sclerotized (Fig. 238). Subgenital plate without sclerotizations at apex, microsetae of the „basal group" very small.

Length: ♂ 3.7 mm.

Holotype, male: Karnataka, Nagarahole, Jan. 17, 1978; paratypes, 1 ♂, 2 ♀♀; Biligirirangan Hills, 1150 m, Aug. 12, 1977, coll. C. A. VIRAKTAMATH. (B)

Mandera cornuta sp. n. (Figs. 242–246)

Ground light yellowish-green. Two large ivory patches on sides of vertex near eyes. Eyes blackish. Fore wing yellowish-green, clavus and adjacent part of corium distinctly darker. Apical cells slightly smoked, apical veins ochre-yellowish.

Penis resembles that of *M. horneata* SOHI but manubrial appendage of the new species is not ornamented with numerous furrows, penis stem bears a lamella on its dorsal side (Fig. 242) and subapical processes are much shorter and less curved (Fig. 243). Apical part of paramere similar to that of *M. heterostyla* AHMED but its lamellate part quite narrow and subapical tooth small. Finger-like process provided with a distinct small tooth at about its midlength (Fig. 244). Anal tube process short and thick. Upper pygophore process quite large (Fig. 246). Abdominal apodemes well developed (Fig. 245).

Length: ♂ 3.0 mm.

Holotype, male, and paratype, ♂: Karnataka, Thithimathi, Jan. 20, 1978, coll. C. A. VIRAKTAMATH. (B, D)

Mandera blada sp. n. (Figs. 247–251)

Ground very light yellowish with a greenish tint on fore wing. Apices of fore wings slightly smoked, their very hind margin infuscated. Basal triangles sometimes slightly ochre. Eyes brown or black.

Penis similar to that of *M. cornuta* sp. n. but the stem is more slim, subapical processes are regularly arcuated in side view (Fig. 250) and almost straight in posterior view (Fig. 248) and manubrial process is short and curved basad apically. Apical part of paramere gradually broadened on its whole length, rounded at apex and terminated on a single tooth, subapical tooth indistinguishable, finger-like process short (Figs. 247, 251). Anal

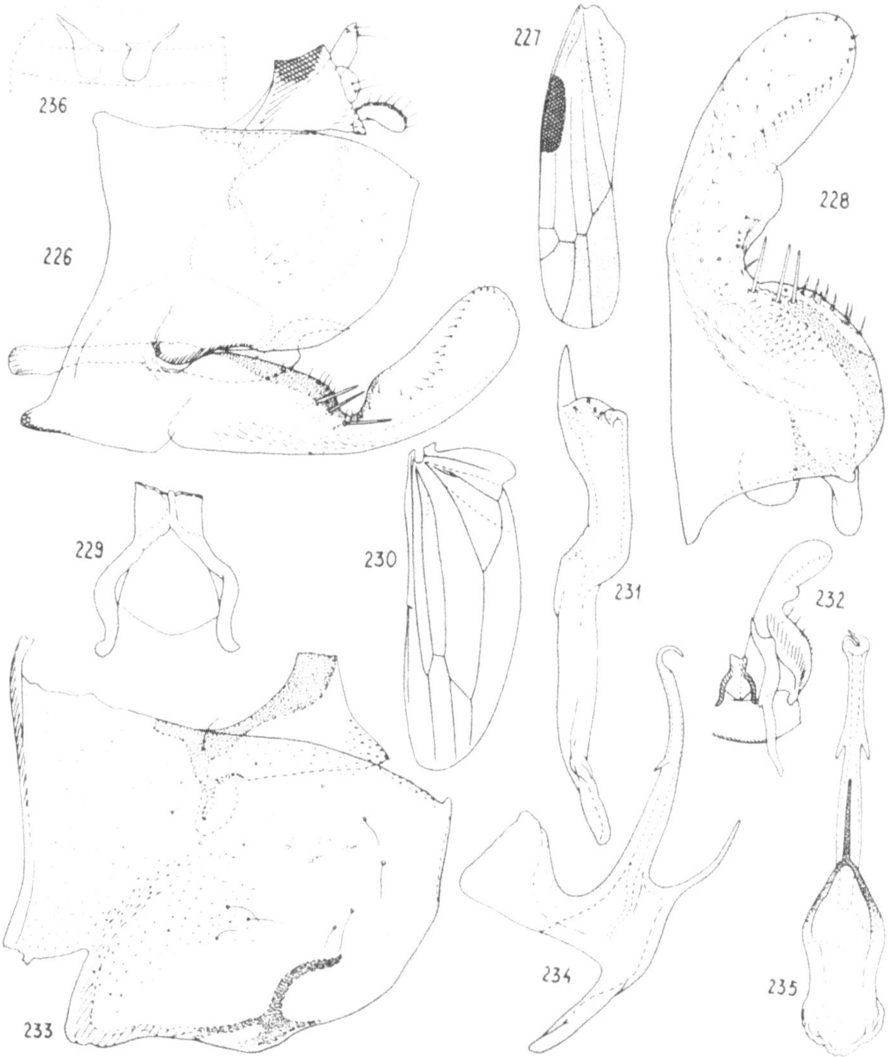

Figs. 226-236. *Vermara neglecta* sp. n.

tube appendage quite thin, upper pygophore process knob-like (Fig. 249). Abdominal apodemes poorly developed.

Length: ♂ 2.9–3.0 mm, ♀ 3.1–3.3 mm.

Holotype, male, and paratypes, 8 ♂♂, 11 ♀♀: Karnataka, 10 km S of Periapatna, Jan. 20, 1978, coll. C. A. VIRAKTAMATH, (B, D, ISEZ)

Mitjaevia DWORAKOWSKA, 1970

The review of the Middle Asiatic species of the genus (KOROLEVSKAYA 1976) includes 4 species, one species is just described from Vietnam (DWORAKOWSKA 1979) and three others were classified under generic names *Helionidia* ZACHV. or *Erythroneura* FITCH (AHMED 1970a, 1970b, AHMED and KHOKHAR 1971).

Mitjaevia diana (DISTANT, 1918) (Figs. 252–262)

2 ♂♂, Meghalaya, Umtyngar, Apr. 20, 1978, coll. I. DWORAKOWSKA.

Mitjaevia notata (AHMED et KHOKHAR, 1971) **comb. n.**

Helionidia notata AHMED et KHOKHAR, 1971

This species is the closest related to *M. diana* (DIST.) differing by absence of appendages at base of penis stem, shorter subapical extension on paramere and by colouring pattern. Subgenital plate setosity differs both these species from all the others in the genus.

Mitjaevia callosa sp. n. (Figs. 263–272)

Ground of vertex and upper side of thorax yellow, dark pattern seen in Fig. 268 dark brown or brown. A narrow transverse stripe at hind margin of pronotum milky-grey. Eyes blackish and testaceous. Face yellowish. There are two small roundish patches at apex near midline of face (visible also in dorsal view), other brownish roundish patches in the centres of anteocular areas; indistinct brownish transverse striation on frontoclypeus. An indistinct patch in the midline of anteclypeus and sometimes also sides of face, fuscous. Ground of fore wing yellow. The dark pattern seen in Fig. 264 dark brown or brown. A light patch inside 1st apical cell and bordering of apical veins and margins, whitish.

Penis stem compressed laterally, very broad in lateral view, provided with small basal appendages (Fig. 272). Apical part of paramere long, its subapical extension bilobate, praeapical lobe comparatively small (Fig. 266). Pygophore side (Fig. 271) elongated and upper pygophore appendage slightly falcate (Fig. 270).

Length: ♂ 2.5–2.6 mm, ♀ 2.8 mm.

Holotype, male, and paratypes, 4 ♂♂, 1 ♀: Meghalaya, Umtyngar, Apr. 20, 1978, coll. I. DWORAKOWSKA. (D, BM, ISEZ)

Salka DWORAKOWSKA, 1972

Salka tricera sp. n. (Figs. 356–363)

Body form and colouration resembles that of *S. nigra* DWOR. from Vietnam (DWORAKOWSKA 1979). A big blackish patch in the centre of vertex (Fig. 356) passing to the frons. Ground of face testaceous. Two dark brown patches in upper part of frontoclypeus form an inverte V-mark. A large V-shaped brown patch occupies large area of frontoclypeus, its centre yellowish. Anteclypeus fuscous. Eyes blackish. Anterior margin of pronotum and two transverse patches at its sides ochre-testaceous. A dark pattern on pronotum (Fig. 356) dark brown or greyish-brown. Basal triangles dark brown. Centre of scutum ochre-testaceous. Scutellum yellowish-testaceous. Fore wing very dark greyish-brown. Wax-field blackish.

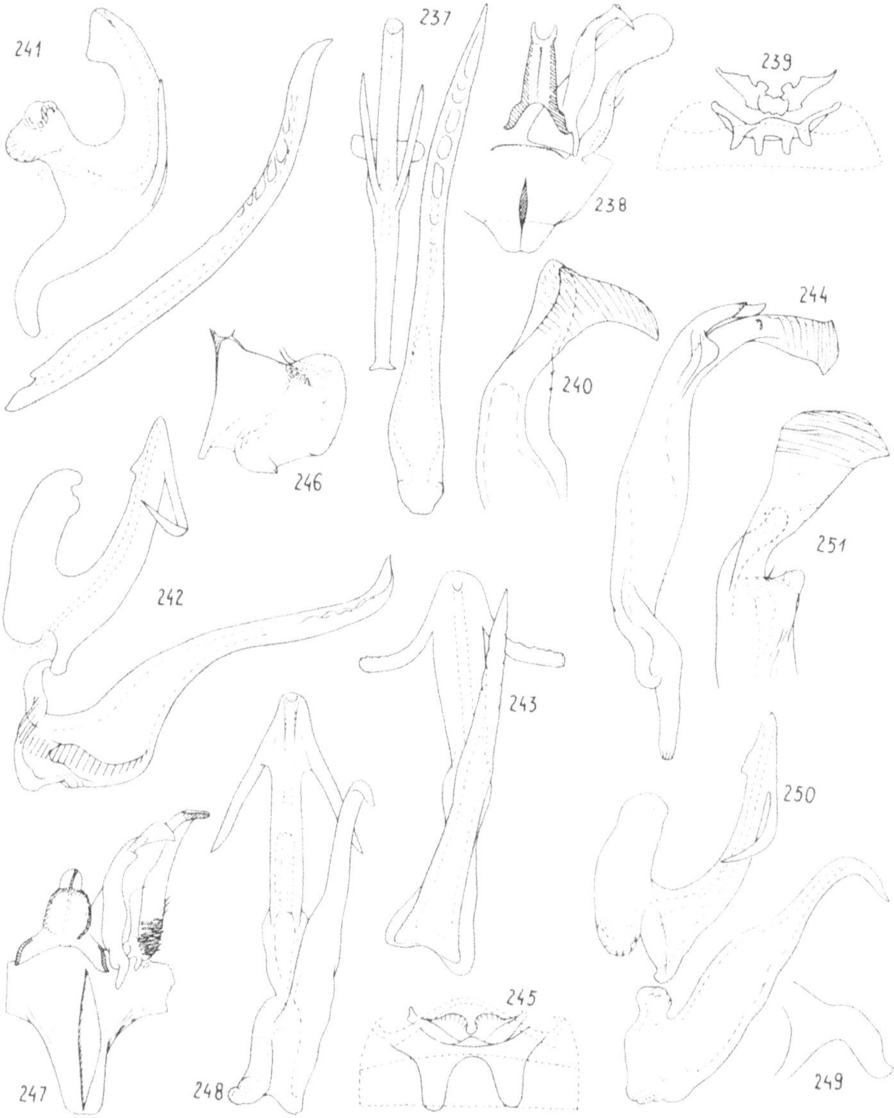

Figs. 237-251.
Mandera stylata sp. n.: 237-241. 241: penis with separated atrial process, side view - 237: same, posterior view. – *M. cornuta* sp. n.: 242-246. – *M. blada* sp. n.: 247-251.

There is one macroseta at upper margin of pygophore lobe, no lower pygophore process (Fig. 363), the upper process solid, slightly falcate (Fig. 362). Connective with long and narrow central lobe (Fig. 360). Apical part of paramere tapering (Fig. 358). Basal part of subgenital plate elongated (Fig. 359). Penis situated on a long manubrium (Fig. 357). Penis stem compressed antero-posteriorly in apical part (Fig. 361), provided with one thin central and two lamellate lateral processes at apex.

Length: ♂ 3.6 mm.

Holotype, male: West Bengal, Darjeeling, grasses, Apr. 24, 1978, coll. I. DWORAKOWSKA. (D)

Tautoneura ANUFRIEV, 1969

Tautoneura (s. str.) panti DWORAKOWSKA, 1977

1 ♂, U. P., Sahasradhara nr. Dehra Dun, Apr. 7, 1978, coll. I. DWORAKOWSKA.

Tautoneura (s. str.) smocza sp. n. (Figs. 273–281)

Vertex of male conically produced in the midline. Ground yellowish. Eyes blackish-grey. There are bright orange patches on upper side of head and thorax like these stripped in Fig. 275. An additional large patch of the same colour on side of thorax at the level of scutum. Fore wing semitransparent, yellowish in distal half at costal margin; whitish on the remaining surface. Big patches on clavus and at the claval suture (stripped in Fig. 277), bright orange, the remaining patches carmine-red. A patch at the proximal end of wax-field red and orange.

Male genital apparatus resembles that of *T. (s. str.) arachisi* (MATS.) but penis stem is terminated on a big hook and atrial processes are longer than in mentioned species and directed dorsad (Fig. 273) while in *T. (s. str.) arachisi* (MATS.) they are parallel to the penis stem. Anal tube appendage lobate; upper pygophore appendage thin, pointed at apex (Fig. 280). Lower pygophore appendage thin, without ornamentation (Fig. 281). Apex of paramere not produced, subapical tooth short (Fig. 278). Abdominal apodemes short (Fig. 279).

Length: ♂ 2.0 mm.

Holotype, male: Karnataka, Thithimathi, Jan. 20, 1978, coll. C. A. VIRAKTAMATH. (B)

Tautoneura (s. str.) incisa sp. n. (Figs. 282–290)

Externally resembles *T. (s. str.) fusca* (DWOR.) and differs by presence of two blackish-brown patches on pronotum being surrounded with red (Fig. 283) and rather regular shape of blackish patches on fore wing (Fig. 285). Transition vertex to face as well as patches at anterior margin and at sides of pronotum ivory. Remaining surface of upper side of head and thorax yellowish-testaceous. Eyes grey.

Male genital apparatus resembles that of *T. (s. str.) fusca* (DWOR.), the main differences are short apical extensions and presence of small serrated lateral lamellae on the penis stem (Fig. 287). Apex of paramere triangular, subapical tooth very long (Figs. 284, 286). Upper pygophore appendage short, broad, slightly curved at apex; anal tube appendage lamellate (Fig. 290). Lower pygophore appendage small (Fig. 289), not ornamented (Fig. 288).

Length: ♂ 2.5–2.6 mm, ♀ 2.3–2.5 mm.

Holotype, male, and paratypes, 4 ♂♂, 9 ♀♀: Maharastra, Matheran, 803 m, Nov. 23, 1977, coll. C. A. VIRAKTAMATH. (B, D, ISEZ)

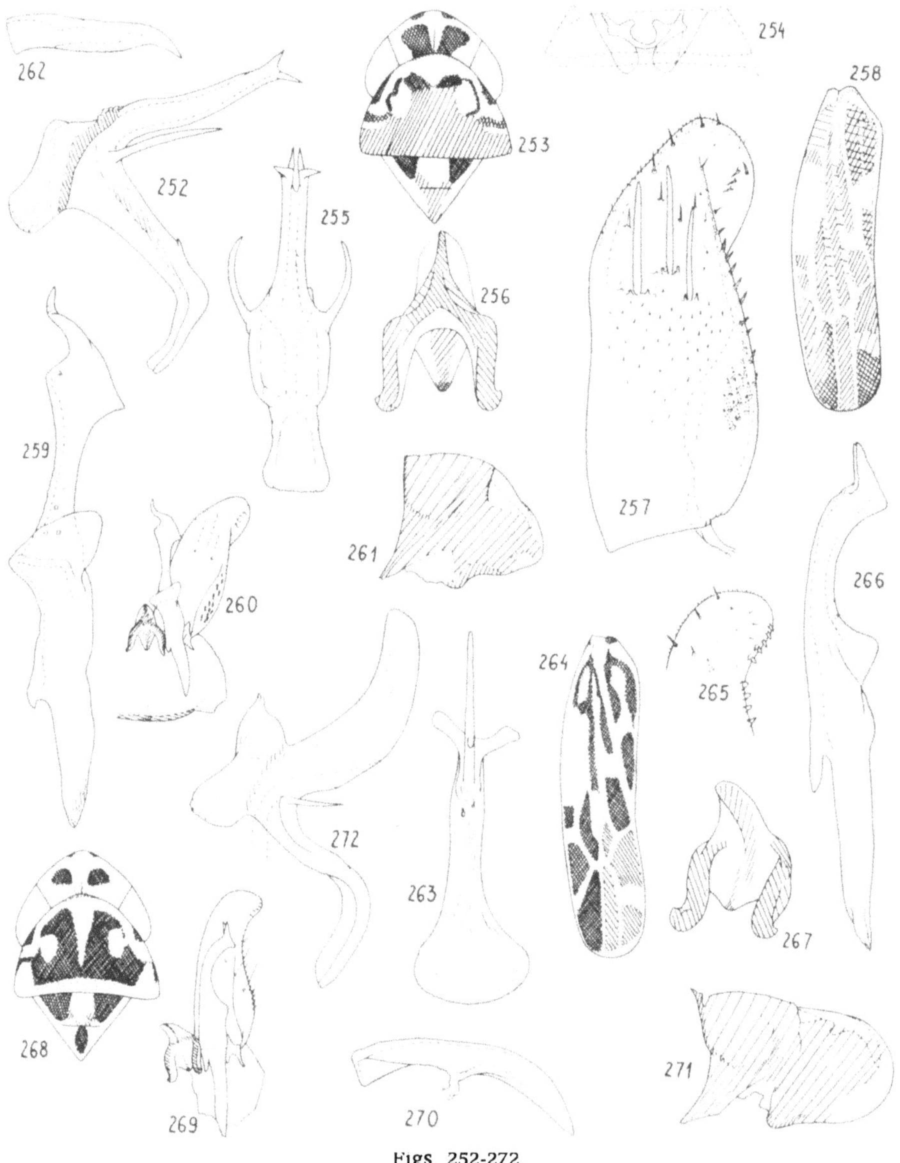

Figs. 252-272.
Mitjaevia diana (DIST.): 252-262. – *M. callosa* sp. n.: 263-272. 265: apical part of subgenital plate.

Subgenus **Havelia** AHMED, 1971

Tautoneura (Havelia) alba AHMED, 1971

1 ♂, 5 ♀♀, 1 larva, U. P., Sahasradhara nr. Dehra Dun, Debregeasia velutina GAUD., Apr. 7, 1978, coll. I. DWORAKOWSKA.

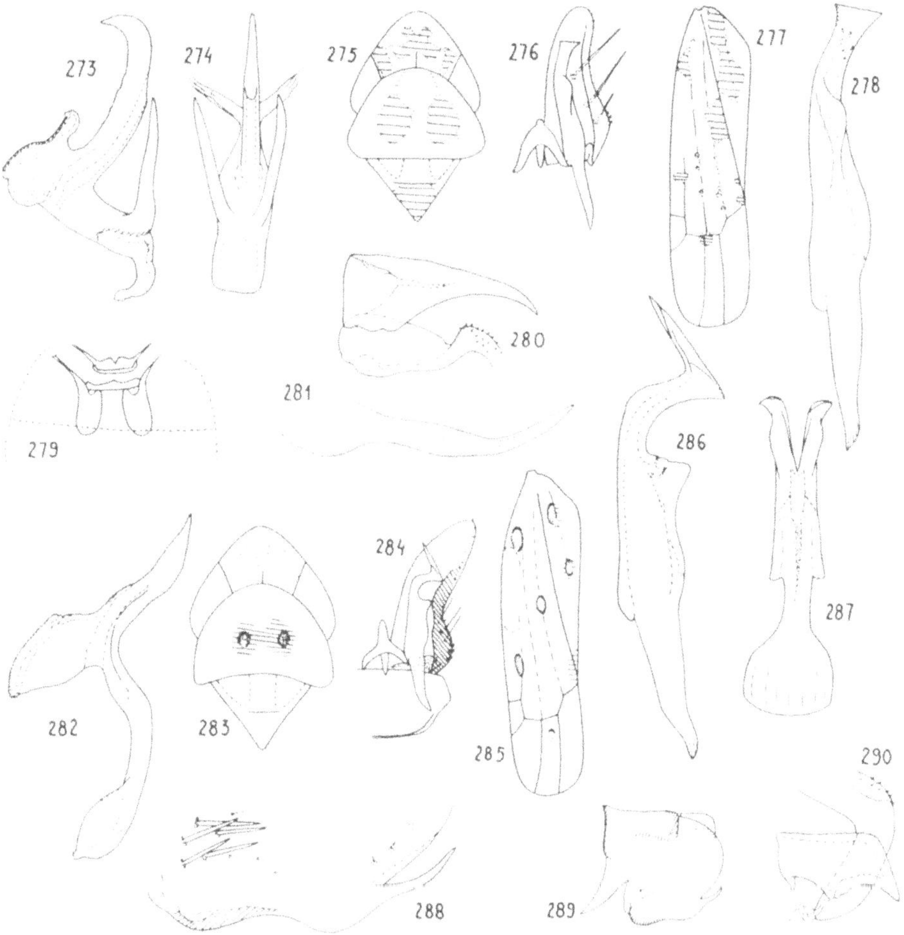

Figs. 273-290.
Tautoneura (s. str.) smocza sp. n.: 273–281. 280: upper pygophore appendage and base of anal tube. – *T. (s. str.) incisa* sp. n.: 282-290.

Q a d r i a MAHMOOD, 1967

Qadria setosa (AHMED, 1970)

8 ♂♂, 4 ♀♀, Karnataka, 18–25 km E of Mudigere, June 2; 2 ♂♂, Gadag, Feb. 21, coll. C. A. VIRAKTAMATH in 1978.

R a t b u r e l l a RAMAKRISHNAN et MENON, 1973

Ratburella (s. str.) unipunctata RAMAKRISHNAN et MENON, 1973

2 ♂♂, 6 ♀♀, Karnataka, 18–25 km E of Mudigere, June 2, 1978, coll. C. A. VIRAKTAMATH.

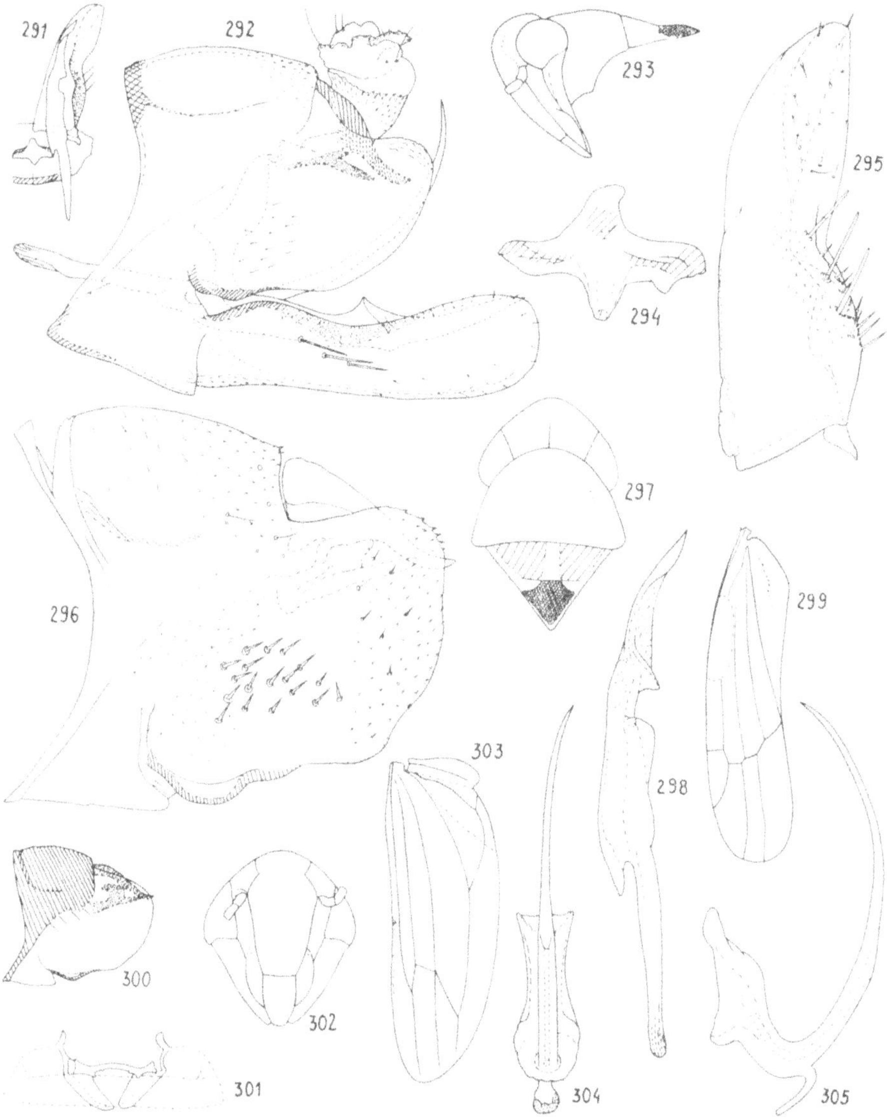

Figs. 291-305. *Ratburella (Burara) maxima* sp. n.

Burara subgen. n. of *Ratburella* RAMAKRISHNAN et MENON, 1973

Type-species: *Ratburella (Burara) maxima* sp. n.

The new subgenus differs from the nominate one by head structure and also by male genital apparatus.

Head narrower than pronotum, vertex much shorter than pronotum, eyes roundish (Fig. 297). Face quite short and slightly convex in profile (Fig. 293). Lower parts of genae produced to the lower margin of quite broad anteclypeus, lateral frontal sutures shalowly incised (Fig. 302).

Wings shape and venation (Figs. 299, 303) as in nominate subgenus, only fore wing broader in apical part.

Male genital apparatus of *Burara* sgen. n. differs from that of *Ratburella* s. str. by the following characters:

1. pygophore side short and broad in its hind part (Fig. 296),
2. a sclerotized ledge of basal part of pygophore side shifted away from the upper margin (Figs. 296, 300),
3. penis with a small manubrium (Fig. 305), and
4. abdominal apodemes poorly developed (Fig. 301).

Ratburella (Burara) maxima sp. n. (Figs. 291–305)

Body slim. Ground yellow, partly very bright. Eyes and a large patch at apex of scutellum (Fig. 297), blackish. Anteocular areas on face whitish. Basal triangles brownish, sometimes ochre-brownish; remaining part of scutum more or less infuscated. Fore wing light, slightly yellowish on clavus and adjoining part of corium, greyish at apex and whitish at costal margin; veins yellowish. Upper side of abdomen and apical parts of valvae blackish.

Pygophore process (Fig. 296) sinuate, a bit exceeds hind margin of pygophore lobe. Sclerotized extension of the anal tube directed caudad (Fig. 292). Penis with long tapering apical process (Figs. 304, 305). Apical part of paramere short (Fig. 298) covered with sculpture of minute hairs, „second extension" very long. Basal part of subgenital plate expanded (Fig. 295).

Length: ♂ 3.1 mm, ♀ 3.2–3.4 mm.

Holotype, male, and paratypes, 6 ♀♀: Meghalaya, Mawsmai Cave, Apr. 20, 1978, coll. I. DWORAKOWSKA. (ISEZ, D, BM)

Frutioidia ZACHVATKIN, 1946

Frutioidia cardiaca sp. n. (Figs. 306–315)

Upper side of body and face golden-yellow. There are some irregularly shaped whitish areas at anterior margin of pronotum and at its sides (Fig. 306). Transition vertex to face broadly ivory. Eyes light grey. Fore wing semitransparent golden-yellow, veins whitish.

Male genital apparatus typical for the nominate subgenus but central lobe in connective deviated under almost right angle from the surface formed by remaining parts of this structure and thus not well visible from above (Fig. 314). Shape, sculpture and setosity of the subgenital plate (Fig. 315) as well as upper appendage at the pygophore and also that at anal tube (Fig. 312) like these in *F. bisignata* (M. R.). 9th abdominal sternite of male provided with well sclerotized ledge in its midline (Fig. 308). Paramere (Figs. 308, 310) with long „second extension" and very small praeapical lobe. Penis stem long, provided with two pairs of appendages (Fig. 313). The subapical appendage directed dorso-cephalad (Fig. 309). Upper part of atrial rim very small. Pygophore lobe structure (Fig. 311) and abdominal apodemes (Fig. 307) as in *F. smuga* DWOR.

Length: ♂ 2.1–2.3 mm, ♀ 2.4–2.5 mm.

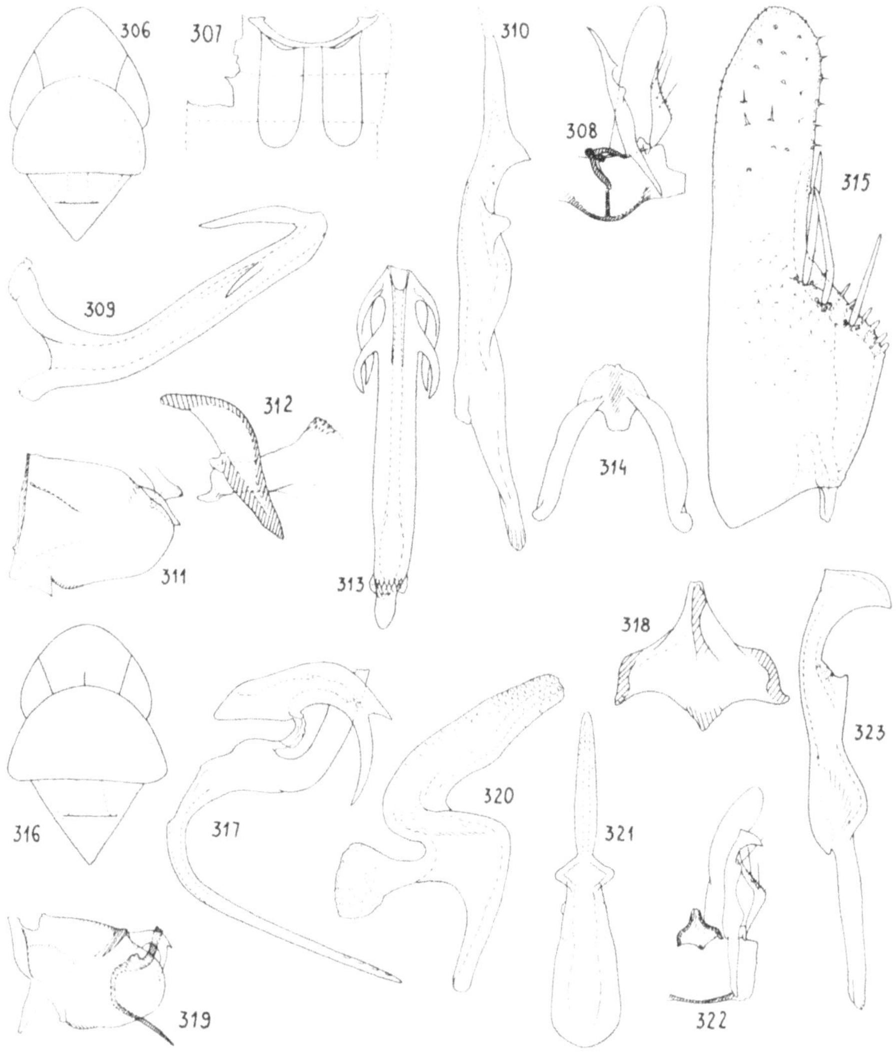

Figs. 306-323.
Frutioidia cardiaca sp. n.: 306-315. – *Kapsa sydlata* sp. n.: 316-323.

Holotype, male, and paratypes, 6 ♂♂, 7 ♀♀: Meghalaya, Mawsmai Cave, Apr. 20, 1978, coll. I. DWORAKOWSKA. (ISEZ, D, B, BM)

Kapsa DWORAKOWSKA, 1972

Kapsa mingorensis (AHMED, 1970)

2 ♂♂, 1 ♀, H. P., between Kandaghat and Shogi, Apr. 5, 1978, coll. I. DWORAKOWSKA.

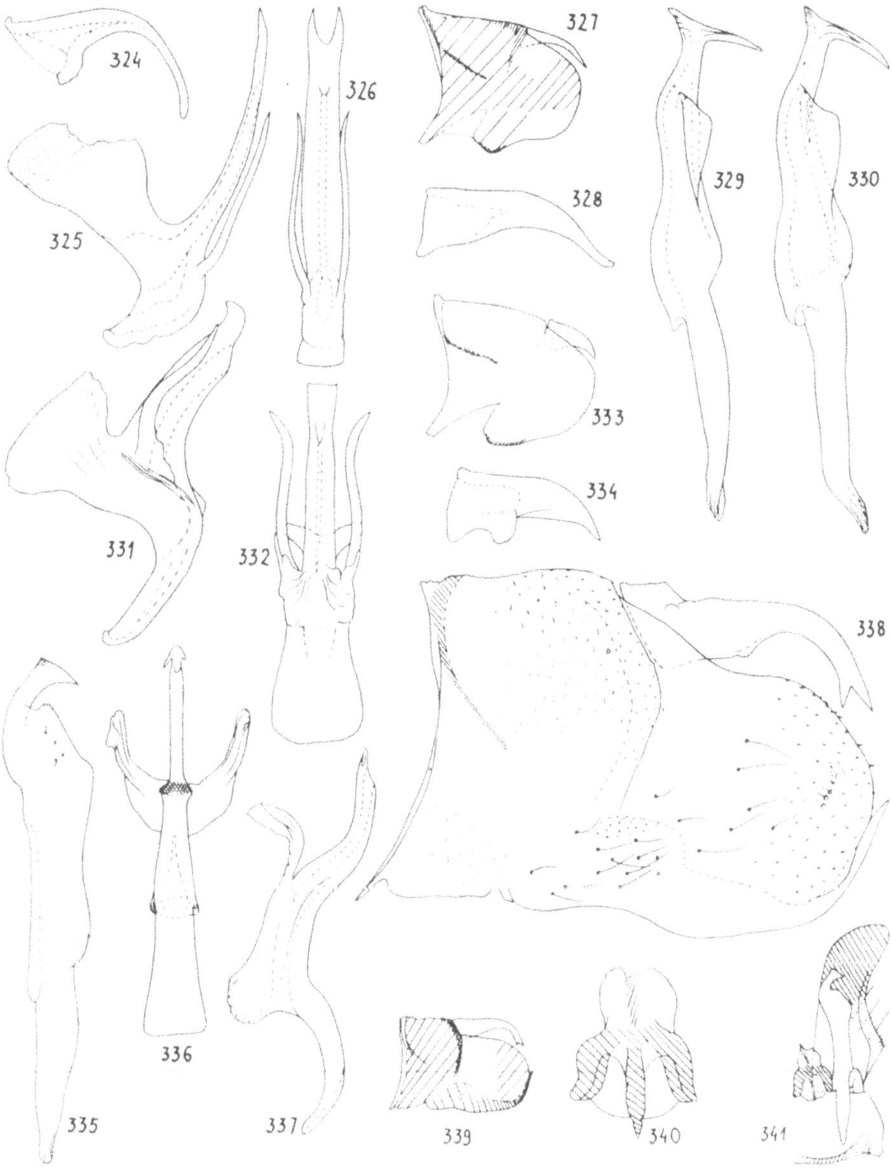

Figs. 324-341.
Motaga fara sp. n.: 324-329. – *M. gracilis* sp. n.: 330-334. – *Gambialoa forcipata* sp. n.: 335-341.

Kapsa simlensis DWORAKOWSKA, NAGAICH et SINGH, 1978

1 ♂, H. P., Simla, Glen, Apr. 5, 1978, coll. I. DWORAKOWSKA.

Kapsa sydlata sp. n. (Figs. 316–323)

Body gracile. Vertex of male rounded anteriorly, of female slightly produced in the middle. Ground whitish or white-yellowish. Centre and hind part of pronotum, scutum, scutellum and clavus, yellowish. Ivory patches are situated at both sides of vertex near its anterior margin, in centre of anterior margin of pronotum and at anterior margin of scutellum (Fig. 316). Eyes brownish-grey. Fore wing pale, apical cells slightly infuscated. 7th abdominal sternite of female produced in the middle, tip of valva pale.

The greatest difference in comparison with other species of the genus is paramere (Figs. 322, 323) with almost straight apical part terminated on broad triangular lamella; subapical tooth rudimentary. Praeapical lobe very small. Anal tube appendage long (Fig. 319), its apex ornamented with minute ledges (Fig. 317). Upper pygophore process bifurcated (Figs. 317, 319). Penis (Figs. 320, 321) like that of *K. mingorensis* (AHMED) but the stem is laterally compressed and truncate at apex. Connective (Fig. 318), subgenital plate and pygophore side (Figs. 319, 322), typical.

Length: ♂ 2.7–3.0 mm, ♀ 2.8–3.1 mm.

H o l o t y p e, male, and p a r a t y p e s, 9 ♂♂, 5 ♀♀; Meghalaya, Shillong, Fragaria sp., Apr. 19, 1978, coll. I. DWORAKOWSKA. (D, B, ISEZ, BM, Zoologisches Museum der Humboldt-Universität in Berlin)

M o t a g a DWORAKOWSKA, 1979

Motaga fara sp. n. (Figs. 324–329)

Vertex of male produced in the middle. Ground of upper side of body testaceous. There is a small ochre-brownish patch at tip of vertex. Eyes blackish. Face light yellowish-testaceous. Sides of pronotum at its anterior part slightly brownish. Centre of pronotum and a broad transverse stripe at its hind margin grey. Fore wing semitransparent, light, shining, veins in its apical part slightly fuscous. Hind wing membrane slightly smoked, veins dark.

Male genital apparatus resembles that of *M. rokfa* DWOR. from Vietnam (DWORAKOWSKA 1979). Upper appendage at one pygophore side arcuated (Fig. 324) and at the other only slightly sinuated (Fig. 328). Paramere like that of *M. rokfa* DWOR. but both teeth narrower and more acute (Fig. 329). Penis stem almost straight (Fig. 325), bifurcated at apex (Fig. 326). The part of penis protruding beyond the gonopore shorter than in *M. rokfa* DWOR. and lateral penis appendages comparatively longer.

Length: ♂ 2.5 mm.

H o l o t y p e, male: West Bengal, Calcutta, grasses, Apr. 14; p a r a t y p e, ♂: Calcutta, Petunia sp., Apr. 15, 1978; coll. I. DWORAKOWSKA. (D)

Motaga gracilis sp. n. (Figs. 330–334)

Vertex produced in the midline, almost as long as distance between eyes. Ground light testaceous. There are two indistinct brownish patches on both sides of midline on vertex. Fore wing pale, semitransparent, clavus testaceous-grey, apical cells smoked.

Penis stem short (Fig. 331), slightly compressed laterally, its apical part protruding beyond gonopore very short. Lateral processes at the penis stem solid, lyre-shaped (Fig. 332). Apex of paramere quite long (Fig. 330). Pygophore process short (Figs. 333, 334).

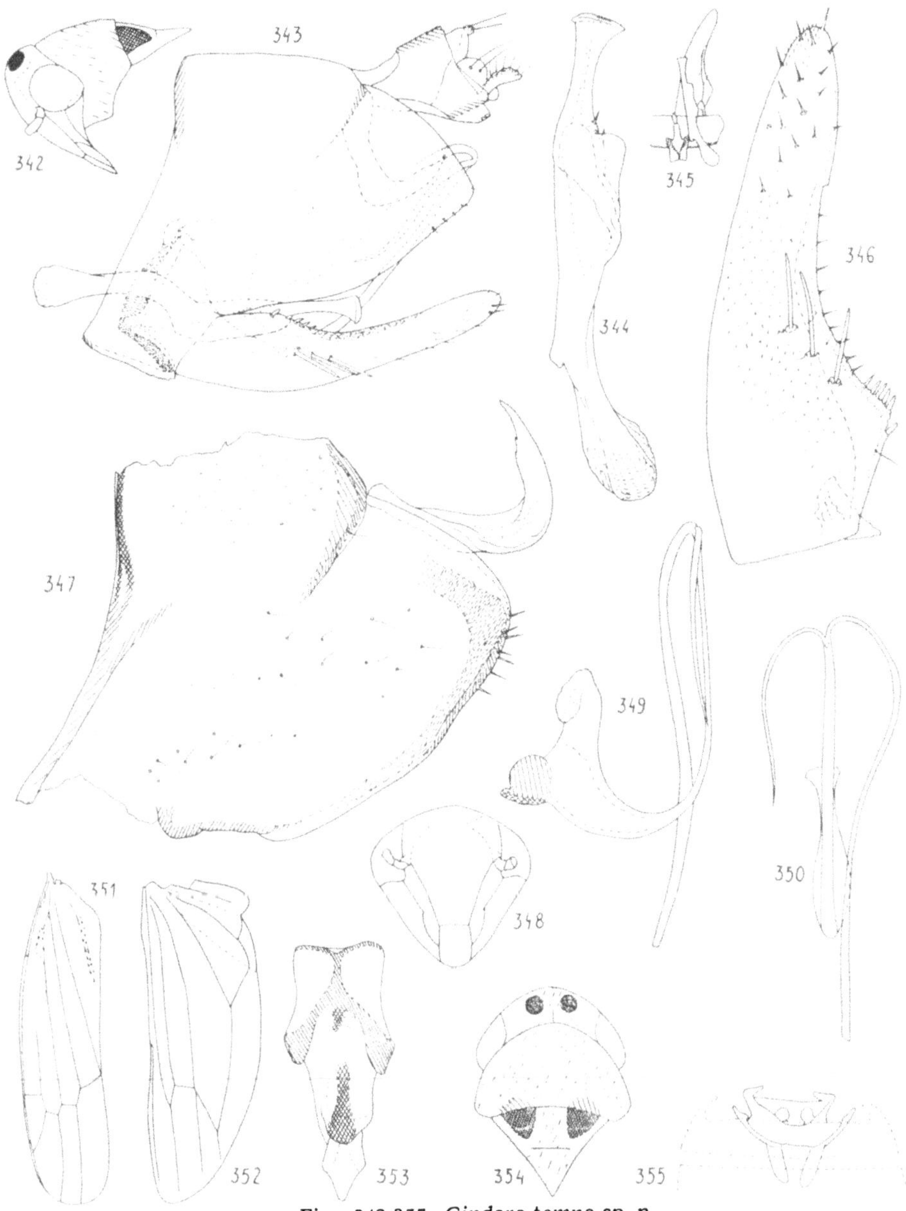

Figs. 342-355. *Gindara temna* sp. n.

Length: ♂ 2.8–2.9 mm, ♀ 2.9–3.0 mm.

Holotype, male, and paratype, ♀: Karnataka, Biligirirangan Hills, 1150 m, Aug. 12, 1977; other paratypes, 3 ♂♂, 2 ♀♀: Nandi Hills, July 17, 1978, coll. C. A. VIRAKTAMATH; 7 ♂♂, 2 ♀♀, same locality and date, coll. S. VIRAKTAMATH. (B, D, ISEZ)

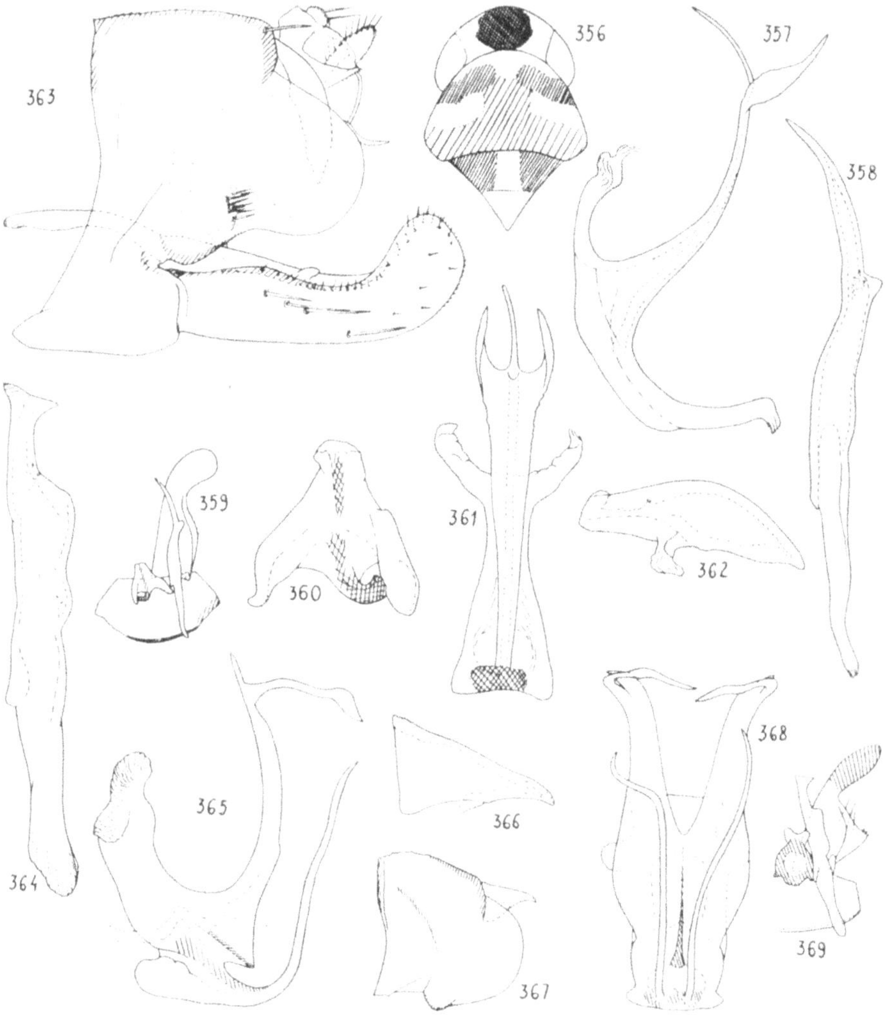

Figs. 356-369.
Salka tricera sp. n.: 356-363. – *Empoascanara singhi* sp. n.: 364-369.

Gambialoa DWORAKOWSKA, 1972

Gambialoa kashmirensis (AHMED, 1969)

1 ♂, Karnataka, Biligirirangan Hills, 1150 m, Aug. 12; 1 ♂, 4 ♀♀, 9 km W of Kollegal, Aug. 8, coll. C. A.VIRAKTAMATH in 1977.

Gambialoa forcipata sp. n. (Figs. 335–341)

Ground light testaceous. An indistinct shade in the centre of vertex. Central part of pronotum and a narrow transverse stripe just before broad terminal light fascia, brownish. Eyes blackish. Fore wing semitransparent, slightly brownish, margins lighter, veins infuscated.

Praeatrium long and narrow. Penis stem tubular, sinuated in side view (Fig. 337), slightly compressed laterally. There are two short lateral appendages at apex of penis (Fig. 336). Pygophore side (Fig. 338) provided with quite short tapering lower appendage curved upwards. Upper appendage at pygophore side (Fig. 338) large, curved and bifurcated at apex. Subgenital plate broadened in apical part (Fig. 341). Apical part of paramere (Fig. 335) very small. Connective (Fig. 340) typically trilobate.

Length: ♂ 3.0 mm.

Holotype, male: Karnataka, 3 km W of Yellapur, Nov. 15, 1977, coll. C. A. VIRAKTAMATH. (B)

Gindara gen. n.

Type-species: *Gindara temna* sp. n.

Body quite robust. Vertex short, pronotum broader than head with eyes (Fig. 354). Face distinctly convex in profile (Fig. 342), short (Fig. 348).

Fore wing shape and venation (Fig. 351) as in *Gambialoa* DWOR.

Hind wing narrow in apical part (Fig. 352).

Anal block short, almost spherous; anal tube not much exceeding hind margin of pygophore lobe (Fig. 343).

Pygophore side similar to that of *Gambialoa* (*Nkasa)* DWOR. but there is a distinct ledge on inner side of the lobe along its hind lower angle reaching centre of hind margin (Fig. 347).

Subgenital plate (Fig. 346) as in *Gambialoa* DWOR.

Paramere (Fig. 344) similar to that of *Gambialoa* DWOR. but with much longer basal part being broadened terminally.

Connective (Fig. 353) very long, with long central lobe and an additional sclerotized plate joining it with 9th abdominal sternite (Fig. 345). The central lobe is flexed in natural position (Fig. 343). There is a central sclerotization and the lateral ones.

Penis stem tubular, gonopore ventral (Fig. 350). Praeatrium very narrow (Fig. 349).

The newly described genus differs from *Gambialoa* DWOR. chiefly by sclerotization of pygophore side and by structure of penis-connective complex.

Gindara temna sp. n. (Figs. 342–355)

Vertex only slightly produced in the middle, ivory at sides, light orange in the centre between blackish patches (Fig. 354). Face pale testaceous at sides, anteclypeus and frontoclypeus light brownish-ochre. Pronotum yellowish at eyes, milky-greyish at hind margin, light orange on the remaining surface. Scutum sordid yellowish-orange, scutellum orange. Eyes and basal triangles black. Fore wing semitransparent, slightly testaceous, clavus darker.

Upper pygophore appendage large, falcate, pointed at apex (Figs. 343, 347). Penis stem thin, arcuated at its base (Fig. 349), provided with two asymmetrical lateral appendages at apex. One of the appendages is about half as long as the stem and the other one is almost 1/2 longer than the stem (Fig. 350). The tip of longer appendage reaches base of central lobe of the connective (Fig. 343). Apical part of paramere straight, long, almost symmetrical, „second extension" hardly detectable (Fig. 344).

Length: ♂ 3.0 mm.

Holotype, male: U. P., Mussoorie, chestnut, Apr. 27, 1975, coll. A. S. SOHI. (PAU)

Empoascanara DISTANT, 1918

The type-species of the genus: *Empoascanara prima* DIST., was not identifiable up to the last year as the holotype kept at the British Museum is a female. At the collection of Zoological Survey of India at Calcutta there are several specimens (among them one male) of this species determined by DISTANT and belonging to the same sample as the holotype. This species appeared to be identic with *Zygina thattaensis* AHMED, thus the dividing to groups in my review of the genus *Empoascanara* DIST. is quite incorrect. The former group of *E. prima* DIST. should be named group of *E. nagpurensis* (DIST.) and the former group of *E. indica* (DATTA) can be named group of *E. prima* DIST. For the reason of unsufficient description and illustrations of *Erythroneura hazarensis* AHMED and *Zygina simplices* SINGH these species were unproperly arranged and really both of them as well as the species described below belong to the group of *Empoascanara nagpurensis* (DIST.).

Empoascanara singhi sp. n. (Figs. 364–369)

Externally like *E. nagpurensis* (DIST.). There is a wide grey-brown transverse fascia at hind margin of pronotum. Scutum and scutellum ochre-brownish. Fore wing semitransparent, light grey-brownish with clavus and wax-field darker and almost white streak along longitudinal cu vein.

Male genital apparatus much resembles these of *E. hazarensis* (AHMED) and *E. simplices* (SINGH) but subapical tooth at paramere in both mentioned species is truncate while in a just described one it is conical (Fig. 364). Both arms of atrial extension divergent from each other apically (Fig. 368) and the longer process devoid of an additional tooth at its apex and in none position is arcuate, what differs *E. singhi* sp. n. from *E. hazarensis* (AHMED). The longer process is lamellate subapically (Fig. 365) what allows to distinguish the newly described species from *E. simplices* (SINGH). Canaliferous part of penis is provided with a vertical lamella above (Fig. 365).

Length: ♂ 2.3 mm, ♀ 2.3–2.5 mm.

Holotype, male, and paratypes, 1 ♂, 4 ♀♀: U. P., Dehra Dun, grasses, Apr. 7, 1978, coll. I. DWORAKOWSKA. (ISEZ, D)

Seriana DWORAKOWSKA, 1971

Seriana jaina (DISTANT, 1908)

1 ♂, Karnataka, Magadi, July 16, 1977, coll. C. A. VIRAKTAMATH

Seriana sagittata DWORAKOWSKA, 1978

3 ♂♂, Karnataka, Magadi, July 16, 1977, coll. C. A. VIRAKTAMATH.

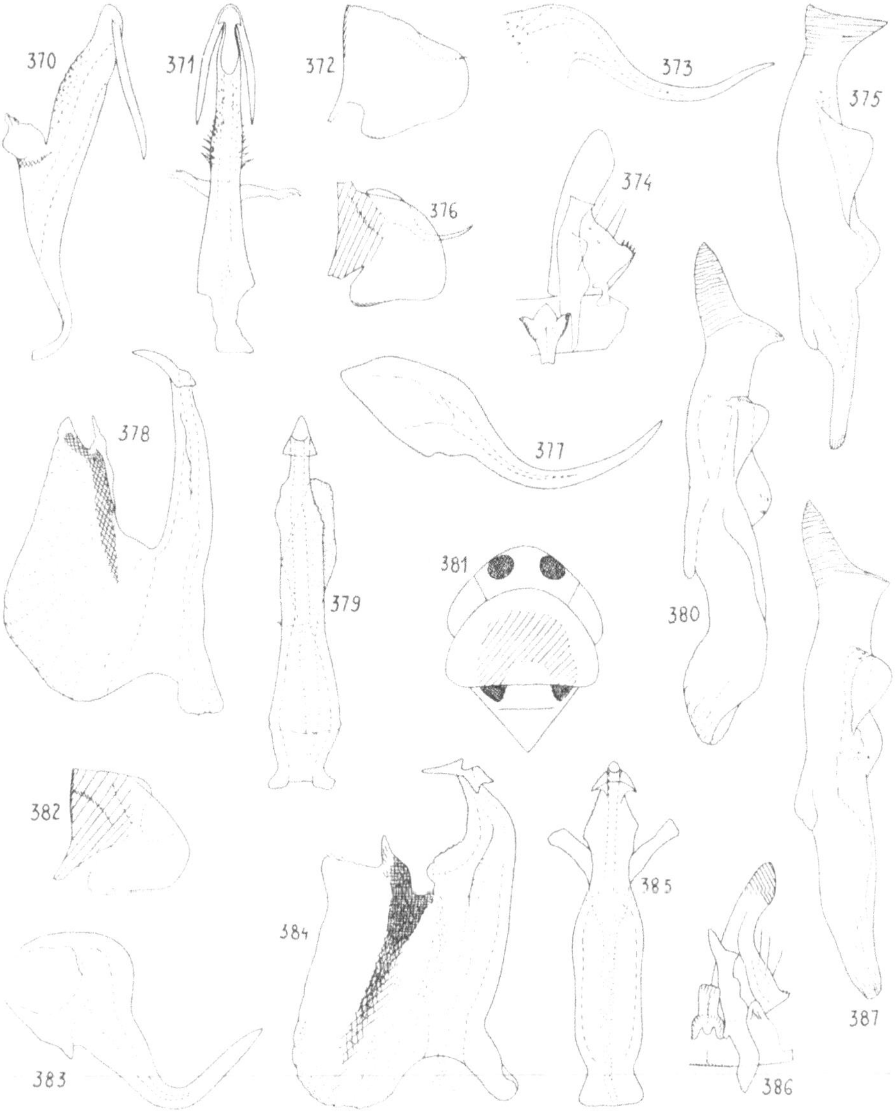

Figs. 370-387.
Helionidia hirsuta sp. n.: 370-375. – *H. rubra* sp. n.: 376-380. – *H. viridula* sp. n.: 381-387.

Helionidia ZACHVATKIN, 1946

Helionidia hirsuta sp. n. (Figs. 370–375)

Vertex produced in the middle. Ground olivaceous-brownish or olivaceous-yellowish. Transition vertex to face, small longitudinal patches at eyes and lateral parts of pronotum, yellowish-white. Eyes brownish-grey. Face suffused with brown in its lower part.

Anteclypeus blackish. Fore wing olivaceous-yellow, apical cells smoked, apical veins light. There is a whitish longitudinal streak parallel to the costal margin arising at base of fore wing and terminated at distal end of wax-field.

(The genital apparatus of the only male at my disposal is mutilated by parasites).
Penis stem straight, provided with long lateral appendages at apex (Fig. 371) and characteristical ornamentation of its dorsal side (Fig. 370). Pygophore appendage thin (Fig. 372), tapering and sinuated (Fig. 373). Subapical tooth of paramere short (Figs. 374, 375).

Length: ♂, ♀ 2.4 mm.

Holotype, male, and paratypes, 2 ♀♀: Karnataka, 27 km N of Biligirirangan Hills, 875 m, balagh, Aug. 12, 1977, coll. C. A. VIRAKTAMATH. (B)

Helionidia rubra sp. n. (Figs. 376–380)

Vertex rounded anteriorly in male, slightly produced in female. Ground of vertex, upper part of face and upper side of thorax orange-red, in females it is rather testaceous-ochre. In fully coloured specimens centre of pronotum and centre of its hind part dark brown. Two big roundish patches on vertex and basal triangles black. The patches on vertex bordered with light. Eyes blackish. Genae, lorae and lower part of frontoclypeus yellowish. Anteclypeus, small patches below antennae and a narrow bordering of frontoclypeus at genae, black. Fore wing brownish-red on clavus, in sc and basal $^3/_4$ of cu cell. Veins brownish-red. Apical part of cu cell, m and r cells light grey, hardly semitransparent. Apical cells darkly smoked.

Male genital apparatus resembles that of *H. karachiensis* AHMED et KHOKHAR but apical appendage at penis more expanded cephalad (Fig. 378) and lamellate ventrad; lateral appendages of penis absent (Fig. 379). Pygophore appendage less curved (Fig. 377) in comparison with *H. karachiensis* AHMED et KHOKHAR and longer (Fig. 376) and subapical tooth of paramere broader (Fig. 380).

Length: ♂ 2.8–3.1 mm, ♀ 2.8–3.2 mm.

Holotype, male, and paratypes, 6 ♂♂, 12 ♀♀: Karnataka, Biligirirangan Hills, 1150 m, Aug. 12, 1977, coll. C. A. VIRAKTAMATH. (B, D, ISEZ)

Helionidia viridula sp. n. (Figs. 381–387)

Face and upper side of body olivaceous-yellow with greenish tint. Anteclypeus, small patches at antennae, two patches on vertex and basal triangles, blackish (Fig. 381). Fore wing of a ground colour, dull in basal $^3/_4$, semitransparent and smoked apicad.

Male genital apparatus resembles that of *H. rubra* sp. n. but penis stem attached to the atrial appendage on a longer distance (Fig. 384), apical process shorter and the lateral ones do not joint with each other on ventral side (Fig. 385). Pygophore appendage (Figs. 382, 383) as in *H. karachiensis* AHMED et KHOKHAR.

Length: ♂ 2.65–2.80 mm, ♀ 2.9 mm.

Holotype, male, and paratypes, 6 ♂♂, 1 ♀: Karnataka, 9 km W of Kollegal, Aug. 8, 1977, coll. S. VIRAKTAMATH. (B, D, ISEZ)

Arboridia ZACHVATKIN, 1946

Arboridia (s. str.) ata sp. n. (Figs. 388–394)

Vertex produced in the middle (Fig. 390), pale testaceous-yellow. Coronal suture marked with bright orange-red, this colour expands toward frons in a form of a rhomboid patch (marked with oblique dashes in Fig. 390). Two irregularly quadrangular patches on sides of vertex orange-red. Pronotum pale testaceous with sordid ochre patch in the centre and in the centre of hind margin. Scutum testaceous-ochre. Scutellum pale testaceous. Eyes, basal triangles and a big patch at the tip of scutellum, blackish. Face ochre-yellow. Lower side of body pale. Fore wing smoked and suffused with red on clavus and basal part of corium. The infuscation paler toward tips of longitudinal cells and red colour becoming more bright there. There are red streaks inside longitudinal cells tapering toward cross-veins. Apical cells semitransparent, slightly smoked. Veins in tip region of wing reddish. Hind wing semitransparent, whitish. Longitudinal veins reddish.

Upper pygophore appendage slightly protruding beyond pygophore lobe (Fig. 392), short and broad (Fig. 391). Penis stem very long, compressed laterally, provided with two lateral and one ventral appendage at apex (Figs. 388, 389). Apical part of paramere triangularly terminated (Fig. 393). Abdomen, basal part of pygophore side and apical part of subgenital plate (Fig. 394), infuscated.

Length. ♂ 3.0 mm.

Holotype, male: U. P., Mussoorie, chestnut, Apr. 27, 1975, coll. A. S. SOHI. (PAU)

Subgenus Arborifera SOHI et SANDHU, 1971

Arboridia (Arborifera) sohii sp. n. (Figs. 395–401)

Ground of upper side of body ochre-yellow. Eyes, two comma-like patches on vertex (Fig. 395) and basal triangles, blackish. There are some indistinct orange patches on pronotum and at margins of scutellum.

Male genital apparatus much resembles that of *A. (A.) vinealis* (AHMED) but penis stem in the newly described species is very broad in profile and its appendages are not arcuated in side view (Fig. 399) and in posterior view they are much longer than in mentioned species and their apices are slightly curved upwards (Fig. 397). Pygophore process almost parallel-sided (Fig. 401). There is a lamellate extension at apex of paramere (Fig. 398).

Length: ♂ 3.35 mm.

Holotype, male: U. P., Sahasradhara nr. Dehra Dun, sal forest, Apr. 7, 1978, coll. I. DWORAKOWSKA. (D)

Alnetoidia DLABOLA, 1958

Alnetoidia indica sp. n. (Figs. 402–407)

External appearance and male genital apparatus resemble that of *A. sapporensis* (MATS.) (ANUFRIEV 1972).

Vertex and anterior half of pronotum in male ivory, remaining surface of upper side of thorax light testaceous. Face light yellowish, at least in its upper part. Eyes beige. Fore wing semitransparent, colourless at costal margin, smoked in apical cells 1st, 4th and apical parts of 2nd and 3rd and citrine-yellow on the remaining surface.

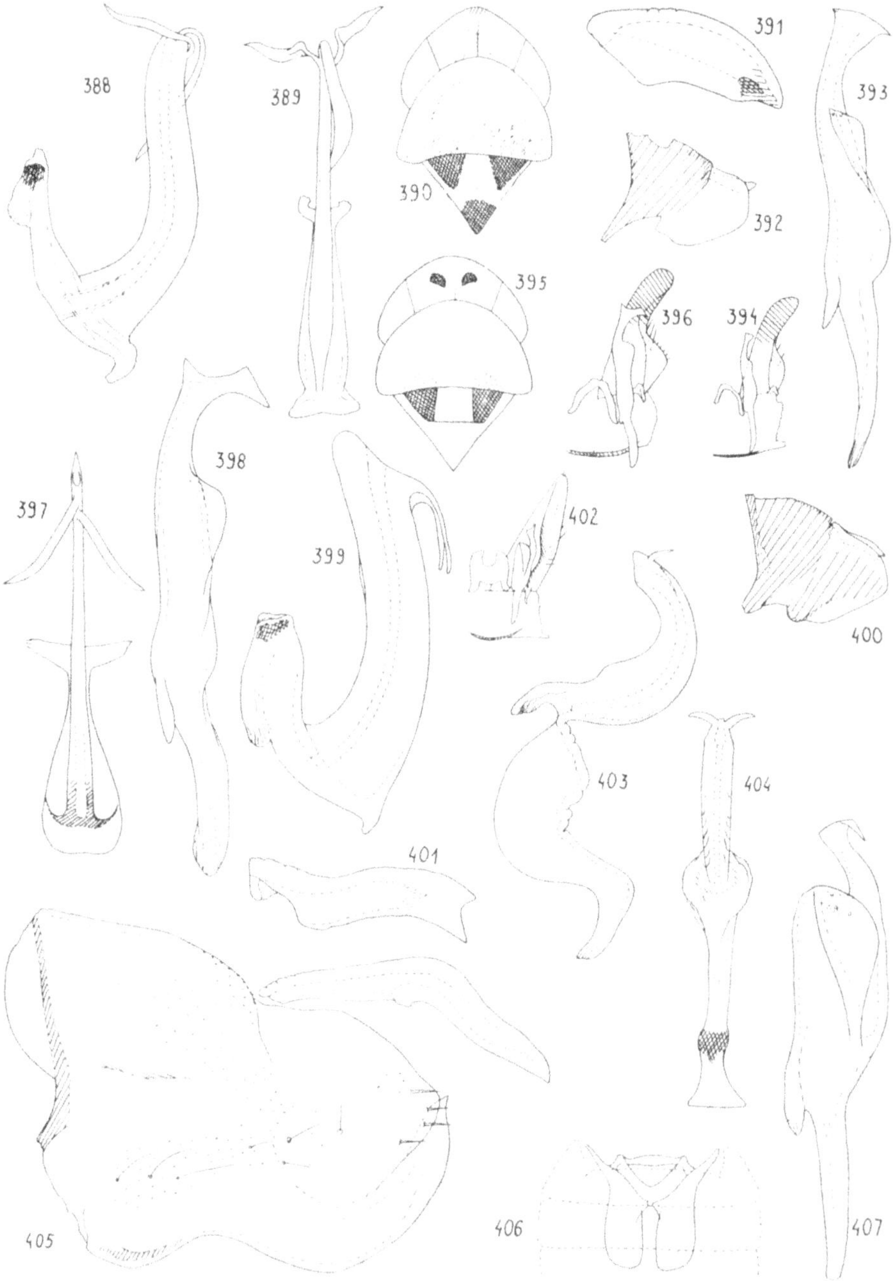

Figs. 388-407.
Arboridia (s. str.) ata sp. n.: 388-394. – *A. (Arboridula) sohii* sp. n.: 395-401. – *Alnetoidia indica* sp. n.: 402-407.

Penis stem curved in an arch (Fig. 403), narrow in posterior view (Fig. 404); subapical processes very small. Apex of paramere provided with a small extension (Fig. 402). In Fig. 407 this detail is displaced in slide. Upper pygophore process very long, the lower one broad, arcuated (Fig. 405).

Length: ♂ 3.75 and 4.0 mm.

Holotype, male, and paratype, ♂: H. P., Simla, Glen, vegetation at the stream, Apr. 5, 1978, coll. I. DWORAKOWSKA. (ISEZ, D)

Diomma MOTSCHULSKY, 1863

Diomma (s. str.) ochracea MOTSCHULSKY, 1863

3 ♀♀, Karnataka, Biligirirangan Hills, 1150 m, Aug. 12, 1977, coll. C. A. VIRAKTAMATH.

Diomma (s. str.) bindrai (DWORAKOWSKA et SOHI, 1978) **comb. n.**

Zyginoides (Platytetticis) bindrai DWORAKOWSKA et SOHI, 1978.

2 ♂♂, 2 ♀♀, Karnataka, Biligirirangan Hills, 1150 m, Aug. 12, 1977, coll. C. A. VIRAKTAMATH.

Dikraneurini

Kamaza DWORAKOWSKA, 1977

Kamaza reducta DWORAKOWSKA, 1977

♂♂, ♀♀, U. P., Sahasradhara nr. Dehra Dun, Milletia auriculata BAKER, Apr. 7; 1 ♀, Dehra Dun, Salix sp., Apr. 7; 2 ♀♀, West Bengal, Calcutta, Quisqualis indica L., Apr. 14; 1 ♂, 1 ♀, Meghalaya, Umtyngar, Apr. 20, coll. I. DWORAKOWSKA in 1978.

Apetiocellata SOHI, 1977

Apetiocellata sinuata sp. n. (Figs. 408–415)

Body form and colouration very similar to that of *A. bifasciata* SOHI but vertex much longer (Fig. 408). Ground of upper side of body creamy-white, face ochre-yellow except its upper margin. The two patches terminating dark brown stripe on tip of vertex, blackish-brown. Fore wing golden-yellow at costal margin (marked with short oblique dashes in Fig. 409), smoked apically (spotted in Fig. 409). Hind part of clavus ochre-brownish with an olivaceous tint, remaining part white.

Male genital apparatus very similar to that of *A. bifasciata* SOHI but pygophore appendage (Figs. 414, 415) bifurcated and apical part of paramere hooked (Fig. 412).

Length: ♂ 3.0 mm.

Holotype, male: Karnataka, 12–15 km SW of Hunsur, Jan. 18, 1978, coll. C. A. VIRAKTAMATH. (B)

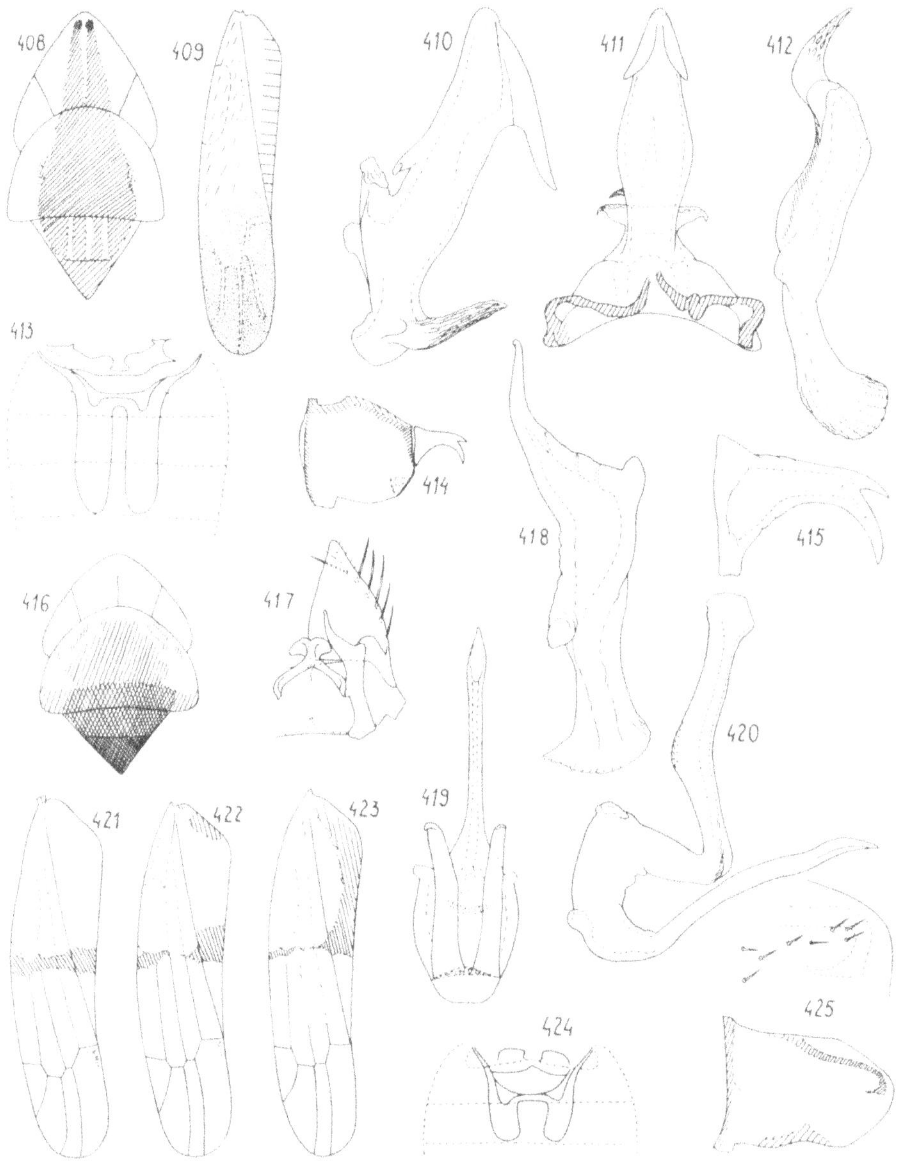

Figs. 408-425.
Apetiocellata sinuata sp. n.: 408-415. – *Michalowskiya variabilis* sp. n.: 416-425, 425: scheme of pigmentation and ledges of pygophore lobe (below) and its terminal part in greater magnitude (above).

U z e l d i k r a DWORAKOWSKA, 1971

Uzeldikra citrina (MELICHAR, 1903)

3 ♀♀, Maharastra, Dhond, Nov. 26, 1977; 1 ♀, Karnataka, Nagarahole, Jan. 17, 1978, coll. C. A. VIRAKTAMATH.

K i r k a l d y k r a DWORAKOWSKA, 1971

Kirkaldykra apis (DWORAKOWSKA, 1969)

2 ♀♀ (with brown pattern), 1 ♂, 3 ♀♀ (with orange pattern), Karnataka, 20 km S of Channapatna, June 15; 4 ♂♂ (with orange pattern), 8 km E of Channapatna, July 15, coll. C. A. VIRAKTAMATH in 1977.

M o t s c h u l s k y i a KIRKALDY, 1905

Subgenus **Togaritettix** MATSUMURA, 1931

Motschulskyia (Togaritettix) serrata (MATSUMURA, 1931)

1 ♀, Karnataka, Nagarahole, Jan. 17, 1978, coll. C. A. VIRAKTAMATH.

M i c h a l o w s k i y a DWORAKOWSKA, 1972

Michalowskiya variabilis sp. n. (Figs. 416–425)

Externally differs from *M. lutea* DWOR. from China (DWORAKOWSKA 1972) by presence of dark pattern on upper side of body.

Ground of upper side of head, thorax and fore wing yellow. Anterior part of vertex whitish. There are ivory and testaceous patches in anterior part of pronotum. Dark brown pattern on fore wing (Figs. 421–423) and on upper side of thorax (Fig. 416) vary very much. Apical cells delicately smoked. No two identical colouring patterns among specimens examined here in spite of that the sample was collected on one branch of a tree and maybe it is a progeny of one female. Both specimens not figured here are yellow with only a narrow brown transverse fascia on fore wing (broadened at costal margin and reduced on clavus in male and uniformly very narrow in female).

Penis (Figs. 419, 420) resembles that of *Naratettix* MATS. by presence of a short manubrium. Apical extension of paramere (Figs. 417, 418) short. Sclerotized extension of upper part of pygophore lobe not well separated (Fig. 425).

Length · ♂ 3.50–3.75 mm, ♀ 3.30 mm.

H o l o t y p e, male, and p a r a t y p e s, 3 ♂♂, 1 ♀: Meghalaya, Mawsmai Cave, Apr. 20, 1978, coll. I. DWORAKOWSKA. (ISEZ, D, BM)

A c k n o w l e d g e m e n t s

I am mostly indebted to Dr. C. A. VIRAKTAMATH (University of Agricultural Sciences in Bangalore) for enabling me studies of his *Typhlocybinae* collection. The thankfulness are also due to Dr. A. S. SOHI (Punjab Agricultural University) for help in reinvestigation of species described by Dr. SAWAI SINGH and to Dr. M. AHMED (University of Karachi) for the additional information being helpful in identification of described by him *Havelia alba*. My greatest gratitude is expressed to Dr. T. N. ANANTHAKRISHNAN, Director of the Zoological Survey of India (Calcutta) for all the facilities during examination of type-material being in his care and also during my field investigations, and to Dr. B. B. NA-

GAICH, Director of the Central Potato Research Institute (Simla) for valuable co-operation. Thanks are also expressed to Dr. P. K. SEN SARMA and Mr. S. C. PANT of the Forest Research Institute in Dehra Dun, Mr. S. K. MALHOTRA (the Botanist at Forest Research Centre in Burnihat), Dr. U. RAMAKRISHNAN of the Indian Agriculture Research Institute in Delhi and to SHRI SHATRUGHNA SINGH the Virus Pathologist at CPRI in Simla, for help of a varied nature.

Zusammenfassung

ÜBER EINIGE TYPHLOCYBINEN AUS INDIEN

Es werden die folgenden 41 neuen Arten beschrieben: *Dialecticopteryx (Akotettix) quadrata, Lankasca vicaria, L. menoni, Velu pruthii, Alebroides sinuatus, Empoasca (s. str.) lillae, E. (s. str.) rura, E. (s. str.) tastara, E. (s. str.) tanova, E. (s. str.) tuba, E. (s. str.) stata, E. (Distantasca) tna, Ifugoa media, Usharia glabra, Goifa rotundata, Eupteryx bharatiae, Thaia (s. str.) albida, Cassianeura aurea, Takama minuta, T. media, Mandera stylata, M. cornuta, M. blada, Mitjaevia callosa, Salka tricera, Tautoneura (s. str.) smocza, T. (s. str.) incisa, Frutioidia cardiaca, Kapsa sydlata, Motaga fara, M. gracilis, Gambialoa forcipata, Empoascanara singhi, Helionidia hirsuta, H. rubra, H. viridula, Arboridia (s. str.) ata, A. (Arborifera) sohii, Alnetoidia indica, Apetiocellata sinuata, Michalowskiya variabilis* sowie 5 neue Arten, welche die Typus-Arten von neu aufgestellten Taxa von Gattungsrang sind, nämlich: *Faiga dropia, Shamala mikra, Vermara neglecta, Ratburella (Burara) maxima* und *Gindara temna*. Außerdem wird *Helionidia notata* AHMED et KHOKHAR in die Gattung *Mitjaevia* DWOR. gestellt, und zahlreiche faunistische Nachweise (Neunachweise für das Land oder neue Fundorte) werden gegeben.

References

AHMED, I., 1970: *Andrabia*, new genus and *A. kashmirensis*, new species *(Typhlocybinae: Cicadellidae)* on the plant tember (Zantoxylum alatum) in northern areas of West Pakistan. – Pakistan J. Sci. Ind. Res., **13**, 407–409.

—, 1971: *Havelia alba*, new genus, new species *(Typhlocybinae: Homoptera)* on a forest plant Debregeasia hypoleuca in parts of West Pakistan. – Pakistan J. Forestry, **21**, 277–280.

AHMED, M., KHOKHAR, K. F., 1971: Genus *Helionidia* Zachvatkin *(Erythroneurini – Cicadellidae)* with four new species from West Pakistan. – S. U. Res. J. Sci. Ser., **5** (1), 63–72.

AHMED, M., SAMAD, K., 1972: Some new additions to the Typhlocybine fauna of East Pakistan. – Pakistan J. Sci. Ind. Res., **15**, 285–290.

ANUFRIEV, G. A., 1969: New and little known Leaf-Hoppers of the subfamily *Typhlocybinae* from the Soviet Maritime Territory *(Homopt., Auchenorrhyncha)*. – Acta Faun. Ent. Mus. Nat. Pragae, **13**, 163–190.

—, 1972: Notes on the genus *Alnctoidia* Dlabola, 1958 *(Homoptera, Cicadellidae, Typhlocybinae)* with descriptions of two new species from the Far East. – Bull. Acad. Polon. Sci., Ser. Sci. Biol., **20**, 721–726.

DLABOLA, J., 1957: Results of the zoological expedition of the National Museum in Prague to Turkey. 20. *Homoptera, Auchenorrhyncha*. – Acta Ent. Mus. Nat. Pragae, **31**, 19–68.

—, 1958: A reclassification of Palaearctic *Typhlocybinae (Homopt., Auchenorrh.)*. – Acta Soc. Ent. Cechoslov., **55**, 44–57.

DWORAKOWSKA, I., 1970: On some East Palaearctic and Oriental *Typhlocybini (Homoptera, Cicadellidae, Typhlocybinae)*. – Bull. Acad. Polon. Sci., Ser. Sci. Biol., **18**, 211–217.

—, 1972: On some Oriental genera of *Typhlocybinae (Auchenorrhyncha, Cicadellidae)*. Ibid., **20**, 117–125.

—, 1974: Contribution à la faune du Congo (Brazzaville) Mission A. Villiers et A. Descarpentries. Hémitptères Typhlocybinae. – Bull. IFAN, **36**, Ser. A, 132–243.

—, 1977: On some *Typhlocybinae* from Vietnam *(Homoptera: Cicadellidae)*. – Folia Ent. Hung. (Ser. Nova), **30** (2), 9–47.
—, 1979: On some *Erythroneurini* from Vietnam *(Typhlocybinae, Cicadellidae)*. – Annot. Zool. Bot., Bratislava, No. 131, 52 pp.
DWORAKOWSKA, I., PAWAR, A. D., 1974: Six new Oriental species of *Typhlocybinae (Auchenorrhyncha, Cicadellidae)*. – Bull. Acad. Polon. Sci., Ser. Biol., **22**, 583–590.
KOROLEVSKAYA, L. L., 1976: Cikadki roda *Mitjaevia* Dworakowska, 1970 *(Homoptera, Typhlocybinae)* iz Tadzhikistana. – Izv. A. N. Tadzhikskoy SSR, Ot. Biol. Nauk, **3** (64), 41–44.
LINNAVUORI, R., 1968: On some new or interesting *Hemiptera*. – Ann. Ent. Fenn., **34** (4), 197–200.
—, Insects of Micronesia. *Homoptera: Cicadellidae*, Supplement. – Insects of Micronesia, **6**, 611–632.
METCALF, Z. P., 1964: Bibliography of the *Cicadelloidea (Homoptera: Auchenorrhyncha)*. General Catalogue of the Homoptera, fasc. 6, Washington, 349 pp.
SOHI, A. S., DWORAKOWSKA, I., 1979: Five new species of *Alebroides* Matsumura from India and one from Tibet *(Auchenorrhyncha, Cicadellidae, Typhlocybinae)*. – Oriental Insects, **14** (in print).
—, 1980: Taxonomic review of Indian *Typhlocybinae (Homoptera, Cicadellidae)*. – Oriental Insects, **14** (in print).

Address of the author:
Dr. I. Dworakowska, 00–849 Warszawa, ul. Pereca 2 m. 1512, Poland

ENTOMOLOGISCHE ABHANDLUNGEN

STAATLICHES MUSEUM FÜR TIERKUNDE IN DRESDEN

Band 43 Ausgegeben: 5. Mai 1980 Nr. 9

Über griechische Cetonia-(Potosia-)Arten

(Coleoptera, Scarabaeidae)

Mit 16 Figuren

GUNNAR DAHLGREN

Kalmar

Der Zweck dieser Arbeit ist es, die Determination von griechischen Cetoniinen zu erleichtern.

Potosia MULS. **und Liocola** THOMS., **Untergattungen von Cetonia** F.

Die Gattungen *Potosia* MULS. und *Cetonia* F. sind habituell einander äußerst ähnlich, nur der Mittelbrustfortsatz weist größere Differenzen auf. In der Bestimmungsliteratur wird daher *Cetonia* von *Potosia* durch ihren mehr oder weniger kugelförmigen Mittelbrustfortsatz geschieden; bei *Potosia* ist der Fortsatz flach nach vorn verbreitert. Was man dabei aber nicht genügend berücksichtigt hat, ist der Umstand, daß die Form des Fortsatzes bei den *Potosia*-Arten verschieden ist und auch innerhalb der Arten Variationen aufweist. So haben wohl die meisten Exemplare von *P. judith* RCHE. die den *Potosia*-Arten typische Form des Fortsatzes; aber es kommen Exemplare vor, deren Fortsatz sehr demjenigen der *C. funeraria* GORY ähnelt. In der Tat ist der Unterschied so minimal, daß es ganz hinfällig wäre, die beiden Arten auf Grund dieses Unterschiedes zu verschiedenen Gattungen zu stellen.

Der Mittelbrustfortsatz von z. B. *aurata* L. und derjenige verschiedener *Potosia*-Arten weist, wie gesagt, zwar größere Unterschiede auf, aber dies gilt auch für die *Potosia*-Arten unter sich. Man vergleiche z. B. den beinahe unpunktierten, kahlen und ebenen Mittelbrustfortsatz der *angustata* GERM. mit dem stark und dicht punktierten, behaarten Fortsatz von *vidua* GORY! Oder mit dem Fortsatz von *sibirica* GEBL., der mit einem kräftigen Vorderrandwulst ausgestattet ist.

Wenn man den männlichen Begattungsapparat der *Cetonia*- und *Potosia*-Arten studiert, erhält man ein ähnliches Bild. Die Unterschiede im Aedoeagusbau mehrerer *Potosia*-Arten sind nicht kleiner als die entsprechenden Unterschiede zwischen *C. aurata* (Fig. A) und den *Potosia*-Arten. Wie aus den Abbildungen ersichtlich, bilden hinsichtlich des Aedoeagusbaues *P. hungarica* HBST. und *afflicta* GORY eine Gruppe, die in der Gattung *Potosia* ganz isoliert steht (Fig. B, C). Eine andere, ebenso stark abweichende Gruppe bilden *P. aeruginosa* DRURY und *speciosa* AD. (*speciosa* Fig. N). Die meisten übrigen Arten bilden eine Gruppe, die durch gekreuzte Aedoeagusschenkel charakterisiert ist (Fig. D–J). An diese Gruppe fügt sich die *subpilosa*-*judith*-Gruppe mit nicht gekreuzten

Schenkeln (Fig. K, L) eng an. *P. affinis* AND. mit seinen eigentümlich geformten, abgeplatteten Schenkelspitzen bildet schließlich eine Gruppe für sich (Fig. M).

Nun ist aber der Aedoeagusbau als Gattungsmerkmal oft von sehr bescheidenem Wert. Das leuchtet ein, wenn man die Existenz der sogenannten „Penis-Arten" bedenkt. Bekanntlich können bei solchen Arten nur die Männchen bestimmt werden, weil Unterschiede nur im männlichen Kopulationsapparat vorliegen (ausnahmsweise kommen schwer faßbare, statistische Unterschiede bei den Geschlechtern vor). Und merkwürdigerweise sind jene Unterschiede oft auffallend groß. Weil also diese Arten in jeder Hinsicht von den männlichen Genitalien abgesehen, sehr übereinstimmen, muß man den Schluß ziehen, daß sie auch eng verwandt sind, und daß sie folglich nicht zu verschiedenen Gattungen gehören können. Wenn man trotzdem „Penis-Arten" in verschiedene Gattungen setzen sollte (was leider vorgekommen ist), würde man zu dem sonderbaren Ergebnis gelangen, daß es Weibchen gäbe, deren Gattungszugehörigkeit man nicht entscheiden könnte. Verwendet man also Unterschiede im Genitalienbau als Gattungsmerkmale, ist höchste Vorsicht vonnöten. Man tut am besten, die Unterschiede, wenn möglich, durch andere zu komplettieren.

Bei C. *aurata* und *funeraria* hat jede Flügeldecke längs der Naht eine erhöhte, scharfkantige Linie, während bei den *Potosia*-Arten die Naht im allgemeinen nur stumpf wulstförmig abgesetzt ist. Jedoch findet man scharfe Längslinien bei gewissen Exemplaren von z. B. *P. cretica* KR. und *judith* RCHE., obwohl der Abstand zwischen den Linien kleiner als bei den *Cetonia*-Arten ist.

Aus den obigen Ausführungen dürfte hervorgehen, daß es unhaltbar ist, *Potosia* als eine besondere Gattung aufrecht zu erhalten, sondern sie muß als eine Untergattung von *Cetonia* betrachtet werden. Auch die Gattung *Liocola* THOMS. ist nichts anders als eine Untergattung von *Cetonia*.

Cetonia aurata L. **und funeraria** GORY

Die Aedoeagi von C. *aurata* und *funeraria* ähneln einander sehr, der einzige Unterschied ist, daß der Winkel an der Spitze des Kopulationsapparates von *aurata* (Fig. A, am Strich) bei *funeraria* fehlt. Nun ist es interessant, daß bei andalusischem Material von *aurata* Exemplare vorkommen, bei denen auch der Winkel fehlt oder beinahe verschwunden ist. Solche Exemplare bilden sozusagen einen Übergang zu *funeraria*, die ja nur in Nordafrika vorkommt, während (soviel ich weiß) *aurata* niemals in Nordafrika gefunden worden ist. Ob es sich um einen wirklichen Übergang handelt, d. h. ob die beiden Arten tatsächlich eine einzige Art darstellen, kann m. E. nicht durch morphologische Untersuchungen festgestellt werden. Habituell sind die beiden Arten (soweit ich finde) ganz ähnlich, nur die Farbe ist verschieden (*funeraria* ist ganz dunkelblau). – C. *funeraria* ist *opaca* F. täuschend ähnlich.

Cetonia hungarica HBST.

Eine hinsichtlich Form, Skulptur, Farbe und Zeichnung sehr variable Art, die in mehrere Subspezies gegliedert ist:

C. *hungarica* s. str.: Die Flügeldeckenskulptur ist überaus charakteristisch, aus kurzen, gekrümmten, dicht gestellten Linien bestehend, die hauptsächlich eine quere Orientierung haben und mit zahlreichen Punkten untermischt sind. Diese Skulptur ist über den größten Teil der Flügeldecken verbreitet, nur die Skutellargegend und ein schmales Band an der

Naht entlang haben eine verschiedene Skulptur, die aus größeren und kleineren, einfachen, spärlich gestellten Punkten besteht. Nur ausnahmsweise kommen auf der Mitte der Flügeldecken in einiger Entfernung von der Naht einige kurze Längslinien vor, die aus hufeisenartig gekrümmten, kurzen Linien bestehen. Wegen der dichten Skulptur sind die Flügeldecken matt. Die Farbe der Oberseite ist grasgrün, gewöhnlich mit zahlreichen weißen Flecken gesprenkelt. Die Flecken haben eine Tendenz, sich am Seiten- und Hinterrand der Flügeldecken anzusammeln, so daß es Exemplare gibt, deren Flügeldecken vollständig, von Schulter zu Schulter, weiß gekantet sind („ab. *viridana*"). Solche Exemplare sind besonders in Griechenland häufig, aber kommen auch anderswo, z. B. in Ungarn, im Kaukasus und in Nordiran, vor. Andererseits gibt es Exemplare mit reduzierter Sprenkelung; aus „Siebenbürgen" (Rumänien) habe ich Exemplare ohne weiße Flecken gesehen, die also der sp. *armeniaca* (siehe unten) ganz ähnlich sind. Weil die Subspezies ein statistischer Begriff ist, sind solche Exemplare zu *hungarica* s. str. zu rechnen.

Die Verbreitung der *hungarica* s. str. umfaßt Österreich, Ungarn, Rumänien, Bulgarien, Griechenland, den Süden des europ. Teils der UdSSR (Astrachan, Krasnoarmeisk – früher Sarepta – bei Wolgograd, Kaukasus, Steppe Kirgisiens, Turkmenien), und Nordiran. Aus allen diesen Ländern habe ich Exemplare gesehen, dazu noch ein ♂ aus Spanien („Hispania"), vielleicht ist die Richtigkeit des Fundortetiketts zu bezweifeln.

Die Aberration *zoubkoffi* FALD. aus der Steppe Kirgisiens und aus Turkmenien (UdSSR) stimmt mit *hungarica* s. str. überein und verdient daher keinen besonderen Namen.

Eine ähnliche Verbreitung wie *zoubkoffi* hat die ab. *purpurea* BURM. mit der Skulptur wie bei *hungarica* s. str., aber rotbrauner Oberseite. Es ist aber zu bemerken, daß bei dieser Aberration die Flügeldeckenskulptur sich bisweilen derjenigen der ssp. *auliensis* RTT. (vgl. unten) nähert. Die Aberration kommt also sowohl bei *hungarica* s. str. als auch bei der ssp. *auliensis* vor. – Die ab. *melancholica* ZBK. ist wohl eine besonders dunkle Form von *purpurea*.

C. *hungarica* ssp. *armeniaca* MÉN.: Flügeldeckenskulptur wie bei *hungarica* s. str., aber die Flügeldecken gewöhnlich nicht gesprenkelt, einfarbig grasgrün. Bisweilen ist die punktierte Fläche am Schildchen mehr oder weniger verbreitert, so daß in extremen Fällen die der *hungarica* s. str. charakteristische Skulptur auf eine kleine Fläche an der Nahtspitze reduziert ist. Ausnahmsweise kommen im Verbreitungsgebiet der Subspezies Exemplare mit mehr oder weniger gesprenkelten Flügeldecken vor, sogar ab. *viridana* – Exemplare sind dort zu finden. – Verbreitung: Kleinasien, Syrien, UdSSR – Kaukasus, Nordiran. In den beiden letztgenannten Gebieten begegnen sich *hungarica* s. str. und *armeniaca*. Ob dort eine mehr oder weniger deutliche Grenze zwischen den beiden Unterarten zu finden ist, kann ich mangels genügenden Materials nicht entscheiden.

C. *hungarica* ssp. *ignisternum* RTT.: Flügeldecken spärlich und fein punktiert, die die *hungarica* s. str. charakterisierende Skulptur auf eine kleine Fläche an der Nahtspitze reduziert. Die Punktierung der Flügeldecken wird zwar gegen den Seitenrand stärker, ist aber auch dort fein. Außerdem findet man oft eine sehr schwache Skulptur, aus sehr feinen Querlinien und undeutlichen, dicht gestellten Punkten bestehend. Oberseite goldgrün oder grün, ziemlich glänzend, ungefleckt. – Verbreitung: Iran (Sultanabad).

C. *hungarica* ssp. *auliensis* RTT.: Körperform plump, wahrscheinlich durchschnittlich größer als *hungarica* s. str., Oberseite blau, bei der ab. *purpurea* BURM. rotbraun. Ein mehr oder weniger deutlicher Quereindruck über der Spitze des Schildchens. Flügeldecken mit gröberen und feineren Punkten unregelmäßig punktiert, nur die Spitze hat eine

Skulptur, die an diejenige der *hungarica* s. str. erinnert. Auf der Mitte der Flügeldecken in einiger Entfernung von der Naht einige kurze Längsreihen hufeisenähnlich gekrümmter, kurzer Linien, auch kommen „Hufeisen" am Vorderrand der Flügeldecken und zwischen der hinteren Beule und der Naht vor. Von der Schulter beinahe bis zu der hinteren Beule ein Streifen kurzer, bogenförmiger, quergestellter Linien, die sehr undeutliche Längsreihen bilden und bisweilen in „Hufeisen" übergehen. Nicht selten verdichtet sich die Struktur des Streifens, besonders an der Schulter, und ähnelt dann derjenigen an der Nahtspitze. Flügeldecken wie bei *hungarica* s. str. gesprenkelt, die Oberseite ziemlich glänzend, nicht matt wie bei *hungarica* s. str. – Verbreitung: UdSSR – Turkestan, z. B. bei Aulie-Ata.

C. hungarica ssp. *mongolica* RTT.: Flügeldeckenskulptur wie bei *auliensis*, aber die Oberseite grün, ziemlich glänzend, mit zahlreichen weißen Sprenkeln, die über die ganze Flügeldeckenfläche verbreitet sind. Körperform weniger plump als bei *auliensis*. – Verbreitung: UdSSR – Sibirien.

Es ist zu bemerken, daß in den Verbreitungsgebieten der verschiedenen Subspezies Exemplare vorkommen, die oft sehr von der betreffenden Subspezies abweichen. Solche Exemplare sind oft Anlaß zu Benennungen von Varietäten und Aberrationen geworden. Ich begnüge mich hier mit der Erwähnung einer Varietät: *tristicula* RTT. (Araxes), nach der Beschreibung ganz schwarz. Ein Exemplar aus Aydin (Kleinasien), schwarz mit einigen kleinen, weißen Flecken längs dem Seitenrand der Flügeldecken, betrachte ich als zu dieser Varietät gehörig.

Die Form des Aedoeagus variiert bei dieser Art: Fig. B u. C. Übergänge sind häufig. Auf der Balkanhalbinsel ist die schmale Form nicht selten, während in den übrigen Teilen des Verbreitungsgebietes die kürzere Form mit geraden Seiten überwiegt. Sehr auffallend ist, daß *C. afflicta* GORY dieselbe Aedoeagusform wie *hungarica* hat, auch variiert der Aedoeagus beider Arten in derselben Weise (vgl. folgender Abschnitt).

Cetonia afflicta GORY

C. afflicta GORY hat gewöhnlich eine schwarze Oberseite, nicht selten aber ist sie blauschwarz oder dunkelgrün. Bei unbeschädigten Exemplaren scheint die Oberseite einen sehr dünnen und feinen Belag zu haben, der den Exemplaren eine mattschwarze Farbe verleiht. Ob der Belag bei allen (unbeschädigten) Exemplaren vorkommt, ist jedoch unsicher, dies gilt besonders bei den blauen und grünen Formen. Flügeldecken oft mit kleinen, quergestellten, weißen Flecken gesprenkelt. Unterseite metallisch grün oder violett.

Der Nahtwulst und das Skutellargebiet ohne Skulptur, der letztgenannte mit sehr undeutlicher und spärlicher Punktur besetzt. In einiger Entfernung von der Naht gewöhnlich undeutliche Längsreihen von „Hufeisen", zwischen der Hinterbeule und der Naht sind die „Hufeisen" dicht und unregelmäßig gestellt. Gegen den Seitenrand der Flügeldecken lösen sich die Längsreihen auf, und die „Hufeisen" gehen in quergestellte Bogen über. Die „Hufeisen" haben gewöhnlich in der Mitte einen Punkt, den man oft auch hinter den Bogen findet. Nicht selten fließen die „Hufeisen" in den Längsreihen zu Kettenlinien zusammen.

Die Skulptur der Flügeldecken ist bei der Art außerordentlich variabel: Bisweilen vertieft sich die Oberfläche innerhalb der „Hufeisen" und wird mehr oder weniger grubenförmig, das „Hufeisen" umfaßt dabei die vordere Hälfte der Grube. Es kann auch ganz verschwinden, dabei verwandeln sich die Kettenlinien in Längslinien von Gruben, die zu vertieften Längslinien zusammenfließen können. Oder die Kettenlinien werden längs der einen Seite schwächer, wobei auch Längslinien entstehen. Die Gruben sind bisweilen klein, kaum wahrnehmbar, andererseits gibt es Exemplare, bei denen sie groß, unregelmäßig, ausgezogen und in alle Richtungen gestellt sind, gleichsam ein Mosaik bildend. Exemplare mit einer solchen Skulptur kommen besonders in „Palästina" vor. Nicht selten sind die Flügeldecken von Querrunzeln überzogen. Das letzte Stadium sind wohl die beinahe skulpturlosen Flügeldecken mit Bogenresten an den Schultern und zwischen der Apikalbeule und der Naht.

Die Art habe ich aus Griechenland (Syra), der Türkei (Istanbul, Izmir, Magnesia, Aydin, Amasya), Zypern, Syrien, „Palästina" (Jerusalem, Bethlehem, Nazareth), Ägypten, Iran (Sultanabad) und der UdSSR – Turkestan (Samarkand) gesehen.

Oben wurde gesagt, daß *afflicta* und *hungarica* dieselbe Aedoeagusform aufweisen, und daß sie in derselben Weise variiert, indem bei den beiden Arten Exemplare mit breiter und schmaler Aedoeagusspitze vorkommen (Fig. B u. C).

Nach REITTER (1898) soll *afflicta* einen größeren, den Hinterrand der Mittelbrust deutlich überragenden Mittelbrustfortsatz besitzen, aber die Form und Größe des Fortsatzes variieren erheblich bei *afflicta*, und in vielen Fällen weicht er nicht von dem der *hungarica* ab. Dies gilt auch für die Punktierung und die Behaarung des Fortsatzes, die bei *afflicta* sehr variabel sind und bisweilen mit denen der *hungarica* ganz übereinstimmen. Der Vorderrand des Mittelbrustfortsatzes ist bei *hungarica* gewöhnlich, bei *afflicta* nicht selten wulstförmig abgesetzt und durch eine dichte Punktierung von dem übrigen Teil des Fortsatzes geschieden.

Die Skulptur der Flügeldecken ist bei den zwei Arten zwar normalerweise sehr verschieden, aber es gibt Exemplare, die hinsichtlich der Skulptur eine Zwischenstellung einnehmen, so daß ihre Artzugehörigkeit unsicher wird. Dies gilt z. B. für die Aberration *titea* RTT., die trotz ihrer grünen Farbe zu *afflicta* gerechnet wird. Es kommen aber Exemplare dieser Aberration vor, die wenigstens spurenweise die die *hungarica* charakterisierende Flügeldeckenskulptur besitzen, meiner Meinung nach könnte man daher *titea* mit gleichem Recht zu *hungarica* stellen.

Obwohl die Artbestimmung einzelner Exemplare mit einer gewissen Unsicherheit behaftet ist, betrachte ich jedoch *afflicta* und *hungarica* als verschiedene Arten, weil ich aus Kleinasien und Syrien, wo sowohl *afflicta* als auch *hungarica* ssp. *armeniaca* vorkommen, keine Übergangsformen zwischen ihnen gesehen habe.

Cetonia sibirica GEBL.

Die Grundfarbe der Oberseite variiert von mehr oder weniger düster bronze- oder kupferfarben bis metallisch grün. Ausnahmsweise kommen Exemplare mit blauer Oberseite vor („ab. *magica* HAR."). Die weiße Zeichnung auf der Oberseite ist meistens am Seiten- und Hinterrand der Flügeldecken konzentriert, wo sie oft breite Ränder bildet. Bisweilen ist aber die Zeichnung beinahe verschwunden, sie variiert also sehr, was zur Aufstellung verschiedener Aberrationen Anlaß gegeben hat. Weil aber die Formen miteinander vorzukommen scheinen, hat es keinen Zweck, sie mit besonderen Namen zu belegen.

Die Skulptur der Flügeldecken variiert geographisch nicht. In der Skutellargegend, am Seiten- und Hinterrand ist sie unregelmäßig und besteht aus kurzen, bogenförmigen, quergestellten oder hufeisenförmig gekrümmten Linien, die in der Mitte der Flügeldecken zwischen der Schulter und der hinteren Beule in meistens deutliche Längsreihen geordnet sind und stellenweise zu Doppellinien zusammenfließen. Die Zwischenräume der Längsreihen sind gewöhnlich leicht erhöht. Die Flügeldecken haben wie bei *subpilosa* DESBR. nicht selten eine kurze, weiße, spärliche Behaarung („ab. *setulosa*").

In Griechenland kommen unter mittelgroßen und kleinen Exemplaren auch auffallend große Exemplare vor („ssp. *trojana* GORY").

Der Spitzenteil des Aedoeagus ist plump, abgerundet (Fig. D).

Verbreitung: UdSSR – Sibirien und Turkestan, Iran, UdSSR – Kaukasus, Kleinasien, Syrien, Griechenland, „Dalmatien" (Jugoslawien).

Wird von *hungarica* und *afflicta* durch die Färbung, die Skulptur der Flügeldecken, die meistens erhöhten Zwischenräume der Längsreihen auf den Flügeldecken und durch den gänzlich abweichenden Aedoeagus unterschieden.

Cetonia morio F.

Oberseite schwarz bis schwarzbraun, matt, gewöhnlich mit kleinen, weißen Punkten. Auf jeder Flügeldecke zwei erhöhte, mehr oder weniger deutliche Längslinien, die sich auf der Hinterbeule vereinigen (Fig. P). Der Mittelbrustfortsatz ist gewöhnlich grob und dicht punktiert, die Variation der Punktierung ist jedoch nicht unbedeutend, Exemplare mit erheblich feinerer und spärlicherer Punktierung kommen vor. Aedoeagus siehe Fig. E.

Ich habe Exemplare aus Marokko, Algerien, Tunesien, Portugal, Spanien, Südfrankreich, Korsika, Sardinien, Sizilien, Italien, „Süddeutschland", „Dalmatien", Griechenland, Kleinasien (Amasya) und Syrien gesehen. Die Art ist offenbar sehr selten im Raum Jugoslawien bis Syrien.

C. *afflicta* hat einen anderen Aedoeagus, und die zwei erhöhten Längslinien der Flügeldecken sind sehr selten wahrnehmbar, *hungarica* und *sibirica* sind anders gefärbt.

Cetonia cuprea F.

Bezüglich der verschiedenen Subspezies verweise ich auf MIKŠIĆ (1961) (in Griechenland kommt die ssp. *obscura* AND. vor).

Wie schon oben bei *hungarica* erörtert wurde, kommen im Verbreitungsgebiet einer Subspezies oft Exemplare vor, die sehr von dem „normalen" Aussehen der Subspezies abweichen. C. *cuprea* ssp. *obscura* AND. ist oben gewöhnlich grün, aber anders gefärbte Exemplare sind nicht gerade selten. MIKŠIĆ (1954) beschreibt anschaulich eine bunte Sammlung von Individuen dieser Subspezies bei Novi Vinodolski (Kroatien, Jugoslawien): „Gleichzeitig finden sich nebeneinander, oft auf derselben Blüte und durch alle mögliche Übergangsformen verbunden, große und kleine, schlanke und breite, grob und fein skulpturierte, gefleckte und ungefleckte, oberseits metallische und fettglänzende, verschieden gefärbte Individuen: Die extremsten Exemplare nebeneinander gestellt nehmen sich wie verschiedene Arten aus!".

MIKŠIĆ (1954) hat in herkömmlicher Weise durch Kombinieren der Färbung der Ober- und Unterseite neue Aberrationen von *obscura* AND. beschrieben. Weil es aber offenbar ist, daß die Färbung der Ober- und Unterseite unabhängig voneinander variiert, schafft man durch ein solches Vorgehen nur künstliche Einheiten.

Von den vorher behandelten Arten weicht *cuprea* durch ihren kahlen, fein punktierten Mittelbrustfortsatz ab. Aedoeagus siehe Fig. F.

Cetonia cretica KR.

Oberseite mattschwarz, Unterseite schwarz mit ziemlich schwachem violettem, bisweilen grünem Glanz.

Die Skulptur der Flügeldecken besteht auf der inneren Hälfte aus mehr oder weniger deutlichen Längsreihen von „Hufeisen", die sich auf der äußeren Hälfte in kurze Bogen umwandeln, die höchstens undeutliche Längsreihen bilden. Die „Hufeisen" fließen nicht selten zu Längslinien zusammen. Am Seitenrand gehen die Bogen in kurze, gewundene, ziemlich dicht gestellte Querlinien über, diese Skulptur kommt bisweilen sogar an der Naht vor. Sie erinnert etwas an die *hungarica*-Skulptur, ist aber spärlicher.

Das Pygidium ist bei beiden Geschlechtern einfach. Der Mittelbrustfortsatz ist groß, hervortretend, fein punktiert, der Vorderrand ist nicht wulstförmig abgesetzt.

Das Vorkommen der Art ist auf Kreta beschränkt.

C. cretica weicht von allen in dieser Arbeit behandelten schwarzen Arten dadurch ab, daß die hintere Hälfte des Halsschildseitenrandes (Halsschild von oben gesehen) wulstförmig verdickt ist.

Aedoeagus siehe Fig. G.

Cetonia funebris GORY

C. funebris GORY (*funesta* MÉN., *aethiessoides* RTT., vgl. MIKŠIĆ 1959) hat eine mattschwarze Oberseite, bisweilen ist sie mit zahlreichen, sehr kleinen, weißen Punkten gesprenkelt oder weiß gefleckt. Unterseite schwarz, glänzend.

In der Skutellargegend kurze Querstriche oder spärliche Punkte, bisweilen gröber und dichter punktiert. Zwischen der Naht, der Schulter und der Apikalbeule Längsreihen von „Hufeisen". Am Seitenrand kurze Querstriche oder Punkte, bisweilen ist die Skulptur dort beinahe verschwunden. Zwischen der Hinterbeule und der Naht unregelmäßig gestellte, kurze Bogen. Die Zwischenräume der Hufeisenreihen sind oft schwach erhöht. Die V-förmigen Längslinien (Fig. P) sind undeutlich.

Das Pygidium hat bei beiden Geschlechtern in den Vorderecken zwei Eindrücke. Der Mittelbrustfortsatz ist kahl, gewöhnlich fein und spärlich, selten ziemlich grob punktiert, der Vorderrand ist nicht wulstförmig abgesetzt.

Aedoeagus siehe Fig. H.

C. afflicta unterscheidet sich von *funebris* durch die andere Aedoeagusform (Fig. B u. C) und durch den meistens behaarten und grob punktierten Mittelbrustfortsatz, dessen Vorderrand oft wulstförmig abgesetzt ist. Der schwarze Belag auf der Oberseite von *afflicta* fehlt bei *funebris*, auch sind die Flügeldecken ebener als bei *afflicta*. *C. morio* hat einen anderen Aedoeagus (Fig. E), die Punktierung des Mittelbrustfortsatzes ist meistens gröber, die V-förmigen Längslinien auf den Flügeldecken (Fig. P) sind gewöhnlich deutlich und die Oberseite ist schwarzbraun. *C. cretica* hat die hintere Hälfte des Halsschildseitenrandes wulstförmig verdickt, während sie bei *funebris* normal ausgebildet ist. *C. hungarica*, *sibirica* und *cuprea* haben eine metallische, nichtschwarze Oberseite. *C. hungarica*

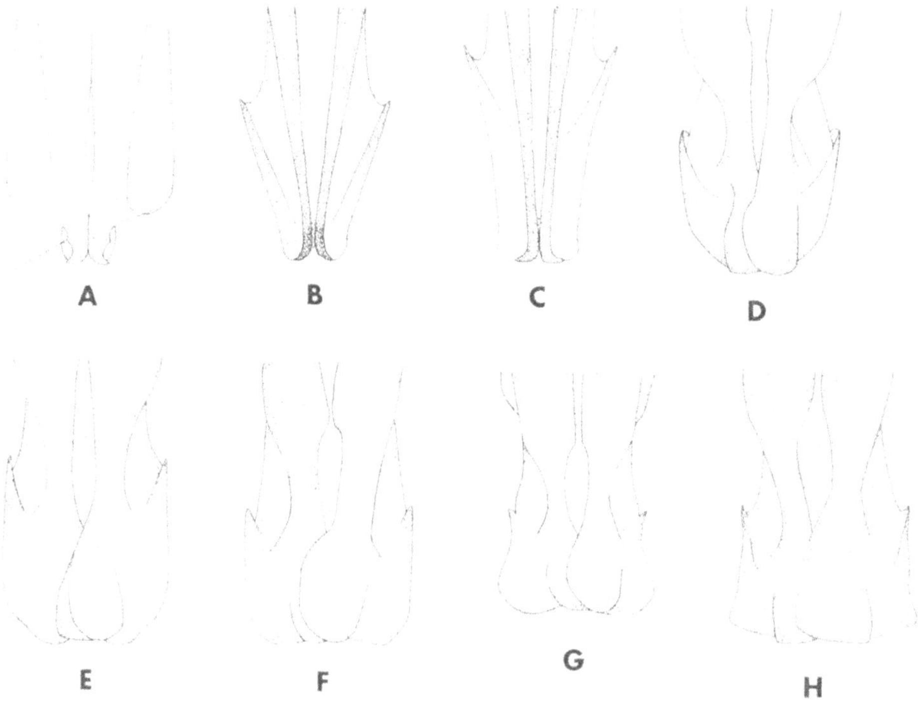

Fig. A–H. Aedoeagusspitze.
A: *Cetonia aurata* – B+C: *C. hungarica* – D: *C. sibirica* – E: *C. morio* – F: *C. cuprea* – G: *C. cretica* – H: *C. funebris*

var. *tristicula* ist schwarz, jedoch der Mittelbrustfortsatz ist behaart, grob punktiert, und der Vorderrand ist wulstförmig abgesetzt. Der Aedoeagus (Fig. B) ist verschieden.

Von *funebris* habe ich 3 ♂♂ und 1 ♀ aus Beirut, Libanon, und 1 ♂ von Zypern gesehen. Die Oberseite ist schwarz bei diesen Exemplaren, 1 ♂ aus Beirut ist mit kleinen weißen Punkten gesprenkelt. Die Art wird hier aufgenommen, weil sie nach einer unsicheren Meldung in Griechenland gefunden worden sein soll.

Cetonia vidua GORY

Eine in Größe und Form variable Art. Oberseite schwarzbraun, selten dunkelgrün, matt oder wenig glänzend, Flügeldecken bisweilen mit zahlreichen, kleinen, weißen Punkten oder kleinen, queren, weißen Flecken gesprenkelt. Unterseite schwarz oder schwarzbraun, glänzend. Oberseits hellere, dunkelbraune Stücke sind vielleicht nicht ausgefärbt.

Die Skulptur der Flügeldecken besteht aus kleinen, unregelmäßigen Querstrichen oder grubenähnlichen Punkten. In der Mitte in einiger Entfernung von der Naht unregelmäßige Längsreihen von „Hufeisen", die sich oft in Kettenlinien, einfache Linien oder Doppellinien verwandeln. Gegen den Seitenrand verschwindet bisweilen die Skulptur. Zwischen der Hinterbeule und der Naht unregelmäßig gestellte, kurze Bogen. Die V-för-

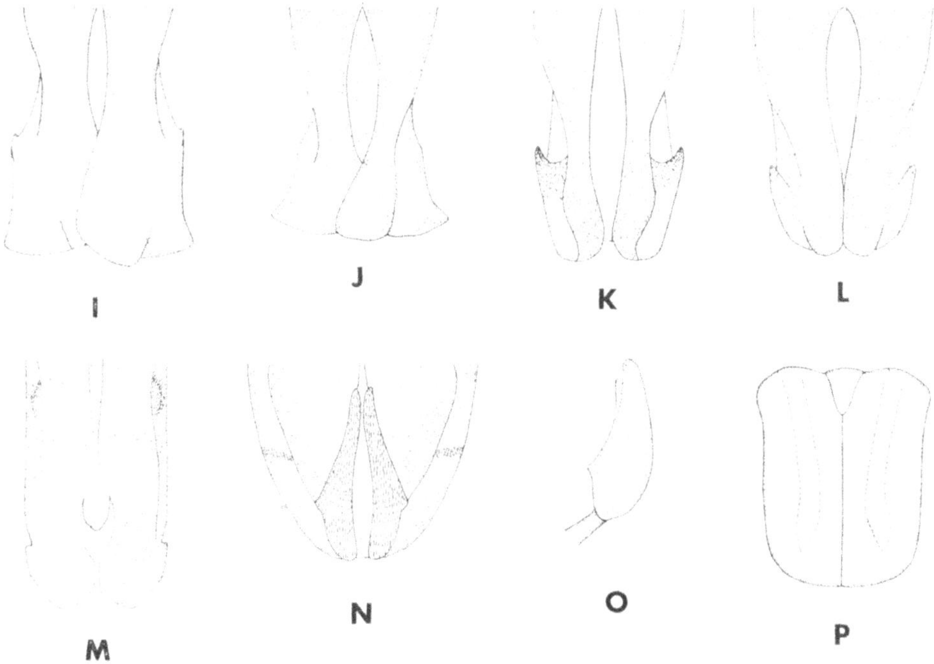

Fig. I–N. Aedoeagusspitze. I: *C. vidua* – J: *C. angustata* – K: *C. subpilosa* – L: *C. judith* – M: *C. affinis* – N: *C. speciosa.*
Fig. O. Innenseite der Hinterschenkel bei *C. affinis* ♂.
Fig. P. Flügeldecken (schematisch) verschiedener *Cetonia*-Arten.

migen Längslinien (Fig. P) sind oft deutlich. Die Skutellargegend hat bisweilen eine spärliche Skulptur von einfachen Punkten.

Der Mittelbrustfortsatz ist auffallend klein, behaart, die Punktur ist variabel, bald grob und dicht, bald spärlich und ziemlich kräftig.

Aedoeagus siehe Fig. I.

Ich habe Exemplare aus Rumänien, Bulgarien, Griechenland, der Türkei, Syrien, Ägypten und der UdSSR – Kaukasus und Turkestan gesehen.

Von den vier übrigen in dieser Arbeit behandelten schwarzen Arten (*afflicta, morio, cretica* und *funebris*) ist *afflicta* von *vidua* durch den Aedoeagusbau (Fig. B u. C) und durch den gewöhnlich größeren und stärker hervorragenden Mittelbrustfortsatz unterschieden. *C. vidua* hat gewöhnlich deutliche V-förmige Längslinien auf den Flügeldecken, während sie bei *afflicta* nur ausnahmsweise vorkommen und dann undeutlich sind. *C. morio* hat die Außenecken der Aedoeagusspitze (Fig. E) abgerundet, und die Mitte der Mittelbrust ist bei *morio* fein, bei *vidua* dagegen grob punktiert. Bei *vidua* ist der Halsschildseitenrand hinten nicht, bei *cretica* wulstförmig verdickt. Von den schwarzen Arten ähnelt der Aedoeagus von *vidua* dem von *funebris* (Fig. H) am meisten, aber die Seitenhaken an der Aedoeagusspitze sind bei der letzteren Art größer und spitziger, bei *vidua* sind sie klein, bisweilen stumpf oder ganz verschwunden. Weiter sind bei *funebris* die V-förmigen Längslinien der Flügeldecken (Fig. P) undeutlich, bei *vidua* oft deutlich, und die Punktur des Mittelbrustfortsatzes bei *funebris* ist fein, nur selten ziemlich kräftig.

Cetonia angustata GERM.

Die Art ist sehr vielfarbig: Oberseite grün, schwarzgrün, bronzegrün, bronze-, kupfer-, purpurfarben, violett, schwarzviolett oder schwarzblau. Bisweilen ist die Oberseite zweifarbig, z. B. Halsschild und Schildchen kupferfarben, Flügeldecken grün, oder umgekehrt, Halsschild blau und die Flügeldecken grün usw. Die Unterseite weist eine ebenso große Farbenvariation auf. Die Färbung variiert geographisch nicht, Exemplare mit ausgesprochen zweifarbiger Oberseite scheinen jedoch nur in Asien vorzukommen.

Die Skutellargegend ist spärlich mit ziemlich starken oder feineren Punkten besetzt. In der mittleren Depression der Flügeldecken oft undeutliche Längsreihen von „Hufeisen" (gewöhnlich mit einem Punkt in der Mitte), die oft zu Kettenlinien zusammenfließen. Zwischen der Depression und dem Seitenrand quergestellte, kurze Bogen, die gewöhnlich nur vorn an der Schulter deutliche Längsreihen bilden und die hinter sich nicht selten einen Punkt haben. Am Seitenrand kurze Querlinien oder mehr oder weniger ausgezogene, quergestellte Punkte. Bisweilen ist die Skulptur dort feiner, aus einfachen Punkten bestehend. Zwischen der Apikalbeule und der Naht dicht und unregelmäßig gestellte „Hufeisen".

Pygidium in den Vorderecken mit einer Grube von variabler Größe, die bisweilen verschwunden ist, im übrigen einfach.

Aedoeagus siehe Fig. J.

Von dieser Art habe ich Exemplare aus Sardinien, Südtirol (Italien), Jugoslawien, Griechenland, der Türkei, Syrien, der UdSSR – Kaukasus, und Iran gesehen.

Die Art unterscheidet sich von allen in dieser Arbeit behandelten, metallisch gefärbten Arten durch ihren gegen die Spitze erweiterten Aedoeagus, außerdem von *hungarica* und *sibirica* durch ihren kahlen, fein punktierten Mittelbrustfortsatz, dessen Vorderrand nicht wulstförmig abgesetzt ist. Bei *cuprea* ist der Fortsatz auch kahl und fein, aber größer.

Cetonia subpilosa DESBR.

Oberseite grün, selten blau, hinten und längs dem Seitenrand der Flügeldecken mit weißen Flecken, die bisweilen beinahe fehlen. Die Flügeldecken sind spärlich mit kurzen, weißen Haaren besetzt. Pygidium mit zwei quergestellten, weißen Flecken von variabler Größe, die bisweilen sehr groß, bisweilen verschwunden sind.

Die Skulptur der Flügeldecken besteht aus kurzen, quergestellten Bogen, die mit Punkten untermischt sind und die bisweilen einen Punkt hinter sich haben. Bisweilen sind die Bogen vorn an der Schulter in Längsreihen geordnet, gegen die Naht gehen sie in mehr oder weniger deutliche Längsreihen von „Hufeisen" über. Die Skutellargegend ist oft fein, einfach und wenig dicht punktiert, nicht selten aber ist die Punktur stärker oder die Punkte sind in kleine Bogen übergegangen. Der Nahtwulst ist einfach, fein, spärlich punktiert. Zwischen der Apikalbeule und der Naht dicht gestellte, nicht geordnete „Hufeisen".

Der Mittelbrustfortsatz mit schmal abgesetztem Vorderrand, dicht behaart. Die Haare sind nach hinten gerichtet und lassen den Vorderrand frei.

Länge 15–19 mm. Aedoeagus siehe Fig. K.

Ich habe Exemplare aus Mazedonien (Jugoslawien), Griechenland, der Türkei, Syrien, Israel und Iran gesehen.

Weicht von allen hier behandelten Arten durch die Form des Aedoeagus ab, nur *judith* RCHE. hat einen Aedoeagus (Fig. L), der demjenigen von *subpilosa* ähnlich ist. Aber der Mittelbrustfortsatz von *judith* ist fein oder nicht punktiert, kahl, und der Vorderrand ist nicht abgesetzt. Durch ihre meistens grasgrüne und weiß gefleckte Oberseite sieht *subpilosa* wie eine kleine *hungarica* s. str. oder *armeniaca* aus, aber die der *hungarica* eigentümliche Flügeldeckenskulptur fehlt ihr vollends. Auch sind die Flügeldecken bei *hungarica* meistens kahl, nur selten findet man Exemplare mit sehr kleinen, spärlich gestellten Haaren, die viel kleiner als bei *subpilosa* sind. Die Subspezies *auliensis* und *mongolica* haben jedoch eine Behaarung, die sich bisweilen derjenigen von *subpilosa* nähert. Die erstere Subspezies hat aber eine blaue Oberseite und ist viel größer, die letztere ist stärker gefleckt. Sie kommen übrigens nicht in Griechenland vor. Die Zwischenräume der Flügeldeckenreihen sind bei *subpilosa* nicht erhaben [1]), bei *sibirica* aber stellenweise meistens deutlich. C. *sibirica* ist auch viel größer, aber Zwergexemplare (17 mm) kommen vor. C. *cuprea* und *angustata* haben einen einfach gebildeten Mittelbrustfortsatz, der Vorderrand ist also nicht abgesetzt. Auch ist der Fortsatz bei diesen Arten kahl und fein punktiert.

Cetonia judith RCHE.

Oberseite goldgrün, grün, blaugrün oder kupferfarben, Flügeldecken bisweilen rötlich. Unterseite grün, dunkelgrün, violett oder kupferfarben. Flecke fehlen

Die Skulptur der Flügeldecken bildet kurze, quergestellte Bogen, die vorn oft in Längsreihen angeordnet sind. In der mittleren Depression Längsreihen von „Hufeisen". Die Skutellargegend ist ziemlich grob bis fein, der Nahtwulst viel feiner und spärlich punktiert. Zwischen der Apikalbeule und der Naht dicht gestellte, nicht geordnete „Hufeisen". Die V-förmigen Längslinien (Fig. P) meistens deutlich. Gegen den Seitenrand zu wird die Skulptur feiner.

Das Pygidium hat beim Männchen in der Mitte zwei mehr oder weniger runde, quergestellte Gruben, die bisweilen voneinander wenig isoliert sind und zu einer großen, ovalen, quergestellten Grube zusammenfließen können. Beim Weibchen hat das Pygidium in der Mitte eine Grube, die auf beiden Seiten von einer großen, ovalen, quergestellten Beule begrenzt ist, in den Vorderecken befindet sich ein grubenähnlicher Punkt.

Der Mittelbrustfortsatz ist kahl, fein oder nicht punktiert, einfach, also ist der Vorderrand nicht wulstförmig abgesetzt.

Länge der untersuchten Exemplare 18–20 mm. Aedoeagus siehe Fig. L.

Von *judith* RCHE. habe ich fünf Exemplare gesehen: Athos, Griechenland, 1 ♂, A. SCHATZMAYR leg.; „Europa", 1 ♂, coll. LEONHARD; Syrien, 2 ♂♂ und 1 ♀, sämtlich coll. STIERLIN. Alle fünf Exemplare befinden sich jetzt im Institut für Pflanzenschutzforschung, Eberswalde, DDR.

Von den metallisch gefärbten, in dieser Arbeit behandelten Arten mit einfachem Mittel-

[1]) Eine Ausnahme bildet die V-förmige Längslinie (Fig. P), die oft deutlich ist.

brustfortsatz unterscheidet sich *judith* durch den Aedoeagusbau und die Auszeichnungen am Pygidium.

Cetonia affinis AND.

Oberseite grün oder goldgrün, stark glänzend, die Flügeldecken oft rötlich durchschimmernd. Nicht selten ist die Oberseite stellenweise oder ganz kupferfarben. Exemplare von Korsika und Sardinien haben oft eine blaue oder violette Oberseite (var. *mirifica* MULS.). In Anatolien und Syrien kommen auch ausgeprägt zweifarbige Exemplare vor: Halsschild goldgelb oder rotgelb, Flügeldecken grün, blau oder violett, das Schildchen wie der Halsschild oder die Flügeldecken gefärbt (var. *pyrodera* RTT.). Unterseite grün oder blau (auch zweifarbig), Exemplare mit violetten Flügeldecken oder violetter Oberseite haben gewöhnlich eine ähnlich gefärbte Unterseite. Selten ist die Unterseite stellenweise kupferfarben.

Skulptur der Flügeldecken: Äußere Hälfte mit bogenförmigen, quergestellten, kurzen Linien, die nur vorn Längslinien bilden, oder ovalen, quergestellten Punkten. An der Nahtspitze verdichten sich die Bogen. In der Mitte, in der Depression, 4–5 ziemlich kurze Längslinien von „Hufeisen". Die Skutellargegend ist im weiten Umfang ohne Skulptur, nur mit spärlichen, feinen Punkten besetzt.

Pygidium beim Männchen einfach, beim Weibchen mit zwei großen, schief gestellten Eindrücken.

Der innere Hinterrand der Hinterschenkel weist beim Männchen einen Zahn oder Winkel auf (Fig. O), der Winkel am äußeren Rand ist viel stumpfer. Auch das Weibchen hat am inneren Rand einen stumpfen Winkel. Mittelbrustfortsatz kahl und fein punktiert, der Vorderrand ist nicht abgesetzt.

Aedoeagus (Fig. M) teilweise metallisch grün, Schenkelspitzen abgeplattet.

Aus Spanien, Südfrankreich, Italien, „Deutschland" (Laucha; „Rhein", in der Schweiz?), Österreich, Ungarn, Rumänien, Jugoslawien, Griechenland, Anatolien (Türkei), Syrien und Iran habe ich Exemplare gesehen. Nach MIKŠIĆ auch in Bulgarien und der UdSSR: Ukraine und Turkestan.

Von den Arten mit kahlem, fein punktiertem, einfachem Mittelbrustfortsatz ist die Art durch den Bau des Aedoeagus und die gezähnten Hinterschenkel beim Männchen, durch die Eindrücke am Pygidium beim Weibchen unterschieden. Der starke Glanz der Oberseite ist auch auffallend.

Cetonia aeruginosa DRURY **und speciosa** AD.

C. *aeruginosa* DRURY und *speciosa* AD. (venusta MÉN.) weichen von den anderen behandelten Arten nicht nur durch ihre Größe (22–28 mm) und den andersartigen Aedoeagus (*speciosa* Fig. N) ab, sondern auch durch die Skulptur der Flügeldecken. Bei *speciosa* fehlen die „Hufeisen" vollständig und von den Bogen gibt es höchstens nur kleine Reste an der Schulter. Die Skulptur bildet fünf wenig auffallende, oft unvollständige Längsreihen von feinen, einfachen Punkten. Außerhalb der Längsreihen und hinten im Nahtwinkel eine Punktierung von etwas größeren Punkten. In den Zwischenräumen der Längsreihen spärlich gestellte, feine Punkte. Die Flügeldeckenskulptur von *aeruginosa* ähnelt derjenigen von *speciosa*, ist aber noch feiner und undeutlicher, die Längsreihen fehlen bisweilen.

Die Flügeldecken der beiden Arten haben eine netzartige Mikroskulptur, die bei *speciosa* stärker ist, was den matteren Glanz dieser Art bedingt.

Bei *speciosa* ist die Aedoeagusspitze teilweise mit einem Toment bedeckt (die gestrichelte Fläche in Figur N), bei *aeruginosa* ist das Toment auf einen schmalen Rand an der Spitze der Parameren beschränkt.

C. *aeruginosa* ist gewöhnlich einfarbig grün oder goldrot, stark glänzend, *speciosa* ist matter, grün, bisweilen die Halsschild- und Flügeldeckenseiten, die Schultern und die Beine blau.

Verbreitung nach MIKŠIĆ: *aeruginosa* „Deutschland", Polen, Tschechoslowakei, Italien, Jugoslawien, Albanien, Griechenland, Bulgarien, Rumänien, Türkei (Istanbul), Süden der UdSSR (Astrachan), *speciosa* Süden der UdSSR, Türkei (Istanbul und Kleinasien), Syrien, Libanon, Kaukasus (UdSSR) und Iran.

Cetonia ithae RTT.

Nach REITTER (1898) matt olivgrün, Kopf, Halsschild und Schildchen mit Kupferglanz, Unterseite glänzend grün oder kupferrot, nicht gefleckt. Habitus wie *angustata*, aber die Oberseite matt, der Mittelbrustfortsatz punktiert, nur die Flügeldecken mit einigen kleinen, weißen Sprenkeln. – REITTER stellte die Art zu der Gruppe mit einem stark und dicht punktierten Mittelbrustfortsatz, aber ob der Fortsatz bei *ithae* wirklich stark und dicht punktiert ist, muß bezweifelt werden, denn zu derselben Gruppe gehört bei REITTER auch *morio*, dessen Fortsatz bisweilen spärlich und ziemlich schwach punktiert ist.

Patria nach REITTER Griechenland und (fraglich) Tirol (Österreich). – Mir ist die Art unbekannt.

Cetonia koenigi RTT.

Nach MIKŠIĆ (1954) weicht diese Art von allen anderen balkanischen Arten durch die prächtige violette Farbe ab. Hinterschenkel ohne Zahn oder Winkel, Mittelbrustfortsatz groß, rundlich, glatt, stark hervorragend, Pygidium beim Weibchen mit zwei kräftigen, schiefen Eindrücken. – Verbreitung: „Palästina", Bosnien u. Herzegowina (Jugoslawien), Italien. Könnte auch in Griechenland vorkommen.

Ich habe keine Exemplare gesehen.

Bestimmungstabelle
der griechischen *Cetonia*-Arten

In diese Tabelle sind die leicht kenntlichen Arten *aurata* L., *aeruginosa* DRURY und *speciosa* AD. nicht mit aufgenommen. Auch die Arten *ithae* RTT. und *koenigi* RTT., die ich nicht gesehen habe, sind weggelassen.

1 (12) Mittelbrustfortsatz kahl, nicht oder fein, selten stärker (*funebris*) punktiert, Vorderrand einfach, nicht abgesetzt.

2 (9) Metallisch gefärbte Arten.

3 (4) Innerer Hinterrand der Hinterschenkel beim Männchen mit einem Zahn oder Winkel (Fig. O). Pygidium beim Weibchen mit zwei großen, schief gestellten Eindrücken. Oberseite stark glänzend, Aedoeagus (Fig. M) teilweise metallischgrün, mit abgeplatteten Schenkelspitzen. **affinis** AND.

4 (3) Hinterränder der Hinterschenkel ohne Spur von einem Zahn oder Winkel. Pygidium ohne große, schief gestellte Eindrücke, in der Mitte einfach oder (*judith*) mit kleinen Beulen und/oder Gruben. Oberseite weniger glänzend.

5 (6) Pygidium beim Männchen in der Mitte mit zwei Gruben, die bisweilen voneinander schlecht abgegrenzt sind und zu einer großen, ovalen Grube zusammenfließen können. Beim Weibchen hat das Pygidium in der Mitte eine Grube, die beiderseits von einer großen Beule begrenzt ist. Aedoeagus siehe Fig. L. **judith** RCHE.

6 (5) Pygidium in der Mitte ohne Gruben oder Beulen.

7 (8) Mittelbrustfortsatz groß. Aedoeagus siehe Fig. F. **cuprea** F.

8 (7) Mittelbrustfortsatz klein. Aedoeagus siehe Fig. J. **angustata** GERM.

9 (2) Oberseits matte, schwarze, bisweilen weißgefleckte (*funebris*) Arten.

10 (11) Hintere Hälfte des Halsschildseitenrandes wulstförmig verdickt (Halsschild von oben gesehen). Einfarbig schwarze Art, die nur auf Kreta vorkommt. Aedoeagus siehe Fig. G. **cretica** KR.

11 (10) Halsschildrand normal, fein gekantet. Schwarz, oben bisweilen mit kleinen, weißen Punkten oder weiß gefleckt. Mittelbrustfortsatz fein, bisweilen jedoch etwas kräftiger punktiert. Nicht auf Kreta. Aedoeagus siehe Fig. H. **funebris** GORY

12 (1) Mittelbrustfortsatz gewöhnlich grob und dicht, seltener ziemlich grob und spärlich punktiert, oft behaart, der Vorderrand bisweilen wulstförmig abgesetzt.

13 (20) Arten mit matter, schwarzer, schwarzbrauner, schwarzblauer oder dunkelgrüner Grundfarbe der Oberseite, die oft mit einem dunklen, die Skulptur versteckenden Belag bedeckt ist. Die *hungarica* kennzeichnende Flügeldeckenskulptur (siehe unten bei *hungarica*) nur bei *hungarica* var. *tristicula*, deren Oberseite schwarz ist.

14 (15) Flügeldecken wenigstens oberhalb der Apikalbeule mit *hungarica*-Skulptur. Oberseite ohne Belag. **hungarica** var. **tristicula** RTT.

15 (14) Flügeldecken ohne *hungarica*-Skulptur.

16 (17) V-förmige Längslinien auf den Flügeldecken (Fig. P) kommen nur ausnahmsweise vor und sind dann sehr undeutlich. Aedoeagus wie bei *hungarica*, siehe Fig. B u. C. **afflicta** GORY

17 (16) V-förmige Längslinien meistens deutlich. Aedoeagus siehe Fig. E. u. I.

18 (19) Mitte der Hinterbrust fein und spärlich punktiert. Mittelbrustfortsatz oft stark und dicht, aber bisweilen feiner und spärlicher punktiert, kahl oder die Punkte senden ein helles, sehr kleines Haar aus; Vorderrand einfach, nicht wulstförmig abgesetzt. Aedoeagus siehe Fig. E. Westmediterrane Art, auf der Balkanhalbinsel und in Vorderasien selten. **morio** F.

19 (18) Mitte der Hinterbrust grob und dicht punktiert. Mittelbrustfortsatz auffallend klein, sehr variabel: Punktur meistens grob, dicht und uneben, aber bisweilen viel feiner und spärlich, Behaarung fehlend, oder kurz, oder lang und dicht mit den Haaren nach hinten gerichtet; der Vorderrand einfach oder wulstförmig abgesetzt, die Haare lassen ihn frei. Aedoeagus siehe Fig. I, die kleinen Seitenhaken oft stumpf, undeutlich oder fehlend. Kommt in Europa nur auf der Balkanhalb-

insel vor, fehlt in Nordwestafrika (Marokko – Tunesien). Der vorigen Art täuschend ähnlich. **vidua** GORY

20 (13) Die Grundfarbe der Oberseite ist nicht schwarz oder schwarzbraun, wenn blau, ist sie metallisch glänzend, wenn grün, ebenso oder grasgrün und matt. Im letzteren Fall die Flügeldecken mit *hungarica*-Skulptur. Oberseite ohne dunklen Belag, der die Skulptur versteckt. Mittelbrustfortsatz mit Ausnahme des Vorderrandes behaart, dieser wulstförmig abgesetzt.

21 (22) Zwischenräume der Flügeldeckenstreifen meistens deutlich erhaben. Flügeldecken ohne *hungarica*-Skulptur. Aedoeagus siehe Fig. D. **sibirica** GEBL.

22 (21) Mit Ausnahme der V-förmigen Längslinien (bei *subpilosa* vorkommend, Fig. P) sind die Zwischenräume der Flügeldeckenstreifen nicht erhaben. Aedoeagus siehe Fig. B, C u. K.

23 (24) Flügeldecken weiß behaart, ohne *hungarica*-Skulptur. Aedoeagus siehe Fig. K. **subpilosa** DESBR.

24 (23) Flügeldecken meistens kahl, selten mit hellen Haaren, die viel kleiner als bei *subpilosa* sind. Bei den Subspezies *auliensis* und *mongolica*, die nicht in Griechenland vorkommen, nähert sich jedoch die Behaarung derjenigen von *subpilosa*. Aedoeagus siehe Fig. B u. C. Flügeldeckenskulptur charakteristisch, aus kurzen, gekrümmten, dicht gestellten Linien bestehend, die hauptsächlich eine quere Orientierung haben und mit zahlreichen Punkten untermischt sind. Bisweilen ist diese Skulptur wenig verbreitet oder fehlend und von andersartigen Skulpturen ersetzt. **hungarica** HBST.

Summary

ON GREEK CETONIA (POTOSIA) SPECIES

The aim of this article is to facilitate the determination of the Greek *Cetonia* species. A key is given and the aedoeagi are pictured. *Potosia* MULS. and *Liocola* THOMS. are considered as subgenera of *Cetonia* F.

Literatur

MIKŠIĆ, R., 1954: Beitrag zur Kenntnis der balkanischen *Potosia*-Arten. – Plant protection **23**, p. 1–44.

—, 1959: Beitrag zur Kenntnis der paläarktischen Arten der Gattung *Potosia* Muls. – Acta Mus. Macedon. scient. nat. **6**, p. 35.

—, 1961: Vierter Beitrag zur Kenntnis der paläarktischen Arten der Gattung *Potosia* Muls. – Ent. Abh. Ber. Mus. Tierk. Dresden **26** (4), p. 23–44.

REITTER, E., 1898: Verh. naturf. Ver. Brünn **37**.

Anschrift des Autors:

G. Dahlgren, Åliden 1606, S – 39590 Kalmar, Schweden.

BUCHBESPRECHUNG

RENÉ MIKŠIĆ: Monographie der Cetoniinae der paläarktischen und orientalischen Region. Coleoptera: Lamellicornia. Band 2: Gymnetini (Lomapterina, Clinteriina), Phaedimini, Gnathocerini, Heterorrhinini.

400 Seiten, 43 Textabbildungen, 12 Schwarzweiß- und 8 Farbfotos.

ŠIPAD (Forstinstitut in Sarajevo), Sarajevo 1977.

Der zweite Band der umfangreichen Monographie liegt nun ebenfalls vor. Er führt die Behandlung der bereits im ersten Band begonnenen Tribus Gymnetini (Taenioderina und Chalcotheina) mit den beiden Subtriben Lomapterina und Clinteriina zu Ende. Weiter folgen die Triben Phaedimini und Gnathocerini sowie die sehr artenreichen Heterorrhinini. Von den Triben bzw. Subtriben an führen je nach Aufgliederung der systematischen Kategorien Schlüssel zu den Gattungen und Untergattungen, Artengruppen und Arten. Ausführliche Gattungsdiagnosen werden gegeben. Die Stellung und Bewertung mancher Formen (vgl. Gattungen *Thaumastopoeus, Clinteria*) sieht der Autor noch als unsicher und ungeklärt an. Nur eingehende Untersuchungen an mehr Material werden hier Klarheit schaffen können. Das bereits im ersten Band erprobte Schema der Behandlung der einzelnen Arten wird fortgeführt: Literaturzitate und Synonymieangaben, Eidonomie der ♂♂ und ♀♀, Maß- und Verbreitungsangaben, Materialnachweis und, wo möglich, auch Hinweise und Verbleib von Typen, vollständige Zitate der Originalbeschreibungen von Arten, die dem Autor nicht selbst vorlagen. Der Text ist sehr ausführlich gehalten. Ein Literaturverzeichnis, das die für den zweiten Band wesentlichen Arbeiten einschließlich größerer Gattungsrevisionen und Faunenwerke enthält (spezielle Arbeiten sind bei den Besprechungen der einzelnen Arten aufgeführt), und ein Register der systematischen Kategorien dieses Bandes von den Triben bis zu den Subspezies einschließlich der Synonyme folgen. Den Schluß bilden Ergänzungen und Berichtigungen zum ersten Band und ein Abbildungsteil, der die Schwarzweiß- und Farbfotos vorführt. Erstere sind großenteils flau, letztere durch schlechte Druckqualität nach Kontur und Farbe unbefriedigend, was in keinem Verhältnis zu der sonst guten Ausstattung des Buches steht. Mit Interesse werden die vielfältigen Nutzer dieser Monographie auf das zügige Erscheinen der nun doch noch ausstehenden Bearbeitung der Cetoniini und Cremastochilini hoffen.

R. KRAUSE

ENTOMOLOGISCHE ABHANDLUNGEN

STAATLICHES MUSEUM FÜR TIERKUNDE IN DRESDEN

Band 43 Ausgegeben: 5. Mai 1980 Nr. 10

Studien über Callichromini der palaearktischen und orientalischen Region (V)

(Coleoptera, Cerambycidae)

Mit 36 Abbildungen

ČENĚK PODANÝ

Benátky n. J., ČSSR

In dieser fünften Fortsetzung behandle ich die Genera *Anubis* und *Polyzonus* aus dem Tribus Callichromini. Diese Genera sind sehr schwer zu studieren, und nur dank vielen Materials aus verschiedenen Museen, besonders der Typen aus dem British Museum (Nat. Hist.) in London, war es mir möglich, diese Arbeit zum Abschluß zu bringen. Ich hatte die Originalbeschreibungen der Autoren zur Verfügung (Herrn Dr. C. R. SMITH vom Brit. Mus. London danke ich dafür, daß er mir viele Beschreibungen aus der Originalliteratur vermittelte). Diese waren aber sehr oft für heutige Ansprüche nur sehr ungenügend, besonders bei PIC, aber auch bei BATES, LAMEERE usw. Daher mußte ich von den Arten, von denen ich Material sehen konnte, neue Beschreibungen oder Addenda dazu bringen. Dann hatte ich eine Anzahl verschiedener Arten aus großen Museen zur Verfügung, und ich möchte hier auf diesem Wege den betreffenden Museen danken. Es sind dies: British Museum (Nat. Hist.) London, Naturmuseum Senckenberg Frankfurt/M., Zoologische Sammlung des Bayerischen Staates München, Zoologisches Museum A. Koenig Bonn, und Staatliches Museum für Tierkunde Dresden. Dank des Materialumfangs (auch wenn es so viel wieder nicht war infolge der Seltenheit der ganzen Gruppe und der Genera in den Sammlungen) konnte ich doch die meisten Arten selbst studieren, die Musealsammlungen in Ordnung bringen (sehr viele Fehlbestimmungen wurden hierbei berichtigt) und diese Studie abschließen. Bei den Bestimmungsschlüsseln habe ich möglichst leicht erkennbare Unterschiedsmerkmale gewählt, um die Schlüssel leicht handhabbar zu machen.

Anubis J. THOMSON

Anubis J. THOMSON, 1864: Syst. Ceramb., p. 177, 420; LACORDAIRE 1869, Gen. Col., p. 25; GAHAN 1906, Fauna Brit. India, Col. I, p. 220; AURIVILLIUS 1912, Col. Cat., p. 317; PLAVILSTSHIKOV 1934, Best. Tab. Eur. Col. 112, p. 116; GRESSITT 1951, Longicornia II, p. 211; GRESSITT & RONDON 1970, Pacific Insects 24, p. 164.

Körper ziemlich schmal, lang, parallel oder subparallel. Kopf mittelgroß, vor den Augen mehr oder weniger verschmälert und nach vorn deutlich verlängert. Stirn lang, deutlich länger als breit. Mandibeln mäßig lang, aber nach vorn deutlich vorgestreckt, wodurch der Vorderkopf noch länger erscheint. Fühler nur wenig länger oder etwas kürzer (auch beim ♂) als der Körper; im Apikaldrittel nach hinten etwas, aber meist deutlich verdickt, niemals verdünnt; drittes Fühlerglied sehr lang, viel länger als das vierte oder fünfte Glied; letztes Glied etwas länger als das vorletzte, gegen die Spitze sich mehr oder weniger verjüngend. Halsschild länger als breit, nach vorn stark verschmälert, Vorderrand deutlich schmäler als der Hinterrand; vor der Basis leicht eingeschnürt; an den Seiten abgerundet, ganz unbewaffnet, höchstens (selten) nur etwas bucklig erweitert, ohne Lateralhöcker. Flügeldecken lang, parallel oder subparallel, an der Spitze mehr oder weniger schmal abgerundet; gewöhnlich mit gelben Querbinden oder Makeln. Beine nicht sehr lang; Vorderbeine kurz, Vorderschenkel ziemlich stark, keulenförmig verdickt, aber nicht gestielt; Mittelbeine deutlich länger als die Vorderbeine, Mittelschenkel fast von der Basis an allmählich und mäßig verdickt; Hinterbeine lang, Hinterschenkel sehr mäßig verdickt, fast sublinear, die Spitze des Abdomens bei weitem nicht erreichend. Hintertibien lang, so lang oder fast so lang wie die Hinterschenkel, sublinear, zur Spitze nur wenig verbreitert, meist mehr oder weniger deutlich gekrümmt. Hintertarsen nicht lang, 2–2,5mal kürzer als die Hintertibien; erstes Glied länger als das 2. und 3. zusammen, aber höchstens nur so lang wie die restlichen Glieder zusammen. Zweites Glied deutlich länger als das 3.–6. Abdominalsegment, beim ♂ nicht selten kurz und bisweilen ganz oder fast unsichtbar. Körper blau, grün oder violett, metallisch; Flügeldecken gewöhnlich mit gelben Querbinden oder Flecken, selten einfarbig metallisch. In Färbung und Zeichnung den *Polyzonus*-Arten sehr ähnlich, durch ungehöckerte Halsschildseiten, kürzere Hinterbeine (Hinterschenkel) und allmählich verdickte letzte Fühlerglieder leicht zu trennen.

Bestimmungsschlüssel
der Arten der Gattung *Anubis*

1. Flügeldecken mit Querbinden oder mindestens mit einer gelben Makel. 2
— Flügeldecken einfarbig metallisch, in der Mitte verengt; Halsschild hinter der Mitte ein wenig verbreitert. Länge 20 mm. – Vietnam. 1. **cyaneus** PIC

2. Frontoclypeus mehr als 2mal länger als breit; Halsschild seitlich schwach und regelmäßig abgerundet, auf der Fläche dicht und fein runzelig punktiert. Länge 11–19 mm. – Laos, Burma. 2. **rostratus** BAT.
— Frontoclypeus 2mal länger oder nicht viel länger als breit; Wangen kurz. 3

3. Flügeldecken mit nur einer gelben Querbinde oder Fleck. 4
— Flügeldecken mit zwei gelben Querbinden oder Flecken, sonst gewöhnlich grünlich blau oder blau. 5

4. Flügeldecken mit nur einer gelben Querbinde hinter der Mitte; Halsschild grob punktiert; Stirn mit erhöhten Seitenrändern. Länge 15–17 mm. – Burma, Süd-Vietnam. 3. **unifasciatus** BAT.
— Flügeldecken gewöhnlich mit einem Seitenfleck vor dem Apex, der die Naht nicht berührt; Halsschild auf der Fläche fein punktiert und gestrichelt; Fühler teilweise kantig. Länge 9–18 mm. „Tonkin" (Vietnam) bis Malakka. 4. **bipustulatus** THOMS.

5. Halsschild wie bei *bipustulatus;* aber Fühler nicht kantig; Flügeldecken mit zwei Seitenmakeln, die sich an der Naht nicht berühren. Länge 13–19 mm. – „Tonkin" (Vietnam) bis Malakka. 5. **bipustulatus fimbriatus** BAT.
— Flügeldecken mit regelmäßigen Querbinden. 6

6. Halsschild gerunzelt und punktiert. 7
— Halsschild anders skulptiert. 8

7. Halsschild in der Mitte teilweise punktiert, teilweise kurz gerunzelt, seitlich punktiert. Flügeldecken violett. Länge 19 mm. – „Tonkin" (Vietnam). 6. **viridicollis** PIC
— Halsschild auf der Fläche dicht runzelig, in der Mitte fast glatt, die Seiten teilweise runzelig, teilweise punktiert. Flügeldecken goldgrün, etwas kupferig. Länge 17 mm. – Laos. 7. **leptissimus** GRESS. et ROND.

8. Halsschild auf der Fläche längsgestrichelt, seitlich querfaltig, vorn beim Kragen querfaltig. Flügeldecken schwarzgrün bis dunkel blauviolett. Länge 15 mm. – Philippinen. 8. **bifasciatus** NEWM.
— Halsschild regelmäßig dicht runzelig punktiert. Flügeldecken dunkel blaugrün bis schwarzviolett. Länge 14–19 mm. – Süd-China bis Malakka. 9. **inermis** WHITE

Die meisten Arten von *Anubis* und *Polyzonus* sind selten bis sehr selten in den Sammlungen, wie eigentlich die meisten Callichromini: von *Anubis* ist die häufigste Art *A. bifasciatus* NEWM. (wenn auch selten), und von *Polyzonus* können wir nur *P. fasciatus* F. als eine wirklich häufige Art ansehen.

1. **Anubis cyaneus** PIC

Anubis cyaneus PIC, 1924: Mél. exot. ent. 41, p. 15; PLAVILSTSHIKOV 1934, Best. Tab. Eur. Col. 112, p. 121; GRESSITT & RONDON 1970, Pacific Ins. 24, p. 164.

Blau bis dunkelblau; 1. Fühlerglied dunkelblau oder violett; Schenkel blau bis dunkelblau oder violett (Hinterschenkel meist violett), Tibien schwärzlichblau oder schwärzlich-violett bis schwarz, Tarsen schwarz. Unterseite etwas heller; Mittel- und Hinterbrust und Abdomen grünlich, fein silbergrau behaart. Flügeldecken hinter der Mitte mit einer dunkelvioletten Querbinde oder Quermakel, welche auf dem blauen Grund ziemlich deutlich hervortritt (dies ist in der Originalbeschreibung von PIC nicht angeführt, nur Flügeldecken einfarbig!).

Fühler beim ♂ etwas länger als der Körper; das 6. Abdominalsegment beim ♂ länger als das 5., aber kürzer als das 4. und 5. zusammen. Kopf dicht und grob runzelig punktiert.

Halsschild dicht und ziemlich grob, unregelmäßig und ungleichmäßig runzelig punktiert, an der Basis nur punktiert, ohne Querrunzeln, längs der Mitte viel weitläufiger skulptiert, eine Längslinie durch die unregelmäßigen kleinen, glatten und glänzenden Spalten angedeutet. Flügeldecken dicht und ziemlich grob runzelig punktiert. Körper schmal und lang, fast parallel.

Länge: 18–19 mm. – „Annam" (Vietnam).

Die Art ist mir unbekannt.

2. **Anubis rostratus** BATES (Abb. 1)

Anubis rostratus BATES, 1879: Cist. Ent. II., p. 412; GAHAN 1906, Fauna Brit. Ind., Col. I, p. 221; AURIVILLIUS 1912, Col. Cat., p. 317; PLAVILSTSHIKOV 1934, Best. Tab. Eur. Col. 112, p. 120; GRESSITT & RONDON 1970, Pacific Ins. 24, p. 165, fig. 28f.
Anubis rostratus var. *anamitus* PIC, 1962: Échange 505, p. 1 (syn. n.)

Dunkelblau; Flügeldecken blau mit zwei gelben Querbinden, zwischen diesen fast glanzlos; Unterseite goldig behaart; Fühler und Beine dunkelblau bis schwärzlich.

Kopf vor den Augen stark verlängert, fast dreieckig verschmälert. Halsschild dicht subrunzelig punktiert, in der Mitte vorn mit verkürzter Längslinie. Flügeldecken dicht punktiert, im Basal- und Apikaldrittel deutlich glänzend, in der Mitte fast matt.

Fühler bei ♂ und ♀ kürzer als der Körper; 1. Fühlerglied grün, sehr fein und dicht punktiert, das 3. Glied etwas kürzer als die doppelte Länge des 4. Gliedes, das 5. Glied wenig länger als das 4., das 6.–8. Glied so lang wie das 4., 7.–10. Glied am Ende kurz ausgezogen.

Das 6. Abdominalsegment beim ♂ lang, länger als das 4. und 5. Segment zusammen.

In der Flügeldeckenzeichnung dem *A. inermis* am nächsten stehend, durch die Länge des 6. Abdominalsegmentes beim ♂, den stark verlängerten Vorderkopf, den deutlich schmäleren Körper leicht zu unterscheiden.

Variation: Halsschild grün, Basis der Flügeldecken dunkel grünblau, Apex glänzend blau. Schenkel rotbraun, gegen den Apex glänzend grün, die gelben Querbinden seitlich sind eng verbunden, so daß in der Mitte eine selbständige dunkle Quermakel entsteht, die die Seiten nicht berührt; Kopf auch grün. – Nach 1 Exemplar aus dem British Museum in London (Burma, Rangoon, aus ARCHBALD coll. 1926).

Länge: 11–19 mm. – Laos, Burma.

3. **Anubis unifasciatus** BATES (Abb. 2)

Anubis unifasciatus BATES, 1879: Cist. Ent. II, p. 412; AURIVILLIUS 1912, Cat. Col., p. 317; PLAVILSTSHIKOV 1934, Best. Tab. Eur. Col. 112, p. 118; GRESSITT & RONDON 1970, Pacific Ins. 24, p. 164.

Violett; Kopf und Halsschild blau; Fühler vom zweiten Glied an mehr oder weniger geschwärzt, das 1. Glied blau; Tibien und Tarsen (häufig auch die Schenkel) schwarz; Flügeldecken hinter der Mitte mit einer gelben, ziemlich schmalen Querbinde, die schräg von der Mitte zur Seite verläuft.

Stirn ziemlich gekantet, wie der ganze Kopf und Clypeus dicht und ziemlich grob runzelig punktiert, das 1. Fühlerglied sichtbar punktiert, das 3. Fühlerglied mehr als 2mal länger als das 4. Glied, 4.–8. Glied fast gleichlang, 6.–10. Glied am Ende spitzig ausgezogen; Halsschild mehr oder weniger unregelmäßig punktiert, in der Mitte oft mit feiner, glatter Längslinie, die bisweilen fehlt; Flügeldecken ziemlich grob punktiert (besonders an der Basis)

Unterseite silbergrau behaart.

Variation: Im Museum London hat 1 Exemplar dunkel rotbraune Schenkel, gegen den Apex mit blauem Glanz (Siamense Malay States, Patani Town, 14. 6. 1901, coll. Annandale 1, H. C. ROBINSON).

Länge: 14–18 mm. – „Tonkin", „Cochinchina", Saigon (Vietnam), Laos, Burma.

4./5. **Anubis bipustulatus** J. THOMSON (Abb. 3+4)

Anubis bipustulatus J. THOMSON 1865: Syst. Ceramb. p. 569; GAHAN 1906, Fauna Brit. Ind., Col. I, p. 221; AURIVILLIUS 1912, Col. Cat., p. 317; PLAVILSTSHIKOV 1934, Best. Tab. Eur. Col. 112, p. 119; GRESSITT & RONDON 1970, Pacific Ins. 24, p. 165, Fig. 28e.
Anubis bipustulatus ab. *tripustulatus* PLAVILSTSHIKOV, 1927: Ent. Bl. 23, p. 108.
Anubis bipustulatus ab. *quadripustulatus* PLAVILSTSHIKOV, 1927: dtto.
Anubis bipustulatus fimbriatus BATES, 1879: Cist. Ent. II, p. 412; AURIVILLIUS 1912, Col. Cat., p. 317; PLAVILSTSHIKOV 1934, Best. Tab. Eur. Col. 112, p. 119.
Anubis viridis PIC, 1923: Mél. Exot. Ent. 39, p. 9.

Metallisch grün, seltener dunkelblau; Fühler und Beine schwarz; Unterseite silbergrau behaart; Flügeldecken mit gelben Flecken oder Binden.

Stirn an den Seiten nicht gekantet. Kopf und Stirn dicht grob punktiert, Stirn zwischen den Fühlern mit Mittelrinne; das 1. Fühlerglied fein und sparsam punktiert, das 3. Glied etwas gekrümmt und etwas länger als das 4. Glied, das 4.–6. Glied fast gleichlang, die anderen allmählich kürzer, 3.–7. Glied gekantet.

Halsschild auf der Fläche dicht und runzelig punktiert, an der Basis eingeschnürt; Flügeldecken fein und sehr dicht sowie runzelig punktiert, an der Basis gröber. Prosternum beim ♂ vor den Hüften mit einer fein und dicht punktierten Spalte. Schenkel dicht punktiert, Hinterschenkel viel kürzer als das Abdomen. Das 6. Abdominalsegment beim ♂ sehr kurz, fast unsichtbar, 5. Segment an der Spitze leicht ausgeschnitten.

Variation:
f. typica: Flügeldecken hinter der Mitte mit einer Makel, die vom Seitenrand bis zur Mitte reicht, wo sie unterbrochen ist (gewöhnlich dunkelblau oder dunkelviolett gesäumt).
ab. *tripustulatus* PLAV.: Flügeldecken mit einem hinteren und noch mit einem weiteren Fleck vor der Mitte.
ab. *quadripustulatus* PLAV.: Flügeldecken mit einem hinteren und zwei Fleckchen vor der Mitte.
ssp. *fimbriatus* BAT.: In Struktur und Skulpturmerkmalen ganz übereinstimmend, aber die Fühler nicht gekantet, sondern normal oval; die Mittelrinne am Kopf ist länger (schon vom Clypeus an), mit zwei gelben Querbinden, die an der Naht unterbrochen und auch violett gesäumt sind.

Länge: 9–19 mm. – „Cochinchina", „Tonkin" (Vietnam), Siam (Thailand), Malakka, Malaysia, Burma, Sikkim (Indien). (Nach Exemplaren aus den Museen London, Frankfurt/M. und Dresden).

6. **Anubis viridicollis** PIC

Anubis viridicollis PIC, 1932: Mél. exot. ent. 60, p. 22; PLAVILSTSHIKOV 1934, Best. Tab. Eur. Col. 12, p. 120.

„Schmal, metallisch grün, Flügeldecken violett glänzend, an der Basis glänzend grün, mit zwei schmalen gelben Querbinden; Beine und Abdomen schwarz oder schwarzgrün.

Halsschild ein wenig robust, in der Mitte seitlich abgerundet, vorn und hinten verengt, vorn fein quergerunzelt; seitlich verschiedenartig punktiert, in der Mitte teilweise punktiert, teilweise unregelmäßig und kurz gerunzelt; Flügeldecken etwas breiter als der Halsschild, länglich, schmal, dicht und fein punktiert, an der Basis gröber und sparsamer punktiert. Körper unterseits silberig behaart.

Länge: 19 mm. – Tonkin.

Wie *rostratus* BAT., aber Vorderkörper länger, die Färbung ist abweichend, Basis der Flügeldecken nicht von derselben Farbe wie die anderen Organe." (Originalbeschreibung von PIC).

Die Art ist mir unbekannt.

7. **Anubis leptissimus** GRESSITT et RONDON (Abb. 5)

Anubis leptissimus GRESSITT et RONDON, 1970: Pacific Ins. 24, p. 165, fig. 28g.

♂. Äußerst schlank, goldgrün; die Flügeldecken mit blauem, purpurrotem oder schwarzem Schimmer und mit gelben Querbinden; Kopf goldgrün, an den Mandibeln purpurschwarz.

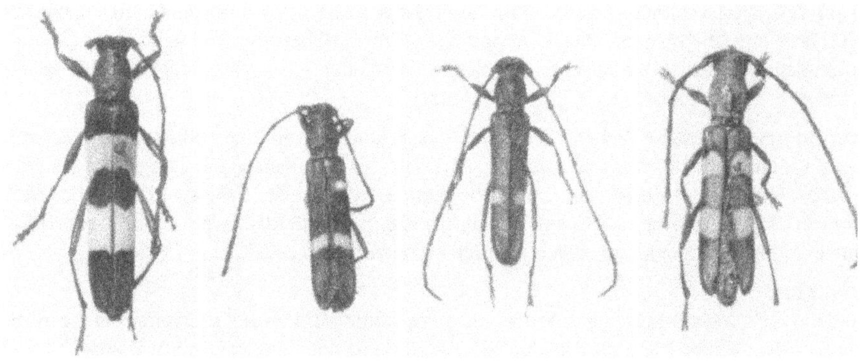

Abb. 1–4.
(Von links nach rechts) 1: *Anubis rostratus* BAT. – 2: *A. unifasciatus* BAT. – 3: *A. bipustulatus* J. THOMS. – 4: *A. bipustulatus fimbriatus* BAT. (alle coll. Brit. Mus. London).

Abb. 5–7.
(Von links nach rechts) 5: *Anubis leptissimus* GRESS. et ROND. (ex Pacif. Ins. Monogr. 24, 1970, p. 166, fig. 28g) – 6: *A. bifasciatus* NEWM. (ex coll. Mus. Tierk. Dresden) – 7: *A. inermis* (WHITE) (ex coll. Senkenberg-Mus. Frankfurt/M.).

Fühler schwarz mit feinem, stahlblauem bis purpurrotem Schimmer. Halsschild goldgrün, teilweise leicht kupferrot oder blau; Schildchen goldgrün oder kupferfarbig, seitlich blau. Flügeldecken goldgrün, teilweise mit Kupfer gemischt, in der Nähe der Basis mit schmaler gelber Binde hinter dem Basalviertel der Flügeldecken, eine andere Binde hinter der Mitte, beide vorn und hinten purpurrot gesäumt. Bauchsegmente grün, Oberseite der Flügeldecken mit dichten Haaren bedeckt, mehr oder weniger in der Grundfarbe. Fühler mit sparsamen rotbraunen Haaren; Bauchsegmente mit dichter Silberpubeszenz.

Kopf breiter als das Ende des Halsschildes, fast so breit wie dieses an der breitesten Stelle; oben grob punktiert, Scheitel und Oberfläche der Stirn fein punktiert, Stirn sonst länglich gerunzelt, vorn mit einigen Querrunzeln; Wangen sparsam punktiert.

Fühler um $^{1}/_{8}$ länger als der Körper, am Ende etwas verbreitert; 1. Fühlerglied ziemlich fein und sparsam punktiert; 3. Glied mehr als 2mal länger als das 1.; 4. Glied um $^{1}/_{3}$ kürzer als das 3. Glied; 4.–6. Glied in der Länge gleich, 6.–11. Glied allmählich kürzer werdend, das 11. Glied gleichlang wie das 8.

Halsschild um $^{1}/_{5}$ länger als breit, am Apex kaum schmaler als an der Basis, jederseits in der Mitte mit der Spur eines Höckerchen; die Fläche ist dicht runzelig, die Seiten sind teilweise runzelig, teilweise punktiert, in der Mitte fast glatt. – Schildchen fast so lang wie breit, ein wenig unregelmäßig und konkav. Flügeldecken fast 9mal länger als breit, im ersten Drittel mäßig verengt, weiter hinten wieder verengt, aber am Beginn des Apikalviertels wieder verbreitert. An der Basis grob punktiert, gegen den Apex viel feiner und gedrängt punktiert. Bauchsegmente sehr fein punktiert.

Beine schmal; Hinterschenkel vor der Spitze allmählich und wenig verbreitert, mit der Spitze fast das 3. Bauchsegment erreichend; 1. Hintertarsenglied etwas kürzer als die anderen zusammen.

Länge: 17,5 mm, Breite: 2,8 mm. – Laos.

Von *rostratus* BAT. durch den Präokularteil des Kopfes, durch den längeren Halsschild, der stärker punktiert und gerunzelt ist (mit Seiten, die regelmäßiger gerundet sind), durch längere Flügeldecken, grünere Färbung und durch gelbe Querbinden, die regelmäßiger quer sind, abweichend. – Die Art ist mir unbekannt.

8. **Anubis bifasciatus** NEWMAN (Abb. 6)

Anubis bifasciatus NEWMAN, 1842: Entomol. I, p. 246; AURIVILLIUS 1912, Col. Cat., p. 317.
Anubis manillarum CHEVROLAT, 1838: Rev. Zool., p. 288.

Kopf bis violett oder grün; Halsschild blau oder grün; Flügeldecken, besonders an der Basis und am Apex, violett bis blau; Beine blau oder grünlich; Unterkörper hell blaugrün, dicht weiß behaart; Flügeldecken mit zwei gelben Querbinden.

Kopf dicht punktiert; Scheitel gröber punktiert, mit länglicher Grube, die sich vom Clypeus bis zum Scheitel hinzieht. Fühler: 1. Glied dicht und fein punktiert, am Ende abgerundet; das 3. Glied fast 2mal länger als das 1.; 4.–6. Glied kürzer und auch weitere Glieder noch kürzer; vom 8. Glied an sichtbar gesägt; Halsschild ziemlich kurz, aber doch etwas länger als breit, vorn mehrmals querfaltig, hinten eingeschnürt, auf der Fläche hinten längsgestrichelt, seitlich und vorn fein querfaltig. Schildchen in der Mitte vertieft, dreieckig, dicht und fein punktiert, grün.

Flügeldecken fein punktiert, an der Basis, die glänzend hellblau ist (auch wenn das Halsschild grün ist), gröber punktiert, gegen den Apex, der auch glänzender ist, fein gestrichelt.

Beine dicht und fein punktiert, Hinterschenkel den Flügeldeckenapex bei weitem nicht erreichend. Hinterschienen lang, etwas gekrümmt, gegen die Spitze nur mäßig erweitert; das 1. Hintertarsenglied länger als das 2. und 3. zusammen. Abdomen glänzend, sehr fein silberweiß und dicht behaart, Brust sehr dicht behaart, Abdomen sehr sparsam fein punktuliert.

Länge: 14–21 mm. – Philippinen.

Von der Gattung *Anubis* die häufigste Art (aber doch in den Sammlungen ziemlich selten). (Nach Material aus den Museen London [Holotypus], Frankfurt/M., München, Dresden).

9. **Anubis inermis** (WHITE) (Abb. 7)

Polyzonus inermis WHITE, 1853: Cat. Col. Brit. Mus. VII, p. 171.
Anubis inermis GAHAN, 1906: Fauna Brit. Ind., Col. 1, p. 222; AURIVILLIUS 1912, Col. Cat., p. 317; PLAVILSTSHIKOV 1934, Best. Tab. Eur. Col. 112, p. 118; GRESSITT 1951, Longicornia II, p. 211; GRESSITT & RONDON 1970, Pacific Ins. 24, p. 165.

Metallisch blau oder etwas violett oder grünlich; Halsschild in der Mitte der Scheibe häufig glänzender und violett; Fühler schwarz, das 1. Glied blau oder violett; Schenkel braun, gegen den Apex dunkelblau, Tibien und Tarsen schwarz, die Schenkel sehen auf den ersten Blick schwarz aus; Schildchen dunkelblau bis schwarz; Flügeldecken an der Spitze und an der Basis deutlich glänzender, blau, mit zwei gelben Querbinden (vor und hinter der Mitte).

Kopf, Halsschild und 1. Fühlerglied dicht runzelig punktiert, zwischen den Fühlern mit länglicher Mittelrinne, Clypeus sparsamer punktiert; Fühler etwas länger als der Körper, 3. Glied mehr als 2mal länger als das 1. Glied, 4.–7. Glied fast gleichlang, halb so lang wie das 3. Glied; die anderen Glieder allmählich kürzer; 6.–10. Glied am Ende ausgezogen. Schildchen dreieckig, in der Mitte etwas vertieft, mit länglicher Mittelfurche.

Flügeldecken fein und sehr dicht punktiert, Punktierung an der Basis gröber. Schenkel dicht punktiert; Hinterschenkel den Hinterrand der Hinterbinde der Flügeldecken nicht oder nur wenig überragend (♂, ♀).

6. Abdominalsegment beim ♂ viel kürzer als das 5.; das 5. Abdominalsegment beim ♀ an der Spitze abgerundet.

Von *A. bifasciatus* durch den grob punktierten statt querrunzeligen und weniger glänzenden (dunkelblauen) Halsschild leicht zu unterscheiden.

Länge: 14–19 mm. – Süd-China, „Tonkin" (Vietnam), Siam (Thailand), Laos, Burma, Malakka, Sikkim (Indien).
(Nach Exemplaren aus den Museen London [Holotypus] und Frankfurt/M.).

Polyzonus CASTELNAU

Polyzonus CASTELNAU, 1840: Hist. Nat. II, p. 438; J. THOMSON 1860, Classif. Ceramb., p. 168; Syst. Ceramb. 1864, p. 420; LACORDAIRE 1869, Gen. Col. IX, p. 21; GAHAN 1906, Fauna Brit. Ind., Col. I, p. 213; AURIVILLIUS 1912, Col. Cat., p. 316; PLAVILSTSHIKOV 1934, Best. Tab. Eur. Col. 112, p. 100; GRESSITT 1951, Longicornia II, p. 200; GRESSITT & RONDON 1970, Pacific Ins. 24, p. 164.

Körper lang, schmal oder mäßig schmal, parallel oder subparallel, mehr oder weniger metallisch gefärbt. Flügeldecken bei mehreren Arten mit gelben Makeln oder Querbinden.

Kopf nicht groß, mit mäßig langen und kräftigen, mäßig und allmählich gebogenen Mandibeln; Stirn vertikal oder subvertikal, ziemlich lang, vom Clypeus nicht ganz deutlich getrennt, meist grob skulptiert. Wangen mäßig lang. Scheitel mehr oder weniger gewölbt, grob skulptiert. Augen mäßig groß, in der Oberpartie tief ausgerandet, diese ist viel kleiner als die Unterpartie. Scheitel zwischen den Augen meist deutlich breiter als das Auge. Fühlerhöcker bisweilen stumpf, bisweilen auf der Innenseite deutlich brustwarzenförmig oder noch spitziger ausgezogen.

Fühler beim ♂ nur wenig länger als der Körper, beim ♀ fast von Körperlänge; die Fühlerlänge ist bei ♂ und ♀ fast gleich und daher nicht als Sexualmerkmal verwendbar; Fühler ziemlich dünn in der Basalhälfte, gegen die Spitze etwas und ganz allmählich verdickt.

1. Glied kurz; 3. Glied sehr lang, 2–3mal länger als das 4. Glied; 4. Glied und die folgenden Glieder fast gleichlang, 8. und die restlichen Glieder allmählich kürzer und dicker, letztes Glied nicht oder nur sehr wenig länger als das vorletzte; an der Spitze sind die Glieder stumpf oder nur etwas eckig erweitert (gewöhnlich ganz kurz und mehr oder weniger undeutlich).

Halsschild mit mehr oder weniger gut entwickelten Lateralhöckern, die konisch sind, nur bei einzelnen Arten sind sie sehr kurz und stumpf oder durch Anschwellungen an den Pleuren ganz überdeckt und dadurch nicht sichtbar (Subgenus *Polyzonides* **subgen. n.**).

Länger als breit, zylindrisch oder subzylindrisch, nach vorn etwas verschmälert, vor der Basis mäßig eingeschnürt, hinter der Spitze ohne Einschnürung, nur sehr flach, häufig undeutlich und etwas quer niedergedrückt, auf der Scheibe gewölbt sowie dicht und meist runzelig punktiert. Schildchen meist kurz, dreieckig, glänzend. Flügeldecken lang, schmal, parallel, an der Basis nicht oder nur ganz wenig breiter als der Halsschild mit Lateralhöckern, an der Spitze abgerundet; dicht und meist fein skulptiert.

Blau oder grün bis schwarz, mit gelben Makeln oder Querbinden, mäßig glänzend bis fast matt oder ohne Makeln und Binden, einfarbig metallisch und dann bisweilen viel gröber skulptiert und stärker glänzend.

Hinterbeine viel länger als die Mittelbeine, Vorderbeine ganz kurz. Vorderschenkel ziemlich stark gekeult; Mittelschenkel mehr allmählich gekeult; Hinterschenkel ganz allmählich gegen die Spitze verdickt, nicht gekeult oder gestielt; Hinterschenkel die Spitze der Flügeldecken nicht überragend und meist auch nicht erreichend, aber bei mehreren Arten auch die Hinterbeine (oder Makel) der Flügeldecken nicht überragend und die Flügeldeckenspitze um ein weniges nicht erreichend, nur selten sind sie vergleichsweise sehr kurz; Schienen gegen die Spitze sehr mäßig verbreitert; Tarsen lang, 1. Glied der Hintertarsen länger als das 2. und 3. Glied zusammen.

♀: Nur fünf Abdominalsegmente sichtbar; das 5. Segment ziemlich lang, an der Spitze meist abgerundet, seltener ausgerandet. Fühler sowie die Hinterschenkel bisweilen etwas kürzer, was aber nicht die Regel ist.

♂: 6. Abdominalsegment länger als das 5., beide mehr oder weniger stark ausgerandet.

Wie alle Arten mit Flecken oder Binden auf den Flügeldecken in der Zeichnung ziemlich variabel, aber auch die Färbung variiert (nicht stark) sowie die Skulptur des Halsschildes, welche ziemlich verwickelt ist (Runzeln) und dadurch mehrere Individualabweichungen bilden kann.

Typus generis: *fasciatus* FABR.

Bestimmungsschlüssel
der Arten der Gattung *Polyzonus*

1. Halsschild und Prothorax normal, ohne Anschwellung, mit Seitenhöckern (*Polyzonus* s. str.). 9

— Halsschild angeschwollen, oft ohne Seitenhöcker (Subgenus *Polyzonides* **subgen. n.**). 2

2. Metallisch einfarbig. 3

— Flügeldecken mit Querbinden oder Makeln. 4

3. Goldgrün bis stahlblau; Halsschild in der Mitte fein runzelig punktiert, seitlich quer-

gestrichelt und mit Seitenbeulen sowie sichtbaren Seitenhöckern. Länge 14 mm. – Laos. 1. **parvulus** GRESS. et ROND.

— Dunkelviolett; Fühler gekantet; Halsschild ziemlich dicht und einfach punktiert; Prothorax mit den Seiten bis zur Oberseite geschwollen, abgerundet, ohne sichtbare Seitenhöcker. Länge 17 mm. – Patria unbekannt. 2. **mirabilis sp. n.**

4. Flügeldecken lebhaft grünblau bis blau, mit 4 gelben Makeln; Halsschild regelmäßig quergerunzelt und runzelig punktiert. Prothorax seitlich geschwollen auch beim ♂ und mit kleinen Seitenhöckern. Länge 25–30 mm. – Burma, Laos. 3. **watsoni** GAH.

— Flügeldecken mit 2 gelben Querbinden. 5

5. Halsschild ohne Seitenhöcker (bei beiden Geschlechtern), abgerundet, gebuckelt. 6

— Halsschild mindestens teilweise mit Seitenhöckern. 8

6. Flügeldecken und Halsschild lebhaft grün; Halsschild verschiedenartig querrunzelig und querfaltig, seitlich fast glatt, abgerundet, geschwollen, ohne Dorne. Länge 21 mm. – Vietnam (Saigon). 4. **thoracicus sp. n.**

— Halsschild blau. 7

7. Körper klein; Halsschild quergerunzelt; die vordere Flügeldeckenbinde schmäler, Hinterbinde breiter. Länge 19 mm. – Kambodscha (Kampuchea). 5. **cyanicollis** PIC

— Körper groß, robust; Halsschild teilweise quergerunzelt; die gelben Binden gleichbreit. Länge 29 mm. – Siam (Thailand). 6. **siamensis sp. n.**

8. Halsschild beim ♂ mit großer Anschwellung, ohne Höcker, beim ♀ diese nur schwach sichtbar; Halsschild dunkelblau bis schwarzgrün, in der Mitte grob granuliert punktiert, seitlich quergerunzelt; die gelben Binden ziemlich breit. Länge 15–24 mm. – Vietnam (Saigon), Laos, Taiwan, Burma. 7. **obtusus** BAT.

— Halsschild mit stumpfen Höckerchen und einer Anschwellung zwischen Mitte und Apex; blaugrün mit rotem Schimmer; Fläche punktiert. Länge 23 mm. – Laos. 8. **pakxensis** GRESS. et ROND.

9. Halsschild abgerundet, ohne Höcker und ohne Anschwellung. 10

— Halsschild mit Seitenhöckern. 11

10. Halsschild abgerundet; einfarbig violett; schmal. Länge 20 mm. – „Annam" (Vietnam). 9. **democraticus** LAM.

— Halsschild an den Seiten eckig, fast tuberkuliert, fein runzelig; mit goldener Pubeszenz. Länge 18 mm. – Timor. 10. **dohertyi** JORD.

11. Flügeldecken einfarbig. 12

— Flügeldecken mit gelben Makeln oder Binden. 18

12. Flügeldecken nicht metallisch, sondern gelb; Halsschild tuberkuliert, nicht gezähnt. Länge 17 mm. – China. 11. **testaceipennis** PIC

— Flügeldecken metallisch gefärbt bis schwarz. 13

13. Flügeldecken violett bis schwarzviolett. Länge 22 mm. – Südwest-China. 12. **violaceus** PLAV.

Blaugrün; Fühlerglieder eckig, nicht oval; Halsschild vorn regelmäßig querfaltig, in der Mitte grob runzelig punktiert, seitlich querfaltig, ohne Mittellinie; Hinterschienen wenig verbreitert, 1. Hintertarsenglied lang. – „Annam" (Vietnam). 12a. **similis sp. n.**

— Flügeldecken grünlich gefärbt 14

14. Flügeldecken grün bis goldgrün, seitlich bronzefarbig; Halsschild dicht und runzelig punktiert, seitlich grob punktiert und längsgerunzelt. Länge 20 mm. – Südwest-China. 13. **cuprarius** FRM.
— Flügeldecken grün bis blau. 15

15. Flügeldecken grün bis blau; Halsschild runzelig, an der Basis und seitlich querfaltig. Länge 16–22 mm. – Süd-China, Indien. 14. **prasinus** WHITE
— Flügeldecken grün bis dunkelgrün. 16

16. Flügeldecken grün bis dunkelgrün; Halsschild fein punktiert, nicht runzelig. Länge 20 mm. – Süd-China. 15. **subtruncatus** BAT.
— Flügeldecken goldgrün. 17

17. Halsschild auf der Fläche dicht runzelig, seitlich wurmartig punktiert. Länge 19 mm. – West-China. 16. **auroviridis** GRESS.
— Halsschild fein runzelig punktiert, Basis mit gekrümmten Depressionen. Länge 18 mm. – Laos. 17. **balachowskii** GRESS. & ROND.

18. Flügeldecken mit Makeln. 19
— Flügeldecken mit Streifen. 20

19. Flügeldecken mit 4 schwarzgesäumten Makeln; Halsschild regelmäßig und dicht querfaltig, auf der Scheibe nicht punktiert, nur runzelig und faltig. Länge 25 mm. – „Tonkin" (Vietnam), Laos. 18. **luteonotatus** PIC
— Flügeldecken mit 4 gelben, in der Größe verschiedenen Makeln, oder nur Vordermakel und hinten mehr oder weniger unterbrochene Querbinde, oder (selten) vorn und hinten gelbe Querbinden (*flavocinctus* GAH.); Halsschild sehr glänzend, regelmäßig und dicht querfaltig, in der Mitte längsfaltig bis gerunzelt, an der Basis mit wenigen Falten, vorn dicht vielfaltig; grün bis blau oder violett. Länge 16–26 mm. – Von Ceylon über Indien bis Südwest-China. 19. **tetraspilotus** HOPE

20. Flügeldecken schwarzblau mit einem Längsstreifen, der dunkel tomentiert ist und von den Schultern bis zum Apex allmählich verschwindet. Länge 20 mm. – Philippinen. 20. **schmidti** SCHWARZER
— Flügeldecken mit gelben Querbinden. 21

21. Nur eine sehr breite gelbe Querbinde, $^1/_3$ bis $^2/_3$ der Flügeldecken einnehmend, seitlich mit rundlicher Makel in der Mitte. Länge 20 mm. – Laos. 21. **latemaculatus** GRESS. et ROND.
— Flügeldecken mit zwei gelben Querbinden von verschiedener Breite und Form. 22

22. Hinterbeine sehr kurz, die Hinterschenkel reichen nur bis zum Ende der zweiten Querbinde. Länge 20 mm. – Sikkim (Indien). 22. **brevipes** GAH.
— Hinterbeine normal lang. 23

23. Halsschild regelmäßig und grob punktiert. Länge 10–21 mm. – Sibirien bis Süd-China. 23. **fasciatus** F.
— Halsschild wurmartig skulptiert. 24

24. Halsschild sehr grob wurmartig skulptiert. Länge 16–21 mm. – Burma, Vietnam, Laos. 24. **saigonensis** BAT.
— Halsschild in der Mitte anders skulptiert. 25

25. Halsschild in der Mitte runzelig bis grob wurmartig skulptiert; Kopf und Halsschild grün. Länge 18–21 mm. – „Tonkin" (Vietnam), Burma, Sikkim (Indien), Laos. 25. **bizonatus** WHITE
— Halsschild runzelig bis punktiert und gestrichelt. 26

26. Halsschild rein runzelig. 27
— Halsschild sparsam runzelig bis punktiert und gestrichelt. 28

27. Halsschild verlängert, die Runzeln mehr radial geordnet, in der Mitte längsgestellt; schwarz. Länge 12 mm. – Laos. 26. **laosensis** PIC
— Halsschildrunzeln breit quer; grün. Länge 25 mm. – Laos. 27. **nitidicollis** PIC

28. Halsschild sparsam runzelig oder mit teilweise schiefen Querrunzeln; glänzend goldgrün, Flügeldecken rot purpurfarben. Länge 16 mm. – Laos. 28. **striatus** GRESS. et ROND.
— Halsschild sparsam runzelig punktiert, mit Stricheln in der Mitte gemischt, die gelben Querbinden gegen die Mitte verengt; goldgrün bis bronzefarbig. Länge 25. mm. – Laos. 29. **fucosahenus** GRESS. et ROND.

29. Halsschild querfaltig an den Seiten, in der Mitte quergerunzelt; dunkelblau bis schwarz. Länge 13–17 mm. – Südwest-China. 30. **laurae** FRM.
— Halsschild rein faltig; grünlich. Länge 18 mm. – „Tonkin" (Vietnam). 31. **subobtusus** PIC

Polyzonides subgen. n.

Halsschild mit angeschwollenem Prothorax. Es sind entweder die Halsschilddorne normal entwickelt, oder der Prothorax ist nur angeschwollen (ohne Dornen); oder die Anschwellung ist so groß, daß sie über die Halsschildseiten hinausgeht und die Seitendorne in ihr entweder ganz oder teilweise verschwinden; oder die Anschwellung ist nur seitlich vorhanden, so daß die Höcker auch nicht zu sehen sind; oder die Anschwellung ist nur unten sowie seitlich entwickelt. Immer aber ist der Halsschild seitlich abgerundet und ohne Höcker.
Typus subgeneris: *obtusus* BAT.

1. **Polyzonus (Polyzonides) parvulus** GRESSITT et RONDON (Abb. 8)

Polyzonus parvulus GRESSITT et RONDON, 1970: Pacific Insects 24, p. 158, fig. 28g.

♂. Goldgrün bis stahlblau; Kopf goldgrün, unten dunkler; Fühler stahlblau, gegen die Spitze leicht purpurfarben; Halsschild goldgrün, mit dunkelgrüner Fläche jederseits der Mittelrinne auf der Scheibe; Schildchen breit goldgrün; Flügeldecken leicht dunkler goldgrün, gegen die Naht stärker glänzend; Bauchsegmente dunkler goldgrün, mit sparsamer Silberpubeszenz und einigen aufstehenden Haaren; Beine stahlblau, an den Schenkeln grünlich glänzend; Tarsen fast schwarz.

Kopf nur sehr wenig schlanker als der Halsschild an der breitesten Stelle, fein runzelig punktiert, in der Mitte schmal vertieft; Stirn mäßig punktiert, oben teilweise länglich gestrichelt und gegen die Spitze quergestrichelt. Wangen kurz, mäßig punktiert. Fühler um $1/3$ länger als der Körper; das 1. Glied am Apex stark bedornt, mäßig punktiert und auf der Außenseite teilweise mit einer Grube; das 3. Glied fast 3mal länger als das 1., sichtlich länger als das 4. Glied; 5. Glied ein wenig länger als das 4., so lang wie das 6.; die folgenden Glieder kürzer.

Halsschild etwas länger als breit, jederseits in der Mitte abgerundet mit einer Seitenanschwellung statt eines Dornes; die Fläche seitlich quergestrichelt und teilweise punktiert, in der Mitte fein runzelig punktiert, mit schmaler glänzender Mittellinie. – Schildchen hinten abgerundet, glänzend und etwas uneben. Flügeldecken 7,5mal länger als breit, sichtbar im Basaldrittel und gegen den Apex verengt, mit stumpf abgerundeter Suturalnaht. Fläche unregelmäßig runzelig punktiert, längs der Naht im Basalteil grob gekörnt. Bauchsegmente glatt, sehr fein punktiert bis granuliert. Beine schlank; Hinterschenkel den Flügeldeckenapex um $^1/_3$ seiner Länge überragend, vor dem Ende leicht verdickt; Hinterschienen verflacht und verbreitert, leicht gekrümmt; das 1. Hintertarsenglied viel länger als die anderen zusammen. – Länge: 14 mm, Breite: 2,7 mm.

♀. Die Anschwellung vorn auf dem Halsschild deutlich, aber kleiner als der Seitenhöcker; Fühler um $^1/_5$ länger als der Körper. – Länge: 14,5 mm, Breite: 2,75 mm.

Laos.

Von *P. laosensis* PIC unterschieden durch die stärker abgerundeten Flügeldecken, die längs der Naht an der Basis gekörnt sind, durch den Halsschild mit einem Paar schmaler, blauer, fein runzeliger Stellen, die durch eine enge goldene Mittellinie geteilt sind. Von *P. jeanvoinei* PIC durch kleine und abgerundete Halsschildtuberkel anstatt scharfer, durch die im Mittelteil der Fläche des Halsschildes fein runzelige anstatt grob wurmartige Skulptur, und durch die an der Basis viel feiner punktierten Flügeldecken abweichend.

2. **Polyzonus (Polyzonides) mirabilis sp. n.** (Abb. 9)

Einfarbig dunkelviolett.

Kopf ganz dicht und mittelgroß punktiert; Fühlerhöcker auch punktiert, klein, warzenförmig; 3. Fühlerglied lang, 3mal länger als das 1. Glied und 2mal länger als das 4. Glied; 4.+5. Glied fast gleichlang, die anderen allmählich kürzer; vom 4. Glied an kantig und am Ende abgerundet bis abgestutzt; Fühler mit den zwei bis drei letzten Gliedern die Flügeldecken überragend. Halsschild dicht und einfach punktiert; Prothorax angeschwollen, sehr dicht und fein runzelig punktiert, die Anschwellung seitlich allmählich auf die Halsschildfläche übergehend, deswegen Halsschild ohne Dorne oder Spitzen, abgerundet; vorn fast gerade, an der Basis leicht eingeschnürt, querfaltig. – Schildchen fast gerade, dreieckig, mit seichter, länglicher Mittelfurche und jederseits in der Mitte mit einer tieferen, ganz kleinen Grube.

Flügeldecken sehr dicht und fein lederartig gerunzelt, an der Basis fein und dicht punktiert.

Unterseite sparsam goldbraun behaart. Beine schlank, ziemlich lang (Hinterschenkel den Flügeldeckenapex erreichend, braun mit violettem Schimmer wie alle Beine), das 1. Hintertarsenglied so lang wie das 2. und 3. zusammen.

Länge: 17 mm, Breite: 4 mm. – Patria?

Holotypus in coll. Zool. Staatssammlung München.

Von allen *Polyzonus*-Arten durch dunkelviolette (oder kupferviolette) Färbung, gekantete Fühler, und durch den Halsschild (mit einer Anschwellung und abgerundeten Seiten ohne Seitendorne) abweichend.

3. **Polyzonus (Polyzonides) watsoni** GAHAN (Abb. 10)

Polyzonus watsoni GAHAN, 1906: Fauna Brit. India, Col. I, p. 218; AURIVILLIUS 1912, Col. Cat., p. 317; PLAVILSTSHIKOV 1934, Best. Tab. Eur. Col. 112, p. 111.

Metallisch grün; Fühler blauschwarz, das 1. Fühlerglied grün; Tarsen schwärzlich bis schwarz; jede Flügeldecke mit zwei gelben, violett gesäumten Makeln; die erste (im ersten Drittel der Decke) oval, der Naht genähert, die zweite Makel (hinter der Mitte) reicht fast vom Seitenrand bis zur Naht (in der Form irregulär). Schildchen glänzend grün, Schultern glänzend; zwischen Schultern und Schildchen zieht sich eine blauviolette Längsbinde hin, die sich hinter der zweiten Makel allmählich verliert. Unterseite silbergrau behaart, Vorderbrust kahl. Kopf, Halsschild und Schenkel glänzend, grünblau.

Kopf auf dem Scheitel dicht und grob punktiert, Fühlerhöcker fein sparsam punktiert, Clypeus fast unpunktiert; 1. Glied der Fühler dicht und grob punktiert, das 3. Glied 3mal länger als das 1.; das 4. Glied mehr als 2mal kürzer als das 3., 5. Glied etwas länger als das 4., das 6. Glied so lang wie das 4., die anderen immer kürzer, das 11. Glied appendikuliert; alle am Ende etwas verbreitert, nicht gesägt. Schildchen in der Mitte nur wenig vertieft, grob und unregelmäßig gerunzelt.

Flügeldecken dicht und sehr fein punktiert, längs der Naht (besonders hinter dem Schildchen) fast gerunzelt, hier auch glänzend grün.

Halsschild in der Mitte der Scheibe unregelmäßig quergerunzelt und teilweise runzelig punktiert, beiderseits mit seichten Gruben, seitlich besonders in der Hinterhälfte querfaltig, an der Basis 2mal, vorn einmal eingeschnürt; Kragen sparsam grob punktiert, beim ♂ in der Vorderhälfte seitlich angeschwollen, mit einem kleinen, aber deutlichen stumpfen Lateralhöcker; Prosternum aufgebeult, die Anschwellung vorn von oben sichtbar, diese sehr dicht und mäßig fein runzelig punktiert. Fühler beim ♂ und ♀ kürzer als der Körper. Hinterschenkel mäßig lang, nicht bis zum Flügeldeckenapex reichend; 1. Glied der Hintertarsen deutlich länger als das 2. und 3. Glied zusammen.

5. Abdominalsegment beim ♂ an der Spitze ausgerandet, das 6. Segment sehr flach ausgerandet, fast abgeschnitten; 5. Abdominalsegment beim ♀ an der Spitze flach abgerundet.

Länge: 23–30 mm. – Burma, Laos.

Mit *P. obtusus* BAT. nahe verwandt; durch den auch beim ♂ deutlich gehöckerten Halsschild, durch kürzere Fühler und schwächer angeschwollene Pleuren, besonders aber durch Größe, schönes Aussehen und nicht gelbe Querbinden leicht zu unterscheiden; grün glänzend, mit auffallenden Makeln. Auf den ersten Blick nahe *P. tetraspilotus* HOPE, der aber keine Anschwellung der Pleuren hat, und der durch regelmäßigere gelbe Flecke, kürzere Fühler, breitere Gestalt und anders skulptierten Halsschild zu unterscheiden ist, in der Färbung ähnlich.
(Nach dem Holotypus vom Museum London).

4. **Polyzonus (Polyzonides) thoracicus sp. n.** (Abb. 11)

Lebhaft grün, mit gelben Querbinden auf den Flügeldecken. Kopf, Halsschild, Schildchen, Basis, Mitte und Flügeldeckenapex grün, die Querbinden ziemlich breit schwarz gesäumt, Fühler rotbraun, Beine rotbraun mit schwarzen Schenkelspitzen; unten grün, ziemlich dicht goldweiß behaart.

Kopf dicht und runzelig punktiert, Stirn unregelmäßig und grob punktiert, Labrum fein

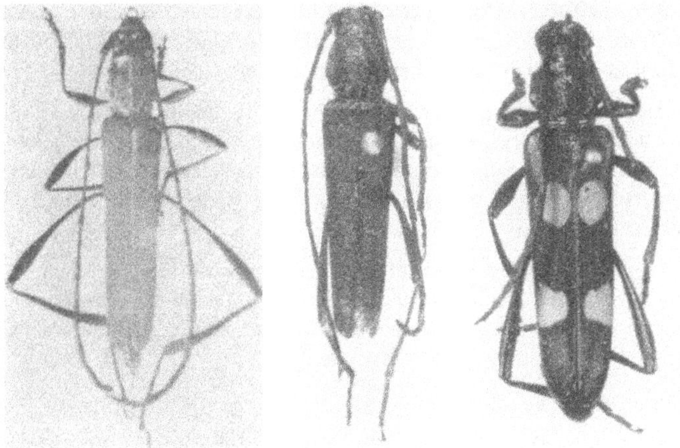

Abb. 8–10.
(Von links nach rechts) 8: *Polyzonus (Polyzonides) parvulus* GRESS. et ROND. (ex Pacif. Ins. Monogr. 24, 1970, p. 166, fig. 28c) – 9: *P. (Polyzonides) mirabilis* sp. n. (Holotypus, ex coll. Zool. Staatssamml. München) – 10: *P. (Polyzonides) watsoni* GAH. (Holotypus, ex coll. Brit. Mus. London).

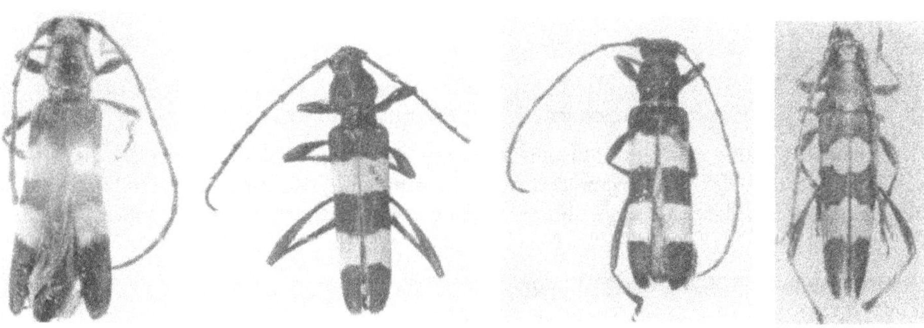

Abb. 11–14.
(Von links nach rechts) 11: *Polyzonus (Polyzonides) thoracicus* sp. n. (Holotypus, ex coll. Senckenberg-Mus. Frankfurt/M.) – 12: *P. (Polyzonides) siamensis* sp. n. (Holotypus, ex coll. Brit. Mus. London) – 13: *P. (Polyzonides) obtusus* BAT. (ex coll. Brit. Mus. London) – 14: *P. (Polyzonides) pakxensis* GRESS. et ROND. (ex Pacif. Ins. Monogr. 24, 1970, p. 160, fig. 27b).

querfaltig; Stirn mit einer Mittelfurche vom Labrum bis zum Scheitel. Fühler etwas länger als der Körper; 1. Fühlerglied sparsam punktiert, 3. Glied um die Hälfte länger als das 4., 4.–9. Glied fast gleichlang, 7.–10. Glied am Ende gezähnt, 11. Glied appendikuliert. Halsschild länglich, an den Seiten abgerundet, bucklig, unten fein punktiert, seitlich glänzend, fast unpunktiert; in der Basalhälfte seitlich etwas geschwollen, mit einer Warze jederseits, die fast in einer Vertiefung sitzt, an der Basis eingeschnürt, glatt; vorn am Kragen gerade, ohne Einschnürung; querfaltig, auf der Fläche in der Mitte in der Vorderhälfte mit glatter Spalte, sonst die Querfalten radial geordnet bis zu den glatten geschwollenen Seiten; unten vorn fein punktiert. Schildchen glatt, dreieckig, eingedrückt, mit geraden Seiten und glänzender Mittelrinne, unpunktiert.

Flügeldecken ziemlich grob punktiert, gegen die Basis dichter punktiert; mit nicht sehr breiten, gelben Querbinden, eine Binde im ersten Drittel, in der Mitte jeder Decke nach vorn gezogen, hinten fast gerade, die zweite Binde im 3. Viertel der Decke und leicht nach hinten gebogen; beide Binden sind schwarz gesäumt, Zwischenräume und Flügeldeckenapex dunkelgrün, glänzend.

Die Bauchsegmente sind rotbraun mit lebhaft grünem Schimmer, ziemlich dicht goldweiß behaart: Beine rotbraun, Schenkel dicht punktiert; Hinterschenkel ziemlich kurz, nur bis zur Hälfte des schwarzen Flügeldeckenapex reichend, das 1. Hintertarsenglied um ein weniges länger als das 2. und 3. Glied zusammen.

Länge: 21 mm, Breite: 4,5 mm.

Holotypus: Saigon (Vietnam), in coll. Museum Senckenberg Frankfurt/M. (SMF C 14755).

Von allen bekannten Arten durch rotbraune Beine und Fühler, durch seitlich abgerundeten Halsschild ohne Höcker und eine sichtbare Anschwellung, die unten nur leicht, seitlich ziemlich stark ausgebildet ist, und durch grüne Flügeldecken, deren gelbe Querbinden stark schwarz gesäumt sind, abweichend.

5. **Polyzonus (Polyzonides) cyaneicollis** PIC

Polyzonus cyaneicollis PIC, 1946: Échange 62, p. 9; GRESSITT & RONDON 1970, Pacific Ins. 24, p. 162.

Mir unbekannt; hier nur die ungenügende Beschreibung von PIC:

Schmal, violett, mäßig glänzend, Flügeldecken dunkel, schwarzviolett, vor der Mitte ziemlich verengt, hinter der Mitte ziemlich breit gelb gebändert, die Binden an der Naht fast vereinigt; Halsschild breit, ohne Tuberkel, teilweise punktiert, teilweise fein und kurz gerunzelt.

Länge: 19 mm. – „Cambodge" (Kampuchea).

Wie *P. obtusus* BAT., weicht ab durch blauen Vorderkopf und durch die feinere Halsschildskulptur, die Vorderbinde auf den Flügeldecken ist sichtlich schmäler als die Hinterbinde.

6. **Polyzonus (Polyzonides) siamensis sp. n.** (Abb. 12)

Grünviolett; Kopf violett, Clypeus grün, Halsschild blauviolett mit zwei schwarzen ovalen Makeln von Haaren auf der Scheibe, Schildchen blauviolett gesäumt, die Naht neben dem Schildchen violett, Beine (besonders Schenkel) blauviolett (stärker violett), Unterseite blau mit violettem Reflex, dicht silberweiß behaart. Flügeldecken dunkel schwarzblau, mit 2 gelben Querbinden, die ersten 5 Fühlerglieder violett, die restlichen schwarz.

Kopf dicht und grob punktiert, Scheitel mit einer Mittelfurche, Clypeus an der Basis querfaltig, gegen die Spitze längspunktiert; Wangen punktiert, die Partie unter den Augen querfaltig; Fühlerhöcker stumpf, niedrig, fast gerade; das 1. Fühlerglied dicht und grob punktiert, das 3. Glied 2mal so lang wie das 4., das 5.–7. Glied fast gleichlang; 6.–10. Glied am Ende spitzig ausgezogen.

Halsschild nur wenig länger als breit, so breit wie die Schultern; vorn leicht eingeschnürt, Kragen schwarz, punktiert; an der Basis mit 2 Querfalten, blau; auf der Fläche grob runzelig punktiert, seitlich querrunzelig, in der Mitte eine glänzende punktierte Mittellinie; an den Seiten der Vorderhälfte je eine schwarze Tomentmakel; fast in der Mitte jederseits eine punktierte Warze statt des Seitenzahnes; Prothorax geschwollen, blau, dicht und grob punktiert. Schildchen glatt, dreieckig, mit kurzer Mittellinie, vertieft und an den Seiten erhöht; blau, violett gesäumt.

Flügeldecken fein punktuliert, an der Basis und um das Schildchen grob punktiert (hier auch violett glänzend); im ersten und letzten Drittel eine ziemlich gerade gelbe Querbinde.

Beine: Schenkel ziemlich dicht und grob punktiert, violett, Vorderschienen und alle Tarsen ziemlich dicht gelb behaart; das 1. Hintertarsenglied länger als das 2. und 3. Glied zusammen.

Unterseite dicht silberweiß behaart.

Länge: 29 mm, Breite: 7 mm.

Holotypus: Siam (Thailand), in coll. Museum London.

Von den bekannten *Polyzonus*-Arten mit gewöhnlicher Färbung durch Größe, Fühlerbau und angeschwollenen Prothorax abweichend.

7. **Polyzonus (Polyzonides) obtusus** BATES (Abb. 13)

Polyzonus obtusus BATES, 1879: Cist. Ent. II, p. 413; GAHAN 1906, Fauna Brit. India, Col. I, p. 218; AURIVILLIUS 1912, Col. Cat., p. 317; PLAVILSTSHIKOV 1934, Best. Tab. Eur. Col. 112, p. 110; GRESSITT & RONDON 1970, Pacific Ins. 24, p. 162.
Polyzonus obtusus var. *reductus* PIC, 1946: Échange 62, p. 14.
Polyzonus obtusus var. *interruptus* PIC, 1946: dtto.

Kopf und Halsschild dunkelblau bis bläulichschwarz und schwarzgrün, mäßig bis deutlich glänzend; Flügeldecken blau bis violett, mit zwei breiten, gelben Querbinden (vor und hinter der Mitte); Fühler und Beine schwarz; Unterseite dunkelviolett bis grünlich, dicht silbergrau behaart, Vorderbrust meist kahl.

Kopf dicht und runzelig punktiert, Stirn feiner, aber auch dicht und runzelig punktiert, vom Clypeus über Scheitel mit enger, länglicher Mittelfurche; Fühler bei ♂ und ♀ etwas länger als der Körper, 1. Glied dicht und fein punktiert, 3. Glied um etwas mehr als 2mal länger als das 1., 4. Glied 2mal kürzer als das 3., 5. Glied etwas kürzer als das 4., die weiteren Glieder fast gleichlang, 7. (oder 8.)–10. Glied etwas gezähnt.

Halsschild (mindestens beim ♂) mit schwach angedeuteten Lateralhöckern, fast ungehöckert erscheinend, in der Mitte der Scheibe wellenförmig oder unregelmäßig der Länge nach gerunzelt. Beim ♀ sind die Pleuren stark angeschwollen, geschwulstartig hervorragend, mit einer sehr fein und dicht punktierten, deutlich ausgeprägten Spalte; Lateralhöcker durch die Pleuralanschwellung ganz überdeckt und dadurch nicht sichtbar. Beim ♀ sind die Lateralhöcker sehr schwach entwickelt, aber noch gut sichtbar, vorn leicht gelb behaart; Pleuren und Prosternum quergerunzelt, nicht angeschwollen. Schildchen länglich dreieckig, in der Mitte unregelmäßig vertieft.

Flügeldecken sehr dicht und fein punktiert, matt. 1. Glied der Hintertarsen nur etwas länger als das 2. und 3. Glied zusammen. 5. Abdominalsegment beim ♂ breit und etwas eckig ausgerandet, 6. Segment klein, ausgerandet; 5. Abdominalsegment beim ♀ an der Spitze flach abgerundet oder abgeschnitten.

Variation:
var. *reductus* PIC: Die gelben Querbinden entweder beide oder nur eine von beiden zu Makeln reduziert.
var. *interruptus* PIC: Eine von den Querbinden oder beide an der Naht unterbrochen.

Länge: 15–24 mm. – Saigon (Vietnam), Kambodscha (Kampuchea), Tenasserim (Burma), Burma, Laos, Taiwan.
(Nach Exemplaren aus den Museen London und Frankfurt/M., in letzteren 1 Ex. mit dunkel rotbraunen Beinen.)

8. **Polyzonus (Polyzonides) pakxensis** GRESSITT et RONDON (Abb. 14)

Polyzonus pakxensis GRESSITT et RONDON, 1970: Pacific Insects 24, p. 159, fig. 27b.

♀. Glänzend blau, grün und rotpurpurfarben, mit purpurschwarzen Beinen und mit 2 gelben, unregelmäßig gerandeten Querbinden im 2. und 4. Sechstel der Flügeldecken. Kopf gelbgrün mit blauem Schimmer, Labrum pechbraun, Wangen und Mandibeln breit blaugrün, letztere am Apex schwarz mit grünem Schimmer. Fühler purpurschwarz, mit Spuren von Blau am Apex des 1. Gliedes, die weiteren Glieder purpurschwarz und gegen ihr Ende pechschwarz; Halsschild breit blaugrün, mit rotem Schimmer; Schildchen blaugrün mit purpurrotem Schimmer längs des Randes; Flügeldecken hell rotpurpurfarben bis an die blaue Basis, in der Mitte dunkel blaugrün, mit Purpurschimmer an der Basis und am Apex; Bauchsegmente hell goldgrün vorn und etwas dunkler hinten; Beine purpurschwarz. Körper mit wenigen aufrechtstehenden Haaren an den Schultern; Flügeldecken, Halsschild und Kopf mit kurzen, anliegenden Haaren; Fühler auf der Unterseite mit halb abstehenden Haaren vom 2. bis 9. Glied; Beine auf der Unterseite mit abstehenden Haaren (Hinterschenkel und Hinterschienen), und mit dichter goldiger Pubeszenz an den Vorder- und Mittelschienen; Bauchsegmente mit sparsamer Silberpubeszenz bedeckt.

Kopf schmaler als der geschwollene Apikalteil des Halsschildes; Occiput runzelig punktiert, die Fläche zwischen den Fühlern punktiert, breit vertieft und mit feiner Mittelrinne mit Ausnahme des oberen Teiles der Stirn; Stirn grob punktiert; Labrum fein punktiert und sehr fein ausgeschnitten; Wangen unregelmäßig punktiert, 1,5mal so lang wie der untere Augenlobus. Fühler kürzer als der Körper, das 1. Glied dicht punktiert, das 3. Glied 2mal länger als das 1. Glied, das 4. Glied wenig länger als das 1., 4.–7. Glied gleichlang, 7.–10. Glied regelmäßig kürzer; das 8. Glied so lang wie das 11., 6.–10. Glied am Ende leicht gezähnt. Halsschild etwas länger als an der Basis breit, kürzer als die Breite zwischen den Lateralhöckern; Seiten mit abgerundeter Anschwellung zwischen Mitte und Apex, mit stumpfem Höckerchen in der Mitte; Fläche punktiert bis wurmartig punktiert, am Basal- und Apikalrand mit sichtbarer Depression. Schildchen länglich, vertieft, mit Mittelgrube, an den Seiten leicht erhöht.

Flügeldecken hinter den Schultern verengt, weiter bis zum Apex gleichbreit, Apex abgerundet und verengt; Fläche der Flügeldecken fein und regelmäßig punktiert. Beine mäßig stark; Hinterschenkel den Flügeldeckenapex bei weitem nicht erreichend, allmählich verdickt, Hinterschienen in der Nähe vom Apex verbreitert und verflacht. Bauchsegmente sehr fein punktiert.

Länge: 23,2 mm, Breite: 5,8 mm. – Laos.

Unterscheidet sich von *P. saigonensis* BAT. durch folgende Merkmale: Halsschild stärker erhöht, nach vorn niedriger, auf der Fläche fein runzelig (statt wurmartig); das 1. Glied der Fühler an der Basis schlanker; und eine Anschwellung am Halsschild. – Die Art ist mir unbekannt.

9. **Polyzonus (s. str.) democraticus** LAMEERE (Abb. 15)

Polyzonus democraticus LAMEERE, 1890: Ann. Soc. Ent. Belg. 34, p. 211; GAHAN 1906, Fauna Brit. India, Col. I, p. 220; AURIVILLIUS 1912, Col. Cat., p. 316; PLAVILSTSHIKOV 1934, Best. Tab. Eur. Col. 112, p. 113.

Nach Gestalt und mit Halsschild wie *Anubis*.

Violett bis blauviolett, matt bis glänzend, das 1. Fühlerglied violett, sonst Fühler schwarz, Beine schwarz, Schenkel mit violettem Glanz, Unterseite glänzend blau.

Kopf: Stirn punktiert, mit Längsrinne, Clypeus grob runzelig punktiert, Scheitel dicht punktiert; 1. Fühlerglied violett, fein runzelig punktiert, die anderen Glieder schwarz; 3. Glied 2,5mal länger als das 1., 4. und 5. Glied sichtlich kürzer als das 3.; 6.–8. Glied allmählich kürzer werdend, 7.–9. Glied am Ende gesägt.

Halsschild schmal, dicht punktiert, schmäler als die Flügeldecken an der Basis, ohne Lateralhöcker, *Anbubis*-ähnlich; Schildchen vertieft, glänzend, rundlich dreieckig. – Flügeldecken schmal, lang, dicht und fein runzelig punktiert, an der Basis gröber; Unterseite dicht und fein punktuliert, dicht silberweiß behaart; Schenkel dicht punktiert, stark violett glänzend, Schienen schwarz, Hinterschienen mäßig verbreitert, Hinterschenkel ziemlich kurz (nur $^3/_4$ der Flügeldecke erreichend), 1. Hintertarsenglied nur wenig länger als das 2. und 3. Glied zusammen.

Länge: 18–20 mm. – "Annam" (Vietnam).

Von allen *Polyzonus*-Arten durch den langen Halsschild ohne Höcker abweichend. (Nach mehreren Exemplaren aus den Museen Frankfurt/M. und Dresden.)

10. **Polyzonus (s. str.) dohertyi** JORDAN

Polyzonus dohertyi JORDAN, 1894: Nov. Zool. I, p. 114, T. 8, fig. 4; AURIVILLIUS 1912, Col. Cat., p. 316.

Blaugrün mit Pubeszenz, Kopf stark runzelig punktiert, am Anfang mit einer queren und seichten Linie und am Beginn des Fühlerhöckers mit einer weiteren, ziemlich tiefen Mittelgrube. Palpen pechschwarz, Mandibeln fein punktiert, an der Spitze schwarz.

Fühler etwas länger als der Körper, das 1. Glied kahl, dicht und runzelig punktiert, das 3. Glied an der Basis auch kahl, etwas länger als das 4. Glied, das 4., 5., 6. und letzte Glied in der Länge gleich, das 7.–10. Glied kürzer. Glieder 4–11 mit schwarzer Pubeszenz bedeckt.

Halsschild mit goldenen Haaren bedeckt, fein runzelig, so breit wie lang, Seiten eckig, fast in der Mitte tuberkuliert. Schildchen fast kahl, glänzend, gegen die Spitze abgerundet, in der Mitte mit leichter Längsvertiefung. Flügeldecken länglich, gegen die Spitze etwas verengt, runzelig punktiert (an der Basis etwas dichter) und mit drei Rippen; Schultern abgerundet, jede Decke am Apex schief abgerundet, schwarz behaart, mit zwei gelben und gelb behaarten Querbinden (die erste vor, die zweite hinter der Mitte).

Unterseite fein punktiert, grausilbrig pubeszent. Die kahlen Partien des Körpers glänzend. Halsschild vor den Hüften unten kahl und glänzend, Basis der Schenkel, Tibien und

Tarsen schwarz; Schenkel fast kahl, leicht gekrümmt, die Hinterschenkel bis zum 5. Abdominalsegment reichend.

L ä n g e : 18 mm, B r e i t e : 3,5 mm. – Timor.

Diese Art hat den Halsschild mit goldener Pubeszenz bedeckt. – Sie ist mir unbekannt.

11. **Polyzonus testaceipennis** PIC

Polyzonus testaceipennis PIC, 1922: Mél. exot. Ent. 35, p. 8; PLAVILSTSHIKOV 1934, Best. Tab. Eur. Col. 112, p. 116; GRESSITT 1951, Longicornia II, p. 211.

Nur die Originalbeschreibung bekannt:
"Angustatus, cyanei-violaceus, elytris testaceis, subopacis, apice attenuatis; thorace lateraliter late tuberculato, non dentato. Long. 17 mm. – Chine. Espèce très distincte par son système de coloration; peut placer près de *obtusus* Bates."

Mir unbekannt. Nach der Beschreibung gar nicht zu erkennen, da alle Skulpturmerkmale fehlen, so daß auch der Vergleich mit *obtusus* fraglich ist; die einzige wichtige Angabe ist: "Flügeldecken gelb". Da wahrscheinlich GRESSITT die Art vor sich gehabt hat und in "Longicornia" als Art anführt, ist sie möglicherweise gültig.

12. **Polyzonus (s. str.) violaceus** PLAVILSTSHIKOV (Abb. 16)

Polyzonus violaceus PLAVILSTSHIKOV, 1933: Stylops II, p. 111; PLAVILSTSHIKOV 1934, Best. Tab. Eur. Col. 112, p. 114.

Kopf dunkelblau, teilweise violett oder grün schattiert; Halsschild blau, auf der Scheibe mit zwei großen violetten Makeln, an den Seiten etwas grünlich schattiert; Schildchen blauviolett; Flügeldecken violett, neben dem Schildchen etwas blau; Fühler dunkelbraun, das 1. Glied schwarz; Beine schwarz, Unterseite grün, Vorderbrust dunkelviolett, Mittel- und Hinterbrust fein und dicht silbergrau behaart; Fühler und Beine kurz und fein braun behaart, nur das 1. Glied der Fühler kahl. Kopf ziemlich glänzend.

Stirn grob und unregelmäßig, aber nicht sehr dicht punktiert, längsgefurcht, Clypeus querfaltig, am Vorderrand runzelig punktiert; Scheitel grob gerunzelt und punktiert. 1. Fühlerglied stark, aber nicht dicht punktiert. Fühler beim ♂ die Flügeldecken mit den 2 letzten Gliedern überragend; 6.–9. Glied an der Spitze deutlich eckig erweitert.

Halsschild länger als am Apex breit; Lateralhöcker stumpf, nur mäßig entwickelt; an der Basis deutlich eingeschnürt und hier grob runzelig, am Vorderrand regelmäßig querfaltig (3 oder 4 Falten), längs der Mitte deutlich gerunzelt und etwas glänzend; beiderseits der Mittellinie sehr dicht und fein gerunzelt und ganz matt, die kurzen Runzeln mindestens teilweise deutlich geordnet (hier violett), an den Seiten deutlich und ziemlich regelmäßig quer gerunzelt; neben dem Lateralhöcker grob und ziemlich weitläufig punktiert, neben den Vorderecken glatt, fast unpunktiert; Lateralhöcker an der Basis grob und nicht dicht, dann bis zur Spitze fein und ebenfalls nicht dicht punktiert. Schildchen kurz dreieckig, an der Spitze abgerundet, längs der Mitte gefurcht, an den Seiten gekantet, flach und sehr dicht runzelig punktiert, mäßig glänzend.

Flügeldecken sehr fein und sehr dicht runzelig punktiert, fast glanzlos, nur neben dem Schildchen und längs der Naht im ersten Drittel grob runzelig (und hier teilweise blau), zwischen den Runzeln äußerst fein punktuliert und dadurch nur die Runzeln metallisch glänzend; fein anliegend behaart (braun), längs der Seiten (in der Apikalhälfte sehr breit)

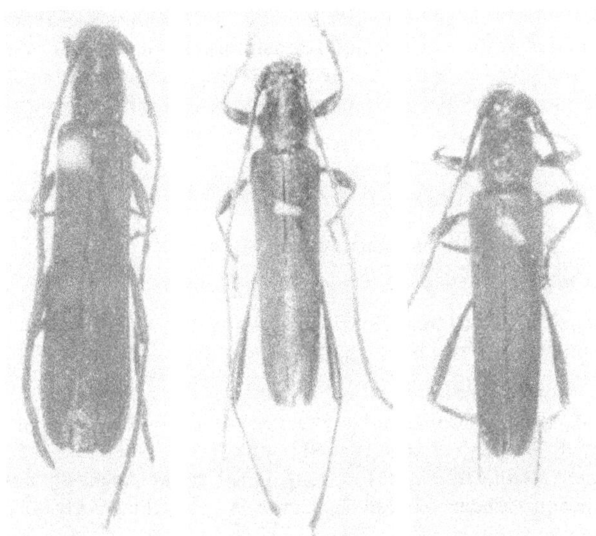

Abb. 15–17.
(Von links nach rechts) 15: *Polyzonus (s. str.) democraticus* LAM. – 16: *P. (s. str.) violaceus* PLAV. – 17: *P. (s. str.) similis* sp. n. (Holotypus) (alle ex coll. Mus. Tierk. Dresden).

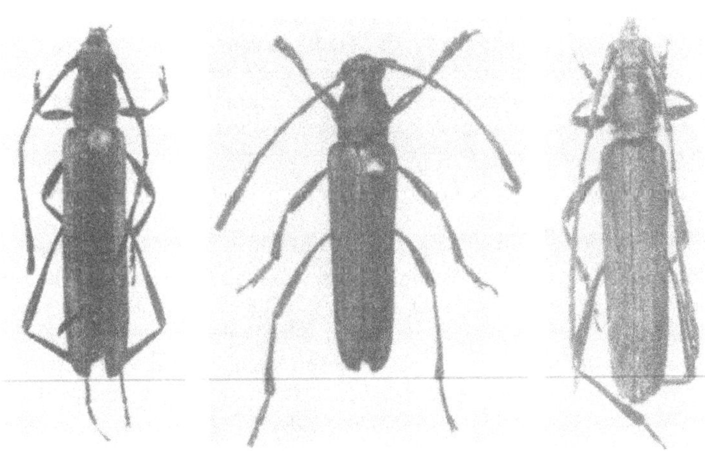

Abb. 18–20.
(Von links nach rechts) 18: *Polyzonus (s. str.) cuprarius* FRM. (ex coll. Mus. A. Koenig Bonn) – 19: *P. (s. str.) prasinus* (WHITE) (Holotypus, ex coll. Brit. Mus. London) – 20: *P. (s. str.) subtruncatus* (BAT.) (ex coll. Mus. Tierk. Dresden).

und an der Spitze ist die Behaarung länger und viel deutlicher, die äußerste Spitze ist dicht und lang behaart. Vorderbrust dicht runzelig punktiert, Mittel- und Hinterbrust sowie Abdomen fein und dicht runzelig punktiert, deutlich glänzend. 5. Abdominalsegment beim ♂ an der Spitze sehr breit und sehr tief (fast bis zur Mitte) ausgerandet, das 6. Segment an der Spitze in der Mitte sehr tief und schmal ausgeschnitten. Hinterschenkel beim ♂ die Spitze der Flügeldecken erreichend, dicht punktiert, fast glanzlos, 1. Glied der Hintertarsen länger als das 2. und 3. Glied zusammen und fast so lang wie alle restlichen Glieder zusammen.

Länge: 22–23 mm. – Yunnan (Südwest-China). (Nach Exemplaren aus dem Museum Dresden).

12a. **Polyzonus (s. str.) similis sp. n.** (Abb. 17)

Auf den ersten Blick *P. violaceus* oder *P. balachowskii* ähnlich.

Blaugrün, 1. Fühlerglied blau, die anderen schwarz, Wangen violett, Beine schwarz, Schenkel blau (Vorderschenkel grün), Unterseite hell blaugrün, sehr dicht silberweiß behaart.

Kopf: Scheitel grob runzelig punktiert, Stirn längsrunzelig, Clypeus grob runzelig punktiert; Mandibeln lang, erst gegen die Spitze gebogen, an der Spitze vereinzelt punktiert, blau, Spitze schwarz; 1. Fühlerglied grob runzelig punktiert, 3. Glied fast 3mal so lang wie das 1., 4. Glied kleiner als die Hälfte des 3., 5.–7. Glied etwas länger als das 4. und fast gleichlang, die restlichen Glieder allmählich kürzer, 8.–10. Glied eckig, 7.–9. Glied am Ende etwas zahnartig verbreitert.

Halsschild länger als breit, vorn fein mit Querrunzeln bedeckt, hinten ziemlich tief doppelt eingeschnürt, in der Mitte ziemlich grob und runzelig punktiert, seitlich querfaltig, mit kleinen stumpfen Dornen jederseits. Schildchen regelmäßig dreieckig, in der Mitte flach rundlich vertieft und außerdem in der Länge in der Mitte quervertieft.

Flügeldecken sehr fein und dicht punktiert, am Anfang hinter dem Schildchen längs der Naht glänzender und gröber punktiert; Flügeldecken lang, schmal, fast parallelseitig, gegen die Spitze stumpf abgerundet, blaugrün, gegen die Seiten und Schultern fast violett. Beine lang, schmal, die Hinterschenkel den Flügeldeckenapex fast erreichend, die Hinterschienen nur sehr mäßig verbreitert, das 1. Hintertarsenglied ziemlich lang, viel länger als das 2. und 3. Glied zusammen.

Länge: 17 mm, Breite: 4 mm.

Holotypus: "Annam" (Vietnam), in coll. Mus. Tierk. Dresden.

Die Art war in der Sammlung des Museums Dresden als *P. violaceus* PLAV. determiniert, dem er auf den ersten Blick wirklich sehr ähnlich ist. Durch eckige Fühlerglieder, anders skulptierten Halsschild, der auch ohne glänzende Mittellinie ist, durch weniger verbreiterte Hinterschienen und durch das längere 1. Hintertarsenglied gut von diesem zu unterscheiden. Von *P. prasinus* und *P. subtruncatus* durch anderen Halsschild, von *P. balachowskii* durch andere Färbung und andere Fühlerglieder abweichend.

Erst nach Abschluß meiner Arbeit habe ich diese neue Art erkannt (sie wurde von mir ursprünglich *P. balachowskii* zugeordnet). Deshalb wurden die Angaben im Bestimmungsschlüssel erst unter 12a eingefügt.

13. **Polyzonus (s. str.) cuprarius** FAIRMAIRE (Abb. 18)

Polyzonus cuprarius FAIRMAIRE, 1887: Ann. Soc. Ent. Belg. 31, p. 132; AURIVILLIUS 1912, Col. Cat., p. 316; – PLAVILSTSHIKOW 1934, Best. Tab. Eur. Col. 112, p. 114; GRESSITT 1951, Longicornia II, p. 210.

Körper metallisch grün; Beine blau oder dunkelblau, Vorderschenkel häufig mehr oder weniger grünlich; Fühler schwärzlichblau oder dunkelviolett, 1. Glied etwas grünlich, die 2 oder 3 letzten Glieder fast schwarz. Kopf einfarbig grün oder mehr oder weniger kupferrot schattiert; Flügeldecken kupfergrün bis purpurrot, längs der Naht und häufig auch seitlich mehr oder weniger breit grün oder goldgrün; Unterseite fein silbergrau oder etwas gelblich behaart.

Stirn grob und dicht runzelig punktiert; Scheitel grob gerunzelt, Clypeus unregelmäßig und mehr oder weniger grob quergerunzelt. 1. Fühlerglied dicht und grob runzelig punktiert. 8.–9. Fühlerglied an der Spitze (mindestens beim ♂) deutlich eckig erweitert, vom 8. Glied an allmählich verdickt; 1. Glied deutlich dicker als die anderen Glieder; Fühler beim ♂ deutlich länger als der Körper.

Halsschild auf der Scheibe dicht und runzelig punktiert, fast glanzlos; an den Seiten grob und unregelmäßig sowie teilweise länglich gerunzelt und grob punktiert, stark glänzend; an der Basis querfaltig und mäßig glänzend, längs der Mitte teilweise weniger dicht skulptiert und mehr oder weniger (aber nicht stark) glänzend. Lateralhöcker schwach entwikkelt, stumpf konisch. Schildchen dicht gerunzelt, fast matt, dreieckig abgerundet, vertieft.

Flügeldecken wurmartig gerunzelt, zwischen den Runzeln sehr fein punktuliert, mehr oder weniger (aber immer deutlich) glänzend. 5. Abdominalsegment beim ♂ an der Spitze breit, aber nicht tief ausgerandet, das 6. Segment fast abgeschnitten. Hinterschenkel beim ♂ die Spitze der Flügeldecken nur um sehr weniges nicht erreichend oder diese fast überragend; 1. Glied der Hintertarsen deutlich länger als das 2. und 3. Glied zusammen.

L ä n g e : 15–22 mm, B r e i t e : 3–4,5 mm. – Yunnan (Südwest-China), Nord-"Tonkin" (Vietnam). (Nach Exemplaren aus den Museen Bonn und Frankfurt/M.).

14. **Polyzonus (s. str.) prasinus** (WHITE) (Abb. 19)

Promeces prasinus WHITE, 1853; Cat. Col. Brit. Mus. VII, p. 170.
Polyzonus prasinus GAHAN, 1906: Fauna Brit. Ind., Col. I, p. 219; AURIVILLIUS 1912, Col. Cat., p. 317; PLAVILSTSHIKOV 1934, Best. Tab. Eur. Col. 112, p. 112; GRESSITT 1940, Notes d'Ent. Chinoise 7, p. 179; 1940, Philipp. J. Sc. 72, p. 159; 1941, op. cit. 74, p. 334.

Flügeldecken einfarbig, häufig mehr oder weniger metallisch glänzend, ohne Binden oder Makeln, selten blauviolett; metallisch grün oder blau, Oberseite teilweise matt, teilweise mäßig glänzend; Unterseite lebhaft grün oder blaugrün, fein silbergrau behaart; Beine dunkelblau, Tarsen schwärzlich bis schwarz; 1. Fühlerglied grün oder grünlich oder blau, die vier oder fünf folgenden Glieder violett, die fünf oder sechs letzten schwarz.

Kopf dicht und ziemlich grob runzelig bis wurmartig punktiert; Clypeus querrunzelig; Fühlerglieder an der Spitze sehr schwach eckig erweitert, vom 5. oder 6. bis zum 8. Glied allmählich und sehr mäßig verdickt, 8. Glied etwas dicker als das 1.; beim ♂ sind die Fühler nur etwas länger, beim ♀ kürzer als der Körper.
Halsschild auf der Scheibe dicht runzelig punktiert, an der Basis und an den Seiten querfaltig oder querrunzelig und etwas glänzend; Lateralhöcker konisch, ziemlich groß, stumpf; Halsschild vorn und hinten sehr fein eingeschnürt; Flügeldecken fein und sehr dicht runzelig punktiert, fast matt, nur längs der Naht neben dem Schildchen deutlicher glänzend und hier gröber und deutlich sparsamer skulptiert; Schildchen glänzend, vertieft, dreieckig. Hinterschenkel beim ♂ die Spitze der Flügeldecken um ein weniges nicht erreichend. 1. Glied der Hintertarsen wenig länger als das 2. und 3. Glied zusammen, aber kürzer als alle restlichen Glieder zusammen. 5. Abdominalsegment beim ♂ sehr tief ausgerandet, 6. Segment ausgeschnitten.

Länge: 16–22 mm, Breite: 4–5 mm. – Süd-Indien, Assam (Nordost-Indien), Malakka. (Nach Exemplaren aus dem Museum London [Holotypus] und Frankfurt/M.).

15. **Polyzonus (s. str.) subtruncatus** (BATES) (Abb. 20)

Leontium subtruncatum BATES, 1879: Cist. Ent. II, p. 408.
Polyzonus subtruncatus AURIVILLIUS, 1912: Col. Cat., p. 317; PLAVILSTSHIKOV 1934, Best. Tab. Eur. Col. 112, p. 112; GRESSITT 1939, Lingnan J. Sc. 18, p. 28; 1951, Longicornia II, p. 211.

Goldgrün, Oberseite sehr mäßig glänzend, fast matt; Unterseite deutlich metallisch glänzend, hell silbergrau behaart; Fühler und Beine blau oder bläulich, Tarsen schwarz; Fühler gegen die Spitze mehr oder weniger geschwärzt.

Stirn und Scheitel grob runzelig punktiert, Clypeus verschiedenartig runzelig, Fühlerhöcker sehr flach, zwischen diesen vertieft mit Längsgrube vom Clypeus bis zum Scheitel. 1. Fühlerglied ziemlich grob punktiert, mit feinen Punkten gemischt; das 3. Glied sehr lang, 3mal länger als das 1. Glied, 4.–6. Glied allmählich kürzer, 7.–9. Glied sehr wenig am Ende verbreitert, 11. Glied appendikuliert.

Halsschild fein punktiert, auf der Scheibe nicht runzelig, oft mit ziemlich deutlicher, glänzender Mittellinie; Lateralhöcker konisch, gut entwickelt; vorn stärker, hinten weniger eingeschnürt.

Flügeldecken sehr dicht und fein runzelig punktiert, auf der Scheibe mit zwei ziemlich deutlichen Längsnerven, an der Spitze schräg abgeschnitten. Nahtwinkel etwas hervorragend: fast matt, nur längs der Naht und an der Basis, wo die Skulptur deutlich gröber und weniger dicht ist, mehr oder weniger glänzend. Schildchen lang dreieckig, vertieft, in der Mitte mit tiefer Längsfurche. Fühler beim ♂ deutlich länger, beim ♀ etwas kürzer als der Körper. Hinterbeine ziemlich lang, Hinterschenkel fast bis zum Flügeldeckenapex reichend, Hinterschienen zum Ende sichtbar verbreitert; 1. Glied der Hintertarsen deutlich länger als das 2. und 3. Glied zusammen. 5. Abdominalsegment beim ♂ an der Spitze ziemlich tief, 6. Segment mehr flach ausgerandet.

Länge: 18–21 mm, Breite: 3–5 mm. – China (Shanghai, Hongkong, Yunnan).

Dem *P. prasinus* (WHITE) sehr ähnlich, aber Halsschild sehr fein punktuliert, nicht runzelig punktiert, seitlich stärker querfaltig und Seitenhöcker gut entwickelt, nicht kurz und stumpf wie bei *prasinus*. Schildchen mit Mittelrinne
(Nach Exemplaren aus den Museen Dresden und München.)

16. **Polyzonus (s. str.) auroviridis** GRESSITT

Polyzonus auroviridis GRESSITT, 1942: Lingnan N. H. S. Mus. Spec. Publ. III, p. 3.

Kopf glänzend grün; Palpen und Mandibelspitze schwarz; Fühler purpurschwarz, zum Ende pechbraun; Halsschild glänzend grün, an den Seiten goldig gefärbt; Schildchen breit goldgrün. Flügeldecken hell bronzefarben bis goldgrün, mit Silberpubeszenz; Beine violettschwarz bis grünlich, Tarsen und Spitzen der Tibien purpurbraun, mit purpurbraunen Haaren.

Kopf wurmartig skulptiert, mit einer Quergrube in der Mitte der Stirn und einer Längsgrube im Vorderteil der Stirn sowie auf dem Scheitel; Fühler körperlang, gegen die Spitze leicht verdickt; 1. Glied stark punktiert, $^{2}/_{5}$ so lang wie das 3. Glied, 4. Glied ein wenig länger als das 1., fast so lang wie das 5., 6. oder 7. Glied. Halsschild etwas länger als breit, in der Mitte beiderseits stumpf tuberkuliert, oben dicht runzelig, seitlich wurmartig punktiert. Schildchen länglich, am Apex abgerundet, in der Mitte mit einer Längsgrube. Flügeldecken dicht und fein punktuliert, an der Basis fast runzelig. Hinterschenkel die Spitze der Flügeldecken bei weitem nicht erreichend; Hintertarsen mit dem 1. Glied fast so lang wie die anderen Glieder zusammen.

Länge: 19 mm, Breite: 3,4 mm. – West-China.

Von *P. prasinus* (WHITE) durch die apikalen Fühlerglieder, die verlängert sind, und durch den Halsschild, der komplett und fein runzelig punktuliert (Basis querrunzelig) ist, abweichend.

Die Art ist mir unbekannt.

17. **Polyzonus (s. str.) balachowskii** GRESSITT et RONDON (Abb. 21)

Polyzonus balachovskii GRESSITT et RONDON, 1970: Pacif. Insects 24, p. 157, fig. 27a.

Glänzend grün mit gelbem Reflex und Spuren von Purpurrot; Kopf und Halsschild grünlichgelb; Labrum dunkelblau; Wangen und Mandibeln dunkelgrün, Wangen schwarz mit grünem Schimmer (von oben); Fühler purpurrot mit blauem Schimmer an der Basis, mehr purpurrot an den Gliedern hinter der Basis, gegen die Spitze mehr purpurschwarz. Schildchen breit grüngelb; Flügeldecken glänzend grüngelb mit unregelmäßigen purpurroten Stellen, am Lateralsaum blau geschmückt. Bauchsegmente hellgrün; Beine purpurrot mit blauem Schimmer, gegen die Spitze dunkelrot.

Körper mit sehr kurzen, anliegenden Haaren an Kopf, Halsschild und Flügeldecken. Fühler mit etwas aufgerichteten Haaren auf der Unterseite des 1.–9. Gliedes. Bauchsegmente mit dichter silberweißer Pubeszenz; Beine mit dunklen Haaren, meistens auf der Innenseite; Vordertibien ziemlich dicht mit goldener Pubeszenz bedeckt.

Kopf etwas länger als der Halsschild, weniger breit als dieser mit den Lateralhöckern; Occiput runzelig punktiert, zwischen den Fühlerhöckern vertieft, mit Mittelrinne; Stirn mit Mittelrinne, die sich bis in den oberen Teil zieht; in der Mitte runzelig, die untere Partie subrunzelig punktiert; Labrum punktiert und am Apex leicht ausgeschnitten; Wangen subrunzelig punktiert, um $^1/_3$ länger als die unteren Augenloben. Fühler länger als der Körper; 1. Fühlerglied grob punktiert und gegen den Apex verbreitert; 3. Glied 2mal länger als das 1., 4. Glied 1,3mal länger als das 1.; 4.–7. Glied gleichlang, 7.–10. Glied allmählich kürzer werdend, 11. Glied so lang wie das 7., 6.–10. Glied leicht gezähnt.

Halsschild etwas länger als an der Basis breit, etwas kürzer als die Breite zwischen den Lateralhöckern; Seiten mit stumpfen Höckerchen in der Mitte; Fläche punktiert und fein runzelig, an der Basis mit gekrümmten Depressionen. Schildchen regelmäßig dreieckig, fein und dicht punktiert mit Ausnahme der Mittelrinne, die länglich, kahl und glänzend ist; Schildchen an den Seiten erhöht. Flügeldecken fein, von den Schultern fast bis zum Apex parallelseitig, am Apex streng abgerundet und etwas verengt; Fläche fein und dicht punktiert; längs der Naht runzelig und stärker glänzend. Bauchsegmente dicht und fein punktuliert. Beine schlank, Hinterschenkel den Flügeldeckenapex erreichend, allmählich verbreitert, Hintertibien gegen den Apex allmählich verbreitert und verflacht. 1. Hintertarsenglied kürzer als die anderen zusammen.

Länge: 18,1 mm, Breite: 3,6 mm. – Laos.

Von den meisten *Polyzonus*-Arten durch die fehlende gelbe Zeichnung abweichend, von

P. subobtusus PIC durch viel feinere Gestalt, stärker goldgrüne Färbung und durch den vorn schmäleren Halsschild, feiner runzelig und weniger sichtbar punktierte Flügeldecken abweichend.

Die Art ist mir unbekannt.

18. **Polyzonus (s. str.) luteonotatus** (PIC)

Chelidonium luteonotatum PIC, 1928: Mél. exot. ent. 52, p. 17; PLAVILSTSHIKOV 1934, Best. Tab. Eur. Col. 112, p. 98; PODANÝ 1974, Annot. Zool. et Botan. 1974, p. 10.
Chelidonium luteonotatum var. *plicatum* PIC, 1932: Mél. exot. ent., p. 23; PLAVILSTSHIKOV 1934, Best. Tab. Eur. Col. 112, p. 99; PODANÝ 1974, Annot. Zool. et Botan., p. 10.
Polyzonus luteonotatus: GRESSITT 1970, Pacific Ins. 24, p. 162.

Nach GRESSITT handelt es sich nicht um *Chelidonium*, sondern um *Polyzonus*. Da, wie ich in der Beschreibung von *Chelidonium luteonotatum* PIC mitteilte (Annot. Zool. et Botan. 1974, Bratislava, p. 10), diese Art mir unbekannt ist, aber da nach der Originalbeschreibung wegen des Fühlerbaus und der Makeln auf den Flügeldecken es sehr wahrscheinlich ist, daß sie wirklich zu *Polyzonus* gehört, reihe ich sie hier ein. Beschreibung wie oben. Ich selber konnte es daher nicht konstatieren.

Nach GRESSITT gehört zu *Polyzonus* auch *Chelidonium sinense* HOPE, die ich auch in den oben zitierten Annot. Zol. et Botan. 1974 publizierte. Da ich hier aber bestimmte Zweifel habe, habe ich die Art nicht hier eingereiht, sondern bei *Chelidonium* belassen.

19. **Polyzonus (s. str.) tetraspilotus** (HOPE) (Abb. 22–25)

Cerambyx tetraspilotus HOPE, 1835: Silberm. Rev. Ent. 3, p. 71, T. 32.
Polyzonus quadrimaculatus WHITE, 1853: Cat. Col. Brit. Mus. 7, p. 170.
Polyzonus tetraspilotus: GAHAN 1906, Fauna Brit. India, Col. I, p. 21; AURIVILLIUS 1912, Col. Cat., p. 317; PLAVILSTSHIKOV 1934, Best. Tab. Eur. Col. 112, p. 102; GRESSITT 1940, Notes d'Ent. Chin. 7, p. 179; Longicornia II, p. 211; GRESSITT & RONDON 1970, Ceramb. of Laos, p. 161.
Polyzonus tetraspilotus var. *megaspilus* GAHAN, 1906: Fauna Brit. India, Col. I, p. 214; AURIVILLIUS 1912, Col. Cat., p. 317; PLAVILSTSHIKOV 1934, Best. Tab. Eur. Col. 112, p. 102.
Polyzonus tetraspilotus var. *microspilus* GAHAN 1906: lit. cit.; AURIVILLIUS 1912, lit. cit.; PLAVILSTSHIKOV 1934, lit. cit.
Polyzonus flavocinctus GAHAN 1895: Ann. Mus. Genova 34, p. 17; 1906, Fauna Brit. Ind., Col. I, p. 216; AURIVILLIUS 1912, Col. Cat., p. 317; GRESSITT & RONDON 1970, Ceramb. of Laos, p. 159.
Polyzonus tetraspilotus ab. *flavocinctus*: PLAVILSTSHIKOV 1934, Best. Tab. Eur. Col. 112, p. 103, comb. n.

Körper metallisch grün bis blau; Flügeldecken mit 4 gelben Makeln oder 2 Querbinden; Schenkel grün oder blau, Schienen blau oder violett, Tarsen violettbraun bis schwärzlich violett oder schwärzlichbraun; 1. Fühlerglied blau oder violett, die folgenden Glieder dunkler bis schwarz; Unterseite silbergrau behaart.

Kopf dicht und ziemlich runzelig punktiert, im Vorderteil auch längsfaltig (zwischen Stirn und Clypeus querfaltig, Clypeus längsfaltig); Fühler beim ♂ die Flügeldeckenspitze nur wenig überragend; 6.–9. Glied an der Spitze etwas eckig erweitert.

Halsschild fein und regelmäßig querfaltig, längs der Mitte weniger regelmäßig längsfaltig, vorn und hinten und überall seitlich der Mittellinie regelmäßig querfaltig, unter dem Lateralhöcker viel gröber längsfaltig oder längsgerunzelt; Lateralhöcker gut entwickelt,

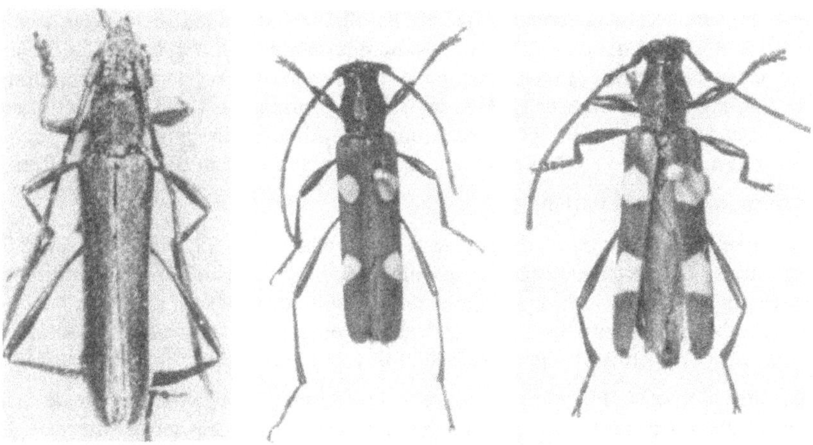

Abb. 21–23.
(Von links nach rechts) 21: *Polyzonus (s. str.) balachowskii* GRESS. et ROND. (ex Pacif. Ins. Monogr. 24, 1970, p. 160, fig. 27a) – 22: *P. (s. str.) tetraspilotus* (HOPE) (Holotypus, ex coll. Brit. Mus. London) – 23: *P. (s. str.) tetraspilotus* ab. *megaspilus* GAH. (Syntypus, ex coll. Brit. Mus. London).

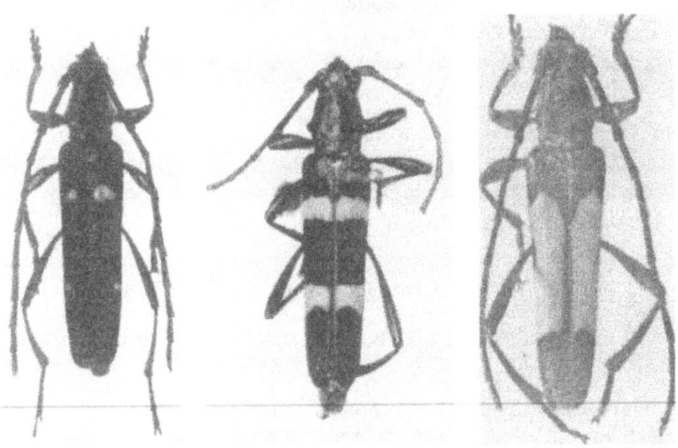

Abb. 24–26.
(Von links nach rechts) 24: *Polyzonus (s. str.) tetraspilotus* ab. *microspilus* GAH. (ex coll. Mus. A. Koenig Bonn) – 25: *P. (s. str.) tetraspilotus* ab. *flavocinctus* GAH. („Typus", ex coll. Brit. Mus. London) – 26: *P. (s. str.) latemaculatus* GRESS. et ROND. (ex Pacif. Ins. Monogr. 24, 1970, p. 160, fig. 27e).

ziemlich spitzig, auf der Oberseite undeutlich punktiert. Schildchen länglich dreieckig, mit länglicher Mittelfurche, vertieft, fein längsgerunzelt bis längsfaltig.

Flügeldecken fein und sehr dicht runzelig punktiert, neben dem Schildchen viel gröber gerunzelt, längs der Naht (gewöhnlich in der Basalhälfte) grob und mehr oder weniger quergerunzelt und hier deutlich glänzend (Naht querrunzelig und glänzend, nicht breit gesäumt), neben den gelben Makeln (besonders in der Basalhälfte) deutlich und ziemlich lang, fein und mehr oder weniger regelmäßig schräg gerunzelt. 1. Glied der Hintertarsen deutlich länger als das 2. und 3. Glied zusammen; 6. Abdominalsegment beim ♂ an der Spitze deutlich ausgerandet, 5. Segment sehr flach ausgerandet oder nur abgeschnitten.

In der Zeichnung ziemlich variabel:

f. typica: Jede Decke mit zwei schräg gestellten gelben Makeln, welche schwärzlich-violett und mehr oder weniger deutlich gesäumt sind; Vordermakel in der Vorderhälfte, Hintermakel im letzten Drittel der Flügeldecken; die beiden Makeln sind von der Naht und dem Lateralrand entfernt und von der Naht gegen den Lateralrand mehr oder weniger schräg nach vorn gerichtet (die Makeln sind in Form und Größe ziemlich variabel).

ab. *megaspilus* GAHAN: Flügeldeckenmakeln breiter und weniger schräg gestellt; die Vordermakel zieht sich fast von der Naht bis zum Lateralrand hin, die Hintermakel ist von der Naht bis zum Lateralrand verbreitert, bindenförmig; oder die eine Makel ist normal, die andere verbreitert.

ab. *microspilus* GAHAN: Vordermakel quer gestellt, stark verkürzt, rundlich oder oval, die Naht und den Lateralrand bei weitem nicht erreichend; Hintermakel quergestellt, von der Naht entfernt und auf der Innenseite abgerundet; Halsschild gewöhnlich regelmäßiger querfaltig.

ab. *flavocinctus* GAHAN: Flügeldecken mit zwei ziemlich schmalen, gelben Querbinden. Sehr selten. Schon PLAVILSTSHIKOV zeigte, daß es sich nur um eine Aberration von *P. tetraspilotus* handelt. Nach dem Studium des Typus aus dem British Museum London ist es wirklich so, alle Skulptur- und anderen Merkmale sind gleich, nur statt Flecken sind hier Querbinden vorhanden.

Länge: 16–26 mm, Breite: 4,5–6 mm. – Manipur, Assam (Nordost-Indien), Süd-Indien, Ceylon (Sri Lanka), Tenasserim (Burma), Burma, Laos, Südwest-China, Taiwan. (Nach Exemplaren aus den Museen London [auch der Aberrationen einschließlich des Holotypus von *flavocinctus*], Frankfurt/M., Bonn und München.)

20. **Polyzonus (s. str.) schmidti** SCHWARZER

Polyzonus schmidti SCHWARZER, 1926: Ent. Mitt. 15, p. 8–9; PLAVILSTSHIKOV 1934, Best. Tab. Eur. Col. 112, p. 113.

Metallisch grün oder blau; Flügeldecken schwarzblau mit schmaler, grüner Naht, daneben jederseits ein nach hinten verschwindender, dunkel tomentierter, an der Basis breiter Streifen; 3.–5. Fühlerglied bläulich, die folgenden Glieder schwärzlich, die letzten Glieder schwarz; Beine bläulich violett; Unterseite fein behaart.

Halsschild hinter der Basis und vor der Spitze mit je einer (schwach) runzeligen, glänzenden Querfurche, auf der Scheibe stark gerunzelt; durch feine Tomentierung dunkel, glanzlos. Schildchen schwarz, an den Seiten punktiert, in der Mitte glatt, glänzend. 1. Glied der Hintertarsen etwas länger als das 2. und 3. zusammen.

Länge: 18–20 mm. – Tankulan (Mindanao), Südost-Luzon (Philippinen).

Die Art ist mir unbekannt.

21. **Polyzonus (s. str.) latemaculatus** GRESSITT et RONDON (Abb. 26)

Polyzonus latemaculatus GRESSITT et RONDON, 1970: Pacif. Ins. Monogr. 24, p. 161, fig. 27e.

♀. Breit goldgrün, Extremitäten breit blau mit Purpurglanz; eine sehr breite Querbinde ist hellgelb und verbreitert sich über das zweite und dritte Viertel der Flügeldecken; Kopf, Wangen und Mandibeln sind goldgrün mit Spuren vor Purpur; Fühler überall pechpurpurfarben; Halsschild und Schildchen mäßig glänzend, hell goldgrün mit Spuren von Purpur längs des Randes des Schildchens. Flügeldecken sehr variabel gefärbt; an der Basis glänzend goldgrün mit Purpurglanz. Die gelbe Querbinde ist seitlich längs ihres zweiten Fünftels durch einen länglichen, dunkel goldgrünen Fleck unterbrochen. Bauchsegmente hell goldgrün; Vorder- und Mittelschenkel blau mit Purpurglanz, weitere Teile und Hinterschenkel purpurschwarz. Körper mit wenigen aufstehenden Haaren an der Basis der Flügeldecken. Occiput und Flügeldecken mit kurzer Pubeszenz. Schenkel, vor allem an der Innenseite, mit schrägen, purpurschwarzen Haaren. Flügeldecken gegen die Spitze breit goldgrün mit Purpurglanz.

Kopf sichtbar schmäler als der Halsschild mit Lateralhöckern; Occiput etwas runzelig punktiert, mit stärker runzeliger Fläche zwischen den Fühlerhöckern. Eine stumpf vertiefte Fläche bildet zwischen der Fühlerbasis eine Mittelgrube; Stirn mit Mittelgrube im oberen Teil, mit runzeligem Fleck zwischen den Augen, im unteren Teil punktiert. Labrum fein punktiert, am Apex abgeschnitten. Wangen runzelig punktiert, um $^2/_5$ länger als der untere Augenlobus. Fühler länger als der Körper; 1. Glied mäßig punktiert, zum Apex allmählich verdickt; 3. Glied 2mal länger als das 1., das 4. Glied ist 1,3mal länger als das 1.; 5.–10. Glied allmählich kürzer werdend; 11. Glied so lang wie das 9., 6.–10. Glied am Apex leicht gezähnt.

Halsschild länger als an der Basis breit, schmäler als die Breite zwischen den Lateralhöckern; seitlich zwischen Apex und Mitte ohne Anschwellung, in der Mitte ein relativ scharfer Höcker. Fläche geschmückt mit welligen Depressionen und feiner Punktierung. Schildchen dreieckig, leicht vertieft, mit Mittelrinne, teilweise runzelig. Flügeldecken von der Basis zum Apex allmählich verengt. Apex an der Außenseite leicht abgerundet. Fläche fein und dicht punktiert, auf der gelben Querbinde viel dichter punktiert; längs der Naht runzelig und stärker glänzend.

Bauchsegmente sehr fein punktuliert. Beine mäßig dick; Hinterschenkel fast allmählich gegen die Spitze verbreitert und verflacht; 1. Hintertarsenglied kürzer als die anderen zusammen.

L ä n g e : 23,8 mm, B r e i t e : 5,1 mm. – Laos.

Durch eine breite gelbe Makel, die seitlich durch eine schmale goldgrüne Längsmakel unterbrochen ist, von allen *Polyzonus*-Arten zu unterscheiden. – Die Art ist mir unbekannt.

22. **Polyzonus (s. str.) brevipes** GAHAN (Abb. 27)

Polyzonus brevipes GAHAN, 1906: Fauna Brit. Ind., Col. Cat. I, p. 217; AURIVILLIUS 1912, Col. Cat., p. 316; PLAVILSTSHIKOV 1934, Best. Tab. Eur. Col. 112, p. 109.

Beine ziemlich kurz, Hinterschenkel die Spitze der Flügeldecken bei weitem nicht erreichend; 1. Glied der Hintertarsen nur wenig länger als das 2. und 3. Glied zusammen. Grün bis dunkelgrün, metallisch; Fühler schwarz (selten dunkelbraun), die drei oder vier ersten Glieder grün oder weniger glänzend; Tarsen schwarz oder schwärzlich; Unterseite silbergrau behaart; Flügeldecken mit zwei gelben Querbinden, die erste etwas schmälere vor der Mitte, die zweite etwas breitere hinter der Mitte.

Kopf dicht und runzelig punktiert, zwischen den Augen mit Längsrinne, Clypeus verschiedenartig gerunzelt; Fühler bei ♂ und ♀ kürzer als der Körper, 1. Glied dicht punktiert, 3. Glied mehr als 2mal länger als das 1., 4.–6. Glied gleichlang, mehr als 2mal kürzer als das 3., ab 7. Glied allmählich kürzer werdend, 8.–10. Glied gekantet, 6. oder 7. Glied am Ende etwas eckig erweitert.

Halsschild sehr dicht runzelig und fein punktiert, etwas granuliert erscheinend, an den Seiten dicht punktiert; Lateralhöcker mäßig groß, glänzend, stumpf, auf der Scheibe fast matt (durch einen schwarzen, sehr feinen Tomentfleck), an den Seiten glänzender, hinten zweimal eingeschnürt, vorn mehrmals quergerunzelt. Schildchen dunkelgrün, kurz dreieckig, vertieft, mit Längslinie, gegen die Spitze fein und sparsam punktiert.

Flügeldecken fein und sehr dicht punktiert, auf den grünlichen Stellen kurz schwarz behaart. 5. und 6. Abdominalsegment beim ♂ an der Spitze ausgerandet, 5. Segment beim ♀ an der Spitze schmal abgerundet oder etwas abgeschnitten.

Länge: 17–20 mm, Breite: 4,5 mm. – Sikkim (Nordost-Indien), Burma.

Auf den ersten Blick den meisten *Polyzonus*-Arten ähnlich (*obtusus* BAT., *fasciatus* F.), aber durch sehr kurze Beine sofort zu unterscheiden. – (Nach dem Holotypus vom Mus. London.)

23. **Polyzonus (s. str.) fasciatus** (FABRICIUS) (Abb. 28+29)

Saperda fasciata FABRICIUS, 1781: Spec. Ins. 1, p. 232.
Cerambyx sibiricus GMELIN, 1790: Syst. Nat. 1, 4, p. 1840.
Cerambyx bicinctus GMELIN, 1795: Ent. 4, 46, T. 21, fig. 166.
Polyzonus fasciatus: CASTELNAU 1840, Hist. Nat. 2, p. 483; KOLBE 1866, Arch. Nat. 52, 1, p. 221; HEYDEN 1886, Deut. Ent. Zeit. 30, p. 288; BLESSIG 1872, Hor. Soc. Ent. Ross. 9, p. 177; AURIVILLIUS 1912, Col. Cat., p. 316; TOMARI 1930, Ins. Kwantung Prov. 40, fig. 25; PLAVILSTSHIKOV 1933, Ent. Nachrbl. 7, p. 13; 1934, Best. Tab. Eur. Col. 112, p. 104; LIU 1934, Lingnan Sc. J. 13, p. 124; KANO 1936, Rep. First Sc. Exp. Manchoukuo 5, 10, p. 8, T. 1, fig. 2; WU 1937, Cat. Ins. Sin. 3, p. 705; GRESSITT 1951, Longicornia II, p. 210.
Polyzonus fasciatus: ab. *anticeinterruptus* PLAVILSTSHIKOV, 1934: Best. Tab. Eur. Col. 112, p. 105; ab. *posticeinterruptus* PLAVILSTSHIKOV: dtto., p. 105; ab. *biinterruptus* PLAVILSTSHIKOV: dtto., p. 105; ab. *latefasciatus* PLAVILSTSHIKOV: dtto., p. 105; ab. *punctatus* ab. n.; ab. *multiinterruptus* ab. n.
Polyzonus meridionalis BATES, 1879: Cist. Ent. 2, p. 413; AURIVILLIUS 1912, Col. Cat., p. 317; PLAVILSTSHIKOV 1933, Ent. Nachrbl. 7, p. 13; 1934, Best. Tab. Eur. Col. 112, p. 104; GRESSITT 1939, Lingnan Sc. J. 18, p. 28; 1940, dtto., 19, p. 16.

Blau oder dunkelblau, selten schwarz. Flügeldecken oft mehr oder weniger violett; Fühler schwarz, 1. Glied blau; Schenkel blau, dunkelblau oder violett, Schienen schwarz oder etwas bläulich; Tarsen schwarz. Unterseite weißlich behaart; Flügeldecken mit zwei gelben Querbinden von verschiedener Breite, die erste vor und die zweite hinter der Mitte, beide sind auch verschieden zackig am Vorder- oder Hinterrand; selten sind sie sehr breit, breiter als die blaue Mittelbinde. Von „Kalgan" sind in mehreren Museen Käfer vorhanden, die vollkommen schwarz sind, nur bisweilen ist der Flügeldeckenapex bläulich, sonst Skulptur normal, auch die gelben Querbinden normal.

Kopf dicht, grob und regelmäßig punktiert; Stirn und Clypeus runzelig punktiert. 1. Fühlerglied grob und dicht punktiert oder gerunzelt; 3. Glied 3mal so lang wie das 1., 4.–7.

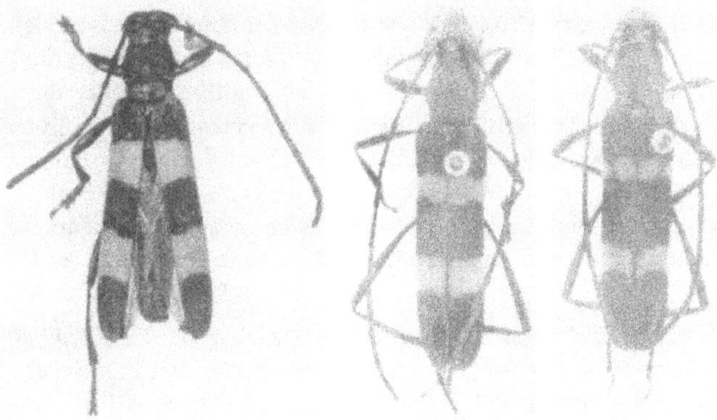

Abb. 27–29.
(Von links nach rechts) 27: *Polyzonus* (s. str.) *brevipes* GAH. (Holotypus, ex coll. Brit. Mus. London) – 28: *P. (s. str.) fasciatus* F. (ex coll. Senckenberg-Mus. Frankfurt/M.) – 29: *P. (s. str.) fasciatus* ab. *anticeinterruptus* PLAV. (ex coll. Senkkenberg-Mus. Frankfurt/M.).

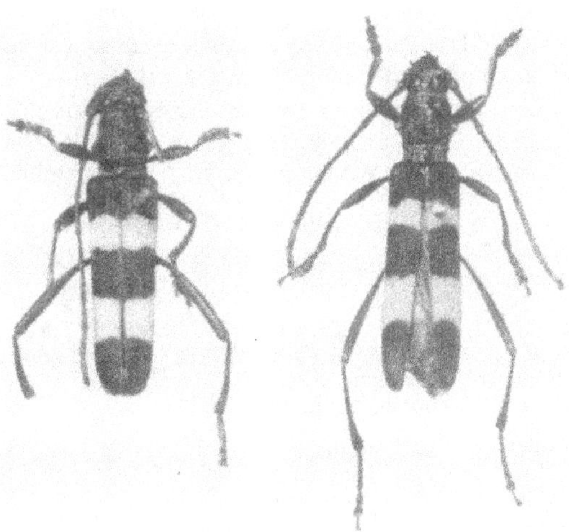

Abb. 30+31.
(Links) 30: *Polyzonus (s. str.) saigonensis* BAT. – (rechts) 31: *P. (s. str.) bizonatus* WHITE (Holotypus) (beide ex coll. Brit. Mus. London).

Glied 2mal so lang, 8.–10. Glied kürzer, Fühler mit den 2–3 letzten Gliedern die Flügeldecken überragend.

Halsschild dicht und regelmäßig gerunzelt; vorn und hinten eingeschnürt, in der Mitte mit stumpfen, gut entwickelten Seitenhöckern. Flügeldecken dicht und ziemlich grob (besonders an der Basis) punktiert, gewöhnlich an der Basis und am Apex blau.

5. Abdominalsegment beim ♂ ziemlich tief ausgerandet, 6. Segment viel schmäler und noch tiefer ausgerandet. 1. Hintertarsenglied deutlich länger als das 2. und 3. zusammen.

Variation:

1. Die beiden gelben Querbinden vollkommen ausgebildet und zackig, seltener fast gerade, die blaue Mittelbinde fast so breit wie die gelben Binden. f. typica
2. Die erste Binde auf der Naht breit unterbrochen. ab. *anticeinterruptus* PLAV.
3. Die beiden gelben Binden an der Naht mehr oder weniger breit unterbrochen. ab. *biinterruptus* PLAV.

4. Die beiden gelben Binden auch in der Mitte jeder Flügeldecke unterbrochen, so daß auf jeder Decke 4 selbständige gelbe Quermakeln bleiben. – Seishin, Korea (in Mus. Dresden). ab. *multiinterruptus* ab. n.
5. Die gelben Querbinden an der Naht und am Lateralsaum breit verbunden, so daß von der blauen Mittelbinde nur eine kleinere Längsmakel bleibt. – Kwangtseh, Fukien, China, 19. 8. 1937, J. KLAPPERICH leg. (in Mus. Bonn). ab. *punctatus* ab. n.
6. Die beiden Querbinden sehr breit, viel (bis 3mal) breiter als der blaue Zwischenraum zwischen diesen; oder Flügeldecken gelb, Basis, Spitze und schmale Querbinde in der Mitte blau. ab. *latefasciatus* PLAV.

Was *Polyzonus meridionalis* betrifft, der noch bei PLAVILSTSHIKOV genau beschrieben ist, so untersuchte ich selbst jetzt viele Exemplare von *P. meridionalis* und *P. fasciatus* und muß konstatieren, daß sie nach Skulptur und Färbung gleich sind, sogar das 1. Fühlerglied, das als Determinationsmerkmal dienen kann, ist ganz übereinstimmend, nicht längsrunzelig (viele Exemplare). Die Art ist in der Färbung, auch in den gelben Querbinden, sehr variabel, ebenso in der Punktierung; immer aber ist der Halsschild regelmäßig und dicht gerunzelt. Deswegen halte ich wie GRESSITT *P. meridionalis* für ein Synonym zu *P. fasciatus*, ebenso wie mehrere andere Exemplare, die sehr breite Querbinden haben und in einigen Museen als *P. saigonensis* usw. determiniert waren. Breite und Form der Querbinden sind recht verschieden, und nur die Skulptur kann hier etwas aussagen. Die breiten gelben Querbinden hat die ab. *latefasciatus* PLAV. von *P. fasciatus*, eine ziemlich seltene Form.

24. **Polyzonus (s. str.) saigonensis** BATES (Abb. 30)

Polyzonus saigonensis BATES, 1879: Cist. Ent. II, p. 413; GAHAN 1906, Fauna Brit. India, Col. I, p. 214; AURIVILLIUS 1912, Col. Cat., p. 317; PLAVILSTSHIKOV 1934, Best. Tab. Eur. Col. 112, p. 107; GRESSITT & RONDON 1970, Longicor. of Laos, p. 162, fig. 27f.
Polyzonus saigonensis ab. *semiviridis* PIC, 1946: Échange 62, p. 14.

Erstes Fühlerglied an der Basis mit einer breiten und ziemlich flachen Längsgrube sowie tief und breit länglich gefurcht.

Blau oder dunkelblau, metallisch; Fühler schwarz, 1. Glied violett oder grünlich; Schenkel dunkelblau, Schienen violett bis fast schwarz, Tarsen schwarz oder etwas violett; Unterseite dunkel bis schwärzlich, dicht silbergrau behaart. Kopf, 1. Glied der Fühler, Halsschild, Flügeldeckenbasis und Schenkel stark glänzend. Flügeldecken mit zwei ziemlich breiten gelben Querbinden (vor und hinter der Mitte), Zwischenraum zwischen den Binden gewöhnlich schmäler als die Binden, auch die Basis und die Spitze der Flügeldecken sind nur ziemlich schmal blau gefärbt. Bisweilen ist der Körper mehr oder weniger grün oder sind der Halsschild und Kopf grün gefärbt.

Kopf mit Occiput grob runzelig punktiert; Fühler beim ♂ etwas länger, beim ♀ etwas kürzer als der Körper; 1. Fühlerglied leicht gekrümmt, grob, aber nicht dicht punktiert, mit Längsgrube; 3. Glied etwas mehr als 2mal länger als das 1., 4. und 5. Glied so lang wie die Hälfte des 3., 6.–7. Glied etwas kürzer, 6.–9. Glied gegen die Spitze etwas eckig.

Halsschild ziemlich robust, mit großem, aber ziemlich stumpfem Lateralhöcker, sehr dicht und sehr tief runzelig (von den meisten *Polyzonus*-Arten am tiefsten). Auf der Scheibe sind die Runzeln mindestens teilweise radial geordnet, am Vorder- und Hinterrand wellenförmig quer; an den Seiten vom Lateralhöcker grob, aber nicht tief punktiert, auf dem Höcker runzelig punktiert.

Flügeldecken dicht und fein, an der Basis gröber punktiert; hier glänzender, violett. Schildchen längs der Mitte ausgehöhlt, an den Seiten fein punktuliert. Schenkel dicht punktiert, Hinterschenkel bei ♂ und ♀ die Hinterbinde der Flügeldecken deutlich überragend. 1. Glied der Hintertarsen nur wenig länger als das 2. und 3. Glied zusammen. 5. Abdominalsegment beim ♂ an der Spitze eckig ausgerandet, 6. Segment kurz; 5. Segment beim ♀ an der Spitze verschmälert, in der Mitte sehr leicht ausgerandet.

Variation:
ab. *semiviridis* PIC: Vorderkörper sowie die Basis der Flügeldecken samt Schildchen grün.

Länge: 16–21 mm. – Burma, Kambodscha (Kampuchea), Laos, Süd-Vietnam.
(Nach Exemplaren aus den Museen London und Frankfurt/M.)

25. **Polyzonus (s. str.) bizonatus** WHITE (Abb. 31)

Polyzonus bizonatus WHITE, 1853: Cat. Col. Brit. Mus. 7, p. 171; GAHAN 1906, Fauna Brit. India, Cat. Col. I, p. 216; AURIVILLIUS 1912, Cat. Col., p. 316; PLAVILSTSHIKOV 1934, Best. Tab. Eur. Col. 112, p. 106; GRESSITT & RONDON 1970, Ceramb. of Laos, p. 161.

Metallisch grün; Fühler schwarz, das 1. Fühlerglied glänzend grün; Unterseite dicht silbergrau oder gelblich behaart; Flügeldecken mit zwei gelben Querbinden (vor und hinter der Mitte); erste Binde schmäler, längs der Naht häufig nach vorn und nach hinten etwas verlängert, die zweite Binde breiter, an den Seiten nach vorn und nach hinten etwas verlängert, am Hinterrand (gemeinschaftlich) halbrundlich gebogen.

Scheitel stark punktiert, Stirn und Clypeus stärker punktiert, vom Clypeus zum Scheitel mit einer Längsfurche in der Mitte. 1. Fühlerglied dicht runzelig punktiert, 3. Glied 3mal länger als das 1., 4.–7. Glied fast gleichlang, alle mehr als um die Hälfte kürzer als das 3. Glied, die anderen Glieder etwas kürzer, 7.–9. oder 8.–10. Glied am Ende mehr oder weniger deutlich erweitert.

Halsschild auf der Scheibe weniger matt, dicht und unregelmäßig gerunzelt, an den Seiten mehr oder weniger quer und schrägfaltig, am Vorder- und Hinterrand und an den Seiten glänzender; vorn eingeschnürt mit Querfalten, hinten eingeschnürt mit 1–2 Querfalten; Lateralhöcker gut entwickelt, aber ziemlich stumpf, glänzender. Fühler beim ♂ von Körperlänge. Schildchen länglich dreieckig, wenig vertieft, mit einer Längsfurche, glänzend, seitlich sparsam und fein punktuliert.

Flügeldecken dicht und fein runzelig punktiert, kurz schwarz behaart. Hinterschenkel bei ♂ und ♀ lang, die Spitze der Flügeldecken nahezu erreichend; 1. Glied der Hintertarsen viel länger als das 2. und 3. Glied zusammen. 5. und 6. Abdominalsegment beim ♂ an der Spitze mehr oder weniger eckig ausgerandet, 5. Segment beim ♀ an der Spitze etwas eckig abgeschnitten.

Länge: 15–20 mm, Breite: 4–6 mm. – Sikkim (Nordost-Indien), Tenasserim (Burma), Burma, „Tonkin" (Vietnam), Vietnam, Laos. (Nach Exemplaren aus dem Museum London [einschließlich Holotypus].)

Im Museum London befindet sich 1 Exemplar, bei dem die dunkle Mittelbinde seitlich unterbrochen ist, so daß die zwei gelben Querbinden am Lateralrand verbunden sind.

26. **Polyzonus (s. str.) laosensis** PIC

Polyzonus laosensis PIC, 1923: Mél. exot. Ent. 39, p. 9; PLAVILSTSHIKOV 1934, Best. Tab. Eur. Col. 112, p. 108; GRESSITT & RONDON 1970, Pacific Ins. 24, p. 162.

Mir unbekannt; nach GRESSITT eine valide Art, nach PLAVILSTSHIKOV nur eine Skulpturaberration.

Bei *P. saigonensis* sind die Runzeln auf der Scheibe weniger deutlich radial geordnet, teilweise miteinander netzförmig verbunden; bei *laosensis* sind diese mehr radial geordnet (beiderseits der Mittellinie, in der Mitte der Scheibe sind die wenigen Runzeln ziemlich regelmäßig und mindestens ganz deutlich der Länge nach gestellt).

Originalbeschreibung:
"Angustatus, opacus, niger, elytris late luteo fasciatis; thorace elongato, irregulariter plicato, lateraliter tuberculato. Long. 12 mm. – Laos.
Voisin de *meridionalis* BATES en différent par la sculpture de prothorax."

27. **Polyzonus (s. str.) nitidicollis** PIC

Polyzonus nitidicollis PIC, 1932: Mél. exot. ent. 60, p. 22; PLAVILSTSHIKOV 1934, Best. Tab. Eur. Coll. 112, p. 107; GRESSITT & RONDON 1970, Pacific Ins. 24, p. 163, fig. 28a.

Grün mit schwarzen Fühlern, Schienen und Tarsen; Flügeldecken mit zwei gelben Querbinden, die erste Binde unvollständig, die zweite ziemlich breit.

Originalbeschreibung:
„Elongatus, viridi-metallicus, palpis, antennis, tibiis pro parte tarsis nigris, elytris in singulo ante medium reducte et post medium sat late luteo fasciatis; thorace nitido, parum elongato, lateraliter tuberculato, in disco multi et diverse plicato; elytris elongatis, pro majore parte minute et dense punctatis opacisque, apice subrotundatis; infra corpore argenteo pubescente. – Long. 25 mm. Laos, Vientiane (ex Vitalis).
La sculpture du prothorax (dont les plis sont en partie disposés en sens contraires, irréguliers, sur le milieu postérieur du disque) aidera à la distinction de cette espéce, conjointement à sa prêmière fascie réduite et n'atteignant pas la suture. Se distingue de "*bizonatus* W." par le prothorax moins robuste à sculpture différente, la première fascie élytres non compléte."

Die Art ist mir unbekannt.

28. **Polyzonus (s. str.) striatus** GRESSITT et RONDON (Abb. 33)

Polyzonus striatus GRESSITT et RONDON, 1970: Pacif. Ins. Monogr. 24, p. 163, fig. 28b.

♀. Glänzend goldgrün, die Flügeldecken sind breit dunkelpurpurfarben mit zwei hellgelben Querbinden im zweiten und vierten Fünftel; Kopf und Halsschild goldgrün; Labrum dunkel rotbraun; Wangen und Mandibeln blaugrün, Spitze der Mandibeln schwarz; Fühler dunkel goldgrün auf dem 1. Fühlerglied, die anderen Fühlerglieder purpurschwarz; Schildchen breit goldgrün, blau, purpurfarben oder schwarz; Flügeldecken zwischen den gelben Binden purpurschwarz; Schenkel goldgrün, Schienen und Tibien dunkler bis pechschwarz gefärbt; Bauchsegmente türkisblau mit Spuren von Grün. Körper an den Schultern mit einigen aufstehenden Haaren; Flügeldecken mit kurzen, dichten und sehr eng anliegenden Haaren; Fühler mit kurzen, halb abstehenden Haaren am 1.–8. Glied; Bauchsegmente mit silberweißer Pubeszenz; Beine auf der Innenseite mit schrägen Haaren.

Kopf schmäler als der Halsschild mit Lateralhöckern. Occiput runzelig punktiert, zwischen den Fühlerhöckern breit vertieft, mit feiner Mittelrinne, die am oberen Teil der Stirn beginnt; Stirn runzelig punktiert, oben stärker runzelig, unten stärker punktiert; Labrum punktiert und Apex sichtbar abgeschnitten. Wangen runzelig punktiert, um $1/3$ länger als der untere Augenlobus. Fühler wenig länger als der Körper; 1. Fühlerglied punktiert, zum Apex verdickt; 3. Glied 1,8mal länger als das 1.; 4. Glied 1,4mal länger als das 1.; 4.–10. Glied allmählich länger werdend; 11. Glied so lang wie das 7.; 6.–10. Glied am Apex leicht gezähnt.

Halsschild länger als an der Basis breit, etwas schmäler als die Breite mit den Lateralhöckern; seitlich sehr stumpfe Höcker; Fläche sparsam runzelig punktiert. Schildchen dreieckig, unregelmäßig vertieft, seitlich leicht erhöht.

Flügeldecken hinter den Schultern etwas verengt, Spitze abgerundet; Fläche dicht punktiert, an der Basis gröber. Bauchsegmente fein und dicht punktuliert. Beine mäßig dick; Hinterschenkel allmählich verdickt, Hinterschienen vor der Spitze leicht verbreitert, 1. Hintertarsenglied kürzer als die anderen zusammen, dabei das 3. Glied so lang wie das 4.

Länge: 17 mm, Breite: 3,8 mm. – Laos.

Von *P. laosensis* PIC durch kürzeren Halsschild; von *P. nitidicollis* PIC durch schmäleren Halsschild, viel kleineren Halsschildhöcker, teilweise schräge Halsschildrunzeln und an der Basis teilweise runzelig granulierte Flügeldecken zu unterscheiden. – Die Art ist mir unbekannt.

29. **Polyzonus (s. str.) fucosahenus** GRESSITT et RONDON (Abb. 34)

Polyzonus fucosahenus GRESSITT et RONDON, 1970: Pacif. Ins. Monogr. 24, p. 162, fig. 27h.

♀. Breit goldgrün oder hell rötlich-bronzefarben mit zwei gelborangenen Querbinden im dritten und sechsten Achtel der Flügeldecken; Kopf hell rotbronzefarben mit Spuren von Grün; Halsschild ähnlich gefärbt, aber mehr grünlich; Labrum glänzend grün, Mandibeln dunkelgrün und am Apex dunkel rotbraun. Wangen breit blaugrün. Fühler: 1. Glied dunkelgrün, die weiteren Glieder purpurfarben, gegen die Spitze der Fühler purpurschwarz. Schildchen grüngelb. Flügeldecken an der Basis blaugrün bis grün, in der Mitte und gegen die Spitze goldgrün. Bauchsegmente hellgrün. Beine an den Vorder- und Mittelschenkeln olivgrün, an den Hinterschenkeln blaugrün, gegen die Spitze purpurschwarz. Körper mit kurzen, dichten, anliegenden Haaren auf Halsschild und Flügeldecken und mit wenigen, halb aufstehenden Haaren auf der Unterseite des 2.–8. Fühlergliedes und mit sparsamer goldiger Pubeszenz am oberen Teil des 2.–9. Gliedes; Bauchsegmente mit dichter Silberpubeszenz; Beine, besonders unterseits, mit schrägen Haaren, Vorder- und Mittelschienen gegen den Apex mit dichter Goldpubeszenz bedeckt.

Kopf sichtbar schmäler als der Halsschild zwischen den Lateralhöckern; Occiput zwischen den Fühlerhöckern runzelig punktiert und in der Mitte mit breiter Vertiefung, die in der Mitte undeutlich ist; Stirn und Mittelrinne im Vorderteil, breit runzelig mit Punkten, die mehr längs des Randes konzentriert sind; Labrum punktiert, rechtwinkelig; Wangen runzelig punktiert, 2,5mal länger als der untere Augenlobus. Fühler etwas kürzer als der Körper, 1. Fühlerglied mäßig punktiert, gegen den Apex allmählich verdickt und abgerundet; 3. Glied 2mal länger als das 1., 4. Glied 1,25mal länger als das 1.; 4.–6. Glied gleichlang; 6.–10. Glied allmählich verlängert; 11. Glied so lang wie das 8., 6.–10. Glied gegen die Spitze leicht gezähnt.

Halsschild fast so lang wie an der Basis breit, schmäler als die Breite zwischen den Lateralhöckern; in der Mitte seitlich mit stumpfem Höcker; Fläche fein runzelig punktiert, in

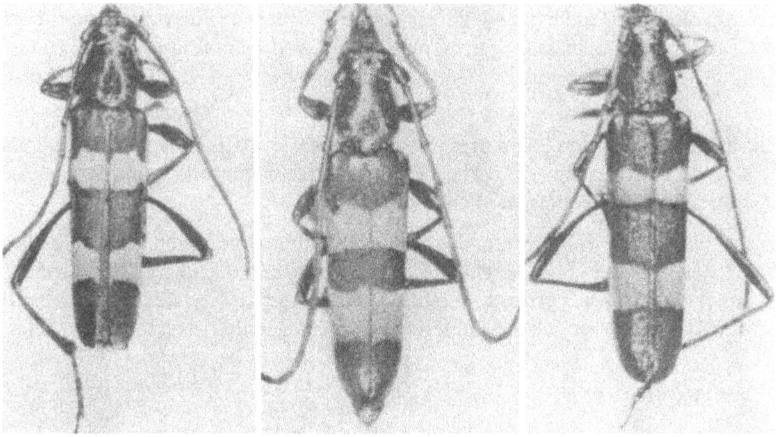

Abb. 32–34.
(Von links nach rechts) 32: *Polyzonus (s. str.) nitidicollis* PIC (ex Pacif. Ins. Monogr. 24, 1970, p. 166, fig. 28a) – 33: *P. (s. str.) striatus* GRESS. et ROND. (dito, fig. 28b) – 34: *P. (s. str.) fucosahenus* GRESS. et ROND. (dito, p. 160, fig. 27h).

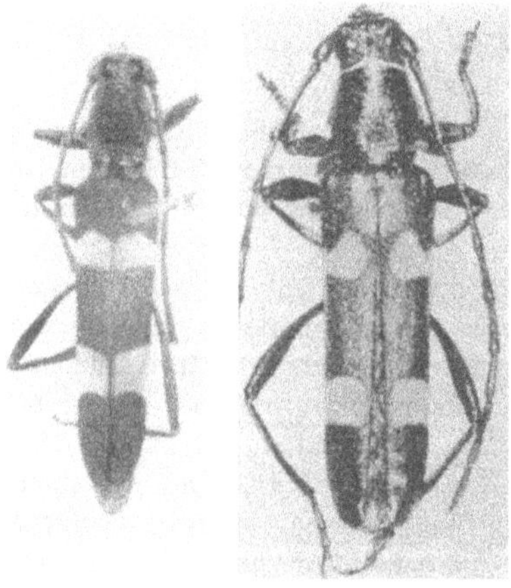

Abb. 35+36.
(Links) 35: *Polyzonus (s. str.) laurae* FRM. (ex coll. Senckenberg-Mus. Frankfurt/M.) – (rechts) 36: *P. (s. str.) subobtusus* PIC (ex Pacif. Ins. Monogr. 24, 1970, fig. 24i).

Fotos:
Brit. Mus. London (N. H.) Photogr. Unit.: Abb. 1, 2, 3, 4, 10, 12, 13, 19, 22, 23, 25, 27, 30, 31. – Senckenberg-Mus. Frankfurt/M. (E. Haupt): Abb. 7, 11, 28, 29, 35. – Mus. A. Koenig Bonn (H. Unte): Abb. 18, 24. – Zool. Staatssamml. München (M. Müller): Abb. 9. – Mus. Tierk. Dresden (G. Hoffmann): Abb. 6, 15, 16, 17, 20. – Alle übrigen Abb. vom Autor.

der Mitte des Basalendes mit breiter rundlicher Depression. Schildchen länglich, sparsam und fein punktiert, an den Seiten leicht erhöht.

Flügeldecken in der Mitte leicht verengt; Fläche fein und dicht punktiert, in der Basalhälfte gröber. Bauchsegmente sehr fein und dicht punktuliert. Beine mäßig dick; Hinterschenkel den Flügeldeckenapex nicht erreichend, allmählich verdickt, Hinterschienen gegen den Apex allmählich verbreitert, 1. Hintertarsenglied etwas kürzer als die anderen zusammen.

Länge: 26,1 mm, Breite: 6,2 mm. – Laos.

♂. Fühler etwas länger als der Körper. Vorderbinde an Naht und Lateralsaum verkürzt; Hinterbinde gegen die Naht schmäler als gegen den Lateralsaum. – Länge: 24 mm, Breite: 5 mm.

Von *P. nitidicollis* PIC durch mehr bronzefarbenes Aussehen (teilweise im Halsschild), durch die Beine und das 1. Fühlerglied, die mehr grünlich sind, sowie durch den in der Mitte fein runzeligen Halsschild (statt länglich gestrichelt) abweichend. – Die Art ist mir unbekannt.

30. **Polyzonus (s. str.) laurae** FAIRMAIRE (Abb. 35)

Polyzonus laurae FAIRMAIRE, 1887: Ann. Soc. Ent. Belg. 31, p. 132; AURIVILLIUS 1912, Col. Cat., p. 317; PLAVILSTSHIKOV 1934, Best. Tab. Eur. Col. 112, p. 103; GRESSITT 1951, Longicornia II, p. 210.

Kopf und Halsschild blau bis blauviolett, stellenweise mit grünem Schimmer; Fühler schwarzbraun bis schwarz; Flügeldecken schwarz, am Apex etwas bläulich, mit zwei gelben Querbinden; Beine dunkelbraun bis schwarz mit blauem Schimmer, besonders gegen die Schenkelspitze; Unterseite grünlichblau bis dunkelblau. Gelbe Binden: die vordere ist schmal, in der Mitte des Vorderrandes etwas bogenartig verbreitert, hinten halbkreisförmig, die zweite (hintere) ist vorn fast gerade, hinten sichtlich halbkreisförmig gebogen.

Kopf dicht und fein runzelig punktiert, Stirn und Fühlerhöcker längsfaltig, Clypeus an der Basis querrunzelig, gegen die Spitze grob runzelig punktiert. 1. Fühlerglied dicht und fein punktiert, 3. Glied mehr als 2mal länger als das 4., 5. Glied ein wenig länger als das 4., 6. Glied so lang wie das 4., 7. Glied etwas kürzer.

Halsschild schmal (schmäler als bei *P. fasciatus*), ziemlich lang; in der Hinterhälfte seitlich mit gut entwickeltem, stumpfen, glatten und glänzenden Höcker; auf der Fläche dicht runzelig, an den Seiten um den Höcker stark querfaltig gerunzelt. Schildchen lang dreieckig, mit tiefer, glatter Mittelfurche, blau.

Flügeldecken fein sparsam punktuliert, gegen den Apex etwas glänzender. Beine lang, Schenkel dicht und grob punktiert, gelb behaart (besonders auf der Unterseite), braunschwarz (auch die Tarsen). 1. Hintertarsenglied mehr als 2mal länger als das 2. und 3. Glied zusammen. Die Unterseite dicht silberweiß bis gelbweiß behaart.

Länge: 16–20 mm, Breite: 3–4 mm. – Yunnan (Südwest-China).

Von *P. fasciatus* fast nicht zu unterscheiden, nur durch schlankere Gestalt, schlankeren Halsschild und andere Skulptur des Halsschildes.
(Nach Exemplaren aus dem Museum Frankfurt/M.)

31. **Polyzonus (s. str.) subobtusus** PIC (Abb. 36)

Polyzonus subobtusus PIC, 1932: Mél. exot. ent. 60, p. 22; PLAVILSTSHIKOV 1934, Best. Tab. Eur. Col. 112, p. 107; GRESSITT & RONDON 1970, Pacific Insects 24, p. 163.
Polyzonus subobtusus ab. *interruptus* PIC, 1946: Échange 62, p. 506.

Originalbeschreibung:
"Le *subobtusus* mihi de Tonkin, diffère du *nitidicollis* par la taille moindre, le prothorax

plus finement sculpté et à tubercule latéral trés emoussé, le 1.er article des antennes vert, les élytres nettement brillants sur toute leur surface avec les bandes jaunes parfois bordées de bleu. – Long. 18 mm.
A placer prés de *tetraspilotus* Hope."

Variation:
ab. *interruptus* PIC: Flügeldecken grün und glänzend, 1. Querbinde gegen die Naht abgekürzt, 2. Binde komplett. – Laos.

Die Art ist mir unbekannt.

In dieser Arbeit habe ich die folgende Art nicht mit aufgeführt:

Polyzonus opacus PIC

Polyzonus opacus PIC, 1962: Échange 505, p. 9.

Originalbeschreibung:
"*P. opacus* mihi, du Laos, voisin de *obtusus* Bat., est entièrement mat sur le dessus du corps qui est noir, à peine teinté de violacé et a deux bandes jaunes aux élytres, moins larges que chez *obtusus*, la 1.re étant rétrécie vers la suture, le thorax est faiblement tuberculé, mais non denté. À sculpture forte, diversement ridée longitudinalement que transversalement, sur les côtes."

Ziemlich ungenügende Beschreibung, wie so oft bei PIC, ohne Angabe der Länge und von weiteren wichtigen Angaben. –Die Art ist mir unbekannt.

Summary

STUDIES ON CALLICHROMINI OF PALAEARCTIC AND ORIENTAL REGION (V)

The article contains further results of study of the Cerambycid tribus Callichromini from Palaearctic and Oriental region. Basing on materials from British Museum (Nat. Hist.) London, Natur-Museum Senckenberg Frankfurt/M., Zoologische Sammlung des Bayerischen Staates Muenchen, Zoologisches Museum A. Koenig Bonn, and Staatliches Museum fuer Tierkunde Dresden, a survey (monographic descriptions including keys) is given on the species of the genera *Anubis* J. THOMS. and *Polyzonus* CAST. Within the genus *Polyzonus* a subgenus (*Polyzonides* subgen. n.) and four species are described as new for science.

Anschrift des Autors:
RNC. Č. Podaný, ČS – 294 71 Benátky n. J., II/633; ČSSR.

Übersicht über die herausgegebenen Publikationen

Reichenbachia

Fachgebiet: Taxonomie (Neubeschreibungen, Revisionen und andere taxonomische Arbeiten mit geringem Umfang).

Tiergruppen: Insecta, Myriapoda, Arachnida.

Entomologische Abhandlungen

Fachgebiete: Taxonomie (Bestimmungstabellen, Monographien und andere taxonomische Arbeiten mit größerem Umfang), Phylogenie, Evolution, Morphologie, Anatomie, Biologie, Ökologie, Zoogeographie.

Tiergruppen: Insecta, Myriapoda, Arachnida.

Faunistische Abhandlungen

Fachgebiet: Faunistik. Diese Reihe dient auch zur Veröffentlichung faunistischer Kurzmitteilungen.

Tiergruppen: alle Gruppen mit Ausnahme der Protozoa.

Zoologische Abhandlungen

Fachgebiete: Taxonomie, Phylogenie, Evolution, Morphologie, Anatomie, Biologie, Ökologie, Zoogeographie.

Tiergruppen: Vertebrata; daneben Evertebrata mit Ausnahme der Insecta, Myriapoda, Arachnida, Mollusca und Protozoa.

Malakologische Abhandlungen

Fachgebiete: Taxonomie, Phylogenie, Evolution, Morphologie, Anatomie, Biologie, Ökologie, Zoogeographie.

Tiergruppe: Mollusca.

Übersicht über die erschienenen Publikationen

Nach 1945 erschienen folgende Bände:

Abhandlungen und Berichte aus dem Staatlichen Museum für Tierkunde in Dresden

Bände 21 (1953) – 25 (1960)
(Band 21 ist vergriffen).

Ab 1961 wurden die „Abhandlungen und Berichte aus dem Staatlichen Museum für Tierkunde in Dresden" in zwei Reihen unterteilt:

Entomologische Abhandlungen

Ab Band 26 (1961–1962) ff.
Zu den Bänden 36, 37, 39 und 40 erschienen Supplementbände.

Zoologische Abhandlungen

Ab Band 26 (1961–1964) ff.
Ab Band 26 ohne Insecta, ab Band 27 ohne Mollusca.
(Bände 26–29 sind vergriffen).

Im Zeitraum von 1962–1964 wurden zusätzlich die folgenden Reihen neu eingerichtet:

Reichenbachia

Ab Band 1 (1962–1963) ff.

Faunistische Abhandlungen

Ab Band 1 (1963–1966) ff.

Malakologische Abhandlungen

Ab Band 1 (1964–1967) ff.

Alle genannten Reihen erscheinen fortlaufend, jedoch zwanglos und ohne feste Bindung an das Kalenderjahr.

III-9-16 Jt 1943/75 10 T. (30045/9)

www.ingramcontent.com/pod-product-compliance
Lightning Source LLC
LaVergne TN
LVHW081332011026
849161LV00013BB/2909